KB234333

Irregular Verbs
Think
Thank
Thunk

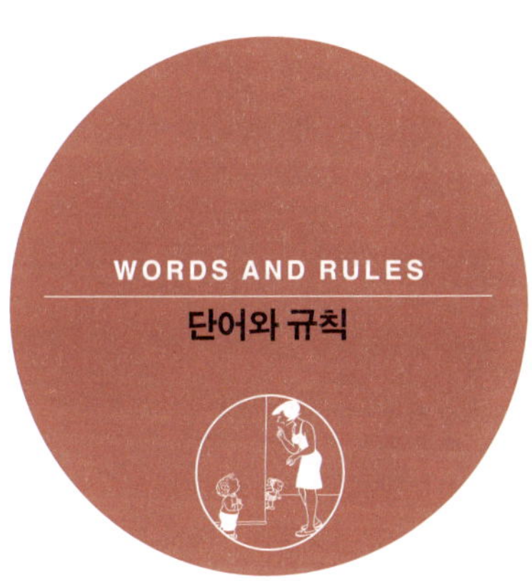
WORDS AND RULES
단어와 규칙

WORDS AND RULES

단어와 규칙

스티븐 핑커가 들려주는
언어와 마음의 비밀

스티븐 핑커

김한영 옮김

PSYMORGS에게 이 책을 바친다.

마음을 들여다보는 창, 언어

이로써 스티븐 핑커의 대작 네 권의 번역을 어렵사리 완료했
다. 문미선, 신효식 두 교수와 공역한『언어 본능(*The Language
Instinct*)』을 시작으로, 2000년대에 들어『빈 서판(*The Blank Slate*)』과
『마음은 어떻게 작동하는가(*How the Mind Works*)』를 번역했고 마지
막으로『단어와 규칙(*Words and Rules*)』을 번역했다. 물론 저자가 책
을 발표한 순서는 다르다. 먼저, 1994년에 펴낸『언어 본능』에서
핑커는 세계 모든 언어의 토대인 '보편 언어'의 구조와 규칙을 고
찰하면서(생성 문법) 언어가 뇌에 설계된 선천적 메커니즘에 의해
습득되는 것임을 밝혔고, 언어뿐만 아니라 인간의 여러 행동들도
선천적으로(생물학적으로) 발생할 것이라고 예측했다. 저자는 수많

은 연구 성과와 자신의 예측이 가리키는 방향에 따라 다음 저작인 『마음은 어떻게 작동하는가』(1997년)에서 인간의 마음과 로봇과 컴퓨터를 동일선상에 놓고 인간의 마음의 작동 원리를 자세히 설명했다. 또 이를 통해 성(性), 가족, 민족, 예술과 오락 등을 진화 심리학의 관점에서 해명했다. 저자의 궁극적 관심은 『빈 서판』(2002년)에서 대폭발을 일으켜 철학, 역사, 정치, 성, 예술 등의 인류 보편적 주제들을 다윈주의의 관점에서 거침없이 해부하고 재해석했다.

이 책 『단어와 규칙』(2000년)은 『마음은 어떻게 작동하는가』와 같은 맥락에 있는 책이다. 저자는 "언어학의 특수한 현상인 규칙 동사와 불규칙 동사를 조사하면서 언어와 마음의 본질을 조명"한다. 그의 분석에는, 언어를 비롯한 인간 본성의 여러 양상들은 선천적으로 출현하는 진화적 심리적 적응 형태라는 관점이 반영되어 있다. 이 책의 대부분에서 그는 어린이들의 문법적 오류와 뇌손상을 입은 환자들의 언어(선택적 실어증들) 그리고 그에 대한 연구들을 다룬다.

이 책의 제목인 『단어와 규칙』은 저자가 보기에 인간의 마음이 언어를 어떻게 표상하는가를 가장 잘 설명하는 모형이기도 하다. 단어는 연상된 의미와 함께 마음 사전에 직접 저장되거나, 아니면 형태론 규칙에 따라 구성된다. 예를 들어 like와 desk는 마음 사전에 개별 항목으로 저장해야 하지만, liking과 desks는 필요한 접미사를 붙이면 쉽게 만들 수 있기 때문에 따로 저장할 필요가 없다. 저자는 또한 아이들의 말실수를 분석해, 불규칙 동사의 과거형은 그것을 만드는 규칙(예를 들어 sleep–slept, weep–wept, keep–kept)에 따라 기억되는 것이 아니라, 개개의 형태들이 직접 기억된다고 결론짓는다.

핑커의 단어–규칙 이론은 불규칙 과거 시제가 음운론적 유사성에 근거해 생겨나는 규칙의 결과물이라고 가정하는 이전의 생각들에 반한다. 나중에 생겨난 몇몇 불규칙 동사들이 기존의 다른 불규칙 동사들과 표면적으로 비슷하기 때문에 그와 비슷한 과거형을 얻게 되었다는 것을 설명할 때 핑커는 연결주의 이론을 잠시 인정한다. 그러나 규칙 동사의 과거 시제 규칙(-ed 첨가)이 불규칙 동사의 과거형에 지나치게 적용되는 것과 비교하면 그런 종류의 일반화는 극히 드물다는 것을 보여 준다. 핑커는 독일어의 과거 시제 규칙을 제시해 이 결론을 더욱 분명히 입증한다.

네 권의 책 중 이 책의 번역이 가장 어려웠다. 쉬운 이야기도 에둘러 표현하는 저자의 독특한 필치가 이 책에서도 처음부터 끝까지 빛을 발했고, 기술적 전문적 용어들과 개념들은 옮긴이를 형언할 수 없는 궁지로 몰아넣었고 진땀나는 공부를 강요했다. 그 와중에 옮긴이가 고수한 번역의 원칙은 "가독성을 높이고, 문맥을 살리자."라는 것이었다. 우선 단어와 구의 차원에서는 기술적이고 전문적인 용어를 제외하고는 많은 융통성을 두었다. 번역을 하다 보면 사전에도 없는 말이 너무나 많고, 사전에 기재되어 있어도 저자의 의도와 어긋나는 경우가 수두룩하다. 이런 것들의 나침반은 단연코 저자의 의도이고 저자의 의도는 문맥을 따라 흐르기 때문에, 단어와 구의 의미를 결정하는 데에는 사전(혹은 고등학교 참고서)이 아닌 문맥을 기준으로 삼는 것이 옳다고 생각한다. 다음으로 문장을 번역하는 차원에서는 당연히 각 문장의 완성도를 위해 언제나 최선을 다하지만, 우리말과 영어의 구조가 워낙 다르기 때문에 수많은 문제가 발생한다. 예를 들어 능동과 수동의 전환, 주어의 결정과 생략, 품사의 전환(형용사를 부사로, 명사를 형용사로), 문장 끊기 등이 그런 예이다. 이 경우에도 문제를 해결하는 기준은 앞뒤 문장과의 연결성, 즉 문맥의 흐름이어야 한다고 생각한다. 결론적으로 이 책을 번역할 때 옮긴이의 가장 중요한 기준은 문맥이었고, 가장 중요한 단위는 문맥의 기본 단위인 단락(paragraph)이었다.

물론 어느 책을 번역할 때나 수십만 개의 단어와 수천 개의 문장에서 위와 같은 번역의 원칙이 완벽하게 적용되었다고 확신할 수 없고, 항상 때늦은 후회와 아쉬움에 사로잡힌다. 이 점에서 옮긴이의 우문에 현답을 보내 주신 핑커 교수에게 감사드리고, 예리한 눈으로 오류를 잡아내고 또 문장의 가독성을 높여 주신 편집자에게 감사드리고, 전문 지식을 아낌없이 나누어 주신 감수자 이성범 교수에게 감사드린다.

2009년 10월 26일

김한영

단어와 규칙,
그리고 마음의 과학

이 책에서는 언어와 마음의 본질을 설명하기 위해, 특수한 현상 하나를 선택해, 그것을 상상할 수 있는 모든 각도에서 조사하고 있다. 그 현상은 언어를 공부하는 모든 학생에게 악몽과도 같은 규칙 동사와 불규칙 동사다.

얼핏 보기에 이 접근법은, 무(無)에 대한 모든 것을 알게 될 때까지 점점 더 적은 것에 대해 점점 더 많이 알아 가려 하는 위대한 학문적 전통에 의존하는 것처럼 보일 수도 있다. 그러나 아직은 속단하지 않기를 바란다. 유전학자들이 불가능할 것 같았던 깊은 이해에 도달하기 위해 하찮은 초파리를 연구하기로 했을 때, 그들 각자가 한 마리의 초파리를 가지고 무에서 시작했던 것처럼, 모래알 속의 세계를 보는 것이 종종 과학의 한 방법일 수도 있기 때문이다. 규칙 동사와 불규칙 동사에도 초파리처럼 작고 쉽게 번식하며, 눈부시게 복잡한 더 큰 현상에 동력을 공급하는 기계 장치가 있다.

1950년대 말에 마음에 대한 현대적인 연구가 출범한 이래, breaked와 holded 같은 아이들 고유의 말 실수(각각 broke와 held가 옳은 표현. 앞으로 나오는 옳은 표현을 추가한 부분은 옮긴이 주임을 밝혀 둔다. — 옮긴이)는, 아이들의 마음이 스펀지처럼 부모의 말을 흡수하는 것이 아니라 규칙과 체계를 통해 능동적으로 단어들과 개념들을 조립해 새로운 조합물들을 만들어 낸다는 것을 생생하게 보여 주었다. 마음에 대한 모든 새로운 이론들은 아이들의 창조성이 빚어내는 그 재주를 설명하고자 했고, 현대 인지 과학 분야에서 가장 뜨거웠던 논쟁(마음은 인공 신경망과 기호 조작 컴퓨터 중 어느 것과 더 비슷한가)에서도 그것을 하나의 척도로 사용했다.

규칙 동사와 불규칙 동사를 탐구하는 과정에서 우리는 언어를 발명한 선사 시대의 부족에서 뇌를 촬영하고 유전자 염기 서열을 판독하는 새천년의 과학 기술까지 다양한 주제를 살펴볼 것이다. 무엇보다 이 사례 연구는 수학적 아름다움과 인간의 놀라운 능력 가운데 하나인 언어의 결합을 보여 줄 것이다. 이상한 단어나 표현의 논리적 근거를 발견하는 과정에서는 십자말풀이를 완성하거나 재치 있는 농담을 이해했을 때와 비슷한 지적 만족을 느낄 것이다.

지난 12년 동안 나는 규칙 동사와 불규칙 동사 연구에 집중해 왔다. 그 오랜 연구 기간 동안, 한 가지를 아주 깊이 이해하게 되었을 때의 기쁨을 뛰어넘는 기쁨을 준 유일한 일은, 나처럼 그 주제에 매달려 온 특별한 사람들과의 공동 작업이었다. 그들은 MIT의 'Psymorgs(Psychology of Morphology Group, 형태론 심리학 그룹)'의 회원들이다. 이 책의 주요 개념들 중 많은 것이 나의 친구이자 협력자인 럿거스 대학교의 앨런 프린스(Alan Prince)에게서 나왔고, 그 밖의 개념들은 대학원을 이수한 연구자들, 박사 과정을 이수한 연구자들, 연구 조교들에게서 나왔거나 그들을 통해 생명력을 얻었다. 크리스 콜린스(Chris Collins), 마리 코폴라(Marie Coppola), 제니 갱어(Jenny Ganger), 그레그 히콕(Greg Hickok), 미셸 홀랜더(Michelle Hollander), 존 J. 킴(John J. Kim), 게리 마커스(Gary Marcus), 샌디프 프라사다(Sandeep Prasada), 재민 리(Jaemin Rhee), 애니 센가스(Annie Senghas), 윌리엄 스나이더(William Snyder), 카린 스트롬스월드(Karin

Stromswold), 마이클 얼먼(Michael Ullman), 페이 수(Fei Xu)가 그들이다. 특히 마커스와 얼먼은 내가 꿈에도 생각할 수 없었던 중요한 개념들을 제공했다. 감사와 애정을 담아 이 책을 그들 모두에게 바친다.

또한 하랄트 클라센(Harald Clahsen), 리하르트 비제(Richard Wiese), 이리스 베렌트(Iris Berent)와 함께 독일어와 히브리 어에 대한 그들의 독창적인 연구를 검토한 것도 큰 즐거움이었다. MIT 졸업생인 힐러리 브롬버그(Hilary Bromberg)와 사이러스 샤울(Cyrus Shaoul)은 그들의 시니어 리서치 프로젝트로 중요한 기여를 했다. 그밖의 다른 협력자들, 특히 어슐러 브린크만(Ursula Brinkmann), 수잔 코킨(Suzanne Corkin), 존 그로던(John Growdon), 월터 코로셰츠(Walter Koroshetz), T. 존 로젠(T. John Rosen), 조지프 심론(Joseph Shimron)에게도 감사의 마음을 전한다.

또한 MIT 뇌 인지 과학과 튜버(Teuber) 도서관의 사서인 퍼트리샤 클래피(Patricia Claffey), 나의 조교인 앨리슨 베이커(Allison Baker), 소냐 촐라(Sonia Chawla), 마리 램(Marie Lamb)의 전문적인 도움에 감사의 마음을 전한다.

이 책의 모든 면에 더없이 소중한 격려와 조언을 제공해 준 두 편집자, 베이직 북스(Basic Books)의 존 도내치(John Donatich)와 웨

단어와 규칙

차례

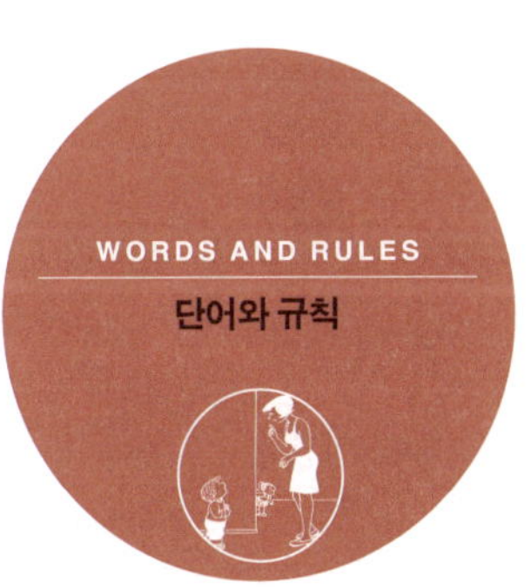
WORDS AND RULES
단어와 규칙

1

무한한 도서관

언어는 너무나 자연스럽게 다가오기 때문에 우리는 그것이 얼마나 이상하고 기적 같은 재능인지를 쉽게 잊는다. 세계 어디에서나 인간은 자신의 호흡을 가다듬어 쉿 소리와 훙 소리를 내고 찍찍거리고 펑 터뜨리며, 남들이 그렇게 하는 것을 주의 깊게 듣는다. 물론 우리가 소리들을 주의 깊게 경청하는 것은 그 소리들을 특별히 좋아해서가 아니라, 그 세부 측면들이 말하는 사람의 의도에 관한 정보를 담고 있기 때문이다. 인간은 서로의 생각을 공유하는 수단을 헤아릴 수 없이 많이 가지고 있다. 다른 사람의 말을 들을 때 우리는 지금까지 한번도 생각해 보지 못했고, 혼자서는 결코 떠올리지 못했을 생각들을 떠올리게 된다. "그가 보니, 떨기나무에 불이 붙었으나 사라지지 아니하는지라."(「출애굽기」 3장 ─ 옮긴이) "에마 우드하우스는 아름답고 영리하고 부유할 뿐만 아니라 안락한 가정과 행복한 기질을 타고난 여자로, 인생의 가장 큰 축복 몇 가지를 한꺼번에 지닌 것처럼 보였다."(제인 오스틴의 『에마』 ─ 옮긴이) "에너지는 질량 곱하기 광속의 제곱이다($E=mc^2$)." "그러나 내가 사랑하는 여인의 도움과 후원 없이 왕으로서 내가 원하는 대로 어려운 책무를 수행한다는 것이 불가능하다는 사실을 깨달았습니다."(원저 공 에드워드 8세의 퇴위 연설 ─ 옮긴이)

언어는 수천 년 동안 사람들을 매혹시켜 왔고, 언어학은 뉴기니에서 사용되는 언어의 수에서부터, 우리가 대즐-래즐(dazzle-razzle)이 아니라 래즐-대즐(razzle-dazzle)이라고 말하는 이유에 이르기까지 언어의 모든 측면을 연구해 왔다. 그러나 내가 보기에 언어를 이해하기 위한 가장 근본적인 첫 번째 도전은 언어의 무한한 표현 능력을 설명하는 것이다. 서로의 머릿속에 그렇게 많은 생각들을 채워 넣는 우리의 능력 뒤에는 어떤 비결이 숨어 있는 것일까?

거기에는 두 가지 비결, 즉 단어와 규칙이 있다는 것이 이 책의 전제다. 단어와 규칙은 서로 다른 원리에 따라 작동하고, 서로 다른 방식으로 학습되고 사용되며, 심지어 뇌에서도 서로 다른 부위에 거주한다. 둘 사이의 국경 분쟁은 언어들을 수세기에 걸쳐 형성하고 개조하며, 언어를 소통의 수단뿐만 아니라 말장난과 시(詩)의 매체로 그리고 영원한 매력을 지닌 보물로 만든다.

첫 번째 비결인 단어의 기초는 임의적으로 결합한 기억된 소리(관습적인 소리)와 의미의 쌍이다. "이름이란 무엇일까요?"라고 줄리엣이 묻는다. "장미라 부르는 것을 다른 이름으로 불러도 역시 향긋한 냄새가 날 거예요." 이름은 한 언어 공동체에 속한 모든 사람이 특정한 생각을 전달하기 위해 특정한 소리를 사용하기로 암암리에 동의한 것이다. 장미(rose)라는 단어에는 향기도 가시도 없지만, 우리는 그 단어를 이용해 장미라는 개념을 전달할 수 있다. 이것은 우리 모두가 어머니의 무릎이나 놀이터에서 소리와 생각의 고리를 학습했기 때문이다. 그 결과 누구나 그 소리를 냄으로써 그 생각을 전달할 수 있게 된 것이다.

단어들이 관습적인 소리와 의미 쌍에 따른다는 이론은 진부하지도 않고 논쟁에서 자유롭지도 않다. 현재까지 전해오는 최초의 언어학적 논쟁에서 플라톤은 헤르모게네스(Hermogenes)를 통해 이렇게 말한다. "어떤 것도 본래부터 이름을 갖는 것이 아니라,

단지 용법과 관습을 통해 이름을 갖게 된다." 그러자 크라틸로스 (Kratylos)가 반론을 편다. "모든 것에는 본래부터 정확한 이름이 있다. 이름은 다수의 사람들이 사물을 지칭하기로 동의한 그 어떤 것이 아니다." 크라틸로스는 창조론자답게 다음과 같이 제안한다. "인간보다 위대한 힘을 가진 어떤 존재가 만물에 최초의 이름을 지정했다." 오늘날 이름의 정확성을 인정하는 사람들은 그 근거를 신이 아니라, 의성어(예를 들어 지시 대상과 소리가 비슷한 crash(쨍그랑), oink(꿀꿀) 같은 단어)나 음성 상징(지시 대상을 자연스럽게 상기시키는 sneer(비웃다.), cantankerous(툭하면 싸우는), mellifluous(매끄러운) 같은 단어들)에서 찾기도 한다.

오늘날 이 논쟁은 헤르모게네스의 관습적 결합 쪽의 우세로 판가름이 났다. 20세기 초에 현대 언어학의 창시자인 페르디낭 드 소쉬르(Ferdinand de Saussure)는 그런 결합을 '자의적 기호(arbitrary sign)'라고 명하고, 그것을 언어 연구의 초석으로 삼았다.[1] 의성어와 음성 상징도 분명히 존재하지만, 자의적 기호라는 훨씬 더 중요한 원리와 비교하면 별표 수준에 불과하다. 자의적 기호가 아니었다면 우리는 모든 외국어의 단어들을 보거나 듣는 즉시 본능적으로 이해하고, 사전을 펼쳐볼 필요도 없을 것이다! 아주 명백한 의

성어들(동물의 소리들)조차도 예측이 불가능하기로 악명이 높다. 일본에서 돼지는 부우부우 하고 울고, 인도네시아에서 개는 공공 하고 짖는다. 음성 상징으로 말할 것 같으면, 어느 미국 여자가 산고를 겪으면서 영어권에서 가장 아름다운 단어처럼 들리는 '미코니엄(meconium)'이라는 말을 들은 후 새로 태어난 딸에게 그 이름을 붙였다가 망신을 당한 적이 있다.[2] meconium은 태변(胎便)이다.

간단한 원리지만 자의적 기호는 머리에서 머리로 생각을 전하는 강력한 수단이다. 아이들은 첫돌이 되기 전에 단어를 학습하기 시작하고, 두 돌까지는 2시간에 1개꼴로 단어를 흡수한다. 학교에 들어갈 무렵 아이들은 1만 3000개의 단어를 자유자재로 구사하고, 그 후로는 접하는 말과 글로부터 새로운 단어들이 계속 쏟아져 들어오기 때문에 습득 속도는 더욱 빨라진다. 전형적인 고등학교 졸업자는 약 6만 개의 단어를 알고, 학식이 있는 성인은 약 두 배의 단어를 아는 것으로 여겨진다.[3] 사람들은 단어를 빠르게 인식한다. 발화된 단어의 의미는 0.2초 만에 청자의 뇌에 도달하는데, 이것은 화자가 그 단어의 발음을 끝내기도 전이다.[4] 인쇄된 단어의 의미는 그보다 훨씬 더 빠른 0.125초 만에 등록된다.[5] 사람들이 단어를 생산하는 속도도 그에 못지않게 빠르다. 뇌는 0.25초 만에 사

물의 이름을 찾아내고, 입과 혀를 놀려 그 단어를 발음하는 데에도 0.25초밖에 걸리지 않는다.[6]

　　자의적 기호가 효과를 낼 수 있는 것은 화자와 청자가 마음 사전(mental dictionary)에서 동일한 항목(entry)에 도달하기 때문이다. 화자가 자신의 생각을 소리로 표현할 때, 그는 청자가 그 소리를 듣고 자신의 생각을 찾아낼 것이라고 믿는다. 마음 사전 속의 한 항목을 묘사하고자 할 때에는 그 소리와 의미뿐만 아니라 항목 자체를 보여 줄 방법이 필요하다. 한 단어의 항목은 진짜 사전에 굵은 글씨체로 기재된 표제어의 위치처럼, 기억에 등록된 주소에 불과하다. 편리한 방법은 예를 들어 r-o-s-e 같은 영어 철자열을 사용해 그 항목을 나타내는 것이다. 물론 우리는 그것이 어느 단어가 그 항목에 해당하는지를 생각나게 해 주는 기억 표지일 뿐이고, 따라서 42759와 같은 기호여도 괜찮다는 것을 잊지 말아야 한다. 그 단어의 소리를 묘사하고자 할 때에는 [rōz]• 같은 음성 표기법을 사용할 수 있다. 단어의 의미는 개인의 마음 백과사전(mental encyclopedia)에 기재된 항목과 연결된 링크인데, 그 항목에는 장미에 대한 개인의 개념이 담겨 있다. 편의상 우리는 그것을 ◎ 같은 그림으로 나타낼 수 있다. 이제 마음 사전의 항목은 다음과 같을 것이다.

rose

소리 : rōz

의미 : ◎

마지막 구성 요소는 단어의 품사다. 즉 문법적으로 보면 rose 는 명사(N) 에 해당된다.

rose

소리 : rōz

의미 : ◎

단어의 품사 : 명사

● 이 책에서는 보통 사전에서 볼 수 있는 것과 같은 약식 표기법을 사용할 것이다. bait 의 ā, beet 의 ē, bite 의 ī, boat 의 ō, boot 의 ū 같은 장모음들은, bat 의 a, net 의 e, bit 의 i, pot 의 o, but 의 u 같은 단모음들과 구별된다. 아무 표시가 없는 a 는 father나 papa의 첫 모음을 나타낸다. 기호 ɨ 는 melted와 Rose's의 접미사에 있는 중립 모음에 사용되는데(예를 들어, meltɨd, rōzɨz), 때때로 슈와(schwa, 악센트 없는 애매한 모음)라고도 불린다. '장모음'과 '단모음' 같은 언어학, 심리 언어학, 신경 과학의 전문 용어들은 용어 해설에 정의해 놓았다.

그리고 이 요소는 우리를 언어의 방대한 표현 능력 뒤에 숨은 두 번째 비결로 인도한다.

⸎

사람들은 고립된 단어들을 개별적으로 불쑥 꺼내기보다는 단어들을 조합해 구와 문장을 만든다. 우리는 각 단어들의 의미와 배열 방식으로부터 조합물의 의미를 추론한다. 우리는 그냥 장미라고 말하기도 하지만, 붉은 장미, 자랑스러운 장미, 내 일생의 슬픈 장미(예이츠의 시, 「시간이라는 십자가에 걸려 있는 장미에게」—옮긴이)라고 말할 수도 있다. 또 빵과 장미, 총과 장미, 장미 전쟁, 술과 장미의 나날이라고 표현할 수도 있다. 장미는 사랑스럽다, 장미는 붉다, 장미는 장미이고 장미다라고 말할 수도 있다. 단어들을 조합할 때에는 배열이 매우 중요하다. "Violets are red, roses are blue."는 우리에게 친숙한 구절(바비 빈튼(Bobby Vinton)의 노래인, 「장미는 붉고 제비꽃은 파랗다(Roses Are Red, Violets Are Blue)」—옮긴이)의 모든 성분들을 포함하고 있지만, 그 의미는 매우 다르다. 우리 모두는 "young women looking for husbands"와 "husbands looking for young women"의 차이를 알고, "looking women husbands young for"는 아무 뜻도 없다는 것을 안다.

각 사람의 머리에는 단어들이 어떻게 유의미한 조합물로 배열될 수 있는지를 지정하는 코드, 프로토콜(protocol, 통신 규약——옮긴이), 또는 일단의 규칙이 들어 있는 것이 분명하다. 현대의 언어학자들은 그것을 문법(grammar)이라 부른다. 때로는 외국어를 가르칠 때나 산문을 쓸 때 지켜야 할 사항들을 가르치기 위해 사용하는 문법과 구별하기 위해 생성 문법(generative grammar)이라고 부르기도 한다.

문법은 명사(noun, N)나 동사(verb, V) 같은 품사 범주에 따라 단어들을 구로 조립해 낸다. 한 단어의 범주를 조명하고 시각적 혼란을 줄이기 위해 종종 그 소리와 의미를 생략하고, 단어 꼭대기에 범주 표지를 붙이는 편리한 방법을 사용한다.

$$N$$
$$|$$
$$rose$$

마찬가지로 관사 또는 한정사(det) a는 다음과 같을 것이다.

$$det$$
$$|$$
$$a$$

이제 두 단어는 한정사를 명사에 연결하는 규칙에 따라 a rose라는 명사구(noun phrase, NP)로 연결될 수 있다. 그 규칙은 연결된 나뭇가지로 나타낼 수 있는데, 아래의 나뭇가지는 "명사구는 한정사와 그 뒤에 연결된 명사로 구성될 수 있다."라고 말한다.

나뭇가지의 아래쪽에 있는 기호들은, 단어들이 갖고 있는 표지가 그 위에 연결될 범주 표지와 똑같기만 하다면 그 단어들을 접속할 수 있는 슬롯과 같다. 그 결과는 아래처럼 a rose 라는 구로 나타난다.

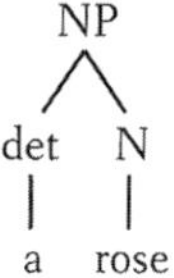

단 2개의 규칙만 더하면 우리는 완전한 '축소 문법(toy grammar)'을 만들 수 있다. 첫 번째 규칙은 술어 또는 동사구(verb, phrase, VP)를 다음과 같이 정의한다. 동사구는 동사와 그 뒤에 연결된 직접목적어, 즉 명사구로 구성된다.

두 번째 규칙은 문장(S) 자체를 규정한다. 이 규칙은 문장은 명사구(주어)와 그 뒤에 연결된 동사구(술어)로 구성된다고 말한다.

이 규칙들에 따라 단어들이 구로 접속하고 구들이 더 큰 구로 접속하면, "A rose is a rose." 같은 하나의 완전한 문장이 나온다.

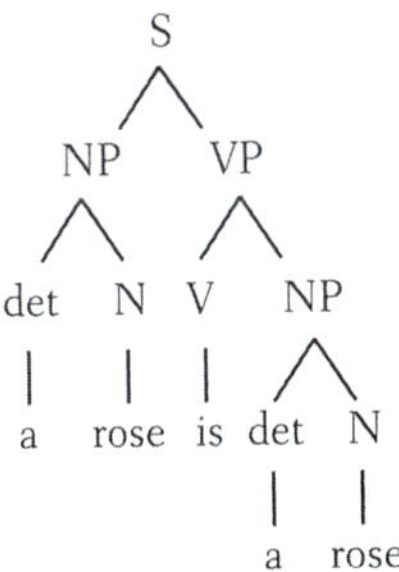

그 규칙의 다른 부분들은 여기에 제시되지 않았지만, 새로운 조합

물의 의미를 지정한다. 예를 들어 완전한 NP 규칙은, the yellow rose of Texas의 의미는 그 구의 핵어(head)인 rose의 의미에 기초하고, 그밖의 다른 단어들은 다양한 방식으로 핵어를 수식한다고 말한다. 즉 yellow는 어떤 특성을 지시하고, Texas는 장소를 지시한다고 말한다.

비록 투박하기는 하지만 이 규칙들은 문법으로 엄청난 표현 능력을 생산해 낼 수 있음을 보여 준다. 첫째, 규칙은 생산적이다. 규칙은 일련의 실제 단어들이 아니라 일련의 단어 종류들을 지정하기 때문에, 우리는 미리 조립된 상투적 문구들을 내뱉는 대신 즉석에서 새로운 문장들을 조립할 수 있다. 우리는 종종 장미는 붉다고 말하지만, 마음만 먹으면(어쩌면 신품종을 언급하기 위해) 얼마든지 제비꽃은 붉다고 말할 수도 있다. 규칙 덕분에 N 슬롯에 roses(장미들)를 넣는 것만큼이나 수월하게 violets(제비꽃들)를 넣을 수 있기 때문이다.

둘째, 규칙에 포함되는 기호들은 상징적이고 따라서 추상적이다. 그 규칙은 '문장은 한 종류의 꽃을 가리키는 단어들로 시작할 수 있다.'라기보다는, '문장은 NP로 시작할 수 있다.'라고 말할 수 있으며, NP는 수학 공식에서 x나 y가 어떤 수로든 대체될 수 있는 것처럼 어떤 명사로든 대체될 수 있는 기호 또는 변수인 것이다.

우리는 그 규칙들을 이용해 꽃이나 꽃의 색과 냄새에 대해 말할 수 있지만, 또한 쿼크나 플럽부버뱁부버붑(floob-boober-bab-boober-bubs, 닥터 수스에 따르면 "수면에 부딪히면 튀어 오르는 비계 덩어리 뚱보"라는 뜻이다.)에 대해서도 쉽게 말할 수 있다.

셋째, 규칙은 조합적이다. 규칙은 공란에 답을 채워 넣는 시험 문제처럼 단 하나의 슬롯만을 허용하는 것이 아니라, 긴 메뉴에서 선택한 단어들을 문장의 모든 위치에 넣는 것을 허용한다. 예를 들어 일상적인 영어에 4개의 한정사(a, any, one, the)와 1만 개의 명사가 있다고 해 보자. 그렇다면 명사구 규칙은 한정사에 대해 네 가지 선택을 허용하고 핵어 명사에 대해 1만 가지 선택을 허용하여, 하나의 명사구를 생성하는 데에 $4 \times 10,000 = 40,000$, 즉 4만 가지 방법이 가능하다. 문장 규칙은 이 4만 개의 주어들 다음에 4,000개의 동사들 중 어느 것이라도 올 수 있게 함으로써, 문장의 첫 세 단어를 생성할 수 있는 $40,000 \times 4,000 = 160,000,000$, 즉 1억 6000만 가지 방법을 제공한다. 목적어의 한정사를 선택할 수 있는 방법은 네 가지고(4단어 시작 방법은 6억 4000만 가지), 그 뒤에 목적어의 핵어 명사를 선택할 수 있는 방법은 1만 가지이므로, 5단어 문장의 가능성은 $640,000,000 \times 10,000 = 6,400,000,000,000$, 즉 6조 4000억 가지다. 이런 문장 하나를 생산하는 데에 5초가 걸린다고 가정해 보자. "The abandonment abased the abbey."와 "The abandonment abased the abbot."에서 시작해 "The abandonment abased the zoologist."를 거쳐 마지막으로 "The zoologist zoned the zoo."에 이르기까지 모든 5단어 문장을 만들려면 꼬박 100만 년이 걸릴 것이다.

물론 그런 조합물들 중 많은 것들이 아직 언급하지 않은 여러 사정들로 인해 비문법적이다. 예를 들어 우리는 "The Aaron, a abandonment."나 "The abbot abase the abbey."라고 말하지 않는다. 그리고 "Abandonments can't abbreviate."와 "abbeys can't abet."처럼 대부분의 조합물은 무의미하다. 그러나 이런 제약에도 불구하고 문법의 표현 범위는 놀랍기만 하다. 심리학자 조지 밀러(George Miller)는, 만일 화자들이 문장의 단어를 선택할 때 완벽하게 문법적이고 뜻이 통하는 것만 선택한다면, 각 지점에서 사용할 수 있는 메뉴는 평균적으로 약 10개의 선택만을 제공할 것(어떤 지점에서는 10개가 넘고 또 어떤 지점에서는 한두 개밖에 되지 않을 것)이라고 보수적으로 추산한 적이 있다.[7] 그렇게 보수적인 가정 아래 계산해도 5단어 문장은 10만 개, 6단어 문장은 100만 개, 7단어 문장은

1000만 개가 나온다. 20단어로 된 문장도 전혀 드물지 않은데 영어에서 그런 문장은 약 1억 × 1조 개다. 그것은 우주가 탄생한 이후로 흘러간 초의 약 100배에 이르는 수다.

문법은 소규모 목록의 요소들이 규칙에 따라 조립되면서 엄청나게 많은 사물들이 생겨나는 조합 체계의 예다. 조합 체계는 밀러가 '지수 법칙(Exponential Principle)'이라고 명명한 원리를 따른다. 가능한 조합물의 수가 조합이 커짐에 따라 지수적으로(기하급수적으로) 증가하는 것이다.[8] 조합 체계는 상상할 수 없을 정도로 막대한 수의 산물을 생성할 수 있다. 우주에 존재하는 모든 종류의 분자는 100개 남짓의 화학 원소로부터 조립되고, 생물계의 모든 단백질과 촉매는 단 20종의 아미노산으로부터 조립된다. 산물의 수가 더 적은 경우라도, 조합 체계는 모든 산물을 포괄함으로써 저장 공간을 엄청나게 절약해 준다. 8비트는 $2^8 = 256$바이트를 표현하는데, 이것은 우리의 문자 체계에 존재하는 모든 수사, 구두점, 대소문자를 합친 수보다 크다. 이 덕분에 컴퓨터는 한때 식자 틀을 가득 채웠던 수십 개의 활자 대신에 단 두 상태로 존재할 수 있는 동질의 실리콘 조각만으로 만들 수 있다. 수십억 년 전에 지구의 생명은 DNA 분자 속의 염기 3개를 한 줄로 묶어, 그것을 단백질을 합성할 때 하나의 아미노산을 선택하는 명령어, 즉 유전 암호로 사용하기 시작했다. 염기에는 네 종류가 있으므로, 3염기 배열은 $4 \times 4 \times 4 = 64$개의 가능성을 만들어 낸다. 이것이면 20종의 아미노산이 각기 고유한 배열을 갖기에 충분할 뿐만 아니라, 그 여분으로 단백질 합성을 시작하고 종료하는 시작 명령과 중지 명령을 내리기에도 충분하다. 2염기 배열이라면 가능성이 훨씬 줄어들고($4 \times 4 = 16$), 4염기 배열이라면 필요 이상으로 많아진다($4 \times 4 \times 4 \times 4 = 256$).

조합 체계의 압도적인 힘을 가장 생생하게 묘사한 글은 호르헤 루이스 보르헤스(Jorge Luis Borges)의 소설 『바벨의 도서관(*The Library of Babel*)』일 것이다.[2] 소설의 배경이 되는 곳은 거미줄처럼 얽힌 수많은 통로에 22개의 철자, 쉼표, 마침표, 자간(字間)의 모든 조합으로 이루어진 책들이 끝없이 꽂혀 있는 도서관이다. 도서관 어딘가에는 미래의 정확한 역사(당신의 죽음에 관한 이야기도 포함되어 있다.)를 보여 주는 책과, 세상에 존재하는 모든 인간의 행동을 해명하는 예언서와, 인류의 불가사의를 밝힌 책이 꽂혀 있다. 사람들은 통로를 돌아다니면서, 각각의 계시록을 모방한 수많은 가짜 판본과, 문자 하나씩만 바꿔치기한 수백만 권의 복사본들, 그리고 당연하게도 수킬로미터씩 진열되어 있는 헛소리가 담긴 책들 사이에서 진본을 찾으려는 헛된 노력을 기울인다. 화자는 인류가 멸망할 때에도 그 도서관, 즉 조합의 가능성이 구현된 그 공간은 계속 존재할 것이라고 말한다. "찬란하고, 고독하고, 무한하고, 미동조차 없이, 귀중하지만 무익하고, 훼손되지 않은, 비밀스러운 장서들을 간직한 채" 말이다.

엄밀히 말해 보르헤스는 그 도서관을 "무한하다."라고 묘사하지 말아야 했다. 한 행에 80문자, 한 쪽에 40행, 한 권에 410쪽이라면, 장서의 권수는 약 $10^{1800000}$, 즉 1 다음에 0이 180만 개 붙은 수에 이를 것이다. 우주의 가시 영역에 존재하는 미립자의 수는 10^{70}개이므로 그것은 분명 엄청난 수지만, 그래도 무한한 수는 아니다.

바벨의 도서관을 생성하는 설계보다 훨씬 더 강력한 축소 문법을 만들기는 쉽다. 동사구를 위한 우리의 규칙이 확대되어, 그 안에 문장(S)이 들어갈 수 있게 되었다고 가정해 보자. 예를 들어 "I told Mary he was a fool."을 보면, 목적어 NP인 Mary 다음에 he was a fool이 연결되어 있다.

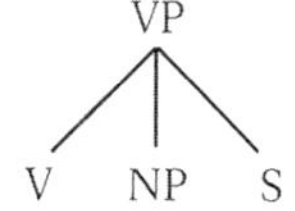

　　이제 우리의 문법은 재귀적(recursive)이다. 자기 내부에 자신의 사례를 포함할 수 있는 어떤 실체가 규칙을 통해 창조된 것이다. 이 경우에 문장은 문장을 내포할 수 있는 동사구를 내포한다. 자신의 사례를 내포하는 그 실체는 자신의 사례 속에 자신의 사례를 끝없이 내포할 수 있다.

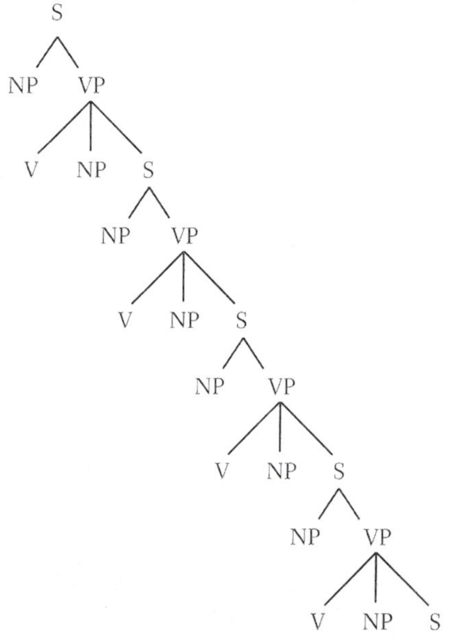

이 경우에 문장은 동사구를 내포할 수 있고, 동사구는 문장을 내포

할 수 있으며, 다시 그 문장은 동사구를 내포할 수 있고, 동사구는 문장을 내포하는 식으로 내포가 끝없이 이어질 수 있다. 예를 들어,

I think I'll tell you that I just read a news story that recounts that Stephen Brill reported that the press uncritically believed Kenneth Starr's announcement that Linda Tripp testified to him that Monica Lewinsky told Tripp that Bill Clinton told Vernon Jordan to advise Lewinsky not to testify to Starr that she had had a sexual relationship with Clinton(모니카 르윈스키가 빌 클린턴과 성 관계를 맺었다는 것을 빌 클린턴이 버넌 조단에게 부탁해 르윈스키로 하여금 케니스 스타에게 증언하지 말도록 충고하게 했다는 것을 르윈스키가 린다 트립에게 말한 것을 트립이 스타에게 증언했다는 스타의 발표를 언론은 무비판적으로 믿는다고 스티븐 브릴이 보고했다고 자세히 전하는 기사를 내가 막 읽었다고 나는 당신에게 말할 생각이다.).

이 진술은 13개의 문장이 빼곡히 중첩된 일종의 러시아 인형이다. 재귀 문법은 아무리 긴 문장이라도 거뜬히 생성할 수 있고, 따라서 무한한 수의 문장을 쉽게 생성할 수 있다. 그래서 재귀 문법을 소

유한 인간은 체력과 수명이 허락하는 한, 무한히 많은 다른 생각들을 표현하고 이해할 수 있다.

§

언어 고유의 창조성을 조합 규칙을 가진 문법으로 설명할 수 있다는 개념은 언어학자 놈 촘스키(Noam Chomsky)를 떠올리게 한다. 촘스키는 그 개념의 출처를 19세기 언어학의 개척자 빌헬름 폰 훔볼트(Wilhelm von Humboldt)에게서 찾았다. 훔볼트는 언어를 "유한한 매체의 무한한 사용"으로 설명했다. 촘스키에 따르면 그 개념은 그보다 훨씬 오래되었다고 한다. 훔볼트는 계몽주의 운동에 뿌리를 둔 '데카르트 언어학(Cartesian linguistics)' 계열에 속한 마지막 학자였다.[10]

계몽 사상가들은 조합 문법으로 표현할 수 있는 생각의 범위가 엄청나다는 사실에 매혹당했다. 기호학자인 움베르토 에코(Umberto Eco)는 『완벽한 언어를 찾아서(*The Search for the Perfect Language*)』라는 책에서, 계몽 사상가들이 자신의 능력을 완성하고 이용하기 위해 만들어 낸 다양한 프로메테우스적 설계들을 자세히 살펴본다.[11] 르네 데카르트(René Descartes)는 십진법을 이용하면 무한대에 이르는 모든 수의 이름들을 하루 만에 터득할 수 있다고 말했고, 그런 원리들에 기초해 보편적인 인공 언어를 만들면 인간의 모든 생각을 체계화할 수 있을 것이라고 생각했다. 고트프리트 빌헬름 폰 라이프니츠(Gottfried Wilhelm von Leibniz) 역시 오직 유효한 개념 배열들만을 생성하고 불합리와 실수를 영원히 추방할 수 있는 보편적인 논리 문법을 상상했다.

300년이 지난 지금도 우리는 여전히 실수를 저지르고, 수만 개의 자의적 기호들이 난무하는 바벨탑의 지방어들을 배우느라 오랜 세월을 보낸다. 왜 어떤 현대 언어도 조합 문법의 힘을 최대한 이용하지 못하고, 무원칙적이고 편협하고 기억하기 성가신, 어휘라는 이름의 상세 목록에 매달리는 것일까? 계몽주의 사상가들의 조합 설계 중 가장 유명한 존 윌킨스(John Wilkins)의 철학 언어(philosophical language)를 살펴보면 그 답이 분명해진다. 자의적인 이름은 윌킨스의 설계 감각에 대한 모욕이었으므로, 그는 자의적인 이름을 제거할 방법을 찾는 데 심혈을 기울였다. 그는 "우리는 사물의 이름을 학습함으로써 …… 그와 더불어 사물의 본질에 정통해야 한다."라고 썼다.

윌킨스는 1668년의 장황한 저작을 통해 우주를 범주, 하위 범주, 하위-하위 범주로 나누고 그 계통도를 구성하는 각 가지에 모음이나 자음을 하나씩 지정해 모든 사물에 비자의적 이름을 부여하는 체계를 제안했다. 그는 생각할 수 있는 모든 개념들을 40개의 범주로 분류하고, 첫 음절로 40개의 범주들을 식별하게 했다. 예를 들어 Zita라는 단어를 보자. 첫 번째 자음인 Z는 '감각을 가진 생물(동물)'을 나타내고, 그 뒤에 붙은 i는 '짐승(네발짐승)'을 의미한다. 두 번째 자음은 하위 범주를 나타낸다. 예를 들어 t는 육식성 육서 유럽갯과를 뜻한다. 그리고 마지막 모음은 종을 가리킨다. 결국 Zita는 개를 가리키는 이름이다. 이 체계를 따를 경우 우리는 2,000개의 이름을 추론할 수 있다. Zana는 비늘이 있고, 살이 붉은 하천 어류, 즉 연어를 가리킨다. Sibα는 공적인 군사 관계의 일종인 방어를 가리킨다. Debα는 궁극적 원소들 중 하나인 제1원소(불)의 한 부분인 불꽃을 가리킨다. Coba는 동족의, 경제적 관계에 있는 직계 조상, 즉 아버지를 가리킨다.

보르헤스와 에코가 윌킨스의 철학 언어를 깊이 있게 분석한 덕분에 우리는 왜 윌킨스 어가 누구에게도 환영받지 못하고 있는지를 알게 되었다.[12] 우선 사용자는 개를 나타내려 할 때마다 머릿속으로 일련의 계산을 수행해야 한다. 모든 모음과 자음이 저마다 의미를 가지고 있으며, 긴 추론에서 하나의 전제로 기능한다. 그 언어의 화자들은 문장의 모든 단어를 만날 때마다 스무 고개 놀이를 하면서 설명으로부터 실체를 추론해야 한다. 물론 화자들은 궁극적 원소들 중 제1원소의 한 부분은 불꽃이라는 식으로 간단히 답을 암기할 수도 있지만, 그것도 불꽃을 가리키는 단어는 불꽃이라고 암기하는 것보다 쉬운 방법은 아니다.

두 번째 문제는 하늘과 땅에는 윌킨스의 철학에서 상상하는 2,000개의 개념보다 더 많은 것들이 존재한다는 점이다. 윌킨스는 지수 법칙을 이해하고 단어들을 연장함으로써 이 문제를 해결하고자 했다. 그는 접미사와 연결사를 추가해 calf는 cow＋young으로, astronomer는 artist＋star로 표현할 수 있게 했다. 그러나 결국에는 이 방법을 포기하고, 그의 언어가 생성할 수 없는 개념에 대해서는 동의어를 사용하는 방법에 의존했다(coffin을 box로 나타낸 것이 그런 예다.). 윌킨스의 딜레마는, 그 체계를 확대해 모든 개념을 포괄하거나(그러면 훨씬 더 길고 거대한 단어 열들이 나올 것이다.), 자신이 경멸했던 암기 과정을 도입해 사용자들에게 가장 가까운 동의어를 외우게 해야 한다는 것이었다.

세 번째로, 논리 언어는 육신을 가진 생물들이 단어 열을 발음하고 이해할 때 겪을 수 있는 문제들을 외면하고, 순전히 정보-이론적 원리에 따라 단어를 조립한다는 문제가 있다. 완벽한 조합 언어는 mxyzptlk 나 bftsplk 처럼 발음하기 어려운 말을 만들어 낼 위험이 있기 때문에, 윌킨스를 비롯한 계몽주의 운동의 모든 언어 설계자들은 발음 가능성과 쾌음조(euphony, 듣기에 좋은 음질―옮긴이)를 위해 소중한 것들을 양보해야만 했다. 때때로 그들은 단어의 발음 가능성을 위해 모음과 자음을 뒤바꾸는 식의 변칙을 끌어들여 신성한 체계를 더럽히고는 했다. 또 자음과 모음이 번갈아 나타나야 한다는 식의 제한을 끌어들여 자신들의 체계를 불구로 만들기도 했다. 단어 내의 모든 짝수 위치에는 영어의 아홉 모음 중 하나가 들어가야 했고, 그로 인해 이 세계에 얼마나 많은 종이 존재하는가에 상관없이 많은 범주들(예를 들어 한 속에 포함된 생물종)이 9개로 제한되었다.

또 다른 문제는, 윌킨스의 단어에는 정보만 가득 차 있고 잉여에 의한 안전 요소는 없다는 점이다. 혀나 펜이 조금만 삐끗해도 어김없이 오해가 발생한다. 에코는 윌킨스 본인조차 Gɑpe(튤립)를 Gɑde(보리)로 잘못 사용했다고 지적했다.

마지막으로, 그 모든 효력이 합리적으로 발휘되지 못한다는 문제가 있다. 조합 체계의 장점은 지금까지 한번도 생각해 본 적이 없지만 언젠가는 말하고 싶을지 모르는 조합물들을 만들어 낸다는 것이다. 예를 들어 원소 주기율표라는 조합 체계는 화학자들에게 그때까지 발견되지 않았지만 표의 빈자리에 들어갈 화학 원소들을 찾을 수 있으리라는 영감을 불어넣었다. 조합 문법은 우리에게 조합의 세계, 즉 제비꽃이 붉을 수도 있고 사람이 개를 물 수도 있는 세계를 허락한다. 그러나 우리에게 친숙한 사물들과 행동들은 종종 특수한 종류들로 구성된 비조합성 목록을 형성한다. 단순히 그중 하나를 집어내고자 할 때, 조합 체계는 과도한 수단이 된다. 우리는 결코 '양에게 적개심을 품은 물고기'나 '비늘과 붉은 살을 가진 군사 작전' 같은 것을 언급할 필요가 없을 테지만, 윌킨스의 언어 조합 체계에서는 그런 언급을 허용한다. 일상적인 것들을 언급할 때에는 개나 물고기라고 말하는 것이 더 쉽다. 복잡한 분류법을 통해 개나 물고기를 집어내는 것은 어쨌든 너무 사치스러운 방법이다.

✲

월킨스를 비롯한 계몽 사상가들의 언어는 조합 문법에는 장점뿐만 아니라 단점도 있음을 보여 주는데, 이것은 인간 언어의 설계에 대한 우리의 이해를 넓혀 준다. 어떤 언어도 유의미한 모음들과 자음들이 기본 공식에 따라 온갖 단어들을 구성하는 윌킨스의 고안물처럼 작동하지 않는다. 계몽 사상가들의 조합 문법의 예를 살펴보면, 모든 언어가 화자들에게 수천 개의 자의적 단어들을 암기하도록 강요하는 이유를 쉽게 이해할 수 있다.[13] 많은 신체 기관들은 서로 모순되는 과제에 맞게 설계된 몇 종류의 세포 조직으로 이루어져 있다. 우리의 눈에는 밤에 주로 쓰이는 간상 세포와 낮에 주로 쓰이는 원추 세포가 있다. 근육에는 지속적인 운동을 위해 느리게 수축하는 섬유 조직과 갑작스러운 운동을 위해 빠르게 수축하는 근육이 있다. 인간의 언어 체계도 두 종류의 마음 조직으로 이루어진 것처럼 보인다. 그중 하나가 '단어들의 마음 사전(lexicon)' 이다. 여기에서 사람, 장소, 사물, 행동 들처럼 평범한 것들을 가리키는 동시에, 항목들을 기억에 저장하고 기억에서 인출하는 메커니즘이 이루어진다. 다른 하나는 '규칙들의 문법'이다. 여기에서는 사물들 간의 새로운 관계를 가리키는 동시에, 기호 열들을 조합하고 분석하는 메커니즘이 이루어진다.

그러나 인색한 과학자에게 단어와 규칙이라는 2개의 마음 메커니즘은, 하나가 되기에는 너무 많을 수 있다. 영국의 시인 윌리엄 엠프슨(William Empson)은 로마 철학자에 대해 다음과 같은 시를 남졌다.

> 루크레티우스는 반인반마를 믿을 수 없었네,
>
> 그런 자전거는 동시성이 없다고 보았으므로.
>
> (두 바퀴가 서로 일치하지 않는다는 뜻—옮긴이)[14]

오늘날의 회의론자들 역시 언어가 단어와 규칙이라는 두 메커니즘으로 설계된다는 것에 의심을 품는다. 단어와 규칙은 아마도 단일한 기능의 두 가지 작동 방식일지도 모른다. 간단하고 익숙한 생각들에는 우리가 단어라 부르는 짧은 소리들이 필요하고, 복잡하고 생소한 생각들에는 구와 문장이라 부르는 긴 소리들이 필요하다. 기계가 한 대뿐이어도 그 기계는 표현해야 하는 생각의 종류에 따라 짧은 소리를 낼 수도 있고 긴 소리를 낼 수도 있다. 또는 2개의 메커니즘이 따로 존재한다기보다는 기억과 조합이 하나의 연속체를 이루고, 그 연속체의 기억 쪽 말단에는 단어가, 조합 쪽 말단에는 문장이 있다고 보는 게 맞을 수도 있다.

각기 다른 장치가 단어와 규칙을 취급한다는 것을 입증하려면, 두 장치의 입력과 출력을 일정하게 유지할 필요가 있다. 우선 동일 종류의 생각들은 동일 종류의 말에 담긴다는 것을 보여 주는 두 종류의 표본이 필요하고, 이중 한 종류는 단어 배출기의 성능을 보여 주고 다른 종류는 규칙 조합기의 성능을 보여 주어야 한다. 나는 언어가 우리에게 그런 표본들을 제공한다고 믿는다. 우리는 그것을 규칙 동사와 불규칙 동사라고 부른다.

영어의 동사는 두 종류로 나뉜다. 규칙 동사는 동사의 끝에 '-ed'가 붙어 과거 시제형이 된다. 나는 오늘 조깅하고(I jog), 어제 조깅했다(I jogged). jog-jogged, walk-walked, play-played, kiss-kissed에서 볼 수 있는 것처럼 규칙 동사는 단조로울 정도로 예측이 쉽다(규칙 명사도 그와 비슷하게, cats와 dogs처럼 단어 끝에 복수 접미사 -s가 붙는다.). 규칙 동사는 또한 목록의 제한이 없다. 영어에서 규칙 동사는 수천 개일 수도 있고, (펼쳐 보는 사전이 얼마나 큰가에 따라) 수만 개일 수도 있으며, 시시때때로 새로운 것들이 추가되고 있다. 10여 년 전쯤에 fax가 널리 사용되기 시작했을 때, 아무도 그것의 과거 시제형에 대해 의문을 품지 않았다. fax의 과거형은 faxed이다. 이와 마찬가지로 spam(전자 우편이 넘치다.), snarf(파일을 내려받다.), mung(어떤 것을 손상시키다.), mosh(난장판으로 춤을 추다.), Bork(딩파성을 이유로 지명자의 자격에 이의를 제기하다.)와 같은 단어들이 영어에 편입될 때, 그 과거 시제형은 따로 설명할 필요가 없다. 모든 사람이 spammed, snarfed, munged, moshed, Borked일 것이라고 추론하기 때문이다.

모든 아이들이 그렇게 한다. 1958년에 심리학자 진 버코 글리슨(Jean Berko Gleason)은 4~7세 아이들을 대상으로 아래와 같은 절차에 따른 실험을 했다. 오늘날 그 실험은 'wug 테스트'라고 불린다.

아이들은 wug라는 것을 들은 적이 없었고, 둘 이상의 wug를 어떻게 표현해야 하는지도 들은 적이 없었으므로, 대답을 하지 못할 수도 있었다. 그런데도 "아이들은 쉽게 그리고 종종 확고하게 대답했다."라고 버코 글리슨은 썼다. 미취학 아이들의 4분의 3과 1학년 아이들의 99퍼센트가 공란을 wugs로 채웠다. 이와 마찬가지로, 새로 만들어 낸 rick, bing, gling이라는 단어와 각각 rick하거나 bing하거나 gling할 줄 아는 사람의 그림을 보여 주면서 어제 그가 그런 행동을 했다고 말하면, 대부분의 아이들은 그 사람이 ricked 했거나 binged 했거나 glinged 했다고 말했다.

이 단어들은 실험용으로 특별히 제작된 것이었기 때문에, 아이들은 실험실에 오기 전에 부모에게서 wugs나 binged라는 말을 듣지 못했을 것이다. 따라서 아이들은 방금 들은 말을 그대로 되풀

This is a wug.
(이것은 wug입니다.)

Now there is another one.
There are two of them.
These are two _____________.
(또 하나가 있네요.
두 마리가 되었습니다.
두 마리의 _____________ 가 있습니다.)

이하는 앵무새가 아니다. 또한 아이들은 실험실에 들어오기까지는 그 단어들을 알지 못했기 때문에, 그런 형태를 말했다고 부모로부터 보상을 받은 적도 없었을 것이다. 따라서 아이들은 스키너의 상자에 갇힌 비둘기처럼 자극에 따라 반응 횟수가 늘어나거나 줄

어드는 수동적 존재가 아니다. 현대적인 언어 연구의 개척자이자
버코와 동시대 사람이고 버코처럼 하버드-MIT 공동체에 속했던
놈 촘스키와 에릭 레니버그(Eric Lenneberg)는, 언어는 아이들의 마
음에 내재한 특수한 규칙-형성 메커니즘을 통해 능동적으로 습득
된다는 이론을 펼쳤다. 그리고 자신들의 이론을 뒷받침하기 위해,
규칙 동사의 과거 시제형 같은 단어 구조를 일반화하는 아이들의
능력을 지적했다.[15]

공교롭게도 모든 아이들은 버코 글리슨 류의 실험에 참가한
실험 대상들이다. 아이들은 종종 단어를 지어내거나 토막 내고,
또 새로 만들어 낸 동사를 과거 시제형으로 만들면서 즐거워한다.
아래에 몇몇 예가 있다.

spidered

lightninged

smunched

poonked

speeched

broomed

byed(went by)

eat lunched

cut-upped egg[16]

아이들은 또한 말 중간에 아래처럼 창조적인 실수를 저지르기도 한다(진하게 표시한 단어들이 아이들의 창조적인 실수이다.─옮긴이).

I **buyed** a fire dog for a grillion dollars(난 돈을 많이 주고 소방견을 샀다.).

Hey, Horton **heared** a Who(야, 호튼이 누군가의 소릴 들었어).

My teacher **holded** the baby rabbits and we patted them(선생님이 아기 토끼를 붙잡고 있었고, 우리는 토끼들을 쓰다듬었다.).

Daddy, I **stealed** some of the people out of the boat(아빠, 내가 그 배에서 몇 사람을 훔쳤어. 인형 몇 개를 훔쳤다는 뜻으로 추정된다.─옮긴이).

Once upon a time a alligator was eating a dinosaur and the dinosaur was eating the alligator and the dinosaur was eaten by the alligator and the alligator **goed** kerplunk(공룡은 악어를 먹고 있었는데 공룡이 악어한테 먹혔고 악어는 첨벙 했어.).[17]

이런 실수들을 통해 우리는 영어 동사의 또 다른 종류인 불규칙 동사를 보게 된다. 불규칙 동사의 과거 시제형은 단어 끝에 -ed가 붙은 형태가 아니다. 예를 들어 buy의 과거 시제형은 buyed가 아니라 bought다. 이와 마찬가지로 hear, hold, steal, go의 과거 시제형은 heard, held, stole, went다.

불규칙 동사는 거의 모든 면에서 규칙 동사와 대비된다. 규칙 동사들은 규칙적이고 예측 가능한 반면, 불규칙 동사들은 무질서하고 특별하다. sink의 과거 시제형은 sank이고, ring의 과거 시제형은 rang이다. 그러나 cling의 과거 시제형은 clang이 아니라 clung이다. think의 과거 시제형은 thank나 thunk가 아니라 thought다. 또한 blink의 과거 시제형은 blank나 blunk나 blought가 아니라, 규칙형인 blinked다. 언어 전문가인 리처드 레더러(Richard Lederer)는 「시제는 동사에 시간을 맞춘다(Tense Times with Verbs)」라는 시를 썼다.

The verbs in English are a fright.

How can we learn to read and write?

Today we speak, but first we spoke;

Some faucets leak, but never loke.

Today we write, but first we wrote;

We bite our tongues, but never bote.

Each day I teach, for years I taught,

And preachers preach, but never praught.

This tale I tell; this tale I told;

I smell the flowers, but never smold.

If knights still slay, as once they slew,

Then do we play, as once we plew?

If I still do as once I did,

Then do cows moo, as they once mid?

(영어의 동사들은 도깨비 같다.

읽고 쓰는 법을 어떻게 배울 수 있단 말인가?

오늘 우리는 speak 하지만, 처음에는 spoke 했다.

반면에 어떤 수도꼭지는 leak 하지만, 한번도 loke 한 적이 없다.

오늘 우리는 write 하지만, 처음에는 wrote 했다.

반면에 우리는 혀를 bite 하지만, 한번도 bote 한 적이 없다.

그리고 전도사들은 preach 하지만, 한번도 praught 한 적이 없다.

나는 이 이야기를 tell 하고, 전에는 told 했다.

반면에 나는 꽃향기를 smell 하지만, 한번도 smold 한 적이 없다.

만일 기사들이 요즘에는 slay 하고 과거에는 slew 했다면,

우리는 요즘에는 play 하고 과거에는 plew 했을까?

만일 내가 요즘에는 do 하고 과거에는 did 했다면,

소들은 요즘에는 moo 하고 과거에는 mid 했을까?)[18]

또한 규칙 동사들과 대조적으로 불규칙 동사들은 목록이 한정되어 있다. 근대 영어에는 불규칙 동사가 (세는 방법에 따라서) 약 150~180개뿐이고, 최근에는 단 하나도 추가되지 않았다.[19] 가장 젊은 불규칙 동사는 snuck 인데, 한 세기 전에 영어에 몰래 들어왔고 아직 순수주의자들에게 인정을 받지 못하고 있다.[20] 그리고 버코 클리슨의 연구에 참가했던 그 자유분방한 아이들은 불규칙 변화에는 완전히 쑥맥이었다. 86명의 아이들 중 단 한 명만이 bing 을 bang 으로 바꿨고, 또 다른 한 명이 gling 을 glang 으로 바꿨다.[21]

이 차이들은 간단한 이론을 암시한다. 규칙 동사의 과거 시제형은 아이들과 어른들의 마음에 자리 잡은 규칙의 산물이기 때문에, 소리가 예측 가능하고 자유롭게 생성된다. 그 규칙은 다음과

같다. "동사의 과거 시제형은 그 동사의 끝에 접미사 −ed를 붙여 만든다." 이 규칙은 앞에서 살펴보았던 축소 문법의 단어 구성 규칙들과 아주 비슷해 보일 것이다.

그리고 그와 비슷하게 생긴, 거꾸로 된 나무 구조를 만들어 낼 것이다.

이와 대조적으로 불규칙 동사들은 형태를 예측할 수 없고 목록이 한정되어 있다. 불규칙 동사들은 개별 단어로 기억되고 인출되기 때문이다. 불규칙 과거 시제형은 우리가 장미의 이름을 고찰할 때 봤던 마음 사전의 항목과 똑같을 것이다. 그것은 해당 동사

의 원형에 대한 항목과 연계되어 있고, 과거 시제형이라는 꼬리표
가 붙어 있을 것이다.

hold＿＿＿＿＿＿＿＿＿held

　　　소리: *hōld*　　　　　　　소리: *hĕld*

　　　의미: ✍　　　　　　　　의미: ✍

　　　품사: 동사(V)　　　　　　품사: 동사(V)

　　　　　　　　　　　　　　　시제: 과거 시제형

　같은 일을 하려는 두 메커니즘이 서로를 방해하지 않으려면
중간에서 어떤 것이 판결을 내려야 하는데, 그 원리는 아주 간단하
다. 만일 어떤 단어가 자신의 과거 시제형을 기억으로부터 제공할
수 있으면 규칙이 차단되고, 그렇지 않으면(부재하면) 규칙이 적용
되는 것이다.[22] 즉 어떤 단어의 특별한 과거 시제형을 기억할 수 있
으면 -ed가 붙는 규칙을 차단하고, 기억나지 않으면 -ed가 붙는
규칙을 적용하는 것이다. 이 원리의 전반부는 왜 우리 성인들이
holded와 stealed라고 말하지 않는지를 설명해 준다. 우리가 알
고 있는 held와 stole이 그 규칙을 차단해 -ed가 붙는 것을 막기

때문이다. 이 원리의 후반부는 왜 아이들과 어른들 모두가 Borked, moshed, ricked, broomed라고 말하는지를 설명한다. 어떤 동사의 과거 시제형의 형태가 기억에 없는 경우에는 규칙을 적용하는 능력이 발동한다. 덕분에 화자는 과거 시제형이나 복수형을 사용할 필요가 있으면 기억 탐색이 빈손으로 끝나도 결코 벙어리처럼 입을 다물지 않는다.

규칙 과거 시제형은 규칙을 통해 생성되고 불규칙 과거 시제형은 기계적으로 검색된다는 이론이 만족스러운 이유는, 그것이 두 패턴의 생산성 차이를 설명할 뿐만 아니라, 언어의 보다 더 큰 설계도와 잘 맞아떨어지기 때문이다.

얼핏 보기에 불규칙 동사들은 살아 있을 이유가 없다. 규칙을 따르지 않는 불량한 예외들을 왜 허용해야 하는가? 아이들이 귀여운 실수를 저지르게 하고, 유머러스한 시에 재료를 제공하고, 외국어를 공부하는 학생들에게 인생의 쓴맛을 보여 주는 것 외에 어떤 이득이 있는가? 우디 앨런(Woody Allen)의 단편 영화 「커글머스 에피소드(The Kugelmass Episode)」의 주인공 커글머스는 중년의 위기를 겪고 있는 인문학 교수이다. 그는 자신이 펼쳐 보는 책 속으로 들어가게 해 주는 마법의 캐비닛을 발견한다. 보바리 부인과 뜨거운 정사를 나눈 후에 그는 다른 소설책을 가지고 다시 한번 시도하지만, 이번에는 캐비닛이 고장 나는 바람에 『스페인 어 교정서(*Remedial Spanish*)』 속으로 내던져지고, 껑충한 다리로 추적해 오는 tener('to have'라는 뜻을 가진 스페인 어 동사)라는 덩치 크고 털이 많은 불규칙 동사를 피하기 위해 죽을 때까지 메마른 바위 지대를 뛰어다녔다."[23]

그러나 단어-규칙 이론을 적용하면, 진화가 우리에게 불규칙성을 해결하기 위한 특수 장치를 구비해 줬다고 가정하지 않아도 된다. 즉 불규칙성을 해결할 수 있는 특수 장비는 따로 필요없고 그냥 암기하면 되는 것이다. 불규칙 형태들은 그저 단어일 뿐이다. 만일 우리의 언어 능력에 단어를 암기하는 기술이 있다면, 과거 시제형을 함께 암기하는 것을 가로막을 장애물은 전혀 없다. 우리는 그것을 불규칙 동사라고 부르는데, 수만 개 또는 수십만 개의 항목이 있는 마음 사전에 단지 180개 정도만 추가하면 된다. 그러므로 불규칙 형태와 규칙 형태는 단어와 규칙이라는 두 하위 체계들의 불가피한 산물이며, 두 하위 체계는 똑같은 일, 즉 과거에 일어난 사건이나 상태를 표현한다.

규칙 과거 시제형과 불규칙 과거 시제형은 단어와 규칙의 장

단점을 유난히 돋보이게 한다. 그밖의 모든 점은 똑같기 때문이다. 즉 규칙 과거 시제형과 불규칙 과거 시제형은 둘 다 한 단어 길이이고, 둘 다 과거 시제라는 똑같은 의미를 전달한다. 규칙의 장점은 간결한 메커니즘으로 대량의 형태들을 생성한다는 점이다. 영어에서 그 절약 효과는 엄청나다. –ed, –s, –ing의 규칙들 덕분에 마음의 필요 저장 공간은 각 형태들을 따로따로 저장해야 할 때의 4분의 1로 줄어든다. 다른 언어들, 예를 들어 터키 어, 반투 어, 다수의 아메리카 원주민 언어에서는 각각의 동사로부터 활용형이 (시제, 인칭, 수, 성, 법, 격 등의 다양한 조합 때문에) 수백, 수천, 수백만 개 나올 수 있으므로, 그러한 절약은 필수불가결하다. 규칙은 또한 화자나 청자가 그때까지 기억에 저장할 기회가 없었던 새로운 단어(mosh, 격렬히 몸을 흔들며 춤추다.), 드문 단어(abase, 지위, 품격 등을 떨어뜨리다.), 추상적인 단어(abet, 범죄 등을 부추기다.)에도 과거 시제형(moshed, abased, abetted)을 공급한다. 반면에 규칙은 매우 자주 듣기 때문에 기억에서 검색하기 쉬운 단어들에도 필요 이상으로 강력한 힘을 발휘한다. 뒤에서 보겠지만 be, have, do, go say처럼 모든 언어에서 가장 일반적인 동사들은 항상 불규칙이다.

규칙에는 단어 체계상 불규칙 형태를 암기하도록 하는 또 다른 단점이 있다. 완벽한 언어를 설계하던 존 윌킨스가 고민했던 문제 중 하나는, 육체를 가진 인간이 그 규칙의 산물들을 발음하고 이해해야 한다는 점이었다. 어떤 개념을 정확하고 효과적으로 담아내는 소리 열이 있어도, 그것을 귀가 알아듣지 못하고 혀가 발음하지 못할 수 있다. 영어의 과거 시제 규칙도 마찬가지다. 규칙 형태의 꼬리를 아름답게 장식하는 섬세한 혀 놀림이 청자의 주의를 벗어나 청자가 재생해 낸 단어에서는 감쪽같이 증발해 버릴 수 있다. 그러면 suppose to, use to, cut and dry(supposed to, used to, cut and dried가 옳은 표현) 같은 문법 위반(solecism)이 발생하거나, 아래와 같은 문구가 생겨난다.

Broil Cod(구운 대구, Broiled Cod가 옳은 표현)

Use Books(Used Books가 옳은 표현)

Whip Cream(Whipping Cream가 옳은 표현)

Blacken redfish(재빨리 튀겨낸 연어, Blackened redfish가 옳은 표현)

Can Vegetables(Canned Vegetables가 옳은 표현)

Box sets(박스 세트, Boxed Sets가 옳은 표현)

Handicap Facilities Available(장애인 시설 이용 가(可), Handicapped

Facilities Available가 옳은 표현)

더 오래된 몇몇 표현에서는 -ed가 종종 생략되어 결국에는 아주 신중한 청자나 화자 사이에서도 -ed가 완전히 사라지는 일이 일어났다. ice cream(원래 iced cream이었다.), sour cream, mince meat, Damn Yankees가 그런 예들이다.[24] 이와 대조적으로 불규칙 동사들은 ring-rang, strike-struck, blow-blew에서처럼 모음이 바뀌는 경향이 있다. 이 모음 변화는 종소리처럼 분명하다.

이와 마찬가지로 규칙을 그렇게 강력하게 만드는 동사의 작은 측면에 우리가 부주의할 수 있다는 바로 그 점(소리가 친숙한 동사든 아니든 이것은 모든 동사에 적용된다.) 때문에 규칙은 불친절한 소리 뒤에 무턱대고 접미사를 갖다 붙일 수 있다. 그러면 edited 나 sixths처럼 귀에 거슬리고 발음하기 어려운 단어들이 나온다. 불규칙 형태 중에서는 이렇게 기괴한 단어들을 찾아볼 수 없다. 모든 불규칙 형태들은 grew나 strode나 clung처럼 앵글로색슨 단어의 모범적인 발음을 갖고 있어서 귀를 즐겁게 해 주고 혀를 부드럽게 해 준다.[25]

언어는 단어와 규칙에 의해 작동하는데, 단어와 규칙에는 저마다 장점과 단점이 있다. 불규칙 동사와 규칙 동사는 단어와 규칙의 장단점을 대조적으로 보여 주는 표본이다. 그것이 이 책의 주제지만 그로부터 뜻밖의 이야기들이 많이 등장할 것이다. 만일 아이들이 작은 새의 그림에 어떻게 이름을 붙이는지를 보는 것만으로, 우리가 알고 있는 세계에서 가장 복잡한 대상인 인간의 뇌에 대해 어떤 중요한 결론에 도달할 수 있다면 그보다 좋은 일은 없을 것이다. 규칙 동사와 불규칙 동사에 비추어 본 단어-규칙 이론은, 지난 수백 년 동안 이어져 온 마음은 어떻게 작동하는가라는 주제에 대한 격론의 마지막 라운드를 여는 모두 진술(opening statement)이다. 그것은 똑같이 독창적이지만 정면으로 대립하는 2개의 다른 이론을 낳았다. 철저한 조사는 각 이론에서 무엇이 옳고 그른지를 밝혀줄 것이고, 어쩌면 논쟁을 영원히 끝낼 수도 있다. 단어-규칙 이론은 영어와 관련된 많은 난제들을 해결했고, 아이들이 말을 배우는 방식, 언어들을 서로 다르게 만드는 요인들과 서로 비슷하게 만드는 요인들, 뇌가 언어를 처리하는 방식, 그리고 사물과 사람에 대한 개념의 본질을 밝혀 주었다. 그러나 그런 결론들에 도달하기 위해서는 먼저 규칙 동사와 불규칙 동사를 보다 강력한 확대경 밑에 놓고 자세히 살펴봐야 한다. 그곳에서 우리는 뜻밖의 지문(指紋)들을 발견하게 될 것이다.

2
언어학적 해부

규칙 단어와 불규칙 단어는 오래전부터 규칙을 잘 지키는 사람과 변덕쟁이를 빗대는 은유로 사용되어 왔다. 심리학 교재들은 breaked와 goed 같은 아이들의 실수를 증거로 제시하며, 인간은 패턴을 사랑하고 예외를 싫어하는 존재임을 증명하고, 아이들이 간단한 물리 법칙을 좀처럼 익히지 못하는 이유에서 어른들이 컴퓨터를 사용할 때나 질병을 진단할 때 실수를 범하는 이유에 이르기까지 모든 것을 설명하려 한다. 『1984』에서 조지 오웰(George Orwell)은 국가가 불규칙 동사를 금지하는 것은 인간의 정신을 압살하는 증거라고 말한다. 1989년 《뉴욕 서평 (*New York Review of Books*)》에 개인 광고를 낸 어느 여성은 불규칙 동사를 찬양하는 의미로 "당신은 불규칙 동사인가?"라고 묻기도 했다.

그러나 우리가 알고 있는 자연계의 속설들 중 많은 것들은 과학적으로 보면 틀린 것이다. 코끼리는 모든 것을 기억하지 못하고, 레밍은 집단 자살을 하지 않으며, 2개의 눈송이는 똑같을 수도 있고, 인간은 뇌의 5퍼센트 이상을 사용하고, 에스키모 사람들은 눈(雪)을 가리키는 단어를 100개씩이나 가지고 있지 않다. 규칙 동사와 불규칙 동사를 통해 언어 기능이 단어와 규칙에 의해 작동한다는 사실, 또 보다 일반적인 차원에서 마음이 찾아보기(lookup)와 연산(computation)을 통해 작동한다는 사실을 입증하기에 앞서, 먼저 두 종류의 동사를 더 자세히 살펴볼 필요가 있다.

규칙형들과 불규칙형들은 고립되어 존재하는 것이 아니라, 언어라는 살아 있는 통합 체계의 일부다. 이 장에서는 언어의 기관과 조직에 파묻혀 있는 규칙적인 굴절을 파헤쳐 볼 것이다. 다음 장에서 불규칙 동사를 다룰 때에는 또 다른 느낌이 들 것이다. 살아 있는 생물은 해부할 수 있지만, 죽은 지 오래되어서 기관들의 흔적만 남아 있는 생물은 발굴해서 조사해야 한다. 불규칙 동사를 탐구하는 과정에서 우리는 수천 년에 걸쳐 쌓인 여러 층의 역사적 침전물들을 차례로 걷어낼 것이다.

언어에 과연 해부학적 구조 같은 것이 있을까? 많은 사람들이 언어를 다음과 같이 생각한다. 우리는 의사 소통을 할 필요가 있고, 언어는 그 필요를 충족시킨다. 모든 생각에는 단어가 있고 반대로 모든 단어에는 생각이 있으며, 우리는 생각 사이의 관계를 나타내는 순서에 따라 단어들을 말한다. 만일 이 상식적인 견해가 사실이라면, 언어가 일종의 복잡계라고 말할 필요가 거의 없을 것이다. 복잡성은 의미에 있을 것이고, 언어는 단지 그 복잡성을 직접적으로 반영할 것이다.

이 장의 요지는 그러한 견해가 틀렸음을 보여 주는 것이다. 나는 규칙 동사들을 현미경으로 관찰해, 그것을 작동시키는 정교한 해부학적 구조를 드러낼 것이다. 언어의 의미는 물론 소리로 표현되지만, 그 과정은 단 한 단계로 이루어지지 않는다. 문장은 뒤에 나오는 그림에서처럼, 몇 개의 마음 모듈(module)로 구성된 생산 라인에서 조립된다. 첫 번째 모듈은 기억된 단어들의 저장고인 마음 사전이다. 두 번째는 단어 및 단어의 부분들을 결합해 더 큰 단어로 만드는 일단의 규칙들, 즉 형태론(morphology)이라고 불리는 모듈이다. 세 번째는 단어들을 결합해 구와 문장을 만드는 일단의 규칙들, 즉 통사론(syntax)이라 불리는 모듈이다. 세 요소들은 마음의 다른 부분들과 의미에 관한 메시지를 주고받으면서 해당 단어들을 화자의 의도에 일치시킨다. 언어와 마음의 이 상호 작용을 의미론(semantics)이라고 부른다. 마지막으로 조립된 단어, 구, 문장은 일단의 규칙을 거쳐, 말을 발음하거나 들을 때, 그것을 일련의 소리로부터 추출할 수 있는 소리 패턴으로 변신한다. 언어와 입, 귀의 이 상호 작용을 음운론(phonology)이라고 부른다.

많은 사람들이 마음을 상자와 화살표 그림으로 나타내는 것에 의심을 품는다. 상자의 칸막이와 화살표 방향은 종종 자의적으로 보이고 쉽게 고칠 수 있을 것처럼 보인다. 그러나 언어의 경우에 이 요소들은 현상들을 잘게 나누는 과정에서 튀어나오고, 9장에서 보겠지만 적어도 일부 요소들은 이제 살아 있는 뇌에서도 눈으로 직접 볼 수 있게 되었다.[1] 이 장에서는 단지 규칙 단어와 불규칙 단어만을 사용해, 언어학자들이 언어를 여러 부분으로 나눌 수 있게 해 준 발견들을 탐구할 것이다. 먼저 우리는 왜 마음 사전이 그 오른쪽에 놓인 형태론과 통사론이라는 두 규칙 상자와 다른지를 살펴볼 것이다. 그다음에 왜 형태론이 통사론과 다른 상자에 들어 있는지를 살펴보고, 마지막으로 왜 음운론과 의미론이 각기 다른 상자에 들어 있는지를 살펴볼 것이다.

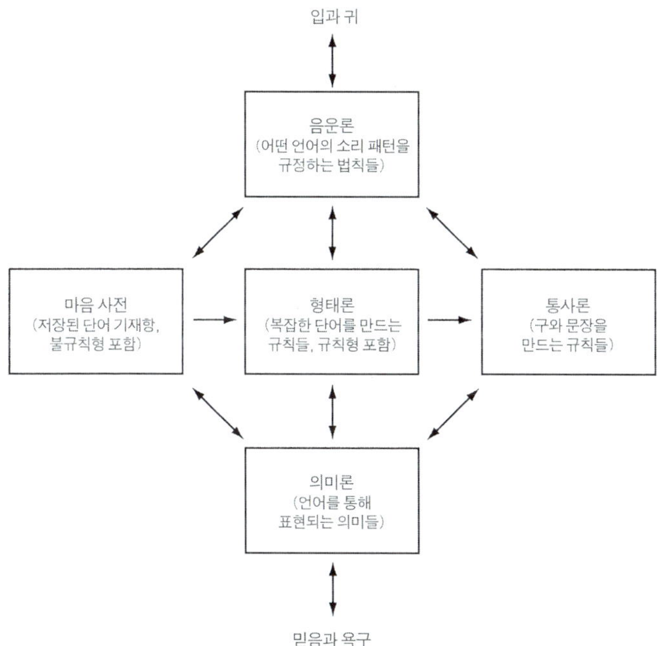

가장 쉽게 구분할 수 있는 상자들은 단어와 규칙이 담겨 있는 상자들이다. 앞 장에서 논의한 바에 따라 duck처럼 간단한 단어는 그림 왼쪽에 있는 마음 사전에 들어갈 것이 분명하다. 또한 "Daffy is a duck." 같은 문장은 분명히 그림의 통사론 규칙에 따라 조립될 것이다. 단어-규칙 이론에 따르면, swam 같은 불규칙

형태들도 마음 사전에서 나올 단어들이다. 그것들도 duck 만큼이나 자의적이기 때문이다. 그렇다면 quacked 같은 규칙 형태들은 어떨까? 그런 것들도 단어처럼 생겼고 단어처럼 들리지만, 나는 그것들이 마음 사전에 저장되어서는 안 된다고 주장하고 있다. 그것들은 단어처럼 여겨지지도 않지만, 가장 분명한 규칙의 산물인 문장처럼 여겨지지도 않는다.

문제는 단어(word)와 규칙(rule)이라는 용어가 일상적인 어법에 사용되고, 그래서 bug나 rock 같은 다른 일상어들처럼 과학적으로 애매하다는 것이다. 더 깊이 들여다보면, 단어라는 단어는 2개의 아주 다른 의미를 지니고 있다.[2] 첫 번째 의미는 단어의 일상적 개념과 일치한다. 즉 단어란 하나의 개념을 표현하고, 띄어쓰기와 띄어쓰기 중간에 일련의 철자로 인쇄되어 있으며, 다른 단어들과 결합해 구와 문장을 이룰 수 있는 것들이다. 어떤 단어들은 duck과 swam처럼 온전한 형태로 마음 사전에 저장되어 있고, 또 어떤 단어들은 quacked와 duck-billed platypus처럼 형태론 규칙에 따라 더 작은 조각들이 조립된 결과물이다. 이런 의미의 단어를 가리키는 전문 용어를, 통사론의 대상인 구나 문장과 구별하기 위해 형태론의 대상(morphological object)이라고 부른다.

단어의 두 번째 의미는 규칙에 따라 생성되지 않기 때문에 암기해야만 하는 소리 열이다. 어떤 기억된 토막들, 예를 들어 un-과 re- 같은 접두사와 -able과 -ed 같은 접미사는 첫 번째 의미에서의 단어보다 크기가 작다. 또 어떤 기억된 토막들, 예를 들어 관용구, 상투적 문구, 연어(連語) 같은 것들은 첫 번째 의미에서의 단어보다 더 크다. 관용구는 "eat your heart out (남몰래 고민하다.)."와 "beat around the bush(넌지시 떠보다.)."처럼 각각의 부분만 가지고는 의미를 계산해 낼 수 없고 일정한 구 전체가 있어야만 의미를 알 수 있다. 연어와 상투적 문구는 "gone with the wind(흔적도 없이 사라지다.)."나 "like two peas in a pod(꼭 닮은)"처럼 한 묶음으로 기억되고 한꺼번에 사용되는 단어 열이다. 사람들은 이런 표현들을 수만 개나 알고 있다. 언어학자 레이 재킨도프(Ray Jackendoff)는 참가자들이 몇 개의 철자들을 보고 익숙한 표현을 알아맞히는 텔레비전 퀴즈 프로그램을 본떠, 그런 표현들을 "행운의 수레바퀴 사전(the Wheel of Fortune lexicon)"이라고 부른다. 크기에 상관없이 암기해야만 하는 접두사, 접미사, 온전한 단어, 관용구, 연어 같은 토막들이 단어의 두 번째 의미다. 그것은 규칙과 대조를 이루는 단어의 의미이고, 내가 이 책의 제목을 정할 때 염두에 두었던 의미이기도 하다. 기억된 토막은, '목록에 포함된 부분으로서, 암기되어야 하는 항목'이라는 뜻에서 종종 **리스팀**(listeme, 등재소라고도 한다. ― 옮긴이)이라고 불린다. 따라서 이 책 제목은 리스팀과 규칙이 되어야 한다고 주장할 수도 있다.

그래서 walked는 첫째 의미에서는 단어(형태론의 대상)이고, 둘째 의미에서는 단어(리스팀)가 아니다. walked의 리스팀은 walk와 -ed다. 이 한 조각짜리 리스팀들, 즉 접두사, 접미사, 그리고 walk처럼 접사가 붙는 어간들을 형태소(morpheme)라고 부르는데, 이 말은 19세기 언어학자 보두앵 드 쿠르트네(Baudouin de Courtenay)가 "심리적 구조를 갖고 있고, 바로 그런 이유로 더 이상 나누어지지 않는 단어의 부분"[3]을 가리키기 위해 만든 용어다.

〜

규칙은 어떠한가? 왜 복잡한 단어(규칙 복수형과 과거 시제형 포함)를 만드는 형태론 규칙과, 구와 문장을 만드는 통사론 규칙을 구분하는가? 둘 다 생산적, 재귀적, 조합적 체계이며, 어떤 언어학자들은 그것들을 더 큰 체계의 두 부분으로 본다.[4] 그러나 모든 언어학자는 그것들이 동일하지 않다는 점을 인정한다. 이것은 언어학 개론 기말고사를 앞두고 있는 학생이 아니라면 그 누구도 흥미를 갖

지 않을 주제이지만, 그것은 지금까지 술집이나 늦은 밤 기숙사에
서 벌어지는 수많은 논쟁, 그리고 좀처럼 좁힐 수 없는 차이들을
낳은 원천이었다.

지나가는(pass by) 사람들을 가리키는 정확한 단어는 무엇일
까? passerbys일까, passersby일까? 초조한 약혼녀들은
mother-in-laws와의 첫 만남을 두려워할까, mothers-in-law
와의 첫 만남을 두려워할까(시어머니라는 뜻.—옮긴이)? 누가 리처드
닉슨에게 사임을 강요했을까? Attorney Generals이었을까,
Attorneys General이었을까(연방 정부의 법무 장관 또는 각 주 정부의 검찰
총장—옮긴이)? 아래에 실생활의 예들이 있다.

그래머 여사(Ms. Grammar)에게

프라이데이 나이트 커플스 대회에 참가한 한 회원이 …… 3번 홀과 5
번 홀에서 홀 인 원(hole in one)을 했습니다. 그는 두 번의 홀스 인 원
(holes in one)을 한 건가요, 아니면 두 번의 홀 인 원스(hole in ones)를 한
건가요? 우리 중 일부는 attorneys general, passersby와 같은 방식을
따라야 한다고 생각합니다. 이에 반대하는 반대편 사람들은 holes in
one이라는 표현은 골퍼가 한 샷으로 몇 개의 홀을 마친 것을 의미할

수 있다고 생각합니다. 이 내기에 다이어트 콜라 한 병이 걸려 있는데, 우리는 그래머 여사의 최종 판결에 따르기로 했습니다.[5]

Spoonfuls

"이제 잘게 썬 파슬리 두 큰 술(two tablespoons)을 넣고 10분 더 요리하세요. 그러면 메추라기가 부드러워질 겁니다." 요리법에서 인용한 문장이다. 메추라기는 신경도 쓰지 마라. 도대체 어떻게 큰 숟가락(tablespoon**s**)이 부드러워질 수 있는가? 그 단어는 비논리적으로 보일지라도 당연히 tablespoon**fuls**가 되어야 한다. spoonsful(한 숟갈 가득)이 등재되어 있는 사전도 있기는 하지만, 일반적으로 허용되는 말은 아니다.[6]

Gins and tonic

진 앤드 토닉(gin and tonic, 하이픈으로 연결하지 말아 달라.)의 시즌이 거의 끝났지만, 웨스트 락스베리의 조 갈레오타(Joe Galeota)는 아직도, 한 잔 더 마시고 싶을 때 어떻게 주문해야 할지를 알고 싶어 한다. "친구들은 알코올이 주성분이므로 그럴 때는 'gin**s** and tonic'으로 주문하라고 충고한다."라고 그는 썼다.[7]

Jack-in-the-Box

1887년에 도깨비 상자(Jack-in-the-Box, 뚜껑을 열면 인형이 튀어나오는 상자—옮긴이)가 나왔을 때 미국은 사상 최대의 위기에 직면했다. 도깨비 상자는 하룻밤 사이에 유명해졌고, 모든 사람이 "복수형이 뭐냐?"는 질문으로 골머리를 앓았다. 어떤 사람들은 "Jack-in-the-Box**es**!"라고 주장했고, 또 어떤 사람들은 "Jack**s**-in-the-Box!"라고 단호하게 주장했다. 내전이 터질 것만 같은 일촉즉발의 순간에 젝 켈프(Zeke Kelp, 닥터 수스의 동화에 등장하는 인물—옮긴이)의 십자군 전쟁으로 "Jack**s**-in-the-Box**es**"라는 타협안이 나왔다. 43년 동안 누구에게도 사의를 듣지 못한 켈프는, 뉴욕 시가 그의 이름을 새긴 소화전의 제막식을 거행하는 다음 주에야 명예를 얻을 것으로 보인다.[8]

물론 마지막 예는 실생활에서 나온 것이 아니라, 『닥터 수스 초기의 만화와 글 (*Early Cartoons and Writings of Dr. Seuss*)』에서 인용한 것이다. 다른 것들은 유명한 언어 칼럼니스트들의 글이다. Hole-in-one은 《애틀랜틱 먼슬리 (*Atlantic Monthly*)》에서 '단어 법정(Word Court)'을 주재하는 바버라 월래프(Barbara Walraff)가 그래머 여사라는 필명으로 게재한 글이다. Spoonful은 《뉴욕 타임스》

의 편집자이자, 「번스타인의 단어에 대한 생각(Bernstein on Words)」이라는 칼럼을 썼던 시어도어 번스타인(Theodore Bernstein)의 글이다. gin and tonic은 《보스턴 글로브(Boston Globe)》에 「단어(The Word)」를 연재했던 얀 프리먼(Jan Freeman)의 글이다.

명사의 복수형에 대해서는 의견이 분분하고, 사람들은 누구의 견해가 옳은지에 촉각을 곤두세운다. 순수주의자들은 -s가 명사 중간에 들어가야 한다고 주장하고(notaries public, runners-up), 현실 감각을 중시하는 사람들은 맨 뒤에 붙어야 만족한다(notary publics, runner-ups). '그래머 여사'는 단어 민원인들에게 기술적으로는 holes in one이 옳다고 충고하지만, "'두 번의 홀스인원(two holes in one)'은 오해의 소지가 있다."라고 덧붙인다. 그녀는 솔로몬처럼 a hole in one twice라는 대안을 제안하는 동시에, 콜라를 살 때에는 그냥 two Diet Cokes라고 하라고 충고한다.

내 목적은 인간의 마음이 어떻게 언어를 처리하는가를 이해하는 데에 있으므로 딱히 정답은 없다. '올바른' 용법에 대한 대부분의 논쟁은 문법의 논리성보다는 관습과 권위의 문제인데(나의 책인 『언어 본능』의 「언어 전문가」를 보라.), 특히 이런 논쟁에서는 양쪽 모두가 문법의 논리성을 갖추고 있다. 그들의 노고는 마음 사전, 형태론, 통사론의 차이에서 비롯되고, '마음은 모든 언어 열을 기억에 저장된 토막과 법칙에 종속된 결합물의 혼합으로 분석한다.'라는 이 책의 주제를 설명하는 예가 된다. 사람들이 하나의 표현을 복수형으로 만드는 방법은 암암리에 그것을 어떻게 분석하는가, 즉 단어로 분석하는가 구로 분석하는가에 달려 있다.

단일어의 복수 접미사는 끝에 붙는다. 한 명은 girl이고 두 명은 girl**s**다. 그렇다면 cowgirl처럼 두 단어로 이루어진 복합어는 어떻게 될까? 그때에도 접미사는 끝에 붙어서, two cow**s**girl이나 two cow**s**girls가 아니라 two cowgirl**s**가 된다. 이것은 cowgirl에서 girl이라는 단어가 특별하기 때문이다. girl은 그 단어의 핵어이고(cowgirl은 결국 girl이다.), 그래서 의미를 결정할 때와 복수형을 결정할 때 단어 전체를 대표한다. 따라서 −s는 girl에 붙는다. 구에도 핵어가 있으며, 구의 핵어도 의미를 결정하고 복수형을 책임진다. 그러나 여기에서 우리는 형태론의 산물인 단어와 통사론의 산물인 구의 중요한 차이를 발견하게 된다. 구에서 핵어는 오른쪽이 아니라 왼쪽에 놓인다. 만일 당신이 두 명 이상의 이파네마 출신 여자(more than one girl from Ipanema, 핵어 =girl)를 만났다고 해 보자, 그들은 girl from Ipanema**s**가 아니라 girl**s** from Ipanema다. 단어에서는 복수 접미사가 끝에 붙고, 구에서는 복수 접미사가 중간에 있을 수 있다(girls from Ipanema).[2]

시어머니 논쟁에 불이 붙은 것은 영어의 특별 사양 때문이다(mother-in-law, mother-in-law는 '장모'를 뜻하기도 하지만 이 책에서는 편의상 '시어머니'로 통일해 번역했다.—옮긴이). 때때로 구는 긴 단어로 재탄생한다. 예를 들어 아침에 술이 덜 깬 사람은 입에서 bottom-of-the-birdcage taste(새장 바닥 맛)이 난다고 투덜거릴 수 있다. 'bottom of the birdcage'라는 구가 한 단어로 묶여 taste를 수식하고 있다. 구로 이루어진 단어가 새롭고 신선할 때에도 화자는 여전히 단어에 포함된 그 구의 해부 구조를 지각할 수 있다. 예를 들어 bottom-of-the-birdcage라는 수식어를 해부하면 그것이 새장 바닥처럼 더러운 어떤 것을 의미한다는 것을 이해할 수 있다.

그러나 그 구가 한 단어로 여러 번 사용되면, 원래 의미가 기억에서 퇴색할 수 있다. 구 내부의 경계들이 지워져 한 덩어리가 되고, 화자는 더 이상 그 부분들을 감지하지 못한다. 어느 누구도 더 이상 Thursday를 Thor's Day(토르의 날, 토르는 북유럽 신화에서 천둥의 신—옮긴이)로 생각하거나, breakfast를 breaking a fast(단식을 그치다. 하루 중 가장 처음 갖는 식사—옮긴이)로 생각하지 않는다. 근대 영어에는 한때는 구나 복합어였지만 이제는 하나로 결합해 단일어처럼 인식되는 수천 개의 표현이 있다. business(busy-ness), Christmas(Christ's Mass), spinster(one who spins, 혼기를 놓친 사람—옮긴이)가 그런 예들이다. 물론 그런 결합은 하룻밤 사이에 또는 한 날 한 시에 모든 화자에 의해 발생하는 것이 아니다. 일정 기간 동안 어떤 화자들은 Christmas를 여전히 Christ's Mass로 들은 반면, 또 어떤 화자들은 그것을 휴일의 자의적인 이름으로 들었을 것이다. 이와 마찬가지로 오늘날 연로한 화자들은 awesome에서 awe(경외)를 듣는 반면 젊은 화자들은 그 단어 전체를 good의 동의어로 듣는다.

우리의 논쟁에 오르내리는 대부분의 복수형은 처음에는 구였다가 나중에 단어가 된 것들이다. 오래전에 사람들은 이렇게 생각했을 것이다. "저 여자분은 나의 mother in reality(진짜 어머니)가 아니라 (교회법에 따른) mother in law(법률상 어머니)야." 그러나 '배우자의 어머니'라는 개념을 표현하기 위해 하나의 단어가 필요했고, 그래서 결국 그 구는 단어로 분석되기 시작했다. "저 여자분은 나의 mother-in-law(시어머니)야." 다음의 구들에서도 그와 비슷한 결합이 일어났다.

Jack is in the box → That is a *Jack-in-the-box*.

Phyllis completed that hole in one shot → She got a *hole-in-one*.

Barry passed by → He is a *passerby*.

I set aside a spoon full of parsley → I set aside a *spoonful*.

만일 일부 화자들의 귀에 아직도 단어에 포함된 구가 들린다면, 그들은 복수형 표지를 구의 핵어에 붙일 마음이 들 것이고, 그 결과 two mother+s in law, Jack+s in a box, hole+s in one, passer+s by, spoon+s full이라고 말할 것이다. 그러나 만일 화자들이 마음속에서 그 단어들을 하나로 묶으면, 그들은 복수형 표지를 맨 뒤에 붙일 마음이 들 것이고, 그래서 motherinlaw+s, jackinthebox+es, passerby+s, holeinone+s, spoonful+s라고 말할 것이다.

이것은 구를 듣는 사람들이 그 표현들을 곧이곧대로(예를 들어 mother-in-law를 '법에서 인정하는 어머니'로) 해석하거나, 구를 못 듣는 사람들이 그 표현들을 오래된 자모음 열로 취급해서가 아니다. 둘 다 분명히 그 표현들을 익숙한 단어로 구성된 복합어로 인식한다. 그것은 단지, 구를 듣는 사람들이 그 표현들을 하나로 이어붙일 때 서로 다른 종류의 연결 조직을 생성하기 때문이다. 자기 자신을 son**s**-in-law (사위)라고 소개하는 사람은 mother를 mother-in-law라는 구의 핵어로 들을 것이고(왼쪽 나무), 자신을 son-in-law**s**로 소개하는 사람들은 작은 단어들로 구성된 하나의 큰 단어로 들을 것이다(오른쪽 나무).

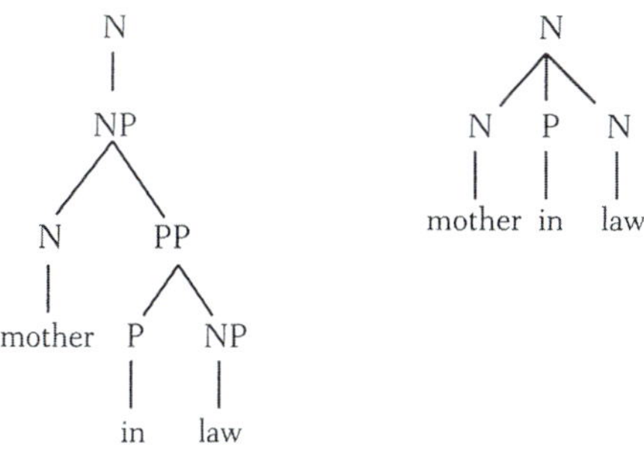

우리는 in-law가 들어간 표현들이 이미 단어로 응결되었음을 보여 주는 증거를 in-law라는 '우산 단어(umbrella word, 전체를 포함하는 단어라는 뜻임.—옮긴이)'에서 찾을 수 있다. 그것은 "The in-laws are coming over."에서처럼 단독으로 사용될 수 있고, 일반적인 방법으로 복수형이 된다. 오늘날 널리 사용되는 구들 중 많은 것들이 언젠가는 불분명하게 뭉뚱그려져서 단어가 될 가능성이 아주 높다. 그러면 복수 접미사가 끝에 붙을 것이다. 어느 날 사람들이 grant-in-aid**s**(보조금), bill of lading**s**(선하 증권), work of art**s**(예술 작품)라고 말해도 놀라지 마라(현재는 grant, bill, work에 **s**가 붙는 것이 옳은 표현이다.—옮긴이).

소리 열은 하나지만, 마음속으로 나무를 그리는 방법은 둘이라는 이 양면성은 아래의 기사로 촉발된 논쟁의 시발점이 되었다.

모 본(Mo Vaughn)이 3할의 타율, 40개에 가까운 홈런, 100타점(100RBIs) 이상으로 시즌을 끝내는 동안, 마이크 피아자(Mike Piazza)는 지난 해의 성적인 타율 3할 6푼 2리, 홈런 40개, 124타점(124RBIs)에 크게 못 미치고 있다.[10]

인조 잔디와 지명 타자를 개탄하는 야구 순수주의자들은 복수형 RBIs 때문에도 분개한다. 'run batted in'의 두문자어인 RBI는 안타를 친 결과로 얻은 득점수를 가리킨다. 한 점의 RBI와 또 한 점의 RBI는 'two runs batted in'이고, runs batted in의 두문자어 역시 RBI이므로, 피아자가 작년에 올린 타점은 124RBIs가 아니라 124RBI가 되어야 한다. (순수주의자들은 야구 해설자들이 ribbies라는 대안을 내놓아도 화를 풀지 않는다.) 그러나 순수주의자들은 언어가 발전하는 과정에서 두문자어도 구처럼 진정한 단어로 변할 수 있음을 알지 못한다. TV, VCR, UFO, SOB, PC가 그런 예들이다. 일단 두문자어가 단어가 되면, 복수 접미사를 뒤에 붙이는 것을 포함해 그것을 단어로 취급하지 못할 이유가 없다. 어느 누가 three JP**s**, nine SOB**s**, five POW**s** 대신 three JP(Justices of the peace, 치안 판사), five POW(prisoners of war, 전쟁 포로), nine SOB(sons of bitches)라고 말하겠는가?

또 다른 난제는 governor**s**-general(총독), solicitor**s**-general(주 법무 장관), attorney**s**-general(주 검찰 총장)이다. 핵어가 왼쪽에 있는 것으로 보아, 우리에게 그 복수형들을 물려준 화자들은 그 단어들을 구로 분석한 것이 분명하다. 사실 governor-general은 general governor, 즉 여러 명의 지사를 거느린 총독이다. 문제는, 왜 그들은 총독을 그냥 general governor라고 부르지 않았을까 하는 것이다. 어쨌든 영어에서 형용사는 핵어 명사 뒤가 아니라 앞에 오지 않는가? 이에 대한 답은 다음과 같다. 그 단어들은 정치와 관련된 다른 많은 용어들처럼 1066년 윌리엄 1세의 침공 이후 영국이 수세기 동안 노르만 인의 통치를 받을 때 프랑스어에서 빌려온 것들이다. 프랑스 어에서 형용사는 États-Unis(United States)와 chaise longue(long chair, 영어의 chaise lounge(등받이가 비스듬한 긴 의자—옮긴이)로 와전됨.)처럼 핵어 명사 뒤에 올 수 있다. 검찰 총장이라는 말은 『옥스퍼드 영어 사전』에는 1292년에 처음 기재되었다. "Tous attorneyz general purrount lever fins et cirrographer(모든 검찰 총장은 세금을 징수하고 조서를 작성할 수 있다.)." 이 단어들을 언제까지나 노르만 프랑스 어를 쓰던 화자들이 마음속으로 분석했던 것처럼 분석해야 한다고 주장하는 사람은 또한 우리가 두 명 이상의 major general(소장)을 majors general로 불러야 한다고 주장할 것이다. major-general은 원래 general major(프랑스 어 major-général)에서 왔기 때문이다. 오래전 우리의 언어학 선조들은 프렌치 커넥션(French connection, 프랑스 마약 밀매 조직을 뜻하기도 한다.—옮긴이)을 잊고 general을, 수식하는 형용사에서 수식받는 명사로 재해석했다.

따라서 만일 당신이 attorney-generals, mother-in-laws, passerbys, RBIs, hole-in-ones라고 말한 것에 누군가가 이의를 제기하면, 당신은 "그것들은 현대적인 major general에 딱 들어맞는 사례"라고 응수할 수 있다. 그것들은 구를 단어로 재해석해서 나온 것들인데, 그런 재해석은 영어사의 보편적인 발전 방향이자, 우리가 언어 열들을 의미와 직접 연계된 소리가 아니라 일종의 나무 구조로 취급한다는 것을 보여 주는 좋은 증거다. 동일한 소리에 대해 각기 다른 나무를 그리는 사람들은 의미가 같아도 그 소리 열을 다른 방식으로 사용할 것이다.

이제 형태론 상자를 들여다보자. 형태론은 파생(derivation, duck-feathers나 unkissable처럼 기존 단어로부터 새 단어를 만드는 규칙들)과 굴절(inflection, 문장에서의 역할에 맞게 단어를 변경하는 규칙들. 언어 선생님들이 활용 및 곡용이라 부르는 것)로 나뉜다.

영어의 굴절은 언어학자들 사이에서 따분한 주제로 유명하다. 다른 언어들은 문법의 조합 능력을 이용해 각각의 명사와 동사로부터 놀라울 정도로 많은 형태들을 만들어 낸다. 스페인 어나 이탈리아 어 동사는 약 50가지 형태를 띨 수 있다. 1인칭, 2인칭, 3인칭, 단수형과 복수형, 현재 시제형, 과거 시제형, 미래 시제형, 직설법, 가정법, 조건문, 명령형, 분사, 부정사 등이다. 아프리카와 아메리카 대륙의 언어들처럼 인도-유럽 어족에 속하지 않는 언어들은 훨씬 더 생산적이다. 예를 들어 반투 어인 키분조(Kivunjo) 어에서는 하나의 동사에 접두사와 접미사가 붙어 50만 개에 이르는 조합물이 나올 수도 있다.[11] 그러나 영어 화자들은 단 4개로 연명한다.

open

opens

opened

opening

이상한 일이지만 영어 문법에는 동사의 네 가지 역할만 있는 것이 아니다. 최소한 13개의 역할이 있지만 영어 문법은 동사들에게 네 가지 형태만을 나눠 준다. 접미사가 너무 비싸서 영어 설계자들이 어떻게든 낭비를 최소화하려 했던 것은 아닐까 하는 생각이 든다.

　첫 번째 접미사는 묵음인 -ø로, 어간인 open에 붙이면 변화된 형태인 open이 나온다. 여러분은 이상하게 여길 것이다. 도대체 왜 화자들은 마치 환각에 빠진 것처럼 단어 끝에서 가상의 접미사를 볼까? 그 이유는 그것이 동사의 본질이 드러나 있고 접미사가 붙을 수 있는, 마음 사전 속의 최소 단위인 어간과, 구체적인 인칭과 수와 시제를 가진 그 동사의 특수한 형태를 구분해 주기 때문이다. 영어에서 어간과 동사로 쓰인 to open 과 I open 은 똑같은 소리가 나기 때문에 그것들이 한 동사의 이형들이라는 사실이 드러나지 않는다. 다른 언어들의 경우에 사전에 등재되어 있는 동사 원형은 발음하기가 불가능하다. 예를 들어 스페인 어 화자들은 canto, cantéis, canten 등을 말하고, 그 말들의 어근이 cant-라는 것은 알지만, 그 어근만을 발음하지는 못한다. 이렇게 어근은 발음할 수 있는 동사형들과는 또 다른 것이므로, 영어에서도 비록 두 형태의 소리는 같지만 그 차이는 보존할 가치가 있다(to open 대 openø).

영어에서 접미사 –ø은 동사의 네 변화에 쓰인다.

현재 시제, 3인칭 단수를 제외한 모든 경우: I, you, we, they *open* it.

부정사: They may *open* it, They tried to *open* it.

명령형: *Open*!

가정법: They insisted that it *open*.

접미사 –s 는 한 가지 목적에만 쓰인다.

현재 시제, 3인칭 단수: He, she, it *opens* the door.

접미사 –ing 는 최소한 네 방식으로 쓰인다.

진행 분사: He is *opening* it.

현재 분사: He tried *opening* the door.

동사적 명사(동명사): His incessant *opening* of the boxes.

동사적 형용사: A quietly-*opening* door.

마지막으로 네 가지 일을 하는 우리의 친구 –ed가 있다.

과거 시제: It *opened*.

완료 분사: It has *opened*.

수동 분사: It was being *opened*.

동사적 형용사: A recently-*opened* box.[12]

어떻게 사람들은 똑같은 소리를 가진 동사형들을 이렇게 구분하는 것일까? 첫째, opened 같은 형태를 필요로 하는 구들 사이에 공통점이 전혀 없기 때문이다. -ed의 행동을 포착하려면 우리는 4개의 구 유형들을 따로따로 열거하는 수밖에 없다. 둘째, 규칙 동사에서는 귀에 들리지 않는 차이들이 불규칙 동사에서는 들리는데, 이것은 영어 화자들이 말을 할 때 그 차이들을 등록한다는 것을 보여 준다. 불규칙 동사 중 약 3분의 1이 어간, 과거 시제, 완료 분사에 각기 다른 형태를 사용한다. I sing, I sang, I have sung/I eat, I ate, I have eaten. 몇몇 동사들은 더 큰 차이를 보여, 분사에는 사용하지 않고 동사적 형용사에만 사용하는 특별한 형태를 갖고 있다(a newly wedded couple, a drunken sailor, a shrunken head, rotten eggs). 사람들은 They have **wedded**가 아니라 They have **wed**라고 말하고, He has **drunken**이 아니라 He has **drunk**라고 말하고, It has **shrunken**이 아니라 It has **shrunk**라고 말하고, The eggs have **rotten**이 아니라 The eggs have **rotted**라고 말한다. 그리고 어떤 동사에는 무려 8개의 형태가 있다.

부정사, 가정법, 명령형: To *be* or not to *be*, Let it *be*, *Be* prepared.

현재 시제, 1인칭 단수: I *am* the walrus.

현재 시제, 2인칭 단수, 전 인칭 복수: You/we/they *are* family.

현재 시제, 3인칭 단수: He/she/it *is* the rock.

과거 시제, 1인칭 및 3인칭 단수: I/he/she/it *was* born by the river.

과거 시제, 2인칭 단수, 전 인칭 복수 & 가정법: The way we/you/they *were*, If I *were* a rich man.

진행 분사, 현재 분사 및 동명사: You're *being* silly, It's not easy *being* green, *Being* and Nothingness.

완료 분사: I've *been* a puppet, a pauper, a pirate, a poet, a pawn and a king.

이와 마찬가지로 명사의 경우에도 각기 다른 문법 형태들이 소수의 접미사를 사용한다. 아무것도 붙지 않은 어간 dog는 단수형 dog+ø와 구별되어야 한다. dogcatcher는 들개 한 마리만 잡는 것이 아니고, dog lover 역시 개 한 마리만 사랑하는 것이 아니기 때문이다. 이 복합어들 속의 dog는 개 일반을 가리키고, 따라서 단수형인 a dog과 의미가 다르다. 복수형 dogs는 -s를 사용하는데, 우리는 "She opens the door."의 동사 체계에서 이미 -s를 보았다. 소유격 형태인 dog's(단수)와 dogs'(복수)도 그 접미사를 사용한다. 세 종류의 명사형, dogs, dog's, dogs'는 구두법만 다르다.

지금까지의 장황한 설명은 영어의 규칙적 굴절이 놀라울 정도로 단순하다는 것을 말해 준다. 모든 굴절은 접미사로 이루어진다. 접두사는 어떤 문법적 역할에도 사용되지 않고, 그밖에 다른 방식으로 단어를 장식하거나 조작하는 경우도 없다. 그리고 어느 단어에든 많아야 1개의 굴절 접미사가 붙는다. 우리는 절대로 opensed나 opensing이라고 말하지 않는다. 또한 복수의 소유자들이 어떤 것 하나를 소유하고 있다고 해서 the dogs's(dogzez) blanket처럼 복수형 -s와 소유격 's를 겹쳐 쓰지 않고, the dogs' blanket이라고 말한다. 마지막으로 접미사를 구성하는 각각의 소리 요소는 독자적인 생명력을 갖고 있어서, 단지 한 역할에만 노예처럼 봉사하는 것이 아니라 여러 개의 동사형들이나 명사형들 또는 둘 다와 결합한다. 이것으로 보아 우리는 영어 화자들이 '과거 시제형을 만들려면 동사 끝에 -ed를 붙여라.' 같은 17개의 장황한 규칙을 사용하는 것이 아니라, 단 하나의 규칙을 사용한다고 생각할 수 있다.[13] 앞에서 소개한 단순 규칙 '단어는 어간과 그 뒤에 붙는 접미사로 이루어질 수 있다.' 가 그것이다. 그밖의 모든 세부 사항들은, 접미사는 단어 항목처럼 마음 사전에 기재항으로 저장되어 있다는 전제로 해결할 수 있다. 그것은 아마 다음과 같을 것이다.

　　　-ed

　　　　소리 : d

　　　　품사 : 접미사

　　　　용도 1 : 동사의 과거 시제

　　　　용도 2 : 동사의 완료 분사

　　　　용도 3 : 동사의 수동 분사

　　　　용도 4 : 동사에서 나온 형용사

　　17개의 장황한 규칙들을, 엄격한 규칙 하나와 접미사당 하나 꼴인 4개의 마음 사전 기재항으로 압축하면, 우리는 잉크를 절약할 뿐만 아니라 마음의 언어 구조를 들여다볼 수 있는 약간의 통찰을 얻을 수 있다. 영어는 명사 곡용과 동사 활용에 존재하는 17개의 슬롯에 ib-, tra-, ka- 등의 접두사와 -og, -ig, -ab 등의 접미사를 넣음으로써 17개의 서로 다른 형태를 사용할 수도 있다. 그러나 그 대신 그 슬롯들은 몇 개의 소리(-ø, -ed, -s, -ing)와 하나의 위치(동사 바로 뒤)를 공유한다. 융합(syncretism)이라고 불리는 이 인색함은 모든 언어에서 발견된다. 융합은 단어를 조성하는 형판에 대해(예를 들어, '단어=어간+접미사'), 단어에 부가되는 소리 조각에 대해(-s,

-ed, -ing), 그 부가물들이 수행하는 역할에 대해(예를 들어, 복수형, 분사, 명령형) 마음이 따로따로 계산한다는 것을 보여 준다.[14] 영어의 과거 시제형 같은 특수한 구조는 다른 구조들에도 사용되는 부분들을 끌어 모아 결합한 일종의 믹스앤드매치(Mix-and-Match)의 산물이다. 왜 언어들이 접미사를 재활용하는 방법과 단어를 변경하는 다른 여러 방법들을 좋아하는지를 아는 사람은 없다. 기억 공간을 절약하기 위해서는 분명 아닐 것이다. 절약 효과가 미미하기 때문이다. 어쩌면 청자가, 단어가 단순한 어간인지 어간과 접미사가 결합한 것인지를 알아볼 수 있도록 하기 위해서인지도 모른다. 목적이야 어떠하든 융합은 우리에게 언어 체계의 혈액에는 조합이 흐른다는 것을 보여 준다. 심지어 가장 작은 접미사도 더 작은 부분들의 조합물이다.

한 가지 형태가 여러 가지 역할을 하는 융합은 각 소리가 하나의 의미를 갖고 또 반대로 각 의미가 하나의 소리를 갖는, 상상할 수 있는 가장 간단한 체계에 대한 일종의 위반이다. 언어에는 하나의 역할이 여러 개의 형태를 갖는 식의 또 다른 종류의 위반이 만연한데, 언어학자들은 그것을 '이형태 현상(allomorphy)'이라고 부른다.[15] 규칙 동사의 과거 시제 접미사를 예로 들어보자. 그것은 혹시 접미사들이 아닐까? 철자는 항상 -ed지만, 그것은 세 가지로 발음된다. walked에서는 t로 발음되고, jogged에서는 d로 발음되고, patted에서는 ɨd로 발음된다. 이때 ɨ는 '슈와'라는 중립 모음이다. 우리는 규칙 복수형에서도 이형태 현상을 발견한다. 즉 접미사 -s가 cats, dogs, horses처럼 세 가지 형태를 띤다(발음상 s, z, iz의 세 가지—옮긴이).

그렇다면 실제로는 3개의 과거 시제 접미사와 3개의 복수 접미사가 있는 것일까? 몇몇 언어에서는 어쩔 수 없이 그런 성가신 결론에 도달하게 된다. 예를 들어 네덜란드 어 화자들은 명사 끝부분의 소리에 따라 -en과 -s 중 하나를 규칙 복수형으로 골라 쓴다. 그러나 영어의 3종 변화는 언어학자 아널드 츠위키(Arnold Zwicky)와 앨런 프린스(Alan Prince)가 밝힌 원리에 따라 더 간단하게 설명할 수 있다. 3개가 아닌 1개의 과거 시제 접미사가 마음 사전에 저장되어 있고, 그와 별개로 존재하는 1개의 모듈이 그 발음을 처리한다. 그것은 한 언어의 소리 패턴 또는 악센트를 규정하는 음운론 규칙들이다.[16]

왜 우리는 과거 시제 접미사를 발음할 때, walked에서는 t로,

jogged에서는 d로, patted에서는 ɨd로 발음할까? 그것은 완전히 예측가능한 선택이고, 다음과 같은 일련의 규칙으로 표현할 수 있다.

1. 만약 동사가 t 나 d로 끝나면, ɨd를 사용한다(예를 들어 patted 와 padded).

2. 만약 그렇지 않고, 동사가 무성 자음, 즉 p, k, f, s, sh, ch, th처럼 성대가 울리지 않는 자음으로 끝나면, t 를 사용한다(예를 들어 tapped, walked, sniffed, passed, bashed, touched, frothed).

3. 그밖의 모든 동사에는 d를 사용한다. played, glowed처럼 모음으로 끝나거나, l, r, m, n, b, g, v, z, j, zh, th처럼 유성 자음으로 끝나는 동사들(예를 들어 smelled, marred, slammed, planned, scrubbed, pegged, saved, buzzed, urged, camouflaged, bathed).

이것은 마치 세법의 조항처럼 들린다. 보다 더 친절하게 설명할 수는 없을까? 첫째로 주목해야 할 것은 이 규칙들이 과거 시제에 한정되지 않는다는 점이다. -ed를 사용하는 다른 구조들도 마찬가지다.

	t	d	ɨd
과거 시제:	kicked	flogged	patted
완료 분사:	has kicked	has flogged	has patted
수동 분사:	was kicked	was flogged	was patted
동사적 형용사:	a kicked dog	a flogged horse	a patted cat

동사 체계와 완전히 무관한 곳에도 3종 변화를 일으키는 -ed 구조가 있다. 그것은 'X'를 의미하는 명사를 'X를 갖고 있는'을 의미하는 형용사로 바꾼다.

	t	d	ɨd
명목상 형용사:	hooked	long-nosed	one-handed
	saber-toothed	horned	talented
	pimple-faced	winged	kindhearted
	foulmouthed	moneyed	warm-blooded
	thick-necked	bad-tempered	bareheaded

규칙 복수형 -s 역시 hawks, dogs, horses에서 들을 수 있는

것처럼 세 가지 형태를 띤다. 그 변화는 과거 시제와 무서울 정도로 똑같다. 명사가 마찰음 s, z, sh, zh, j, ch로 끝나면, ɨz를 사용한다. 만약 그렇지 않고 명사가 무성 자음으로 끝나면, s를 사용한다. 그밖의 모든 명사에는 z를 사용한다. 사실 이 패턴은 복수형뿐만 아니라 다른 −s 접미사에도 나타난다.

	s	z	ɨz
복수형:	hawks	dogs	horses
3인칭 단수형:	hits	sheds	chooses
소유격:	Pat's	Fred's	George's

이 변화는 심지어 −s가 진짜 접미사가 아닌 경우에도 일어난다. 영어 화자들은 종종 동사 has, is, does를 각각의 마지막 자음으로 단축시켜 그것을 주어 끝에 갖다 붙인다(예를 들어 Mom's left 나 Dad's home처럼). 물론 그 단축형은 명사가 어떻게 끝나느냐에 따라 세 가지로 발음된다.

	s	z	ɨz
has:	Pat's eaten.	Fred's eaten.	George's eaten.
is:	Pat's eating	Fred's eating.	George's eating.
does:	What's he want?	Where's he live?	

이것이 다가 아니다. 영어에는 몇몇 방언과 은어에서 별명을 만들 때 사용하는 감정사(感情詞, affective) -s가 있다. Pops, Moms, Fats, Pats, Wills(각각 아저씨, 엄마, 뚱뚱보, Pat, Will의 호칭이다.—옮긴이)가 그런 예들이다. -s는 또 bonkers(머리가 이상한)와 nuts(쯧쯧)처럼 감정이 배어 있는 속어에도 나타나는데, 그 -s는 batty(머리가 돈)와 wacko(괴팍스러운)를 만드는 -y 및 -o와 비슷하다. (때로는 두 접미사가 함께 사용되어, Patsy, Bugsy, Mugsy(셋 다 이름), footsie(걸음마), fatso(뚱뚱보), Ratso(이름) 같은 단어들을 만든다.) 우리는 unawares(뜻밖에), nowadays(오늘날에는), besides(게다가), backwards(뒤로), thereabouts(그 근처에), amidships(선체 중앙에) 같은 부사형에서도 또 다른 형태의 -s를 본다. s의 마지막 용도는 huntsman(사냥꾼), statesman(정치가), kinsman(혈족의 사람), bondsman(노예), Scotsman(스코틀랜드 사람), grantsmanship(연구비 획득 방법)에서처

럼, 복합어 속의 두 단어를 연결하는 무의미한 연계 역할이다. 그리고 이 모든 -s 들은 선행하는 자음에 따라 s 나 z 로 발음된다(세 번째 열에는 마땅한 예가 떠오르지 않는다.).

	s	z	ɨz
감정사:	Pops, Patsy	Wills, bonkers	
부사형:	thereabouts	towards, nowadays	
복합어 연계:	huntsman	landsman	

이렇게 우리는 동일한 3종 변화 또는 2종 변화를 일으키는 15개의 접미사를 보았다. 41개의 접미사가 우연히 나란한 15개의 집합에 들어맞는다는 것은 너무 지나친 우연이다. 그보다는 일단의 규칙들이 3종 변화를 만들어 내고 그 규칙들이 최소 15가지 상황에 적용된다고 보는 것이 타당하다.

똑같이 놀라운 또 다른 우연이 접미사들을 관통한다. 만일 위의 어미 변화가 낡은 'if ~ then' 규칙들에서 나온다면, 모든 종류의 어간-접미사 쌍이 생겨날 것이다. 예를 들어 '모음 a 와 e 뒤 또는 자음 th 와 g 뒤에는 d 를 사용하라.' 'k 뒤에는 d 를 사용하라.'

등이다. 그러나 규칙들은 그보다 훨씬 법칙적이다. 무성 자음 뒤에는 t 소리가 오고, t 자체도 무성음이다. 유성음 뒤에는 d 소리가 오고, d 자체도 유성음이다. −s 접미사들도 똑같이 카멜레온 같은 행동을 보인다. 무성 자음 뒤에는 무성음 s가 오고, 유성 자음 뒤에는 유성음 z가 온다. 마치 어떤 것이 한 단어 끝부분의 자음들을 일치시키고 있는 것처럼 보인다. 단어 끝의 자음들은 모두 유성음이거나 모두 무성음이다.

실제로 그 어떤 것이 있는데, 그것은 바로 영어의 소리 패턴이다. 영어는 결코 화자들에게 한 자음을 위해 성대를 켜고 다음 자음을 위해 성대를 끄는 일, 또는 그 반대의 일을 강요하지 않는다. 우리는 몇 개의 자음으로 끝나는 단어들에서 그런 제한의 효과를 볼 수 있다. 그 단어들은 접미사가 붙은 것이 아니라 그냥 그렇게 만들어진 것이다. 따라서 그 속에 존재하는 어떤 소리 패턴도 접미사 규칙으로부터 생겨났다기보다는 영어 화자들이 일반적으로 좋아하는 발음 방식에서 생겨난 것으로 봐야 한다. 그런 단어들 중 단 하나를 제외한 모든 단어에서 성대 스위치는 '꺼짐' 위치에 그대로 머물 수 있다.

k(무성음) 뒤:	s 는 올 수 있다.	z 는 올 수 없다.
	ax, fix, box	—
	t 는 올 수 있다.	d 는 올 수 없다.
	act, fact, product	—
p(무성음) 뒤:	s 는 올 수 있다.	z 는 올 수 없다.
	traipse, lapse, corpse	—
	t 는 올 수 있다.	d 는 올 수 없다.
	apt, opt, abrupt	—
t(무성음) 뒤:	s 는 올 수 있다.	z 는 올 수 없다.
	blitz, kibitz, Potts	—
s(무성음) 뒤:	t 는 올 수 있다.	d 는 올 수 없다.
	post, ghost, list	—

adze 라는 단어에서 성대 스위치는 '켜짐' 위치에 그대로 머문다.

d(유성음) 뒤:	s 는 올 수 없다.	z 는 올 수 있다.
	—	adze

어떤 영어 단어도 zt, gs, kz, sd에서처럼 성대 스위치가 켜짐과 꺼짐을 오가는 것은 없다.

그러나 자음 열의 발음을 고려하지 않고 무조건 단어 끝에 접미사를 갖다 붙이는 무자비한 형태론 규칙이 있다면 그렇게 발음하기 어려운 덩어리들이 생길 것이다. 어떤 규칙이 walk 뒤에 d 소리를 붙이거나 dog 뒤에 s를 붙일 때 바로 그런 일이 일어난다. 영어는 다른 종류의 규칙을 통해 그런 불편한 잘못된 짝짓기들을 제거한다. 그 규칙은 이렇게 말한다. '한 음절 끝에 자음군이 있으면, 마지막 자음의 발성을 바로 왼쪽에 있는 자음과 일치시켜라.' 다시 말해 kz는 ks로, pd는 pt로 바꾸는 것이다(유성음/무성음의 일치를 말하는 것임. 예를 들면 무성＋유성인 kz를 무성인 왼쪽 자음 k와 일치시킨 ks로 바꾸라는 말.—옮긴이). 이 규칙은 해당 음절이 과거 시제 접미사, 복수 접미사, has의 단축형, 별명을 만드는 -s 중 어느 것에 의해 형성되었는지에는 신경을 쓰지 않는다. 그것은 일단 음절이 조립된 후에, 이른바 음운론이라 불리는 후속 모듈에서 시행된다.

우리는 이제, 마음 사전에 저장된 접미사는 -d인데 walk 뒤에 붙으면 t로 전환된다고 말할 수 있을까, 아니면 저장된 접미사는 -t인데 jog 뒤에 붙으면 d로 전환된다고 말할 수 있을까? 탐정

놀이로 이 문제를 해결할 수 있다. 모든 소리가 자기 뒤에 오는 자음에 신경을 쓰지는 않는다. 뒤에 오는 자음에 신경을 쓰는 소리들은 공기 흐름이 차단되는 자음들, 즉 p, b, t, d, k, g, s, sh, ch, z, zh, th다. 그러나 모음들 그리고 모음 같은 자음들인 r, l, n, m은 뒤에 무엇이 오든 신경을 쓰지 않는다. 아래의 단어에서처럼 그것들은 s와 z, t와 d를 모두 묵인한다.

n 뒤:	s는 올 수 있다.	z도 올 수 있다.
	fence	lens
	t는 올 수 있다.	d도 올 수 있다.
	lent	lend
r 뒤:	s는 올 수 있다.	z도 올 수 있다.
	force	furze
	t는 올 수 있다.	d도 올 수 있다.
	fort	ford
l 뒤:	s는 올 수 있다.	z도 올 수 있다.
	pulse	Stolz
	t는 올 수 있다.	d도 올 수 있다.

	guilt	guild
모음 뒤:	s는 올 수 있다.	z도 올 수 있다.
	niece	sneeze
	t는 올 수 있다.	d도 올 수 있다.
	goat	goad

지금 우리는 접미사들이 자신의 색깔을 제대로 낼 수 있는 자유로운 환경을 보고 있다. 거기서 우리는 무엇을 발견하게 될까? 그 순결한 접미사들은 −t와 −s가 아니라 −d와 −z로 발음된다는 것이다.

n 뒤:	s라고 말하지 않는다.	z라고 말한다.
	—	grins(grĭnz), pins(pĭnz)
	t라고 말하지 않는다.	d라고 말한다.
	—	grinned
r 뒤:	s라고 말하지 않는다.	z라고 말한다.
	—	wears(wĕrz), cores(kŏrz)
	t라고 말하지 않는다.	d라고 말한다.

		feared
l 뒤:	s라고 말하지 않는다.	z라고 말한다.
		calls(kȯlz), balls(bȯlz)
	t라고 말하지 않는다.	d라고 말한다.
		smiled, well-heeled
모음 뒤:	s라고 말하지 않는다.	z라고 말한다.
		flees(flēz), fleas(flēz)
	t라고 말하지 않는다.	d라고 말한다.
		flowed

우리가 walked와 cats처럼 선택적인 소리를 가진 단어에서 듣는 -t와 -s는 규칙의 산물인 것이 분명하다.

마지막으로 patt**e**d와 hors**e**s에 들어 있는(이제까지의 유성음화 및 무성음화 일치와는 완전히 다르다.—옮긴이) 우스운 모음은 어떠한가? 여기에서도 소리의 변화는 무계획적인 파괴 행위가 아니다. 그 모음은 t나 d 뒤에 d가 올 때, 그리고 s나 z 뒤에 z가 올 때 나타난다. 그 특별한 모음을 불러오는 단어의 끝이 접미사 자체와 발음이 비슷한 것으로 보아 그것은 분명 우연의 일치가 아니다. 분명히 어떤 규칙이 너무 비슷한 자음들을 갈라놓기 위해(t와 d, d와 d, s와 z, z와 z, sh와 z 사이에) 모음을 끼워 넣고 있는 것이다. 많은 언어에서 형태론 규칙 때문에 동일하거나 거의 동일한 두 자음이 일렬로 늘어서게 되면, 음운론 규칙들이 팔을 걷어붙이고 나서는데, 아마도 그런 것을 발음할 자연스러운 방법이 없기 때문일 것이다. 어떤 언어에서는 두 번째 자음을 탈락시키고, 또 어떤 언어에서는 둘을 합쳐 하나의 긴 자음으로 만들고, 영어를 비롯한 어떤 언어에서는 두 자음 사이에 모음을 끼워 넣는다. 발성을 조율하는 규칙처럼 모음을 끼워 넣는 규칙도, 다양한 접미사에 딸려 있는 규칙들과 독립적으로 음운론 모듈 속에 존재하는 것이 분명하다. 그 규칙은 자신이 어떤 종류의 접미사를 조작하는지에 무관심하기 때문이다.

심지어 우리는 두 규칙 중 어느 것이 먼저 적용되는지, 즉 발성 상태를 바꾸는 규칙이 먼저인지 모음을 끼워 넣는 규칙이 먼저인지를 추론할 수도 있다. 발성 규칙(무성음화 규칙)은 서로 인접한 자음들로 인해 촉발되고, 모음 규칙은 인접한 자음들을 갈라놓는다. 만일 발성 규칙이 먼저라면, pat+d가 pat+t로 바뀌고 그런 다음에야 모음이 삽입되어, păt∙it가 생겨날 것이다.

형태론:　　　　pǎt+d

↓

무성음화:　　　　pǎt+t

↓

모음삽입:　　　　pǎt+ɨ+t

그러나 우리는 그렇게 발음하지 않고, pǎtɨd로 발음한다. 이것은 모음 규칙이 먼저 적용되어 patted를 생성했음을 의미한다. 이제 발성 규칙은 일을 할 필요가 없다. 발성 규칙을 촉발할 td 배열이 갈라져 버렸기 때문이다.

형태론:　　　　pǎt+d

↓

모음삽입:　　　　pǎt+ɨ+d

↓

무성음화:　　　　촉발되지 않음

이 순서는 음운론 모듈이 어떻게 구성되어 있을지를 생각해 보면 쉽게 이해할 수 있다. 음운론 모듈에는 자모음들을 편집해 단어를 조성하는 규칙들(고유의 음운론)과, 그 열을 실제 소리 또는 근육 운동으로 전환하는 규칙들(음성학)이 있다. 모음 삽입 규칙은 단어를 구성하는 재료에 주요한 변화를 일으키므로 첫 번째 하위 부문에 속한다. 발성 규칙은 근육을 위해 마지막 순간에 발음을 조정하므로 두 번째 하위 부문에 속한다.[17]

이것으로 과거 시제 접미사의 세 이형들에 대한 분석이 완료되었다. 처음에는 단어의 어떤 말미 뒤에 어떤 접미사가 와야 할지를 지정하는 41개의 규칙이 필요했지만, 이제 단 2개의 규칙으로 끝을 맺었다. 무엇보다, 그 규칙들이 무슨 일을 하는지, 왜 그런 일을 하는지, 어떤 순서로 그 일을 하는지를 영어의 소리 패턴에 비추어 이해할 수 있게 되었다. 사실 이런 종류의 '층상(層狀, layering)'은 전 세계 모든 언어에서 발견된다.

덧붙이자면 -ed와 -s의 세 형태가 음운론 규칙에 따라 생성된다는 것을 보여 주는 완전히 다른 종류의 증거가 있다. 몇몇 심리 언어학자들은 호주머니에 수첩과 연필을 갖고 다니면서 말실수를 들을 때마다 그것을 기록한다. 사람들은 1,000단어에 한두 번꼴로 말실수를 저지르는데, 많은 실수들이 자음이나 모음을 삭제하거나, 되풀이하거나, 뒤바꾸는 경우다.[18] 세 번째 종류의 실수를 두음 전환(頭音轉換)이라고 하는데, 옥스퍼드 뉴칼리지의 학장이었던 윌리엄 스푸너(William Spooner, 1844~1930년)를 기리기 위해 '스푸너리즘(Spoonerism)'이라는 이름으로 불린다. 스푸너는 "Our queer old dean, You have hissed all my mystery lessons and tasted the whole worm, It is now kistomary to cuss the bride." 같은 놀라운 표현들을 만들어 냈다(각각 "Our dear old queen. / You have missed all my history lessons and wasted the whole term. / It is now customary to kiss the bride."가 맞는 표현—옮긴이). 너무 멋진 표현들이라 과연 사실일까 하는 생각이 들지만, 나는 실제로 그와 비슷한 말실수를 들은 적이 있다. 내가 한 과학 심포지엄에서 발표를 마쳤을 때 의장은 심포지엄을 마무리할 목적으로 "I would like to spank the speakers."라고 말했다('나는 연사들의 엉덩이를 때리고 싶다.'는 뜻이다. 'I would like to thank the speakers(나는 연사들에게 감사드리고 싶다.)"가 맞는 표현이다.—옮긴이). 그리고 내가 한 친구에게 새 콘도미니엄이 어떠냐고 묻자 그는 "It seats my nudes."라고 대답했다(그것은 내 알몸을 앉힌다는 뜻이다. 'It suits my needs(그것은 내 필요에 딱 맞는다.)."가 맞는 표현이다.—옮긴이).

말실수는 언어 체계가 어떻게 조직되어 있는지에 대한 단서를 제공한다. 예를 들어 어떤 사람이 grapefruits를 말하는 중에 우연히 t를 생략한다면, 그는 그 복수형을 어떻게 발음할까? 만일 -ss로 발음되는 별개의 복수 접미사가 있다면, 그는 grapefrooss로 발음할 것이다. grapefruit 기재항의 t가 그것을 요구할 것이기 때문이다. 그러나 실제로는 모음으로 끝나는 단어에 합당하게 복수 접미사를 z로 발음해 grapefrooz라고 말한다.[19] 이와 마찬가지로 사람들은 "The infant tucks the nipple."이라고 말할 때 tuck+z가 아니라 touches로 발음하거나, "Did you buy enough breakfasts."라고 말할 때 breakfass가 아니라 breakfas+z로 발음할 것이다. 우리는 이런 말실수들을 통해, 접미사의 형태는 명사나 동사의 자모음들이 발성 준비를 마친 다음에야 계산된다는 것을 알 수 있다.

영어에서 단자음 접미사들을 그 단자음 접미사와 비슷한 단어 말미와 떼어 놓는 규칙이 처음부터 늘 있었던 것은 아니다. 우리의 현행 체계는 근대 영어가 출범한 17세기경에 시작된 재조직화의 결과다. 그 이전까지 접미사 -ed와 -s는 단어 뒤에서 그냥 t나 d 또는 s나 z로 발음되지 않고, 항상 모음과 함께 발음(그리고 표기)되었다. 그런데 수세기 전부터 영어 화자들은 단어 첫 음절에 강세를 집중시켰고, 그 결과 뒤쪽 음절들이 위축된 상태에서 화자들은 많은 단어에서 접미사의 모음을 생략하기 시작했다. 작가들은 모음이 삭제된 자리에 생략 부호를 써 넣는 방식으로 새로운 발음에 주의를 환기시켰다. 아래는 "운명이 어긋난 연인들(a pair of star-cross'd lovers)"에 관한 셰익스피어의 희곡에서 인용한 글이다(『로미오와 줄리엣』 서문——옮긴이).

Death, that has suck'd the honey of thy breath,

Hath no power yet upon thy beauty:

Thou art not conquer'd; beauty's ensign yet

Is crimson in thy lips and in thy cheeks.

(그대의 숨결을 앗아간 죽음도

그대의 아름다움을 앗아가진 못했구려.

죽음이 그대를 정복하지 못했소.

그대의 붉은 입술과 뺨은 여전히 아름답소.)

영어의 수호자들은 다른 모든 변화에 대해서처럼 이 변화에 대해서도 개탄을 금치 못했다. "영국 언어를 바로잡고, 개선하고, 조사하기 위한 제안"에서 조너선 스위프트(Jonathan Swift)는 다음과 같이 말했다.

> 각하께서는 'drudg'd', 'disturb'd', 'rebuk'd', 'fledg'd'를 비롯해 시는 물론이고 산문에서 수시로 마주치게 되는 1,000여 개의 그런 단어들에 대해 어떻게 생각하시는지요? 그렇게 모음을 생략하고 한 음절을 절약함으로써 만들어진 소리는 너무나 귀에 거슬리고 발음하기도 어렵기 때문에, 나는 종종 어떻게 그런 것이 통용될 수 있을까 의심하고는 합니다.

그와 같은 시대에, 형태소를 반영하는 방식으로 영어 단어의 철자를 표준화하고 있던 새뮤얼 존슨(Samuel Johnson)은, 'd와 -ed가 동일한 형태소임을 알아보고 철자상의 차이를 없애 양쪽 다 ed로 쓰게 만들었다.[20] 왜 그가 -ed의 e는 전면적으로 남겨두기로 결정했으면서도, -s를 쓸 때에는 발음에 따라 e를 함께 쓰거나 e를 빼고 쓰기로 결정했는지(maps와 masses)는 분명하지 않다.

그 낡은 음절 접미사는 오늘날 소수의 형용사에 살아 있다.

accursed(고발된), aged(늙은), beloved(사랑하는), bended(on bended knees(무릎을 꿇고)라는 표현에서 온 '무릎을 꿇은'이라는 뜻), blessed(은혜로운), crooked(구부러진), cussed(고집스러운), dogged(완강한), jagged(깔쭉깔쭉한), learned(박식한), naked(벌거벗은), ragged(남루한), wicked(사악한), wretched(애처로운) 등이다(지방 사투리에 몇 개 더 있다. forkèd, peakèd, streakèd, stripèd 등이다.).[21] 이들 중 많은 것이 고풍스럽거나 시적이고, 주로 자의식적인 말투에 쓰인다. 아동 언어를 연구하는 심리학자 멜리사 바우어만(Mellissa Bowerman)은 네 살 난 딸과 자연사 박물관을 구경하러 가는 것을 두고 아래와 같은 대화를 주고받았다.[22]

어머니(장난스럽게): Maybe you'll see something **wingèd**(아마 날개 달린 것도 있을 거야.).

딸: Maybe we'll see something **snakèd**(아마 꿈틀거리는 것도 있을 거야!)!

지금까지 우리는 구와 문장을 만드는 통사론 상자를 왜 단어를 만드는 형태론 상자와 구분해야 하는지를 보았다. 또한 단어들을 주물러서 발음 가능한 소리 열로 만드는 음운론 상자가 왜 통사론, 형태론, 마음 사전과 구분되어야 하는지도 보았다. 그러나 왜 우리는 의미론(언어로 표현된 생각들) 상자와 마음 사전 상자를 구분해야 할까? 규칙 동사와 불규칙 동사의 차이를, 하나는 형태론 상자에 넣고 다른 하나는 마음 사전 상자에 넣지 않고, 두 종류 동사의 의미상 차이로 축소할 수는 없을까? 더 나아가 소리와의 고리와 의미와의 고리를 갖고 있는 기억 속의 주소, '마음 사전의 기재항'을 언급할 필요가 있을까? 혹시 중간 상인을 배제하고 생각과 소리를 직접 연결할 수는 없을까? 인간의 마음에 사전의 표제어 같은 것이 있음을 시사하는 몇 가지 사실을 살펴보자.

첫째, 영어의 불규칙 동사들은 단순히 명료함을 극대화하려는 공동의 노력에서 생겨난 것이 아니다. 규칙형들보다 불규칙형들이 평균적으로 기본형과 더 잘 구별되는 것은 사실이지만(bring은 brought와 소리가 다르고, take는 took과 소리가 다르다.), 많은 불규칙형들이 다음 예에서처럼 기본형과 동일하다. "Today I hit, yesterday I hit. Today I put, yesterday I put." 예를 들어 "On Wednesday I cut the grass."라는 문장은 지난 수요일, 다음 수요일, 매주 수요일을 모두 의미할 수 있다. 만일 cut이 규칙 동사라면 그런 양의성은 절대로 발생하지 않을 것이다. "On Wednesday I cutted the grass."라는 문장이 있다면, 지난 수요일을 정확하게 집어낼 것이다. 그러나 잠재적인 양의성에도 아랑곳하지 않고 28개의 영어 동사는 과거 시제에도 고집스럽게 불변으로 남는다.

또한 불규칙 동사는 의미와도 별 상관이 없다. 많은 동사들이 의미는 비슷하지만 과거 시제형은 완전히 다르다. 예를 들어 hit, strike, slap은 모두 때리는 것을 가리킨다. hit은 과거 시제에 변화가 없는 불규칙 동사다. "Today we hit golf balls, Yesterday we hit golf balls." strike는 모음이 변해서 struck가 되는 불규칙 동사다. slap은 과거 시제형이 slapped가 되는 규칙 동사다.

비슷한 의미와 상이한 과거 시제형을 가진 동사들이 있는가 하면, 다양한 의미와 동일한 과거 시제형을 가진 동사들도 있다. 영어에는 언어학자들이 경동사(light verb)라고 부르는 동사 유형이 있는데, come, go, do, take, have, set, get, put, stand가 여기에 속한다. 일반적인 동사에 비해 경동사는 속이 덜 차 있다. 즉 경동사는 특정한 의미가 정해져 있는 것이 아니라, 특히 in, out, up, off, over, around 같은 불변화사(어형 변화를 하지 않는 단어를 통틀어 이르는 말—옮긴이)와 조합을 이루면서 수십 개의 의미를 띤다.

come(오다.), come around(동의하다.), come into(물려받다.),
come(오르가슴에 이르다.), come off as(-처럼 보이다.),
come out(동성애자임을 밝히다.), come to(깨어나다.)

go(가다.), go out with(데이트하다.), go nuts(미치다, 발광하다.),
go in for(마음먹다.), go off(터지다.), go off(상하다.)

do(하다.), do in(죽이다.), do up(장식하다.),
do a number on(압도하다.), do lunch(함께 먹다.)

take(가지고 가다.), take in(속이다.), take off(출발하다.),
take in(맞이하다.), take over(빼앗다.), take up(착수하다.),
take a leak(오줌 누다.), take a bath(목욕하다.),
take a walk(산책하다.), take a look(보다.)

have(가지고 있다.), have(먹다.), have(유혹하다.),
have a heart(동정하다.), have over(대접하다.),
have a cow(성을 내다.)

get(얻다.), get(되다.), get over(이겨내다.), get out(누설하다.),
get off on(즐기다.), get a life(또 한 번 기회를 갖다.)

set(놓다.), set off(폭발시키다.), set up(맞추다.), set up(속이다.),

set up(시작하다.), set right(바로 잡다.), set the stage(준비하다.)

put(놓다.), put off(미루다.), put off(혐오감을 갖게 하다.),

put one over on(속이다.), put down(모욕하다.), put

down(안락사시키다.), put in for(신청하다.), put out(끄다.),

put out(성가시게 하다.), put out(섹스에 응하다.)

stand(서다.), stand out(두드러지다.),

stand up for(옹호하다.), stand in(대역을 맡다.), stand off(피하다.)

그러나 모든 경우에 이 동사들은 불규칙 과거 시제형을 유지한다. 예를 살펴보자. Barney came around, Barney came out, Barney came off as(결코 comed로 변하지 않는다.), Joan took him in, Joan took a bath, Joan took over(결코 taked로 변하지 않는다.). 서로를 이어 주는 의미론적 끈이 아무리 빈약해도 모든 의미들이 동일한 불규칙 과거 시제형과 일렬로 행진한다. 마음은 예를 들어 took과 같은 불규칙 소리를 한 단어의 의미와 직접 연결하는 것이 아니라 그 단어의 어근(일반 사전에 굵은 글씨로 표기되어 있는 표제어처럼 마음 사전에 등록되어 있는 하나뿐인 주소로, 그 주소 아래에는 몇 개의 의미가 나열되어 있

음.)과 연계시킨다.[23]

동일한 어근과 서로 다른 접두사를 가진 단어 군에서 훨씬 더 흥미로운 증거를 볼 수 있다. 접두사가 붙은 단어들은 어간의 과거 시제형을 유지한다. eat-ate 는 overeat-overate가 되고, make-made 는 remake-remade가 된다. 이것은 별반 놀랍지 않다. 우리는 누구나 overeat라는 단어 안에서 eat를 듣기 때문이다. 결국 overeating(과식)은 eating(먹는 일)의 일종이고, 다시 말해 너무 많이 먹는 것이기 때문이다. 그런데 정말 놀라운 것은, 조합물의 의미가 애매할 때에도 그런 일이 발생한다는 것이다. 어떤 사람도 understand에서 stand의 의미를 느끼지 않는다. forget의 get이나 become의 come도 마찬가지다. 그렇지만 어느 누구도 under-standed, forgetted, becomed라고 말할 유혹을 느끼지 않는다. Stand, get, come의 불규칙형이 그대로 유지되어, understood, forgot, became을 낳는다. 아래에 몇몇 예가 있다.

come-came, become-became, overcome-overcame

go-went, undergo-underwent

get-got, forget-forgot

take-took, mistake-mistook, overtake-overtook,

partake-partook, undertake-undertook

set-set, beset-beset, upset-upset

stand-stood, understand-understood,

withstand-withstood

draw-drew, withdraw-withdrew

hold-held, behold-beheld, uphold-upheld,

withhold-withheld

give-gave, forgive-forgave

불규칙형들은 동사 어근에 아교처럼 붙어 있고, 심지어 더 큰 동사 안에서 무의미하고 보잘것없는 기념품이 되었을 때에도 동사 어근과 떨어지지 않는다. 예를 들어 become의 의미는 be-와 come의 의미로부터 계산될 수 없고 understand는 standing과 아무 상관이 없지만, 영어 화자들은 become을 be-+come으로 분석하고 understand를 under-+stand로 분석하는 것 같다. 이것은 학교에서 배워야 하는 것이 아니다. 언어를 습득할 때 우리의 마음은 단어 묶음들을 분석하면서, 마치 조합 퍼즐의 단서를 찾는 것처럼 단어의 부분들을 관찰한다.

	be-	over-	under-	up-	with-
come	become	overcome			
draw					withdraw
hold	behold			uphold	withhold
set	beset			upset	
stand			understand		withstand
take		overtake	undertake		

우리는 마음속으로 그것들을 부분적 일치에 따라 행렬로 배열하고, 행과 열 속의 공통 분모를 이용해 각 단어에 칼자국을 내고, 그 후부터는 각 단어를 부분들의 결합물로 간주한다. become =be-+ come, withdraw =with-+draw 와 같은 식이다.[24]

물론 맨 처음 become 을 be-+come 으로 분석하고 come-came 패턴을 그 단어에 확대한 사람들은 수세기 전의 영어 화자들, 즉 우리의 언어학적 조상들이었다. 오늘날 우리에게 overeat 나 remake 같은 단어들이 부분들의 결합물로 투명하게 보이는 것처럼 그런 단어들은 그들에게도 그렇게 보였을 가능성이 높다. 그에 반해 우리가 멍청하게 became, overcame, withdrew 같은 단어들을 아무 구조 없이 나열된 자모음 열로 암기해 왔을 가능성은 거의 없다. 예를 들어 undercome, bestand, overhold, withset 등의 새로운 복합어들을 만난다면 우리는 거의 틀림없이 그 속에 포함된 단어의 불규칙형을 이용해, undercomed 따위가 아니라, undercame, bestood, overheld, withset 을 만들어 낼 것이다. 게다가 불규칙형을 책임지는 것은 순수한 소리가 아니다. succumb 과 encumber의 과거는 succame 과 encameber 가 아니라, succumbed 와 encumbered 다. 사람들이 그것을 come 이란 단어(kŭm이란 소리) 앞에 접두사가 붙은 것으로 지각하지 않기 때문이다.

물론 철자를 보면 삽입된 단어를 지각할 수 있다. become 에는 c-o-m-e이 들어 있고 succumb 에는 들어 있지 않다. 그러나 철자는 화자들에게 과거 시제형을 만드는 데 필요한 정보를 직접 제공하지 않는다. 철자는 단지 각각의 어근에 지정된 독특한 시각적 표시일 뿐이고, 화자들은 그 어근에 딸려 있는 과거 시제형을 선택한다. 수천 개에 달하는 현대 단어의 철자법을 표준화한 새뮤얼 존슨은 단어 구조에 대한 사람들의 지각을 표준화의 근거로 삼았는데, 이것도 영어 단어의 철자가 종종 소리를 반영하지 못하기로 악명이 높은 이유 중 하나다. 영어 단어의 철자는 종종 소리가 아닌 형태론적 구조를 반영한다. 이러한 사실은 똑같은 소리가 나지만 동일한 단어로 지각되지 않고 과거 시제형이 동일하지 않은 많은 단어들에서 확인된다.

meet-met	대	mete-meted
ring-rang	대	wring-wrung
bear-bore	대	bare-bared
steal-stole	대	steel-steeled
break-broke	대	brake-braked

마지막 세 경우는 철자가 형용사 bare, 명사 steel, 명사 brake와 같이 다른 모습으로 인식될 수도 있는 단어가 들어 있음을 보여 준다. 6장에서 우리는, 이 때문에 과거 시제형을 계산하는 방법에 큰 차이가 발생한다는 것을 볼 것이다.[25]

✎

앞에서 본 것처럼 영어의 굴절 체계는 단어에서 몇 개의 단순 요소를 깔끔하게 해부해 낸다. 과거 시제 규칙은, 규칙들을 통해

부분들을 조립해 단어를 만들어 내는 형태론이라는 성분에 속한다. 규칙 자체는 미니멀리즘의 걸작이고(단어는 어간과 접미사로 구성될 수 있다.), 그밖의 세부 측면들은 남김없이 증류되어 마음 사전의 접미사 기재항에 모여 있다. 접미사 자체는 몇몇 굴절(과거 시제, 분사, 등등)에 골고루 쓰이고, 그 이형 발음들(d, t, ɨd)은 사치스럽게 수를 늘리는 것이 아니라 2개의 보편적인 음운론 규칙에 따라 자동으로 계산된다. 마음 사전(불규칙 굴절을 포함)과 문법(규칙 굴절을 포함)의 차이는 의미들을 구분하려는 일반적인 갈망의 부산물이라기보다는, 기재항 목록과 기재항들의 결합 알고리듬 간의 차이다.

이제 불규칙 단어들이 남았다. 모든 불규칙 단어에는 저마다 사연이 있는데, 그것이 다음 장의 주제다.

3

귓속말잇기 게임

귓속말잇기(Broken Telephone 또는 Chinese Whispers)**는** 한 아이가 다음 아이의 귀에 어떤 구를 속삭이고, 다음 아이는 그다음 아이에게 그 구를 속삭이는 식으로 구를 전달하는 게임이다. 전달 과정에서 말이 계속 와전되어, 마지막 아이가 구를 말할 때에는 대개 최초의 구와 다른 것이 된다. 이런 게임이 가능한 것은, 각각의 아이가 단순히 구를 망가뜨리는 것이 아니라(그러면 결국에는 중얼거림만 남을 것이다.), 이전 아이가 생각하고 있던 단어들을 최대한 추측하면서 그 구를 재분석하기 때문이다.

모든 언어는 수세기에 걸쳐 변화를 겪는다. 우리는 윌리엄 셰익스피어(William Shakespeare, 1564~1616년)처럼 말하지 않고, 셰익스피어는 제프리 초서(Geoffrey Chaucer, 1343~1400년)처럼 말하지 않았고, 초서는 『베오울프(*Beowulf*)』의 저자(미상, 750~800년경)처럼 말하지 않았다. 변화가 발생하면 사람들은 땅이 꺼지는 듯한 느낌을 받았고, 그 때문에 어느 시대에나 그 언어가 곧 소멸할 것이라는 예측을 하고는 했다. 그러나 『베오울프』가 나온 이래로 1,200년 동안 무수한 변화가 일어났지만 우리는 타잔처럼 으르렁거리며 말하지 않는다. 왜냐하면 언어 변화는 일종의 귓속말잇기 게임이기 때문이다.

한 세대의 화자들은 그들의 마음 사전과 문법을 이용해 문장을 만든다. 다음 세대는 그 문장을 유심히 듣고 그 마음 사전과 문법을 추론하는, 이른바 언어 습득이라는 놀라운 재주를 보여 준다. 언어 습득을 통해 마음 사전과 문법이 전달되는 현상은 충실도가 매우 높다. 아마 여러분은 부모 그리고 자녀들과 아주 잘 소통할 것이다. 그러나 그 현상은 결코 완벽하지 않다. 단어는 일상 생활에 일어나는 변화 때문에, 그리고 공부벌레나 노인들과 다른 말을 쓰려는 사람들이 만들어 내는 새로운 유행 때문에 인기를 얻기

● 영어의 역사, 연대, 혈족 관계를 요약한 도표가 8장 시작 부분에 있다.

도 하고 잃기도 한다. 화자들은 말하는 수고를 덜기 위해 어떤 소리를 억누르거나 비틀고, 듣는 사람의 이해를 돕기 위해 어떤 소리를 강하게 발음하거나 변화시킨다. 지방 악센트나 외국 악센트를 쓰는 이민자 또는 정복자들이 현지 사람들을 압도해, 아이들이 습득할 '언어의 풀(pool)'을 변화시킬 수도 있다.

아이들은 앵무새처럼 문장을 흉내 내는 것이 아니라 그냥 기본적인 단어와 규칙에 따라 문장을 납득하려고 노력한다. 아이들은 자음의 웅얼거림을 아예 자음으로 듣지 않거나, 길게 끈 모음 또는 잘못 발음된 모음을 다른 모음으로 들을 수도 있다. 아이들은 어떤 규칙의 원리를 파악하지 못하고 그 산물들을 목록으로 만들어 그냥 암기할 수도 있다. 아이들은 습관적인 어순에 집착하고 그 원리를 이해하기 위해 새로운 규칙을 만들어 내기도 한다. 우리 아이들 세대에 언어는 악화되지는 않더라도 변화를 피하지는 못할 것이다. 그리고 그 과정은 다음 세대에도 반복된다. 매번 작은 변화가 일어나겠지만, 침식과 퇴적이 지형을 미세하게 변화시키는 것처럼 수세기에 걸쳐 변화가 누적되면 언어는 모습이 달라진다.

특히 불규칙 단어들이 이런 과정을 거쳐 우리에게 전해졌다. 대부분의 불규칙형들은 원래 규칙에 따라 만들어졌지만, 다음 세대가 그 규칙을 이해하지 못하고 그 형태들을 단어로 암기해 버린 것이다. 그 후 그것들은 모든 세대에게 단어로 인식되었고, 각각의 불규칙형은 왜곡과 재분석으로부터 자유롭게 자신들의 변덕스러운 형태들을 축적해 나갔다. 불규칙형은 원래 규칙으로부터 생겨났기 때문에 무작위적인 보물 뽑기 주머니가 아니라 오래전에 사멸한 규칙들의 화석인 일정한 패턴을 보여 준다. 현대 인류학을 창시한 앨프리드 루이스 크로버(Alred Louis Kroeber)는 "기억에 남아 있는 최초의 순수한 지적 즐거움"은 영어의 불규칙 동사들에서 패턴을 보는 것이었다고 회고했다. 그것은 보다 일반적인 문화적 체계성을 탐구했던 그의 연구 방향을 보여 주는 전조였다.[1]

이 장은 영어의 불규칙 명사와 동사를 살펴보는 일종의 가이드 관광이다. 안내원이 그 단어들이 어디에서 왔고 어디로 가고 있는지를 설명해 줄 것이다. 책 전반에 걸쳐 불규칙 단어가 차례로 등장할 것이기 때문에 그 단어들을 개별적으로 아는 것이 도움이 될 것이다. 이것은 또한 언어가 어떻게 변하는지 그리고 오늘날 언어가 어떻게 변하고 있는지를 생생하게 이해할 수 있는 방법이다.

사람들은 종종 나에게, 언어학자들은 수세기 전의 발음을 어떻게 아느냐고 묻는다. 어쨌든 초서는 닉슨과는 달리 미래의 역사가들을 위해 자신의 대화를 몰래 녹음해 놓지 않았다. 과거의 발음은 다양한 종류의 단서들로부터 힘겹게 추론할 수 있다. 그런 단서 중 하나가 바로 철자다. 새뮤얼 존슨이 영어 철자법을 표준화하기 전까지 사람들은 얼마간 제멋대로 철자를 쓰면서, 들리는 대로 소리를 적으려고 노력했다. 철자는 지금보다 더 발음에 가까운 형태였고, 그래서 철자의 변화는 발음의 변화를 보여 주는 단서를 제공한다. 예를 들어, 필자들이 고대 영어의 bi-healfe(behalf)를 behaf로 적기 시작했을 때, 사람들이 이미 l을 발음하지 않고 있었음을 추측할 수 있다. 다른 종류의 단서들은 말장난에서 찾아볼 수 있다. 예를 들어, 셰익스피어는 case와 ease, hate와 eate, say와 sea, shape와 sheep으로 운을 맞추거나 재담을 했는데, 이것으로 보아 초기 근대 영어의 화자들은 각 쌍의 모음들을 똑같이 발음했다는 것을 알 수 있다(철자상의 단서들로부터 그 발음이 ā였음을 알 수 있다.). 세 번째 종류의 단서는 동시대인들의 언어를 비판하거나 풍자하기 위해 새로 만들어 낸 언어가 자주 등장하는 언어 속물들의 글에서 발견된다. 그밖에도 다른 단서들이 존재하며, 그 모든 단서들을 이용해 가장 일반적이고 가장 확률 높은 발음을 삼각법으로 측량할 수 있다.

특정한 시대에 특정한 단어의 발음이 실제로 어떠했는지는 결코 정확히 알 수 없다. 오늘날에도 지방적인 영어들이 있지만(런던, 보스턴, 텍사스 등등), 수세기 전에 사람들은 우리처럼 많이 이동하지 않았고, 자식들을 학교라는 도가니에 보내지 않았으며, 참조할 사전도 없었기 때문에 영어에는 다양한 지방어들이 있었다. 또한 문자 기록은 무계획과 우연의 산물이다. 대부분의 단어와 발음은 최초의 식자가 우연히 그것을 기록하기 훨씬 전부터 사용되었고, 그밖에 많은 것들도 화자들과 함께 땅속에 묻혔다. 사람들이 단어의 역사들을 재구성하기 시작한 후로도 그 역사 이야기들은 언제나 얽히고설킨 놀라운 허풍이었다. 이 이야기를 하는 것은 여기에 소개된 단어의 역사들이, 단어에 역사를 부여하는 심리적 과정들에 초점을 맞추기 위해 단순하게 압축한 것임을 여러분에게 경고하기 위해서다.[2]

단어들이 언제 어디서나 규칙형으로 또는 불규칙형으로 쓰이는 것은 아니다. 단어들은 몇몇 굴절에 대해서만 규칙성이나 불규칙성을 띠고, 어떤 굴절들은 다른 굴절들보다 불규칙성에 더 관대하다.

예를 들어 "The joint is jumping"에서 볼 수 있는 현재 진행형 접미사 -ing는 100퍼센트 규칙적이다. 그 규칙에는 단 하나의 예외도 없고, 심지어 가장 반항적인 be조차도 온순하게 복종해 being으로 변신한다. -ing의 경우에는, 왜 어떤 동사도 다른 부대의 북소리를 듣지 않는 것일까? 첫 번째 이유는, 진행형이 비교적 늦은 시기, 즉 중세 영어 말기인 1100년과 1450년 사이에 영어에 들어왔다는 데에 있다. 중세 영어는 동명사(예를 들어 the changing of the guard에서처럼 동사를 명사로 바꾸는 구조)로부터 접미사 -ing를 빌려왔는데, 새로 복제된 접미사 -ing는 모든 진행형을 독점했기 때문에, 이전 시대부터 어슬렁거리던 다른 형태들과 경쟁할 필요가 없었다. 또 다른 이유는 -ing는 독립된 음절을 가졌고 이 때문에 듣는 사람은 breaking을 break +ing로 쉽게 들을 수 있다는 것이다. 그것은 -s와 -ed보다 유리한 점이다. act, box, maze에서 볼 수 있듯이 -s와 -ed는 마치 어간의 일부처럼 들릴 수 있기 때문이다. 뒤에서 보겠지만 -s와 -ed의 변장은 청자에게 규칙적으로 굴절된 조합물을 하나짜리 불규칙 단어로 잘못 분석하게 만들 수 있다.

또 다른 접미사인 소유격 's도 완전히 규칙적이다. 모든 명사가 그것을 취할 수 있는데, 심지어 mouse와 man처럼 복수 접미사로 s 소리가 오지 않는 불규칙 명사들까지도 그것을 취한다. 우리는 결코 the mans, the mouses, the gooses라고 말하지 않지만, 아무 어려움 없이 the man's hat, the mouse's mother, the goose's egg라고 말한다. 왜 불규칙성이 전혀 없는 것일까? 소유격은 특이하다. 단어가 아니라 구에 붙기 때문이다. the cat's pajamas라고 말할 수도 있지만, the cat in the hat's pajamas라고 말할 수도 있는데, 이때 파자마는 모자가 아닌 고양이의 소유물이다.

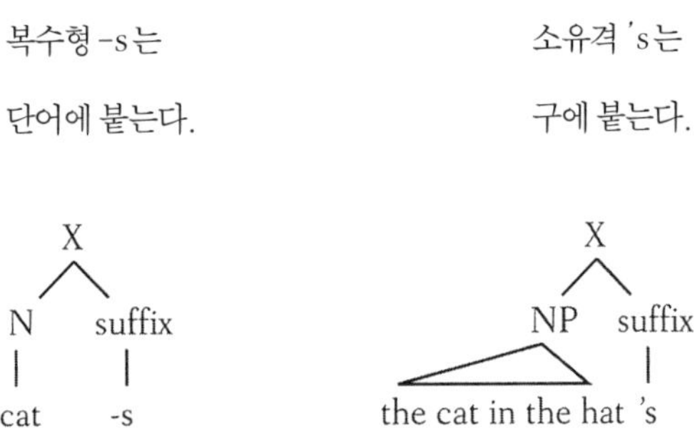

애니 센가스(Annie Senghas)는 학생 시절에 한 학회에서 어떤 사람에게 "The woman sitting next to Steven Pinker's pants are like mine."라고 말했다. 나는 옷을 완전히 갖춰 입고 있었고, 내 옆에

앉아 있던 여자는 애니의 바지와 똑같은 바지를 입고 있었다(즉 핑커가 바지를 벗어놓았고 그 옆에 어떤 여자가 앉아 있었던 것이 아니다.—옮긴이). 언젠가 데이브 배리(Dave Barry)의 칼럼 속 칼럼인 '랭귀지 퍼슨 씨에게 물어라(Ask Mr. Language Person)'에 다음과 같은 문답이 실렸다.

> Q: 최근에 당신의 연구 조교인 주디 스미스 양은, 친구인 비키 양이 마이애미 헤럴드 신문사에 주차를 하는 경우와 관련해 문법적으로 흥미로운 말을 하지 않았습니까?
>
> A: 네, 그녀는 이렇게 말했습니다. "She comes and parks in whoever's not here's space that day(그녀는 그날 출근하지 않은 사람의 자리에 주차한다.)."

here라는 단어는 결코 명사가 아니다! 's는 인접한 명사에 붙는다고 생각되지 않기 때문에 사람들의 마음속에서 그 명사와 결합하지 않고, 따라서 결코 불규칙 단어로 발전하지 않는다. 이 규칙을 입증하는 예외는 소유격 대명사인 my, your, his, her, our, their인데, 어떤 면에서 이것들은 me's, you's, him's, her's, us's, them's를 대신하는 불규칙형들이다. 대명사는 한 단어짜리 구다.

문장 속의 어떤 위치에서도 우리는 the man in the gray suit 라고 말하는 대신에 he 또는 him이라고 말할 수 있기 때문이다. 대명사는 구이자's와 완전히 결합한 형태를 형성할 수 있는 유일한 종류의 단어인데, 사실 이것이 소유격 대명사의 본질이다.

예를 들어 Dog bites man에서처럼 3인칭 단수 -s는 단 4개의 동사에서만 불규칙형을 띤다. be-is(be's가 아니라), have-has, do-does(dŭz로 발음됨), say-says(sĕz로 발음됨)가 그것이다. 그런데 이것들은 영어에서 가장 많이 쓰이는 동사들이다.[3] 5장에서 우리는 이것이 우연의 일치가 아님을 볼 것이다.

명사에는 몇몇 종류의 불규칙 복수형이 포함되어 있다.[4] 많은 명사들이 평상시에는 복수형을 띠지 않는다. mud, celery, furniture, evidence 같은 물질 명사는 셀 수 있는 것이 아니라 이음매 없는 물질로 취급된다. 따라서 복수형이 없다. (러시아에서 이민 온 한 대학원생이 "I hev three **evidences** for thees theory(나는 이 이론을 뒷받침하는 증거 3개를 알고 있다.)."라고 말해 다른 학생들에게 놀림을 당한 적이 있다 (three pieces of evidence가 옳은 표현이다. ─옮긴이).) 복수형을 갖는 가산 명사 중에서는 정확히 7개만이 -s가 붙는 대신 모음이 변한다.

man-men, woman-women(wimin으로 발음됨), foot-feet,

goose-geese, tooth-teeth, mouse-mice, louse-lice

이 명사들은 왜 복수형에서 모음이 바뀌는 것일까? 애초에 그것들도 규칙 명사처럼 복수 접미사를 취했고, 단지 그 접미사가 오늘날의 -s와 달랐을 뿐이다. 예를 들어 foot은 원래 fot였고, 복수형은 foti였다. 그러나 2장에서 본 것처럼 단어 끝에 자음이나 모음을 억지로 갖다 붙이고 아무 일도 일어나지 않기를 바랄 수는 없다. 사람들은 다음에 올 소리를 예상하고 한 소리의 발음을 조정한다. 예를 들어 많은 근대 영어 방언에서 화자는 write와 ride의 i를 다르게 발음하고, shroud와 about의 ou를 다르게 발음한다. keep cool에서 첫 번째 k 발음은 구강 앞쪽에서 발음되고, 두 번째 k 발음은 뒤쪽에서 발음된다. find와 sound 같은 단어들에서는 n이 사라지고, 모음이 코를 통해 발음됨으로써 사라진 자음을 상기시켜 준다. 대부분의 사람들은 스스로가 발음을 조정한다는 것을 자각하지 못하다가 아이들이 find를 fid로 적는 것을 보고 당황한다. 하지만 그것은 귀에 들리는 대로 정확히 n을 빼고 적은 결과다. 몇몇 조정은 우리의 근육 제어 방식 때문에 발생하지만, 어떤 조정들은 음운론 규칙으로 표준화되어 이른바 악센트라는 것을 규정한다.

영어의 조상격인 게르만 어파에는, 다음 음절에 전면에서 발음되는 높은 모음이 들어 있으면 모음의 발음을 구강 뒤쪽에서 앞쪽으로 이동시키는 음운론 규칙이 있었다. 그 규칙 덕분에 사람들은 단어를 발음할 때 혀를 뒤에서 앞으로 끌어당기는 수고를 덜 수 있었다. 그에 따라 fot의 복수형인 foti에서 후설 모음(혀의 뒤쪽과 입천장 사이에서 발음되는 모음―옮긴이) o가 전설 모음(혀의 앞쪽에서 발음되는 모음―옮긴이) e로 바뀌어, 접미사의 전설 모음 i와 조화를 이루었다. 이 과정을 '모음 변이(umlaut)'라고 하는데, 영어의 언어학적 사촌인 독일어에는 아직도 모음 변이가 남아 있다. die Kühe(암소들, 단수형은 die kuh)처럼, 모음 위에 찍힌 작은 점 2개가 그것이다.

중세 영어 시대에 화자들은 단어 말미의 강세 없는 음절을 웅얼거리기 시작했다. 그 무렵에 사람들은 feti 안의 변화된 모음을, 비틀린 o가 아니라 완전히 다른 모음으로 듣고 있었음이 분명하다. 접미사가 떨어져 나간 후에는 더 이상 어간의 변경된 모음을 비트는 것은 없었지만 사람들은 여전히 변화된 모음을 발음했기 때문이다. 그래서 결국 feet가 탄생했다. 나는 그것을 보면, 건조

지역인 로스앤젤레스의 농구팀 이름이 레이커스(Lakers)이고 신앙심 깊은 유타의 농구팀 이름이 재즈(Jazz)인 이유가 떠오른다. 원래 두 팀의 연고지는 호수의 고장인 미니애폴리스와, 재즈의 탄생지인 뉴올리언스였다. 연고지를 옮기면서 팀 이름은 더 이상 의미가 없어졌지만, 두 팀은 계속 그 이름을 사용했다.

또 다른 불규칙 복수형 3개는 -s가 아니라 고대의 앵글로색슨어 접미사인 -en을 취한다.

child-children, ox-oxen, brother-brethren

셋 중에 children만이 표준 미국 지방어에 속한다(나머지 둘은 고어 복수형인 eyen, shoon, hosen과 함께 몇몇 비표준 방언에 보존되어 있다.). 대부분의 미국인들은 글에서는 주로 oxen을 사용하고, 말할 때에는 대개 oxes를 사용한다.[5] 이와 마찬가지로 미국인들은 brethren을 수사들과 교구민들의 현학적인 용어로 지각한다. 그 결과 -en은 고풍스럽게 들리고, 시시한 말장난에 사용된다. 루스 베이더 긴즈버그(Ruth Bader Ginsburg)가 미국 대법원장에 임명되어 같은 여성 동료인 샌드라 데이 오코너(Sandra Day O'Connor)와 함께 일하게 된 직후에, 《뉴스위크》는 다음과 같은 기사를 내보냈다. "형제들 (brethren), 그리고 이제 두 자매(two sistren)는 그들의 신속하고 포괄적인 판결이 여성 근로자들의 역사적인 승리로 비쳐질 것임을 알아야 한다."[6] 불규칙형을 논리적으로 확대하면서 경쟁을 벌이는 해커들의 은어 중에 VAXen이란 말은 VAX라는 컴퓨터의 복수형이고, 그밖에도 faxen, boxen, soxen, Macintoshen 같은 예가 있다.[7]

인간이 사냥을 하거나 사육하는 몇몇 군서(群棲, 같은 종류의 생물이 한곳에 무리를 지어서 사는 일—옮긴이) 동물의 이름은 단수형과 복수형이 똑같다.

fish (물고기), cod (대구), flounder (넙치), herring (청어), salmon (연어), shrimp (새우)

deer (사슴), sheep (양), swine (돼지), antelope (영양), bison (들소), elk (큰사슴), moose (말코손바닥사슴)

grouse (뇌조), quail (메추라기)

이 형태들은 "We went hunting for duck."에서처럼, 무리의 잠재

적 사냥감을 가리키기 위해 단수형이 사용되는 구조에서 나왔을
것이다.

　네 번째 유형의 명사들은 규칙형 접미사 -s를 취하지만, 마지
막 자음이 무성음에서 유성음으로 변한다. 그렇게 변하는 자음은
주로 f 지만 때로는 th 와 s 도 유성음으로 변한다.

calf-calves 유형 : elf, dwarf, half, hoof, knife, leaf, life, loaf, self,
scarf, sheaf, shelf, thief, wife, wharf, wolf

mouth-mouths 유형 : truth, sheath, wreath, youth

house-houses

여기에서도 우리에게 친숙한 어떤 일이 벌어지고 있다. 유성 자음
z가 무성 자음에게 억지로 떠밀린 상황에서 둘 중 하나가 일치를
위해 꼬리를 내리는 것이다. 우리는 이런 일을, dogs 와 cats의 -s
가 서로 다르게 발음되는 규칙 명사에서 보았다. 그러나 이상하게
도 앞의 명사들에서는 접미사 z가 항상 유성음으로 발음되고 명사
의 자음이 접미사의 자음을 따라간다. 영어 음운론의 일반적인 좌
우 착색(smearing)을 위반하는 우좌 착색이 일어나는 것이다. 일부

언어학자들은 이러한 사례들을 생성하는 역행 유성음화(regressive voicing)라는 특별한 규칙을 가정해 왔다. 그러나 이 규칙은 위의 20여 개 명사에만 제한되어야 한다. f나 th로 끝나는 명사들 대부분은 규칙적이어서 접미사가 붙어도 변하지 않기 때문이다. reef의 복수는 규칙형이고(reeves가 아니라 reefs이다.), 아래의 명사들도 마찬가지다.

birth, booth, earth, faith, growth, hearth, length, month, tenth

belief, brief, chief, proof, safe, spoof, turf

심지어 불규칙 명사 중에서도 많은 것들이 수상하게 행동한다. 많은 화자들이 일반적인 방식에 따라 hoofs, wharfs, oaths, truths로 발음하는 것이다. 따라서 나는 다른 이론을 택하고 싶다. 어떤 명사들은 2개의 어간, 즉 단수형을 위한 어간과 복수형을 위한 어간을 갖고 있다는 것, 그리고 그 복수형 어간은 접미사가 붙지 않으면 불완전하다는 조건이 달려 있다는 것이다. 예를 들어 knive-, loave-, wolve-처럼 말이다. 어쨌든 -ed와 -ing에 어간에 붙을 때에만 발음을 할 수 있는 접미사라는 조건이 달려 있다면, 거꾸로 접미사가 붙을 때에만 발음을 할 수 있는 어간이 없을 이유가 무엇인가? 이 규칙을 받아들이면 규칙형 접미사 -s가 붙고, 더 이상의 소란 없이 복수형이 만들어진다.[8]

마지막으로 라틴 어나 그리스 어 복수형을 취하는 명사들이 있다. 가수 앨런 셔먼(Alan Sherman)은 다음과 같이 지적했다. "One hippopotami / Cannot get on a bus. Because one hippopotami / Is two hippopotamus(하마 한 쌍은 / 버스를 탈 수가 없네. 하마 한 쌍은 / 하마 두 마리기 때문이지.)." 아래에 다섯 유형의 라틴 어 복수형이 있다.

alumnus-alumni 유형: *bacillus, cactus, focus, fungus, locus, nucleus, radius, stimulus*

genus-genera, corpus-corpora

alga-algae 유형: *alumna, antenna, formula, larva, nebula, vertebra*

addendum-addenda 유형: *bacterium, curriculum, datum, desideratum, erratum, maximum, medium, memorandum, millennium, moratorium, ovum, referendum, spectrum, stratum, symposium appendix-appendices* 유형: *index*, *matrix*, *vortex*

그리고 아래에 두 종류의 그리스 어 복수형이 있다.

analysis-analyses 유형: *axis*, *diagnosis*, *ellipsis*, *hypothesis*, *parenthesis*, *synopsis*, *synthesis*, *thesis*

criterion-criteria 유형: *automaton*, *ganglion*, *phenomenon*

이 명사들은 과학계와 학계에서 쓰이는 것들로, 그 복수형들은 단수형들과 함께 라틴 어 또는 그리스 어에서 직접 빌려 왔다. 그것들은 -i나 -ae를 붙이는 규칙의 산물이 아니라 하나의 목록으로 암기해야 하는 불규칙형인 것이 분명하다. 점잔을 빼는 투로 말을 하는 경우가 아니라면 사람들은 대부분의 명사에서 그런 복수형을 피하기 때문이다.

apparatus-apparatuses 유형: *bonus*, *campus*, *caucus*, *census*, *chorus*, *circus*, *impetus*, *prospectus*, *sinus*, *status*, *virus*

area-areas 유형: *arena*, *dilemma*, *diploma*, *drama*, *era* 등

album – albums 유형: *aquarium*, *chrysanthemum*, *forum*,
museum, *premium*, *stadium*, *ultimatum*

라틴 어와 그리스 어에서 들어온 복수형들은 어떤 면에서 아직 영어의 일부가 아니다. 그것들은 유년기에 모국어로 습득되지 않으며, 학계에 속하지 않은 일반 성인들의 일상어에서도 매우 드물게 사용된다. 대신 우리는 그것들을 피타고라스의 정리나 펠로폰네소스 전쟁의 연대와 함께 학교에서 학습한다. 그것들은 살아 있는 어떤 규칙도 따르지 않고, 정규 학교에서 정규 교과서를 읽지 않으면 암기할 기회가 없기 때문에, 교육받은 엘리트 계층의 회원 자격을 시험하는 물음말고는, 현학자와 공론가(새천년은 2001년 1월부터 시작한다고 주장하는 부류의 사람들)의 **꼬투리잡기!**(gotcha!) 재료로 쓰일 뿐이다.

분명히 나는 this phenomena, those criterias(criterias-criteria가 옳은 표현)나 the media is(are가 옳은 표현)라는 말을 들을 때마다 움찔하게 되고, 동창회장이 연설 도중에 연신 the alumnis(alumni가 옳은 표현)에게 감사하다고 말하면 도무지 참을 수가 없다. 또한 an important piece of data 라고 말하거나 this data is important 라고

"Fellow octopi, or octopuses ... octopi? ... Dang,
it's hard to start a speech with this crowd."

"친애하는 octopi, 아니 octopuses ······ octopi? ······
거참, 이 청중 앞에서는 연설을 시작하기가 힘들군."

쓴 학생들의 오류를 바로 잡으면서 사악한 즐거움을 느끼기도 한다(data 는 datum 의 복수형이라고 지적하면 학생은 마지못해 The datum is important 또는 The data are important 라고 말한다.). 그러나 똑같은 논리를 적용하자면 내가 an agenda, two candelabras, this insignia, that propaganda 라고 말했을 때에는 나 자신을 나무라야 한다. 사실 그것들은 agendum, candelabrum, insignium, propagandum 의 복수형이기 때문이다. 그리고 나는 genii, termini, aquaria, podia, lexica, fora, stadia, apices 를 듣는 것도 반갑지 않다. 어쨌든 현학자들이 교정을 할 때마다 보통 사람들은 과잉 교정을 하기 때문에, '올바른' 그리스 어 및 라틴 어 복수형을 사용하려는 시도는 사이비 현학의 냄새를 풍기는 끔찍한 사고들을 낳는다. axia(둘 이상의 axiom), peni, rhinoceri, 그리고 옆의 만화가 그런 예 중 하나이다.

사실은 "친애하는 octopuses"가 되어야 한다. octopus 의 -us 는 복수형에서 접미사 -i 로 변할 수 있는 라틴 어 명사형 어미가 아니라, 그리스 어의 *pous*(발)이기 때문이다. 믿을 만한 어원에서 나온 octopodes(octopod는 팔각류 동물을 뜻한다.—옮긴이)도 나을 것이 없다.

복수형의 거만함 뒤에는 그 거만함을 꺾는 재미있는 말장난

이 도사리고 있고, 익살꾼들은 오래전부터 그런 기회를 이용해 왔
다. 만화 『피너츠(*Peanuts*)』에서 라이너스는 오트마 선생님의 수업
시간에 igli(이글루(igloo)의 틀린 복수형 — 옮긴이)를 만들기 위해 달걀
껍데기를 가져가야 했다. 코미디언 셸리 버먼(Shelley Berman)은
blice를 입고 있는 stewardi에 관한 이야기를 했다. 웨인과 셔스터
는 율리우스 카이사르(Julius Caesar)가 스파게티 한 가닥(a spaghettus)
을 조금씩 갉아먹는 코미디를 연기했다. 리처드 레더러의 『닭장
속의 여우(*Foxen in the Henhice*)』(Foxes in the henhouses가 옳은 표현)에
서 농부 플러리버스(Pluribus)는 tubae(튜바들, tubas가 옳은 표현),
harmonicae(하모니카들, harmonicas가 옳은 표현), accordia(아코디언들,
accordions가 옳은 표현), fives(저들, fifes가 옳은 표현), dra(북들, drums가 옳
은 표현)의 연주를 들으면서 Kleenices(클리넥스들)를 향해 손을 뻗는
다.[9] 헨리 비어드(Henry Beard)와 로이 맥키(Roy Mckie)의 『정원사의
사전(*A Gardener's Dictionary*)』에는 아래와 같은 항목이 있다.[10]

수선화(Narcissus): 아름다운 꽃을 피우는 조기 개화종이지만 복수형
은 마음에 들지 않는다. 식물학자들은 오래전부터 적당한 어미를 찾
고 있지만, narcissi(1947), narcissusses(1954), 또는 단수형 및 복수형

으로 narcissus(1958), multinarcissus와 polynarcissus(1962, 1963)와 같은 시도들은 실제로 전혀 인정을 받지 못하고 있다. 따라서 정원사들은 아직도 복수화하기 쉬운 나팔수선화(daffodil)나 노랑수선화(jonquil) 재배를 선호하고 있다.

어리석고 대수롭지 않게 보일 수도 있지만, 1994년 12월 12일자 《뉴 리퍼블릭(*The New Republic*)》에는 다음과 같은 이야기가 실렸다. "라스베가스에서 플라잉 엘비(Flying Elvi) 사는 플라잉 엘비시스(Flying Elvises) 사를 상표 도용으로 고소했다. 두 회사 모두 엘비스 프레슬리의 (후기) 의상을 입고 춤을 추면서 비행기에서 뛰어내려 착지한 후에 노래하는 흉내를 낸다."

불규칙 복수형 유머라는 장르의 걸작들은 아주 영리한 낱말 수수께끼들을 고안해 내는 괴팍한 천재들의 모임, 내셔널 퍼즐러스 리그(National Puzzler's League)에서 나온다. 그중 펄시(falsie)라는 종류의 퍼즐은 마치 형태론 규칙에 따라 연결된 것처럼 보이는 단어 쌍을 찾는 것으로 시작한다.

틀린 반복형: bus-rebus, bozo-rebozo, ally-really

틀린 선행형: lope-antelope

틀린 여성형: butter-butteress, car-caress, under-undress

틀린 비교급: ling-linger

틀린 복수형(히브리어에서): inter-interim

수수께끼 자체는 잘못 결부된 단어 쌍이 들어간 (플랫(flat)이라고 불리는) 시 형식을 띠고 있다. 시에는 그 단어들이 삭제되어 있고 대신 다른 기호가 표시되어 있다. 수수께끼의 목표는 시의 내용으로부터 감춰진 단어 쌍을 알아맞히는 것이다. 다음의 플랫은 트라좀(Trazom)이라는 이름의 수수께끼 출제자(실생활에서는 조슈아 코스먼(Joshua Kosman)이고, 《샌프란시스코 크로니클(*San Fransisco Chronicle*)》의 수석 음악 평론가다.)가 만든 것이다. ONE이라 표시된 자리에는 7자 단수형이 들어가고 MANY라 표시된 자리에는 6자 복수형이 들어가야 한다. ONE과 MANY의 자리에 들어갈 단어를 맞히면 된다. 퍼즐을 풀어 보라(답은 후주에 있다.).

틀린 복수형(7자, 6자) 찾기

Turn over on your side, my dear,

And tuck your foot behind your ear;

And I, meanwhile, will crouch like this

And give your neck a tender kiss.

Let's see now——let your arms go slack

And clasp your hands behind my back;

I'll reach around and drape my knee

Across your shoulder——goodness me!

I must confess, this is a stretch,

But honeybunch, you mustn't kvetch.

I know it hurts, I know it smarts——

But these arcane erotic arts

Don't yield their secrets right at first;

And now, I think, we're past the worst.

So please don't throw a **ONE**, sweet miss——

The **MANY** says we'll soon reach bliss.

(이제 몸을 돌려 옆으로 누워요, 내 사랑,

그리고 발을 올려 귀 뒤로 붙여요.

그동안에 나는 이렇게 몸을 구부려

당신의 목에 부드럽게 입을 맞출 거요.

이제 이렇게 해 봐요, 팔을 축 늘어뜨리고

내 등 뒤로 두 손을 깍지 끼어요.

나는 당신을 감싸고 내 무릎을

당신 어깨 위에 걸치겠소, 아주 좋아요.

고백하자면, 이건 스트레칭 운동이라오.

하지만 내 사랑, 불평하지 말아요.

얼마나 아프고 욱신거리는지 나도 안다오.

하지만 이 비밀스러운 성애 기술은

단번에 비밀을 드러내지 않는다오.

그리고 이제 우리는 고비를 넘긴 것 같소.

그러니 부디 ONE을(를) 내지 말아요, 사랑스러운 아가씨.

MANY에서 말하듯이, 우린 곧 환희에 도달할 테니까.)[11]

이제 우리는 불규칙 동사에 도달했다. 다양한 형태와 크기를 지닌 거의 200개에 달하는 단어들이 동물원처럼 모여 있는 불규칙 동사는 인간의 마음이 어떻게 역사적 사건들에 반응하면서 수백 년, 수천 년에 걸쳐 언어를 개조하는지를 보여 주는 생생한 증거

다.[12]

　be, have, do, go에 해당하는 동사들은 전 세계 많은 언어에서 불규칙적이다. 그것들은 대부분의 언어에서 가장 많이 사용되는 동사이고, 종종 조동사로 봉사한다. 즉 He is jogging, He has jogged, He didn't jog, He is going to jog에서처럼, 시제나 그밖의 문법 정보를 표현하기 위해 자체의 의미를 비워 버리고 다른 동사들과 결합하는 '보조자' 동사로 쓰이는 것이다. 존재, 소유, 행동, 이동과 같은 이 동사들의 의미는 비유적으로 이야기하자면, 모든 동사의 의미의 핵심이다. 예를 들어 마음은 telling him a story를 'causing the story to go to him resulting in him having it(이야기를 그에게 가도록 하여 그것을 갖게 하는 것)'으로 취급하고, dying을 'going out of existence(존재로부터 사라지는 것)'으로 취급한다.[13]

　앞에서 우리는, 여덟 가지로 활용할 수 있는 be가 영어의 모든 동사 중 단연 돋보이는 것을 보았다. be는 불규칙 과거 시제형에서도 돋보인다. go와 함께 그것은 과거 시제형이 기본형과 완전히 무관한 형태를 띠는 유일한 동사다. 이런 관계를 언어학자들은 '보충법(suppletion)'이라고 부른다.

be-was/were-been

go-went-gone, 또한 undergo, forgo

보충법은 두 동사의 합병으로 발생한다. 400년과 1100년 사이에 사용되었던 고대 영어에는 be에 해당하는 동사가 셋 있었다. beon, esan, wesan이다. 세 동사는 의미가 달랐을 것으로 생각되며 그중 beon은 영구적 상태를 가리키고 그 짝인 bes는 일시적 상태를 가리켰다. (이 차이는 현대 스페인 어의 동사, ser와 estar의 차이와 비슷하다. Yo soy Americano(I am American)의 장기적 상태는 Yo estoy contento(I am happy)의 일시적 상태와 대조를 이룬다.) 이런 과다함도 부족해 영국에서는 지역에 따라 다양한 bes 형태가 사용되었다. 중세 영어 시대(1100~1450년)에 세 동사는 하나로 합쳐졌다. 기업 합병처럼 언어학적 합병에서도 노동자들이 줄어든 자리를 차지하기 위해 다툼을 벌인다. 일반적으로 동사는 활용의 각 슬롯에 단지 한 형태만 허락하기 때문이다. beon은 기본형인 be를, esan은 am, is, are를, wesan은 was와 were의 자리를 채웠다.

불가사의한 이유들 때문에 중세 영어 시대에 go 동사는 다른 동사의 과거 시제형인 wend(to wend one's way에서처럼), 즉 went를 강탈했다. 오늘날 wend 동사는 예전의 과거 시제형을 빼앗기고 규칙 과거형인 wended를 갖고 있지만, 원래의 과거형은 오늘날의 다른 불규칙 동사들인 bend-bent, send-sent, spend-spent에서 볼 수 있는 패턴을 따랐다.

have 역시 많은 언어에서 불규칙 동사로, 마지막 자음이 탈락하고 d가 그 자음을 대신하는 2개의 영어 동사 중 하나다.

have-had, make-made

원래 두 과거형은 haved와 maked였지만, 충분히 게으른 화자들이 두 자음을 삼킨 결과, 중세 영어 시대의 어느 시점부터 화자들은 그것들이 들리지 않게 되자 아예 없는 것으로 간주했다.

do 동사는 약간 다른 과정을 거쳤다. -d를 취하고 모음을 변화시켜 do-did-done이 된 것이다(do와 -d가 결합해 dod가 되고 이것이 did가 되는 과정을 거쳤다. ─옮긴이). 분사형인 done(예를 들어 You've done it again)은 오래된 접미사 -en이 결합한 동사의 단축형이다. (be-was-been, go-went-gone에서도 똑같은 일이 벌어진다.) 영어에서 접미사 -en은 약 15개의 분사(예를 들어 spoken, sworn, chosen, blown, written)에서 발견되지만, 이 접미사는 어떤 규칙에 따라 들러붙은 것이 아니다. fax, Bork, spam, mosh 같은 신조어 동사들에는 결코 -en 분사가 존재하지 않기 때문이다. 어느 누구도 다음과 같이 말하지 않는다.

I've already **faxen** it(나는 이미 그것을 팩스로 보냈다.).

That's the third nominee the Republicans have **Borken** this session (그는 공화당원들이 이번 회기에 자격을 문제 삼은 세 번째 지명자다.).

The company has **spammen** its customers with ads once too often(그 회사는 고객들에게 광고성 스팸 메일을 너무 자주 보낸다.).

Not tonight, dear; I'm sore from having **moshen** all night(오늘밤만 그런 게 아냐, 여보. 난장판으로 춤춘 것 때문에 매일 밤 쑤시는 걸.).

괴팍한 be를 제외한 had, made, did, bent-sent-spent 족속의 공통점은 무엇인가? 모두 t나 d로 끝난다는 점이다. 이것들은 물론 규칙형 접미사 -ed의 발음을 만들어 내는 바로 그 자음들이다. 약 절반의 불규칙형들이 t나 d로 끝나는데, 그것들은 원래 규칙형 접미사 -ed의 어떤 이형을 취했다가 이런저런 이유로 규칙

형 마차에서 낙오되고 말았다. 이 몰락한 규칙형들은 원래 규칙형
인 것들과 함께, 유명한『그림 형제의 동화 이야기(*Grimms' Fairy
Tales*)』의 야코프 그림(Jacob Grimm)에 의해 1819년에 약하다(weak)
라는 이름을 얻었다. 그림은 동화 작가인 동시에 최초의 게르만 어
파 역사가에 속하기도 한다. 그림은 그 동사들이 독자적인 과거 시
제형을 갖기에는 너무 무기력하기 때문에 '약하다.'라고 불렀다.
이것이 바로 약변화 동사(동사가 활용할 때 동사 어간의 모음이 바뀌지 않고
어미만 바뀌는 동사──옮긴이)다. 우리는 이 장의 뒤에서 보다 남성적이
고 강한 동사(강변화 동사, 동사가 활용할 때 동사 어간 모음과 어미가 모두 변화
하는 동사──옮긴이)들을 볼 것이다.

　약변화 과거 시제 접미사 −ed의 어떤 이형은 영어, 독일어,
네덜란드 어, 스칸디나비아 어들을 포함한 모든 게르만 어파에서
발견된다. 그 접미사는 기원전 첫 번째 밀레니엄 시대에 북유럽 대
부분을 점유하고 있던 어느 부족의 원시어인 원시 게르만 어에서
나왔다. 언어학자들은 그것을 치경 접미사(dental suffix)라고 부른다.
치아 뒤의 잇몸(치경)과 혀에 의해 발음되기 때문이다.

　왜 약변화 동사들은 소박한 삶에 만족하고 규칙형으로 남지
않았을까? 그것은 1장에서 본 것처럼, 조합성 문법 규칙에는 비용

이 들기 때문이다. 그 규칙들은 대상들을 결합할 때 그것들이 무엇으로 이루어져 있는지를 살피지 않기 때문에 때때로 볼품없는 도깨비를 만들어 낸다. 동사의 후미에 접미사가 붙을 때에는 이상한 일이 두 가지 일어날 수 있다. 하나는 영어의 불규칙 동사 중에서 규모가 가장 큰 종류인 무변화 동사를 보면 쉽게 알 수 있다.

hit-hit 유형: slit, split, quit, knit, fit, spit, shit

rid, bid, forbid

shed, spread, wed

let, bet, set, beset, upset, wet

cut, shut, put

burst, cast, cost, thrust

hurt

(이 동사들 중 일부는 또 다른 과거 시제형을 갖고 있다. 불규칙형: bid-bade, forbid-forbade/forbad, spit-spat, 주로 영국에서 shit-shat, 규칙형: slitted, knitted, fitted, wetted, thrusted.)

28개의 동사가 모두 t나 d로 끝난다는 사실에 주목하라. 그

중 대부분은 규칙형 어미가 종종 -de나 -te였던 중세 영어와 초기 근대 영어(1450~1700년)에서 생겨났다. 언어 전반에 걸쳐 이전에는 발음되었던 단어 끝의 e들이 맥없이 탈락했다. 오늘날의 철자법에서 bake 같은 단어들의 '묵음 e'는 이전 시대의 유물인 것이다. 그 결과 hitte 같은 형태는 hit로 축소되었다. 그 동사를 규칙형으로 만들었다면 구별이 더 쉬운 hitted를 사용할 수 있었을 텐데, 화자들은 왜 그 과거 시제형들이 어간과 헷갈리는 형태로 축소되는 것을 두고 보기만 했을까?

만일 수세기 전에 죽은 화자들의 심리 분석이 허락된다면, 나는 그것이 광범위한 인간 습성에서 비롯되었을 것이라 분석하고 싶다. 즉 우리는 이미 접미사가 붙은 것처럼 보이는 단어에 접미사를 붙이고 싶어 하지 않는다.[14] 즉 사람들은 이미 t나 d로 끝난 동사에 -ed 형태를 붙이고 싶어 하지 않는 것이다. 이에 대해 심리 언어학자들은 몇 가지 이유를 제시해 왔다. 아마도 화자들은 '과거 시제형은 t나 d로 끝난다.'는 고정 관념을 갖게 되었고, 그 고정 관념에 들어맞는 어간은 이미 굴절된 것이라고 무의식적으로 생각해 또다시 그 접미사를 붙이는 행위를 삼갔을지 모른다. 어쩌면 마음은 과거 시제형을 조립할 때 이미 어간 후미에 있는 it나 ed나 ut

와, 어간 뒤에 붙여서 하나의 소리로 합병하고자 하는 -t나 -d를 혼동하는지 모른다. 그것은 마치 "banana의 철자를 쓸 줄은 알지만 언제 멈춰야 할지를 모르겠다."라고 말하는 여학생과 같다. 아마도 접미사 -d가 붙어서 발음하기가 불가능한 hitd가 만들어지면, t와 d 사이에 중립 모음을 삽입하는 일반적인 음운론 규칙이 아니라, d를 삭제하는 특별한 규칙이 그것을 해결하는지 모른다. 아마 이런 설명들 중 몇몇은 맞을지 모른다.

어쨌든 접미사를 안 붙이는 습관은 현대의 화자들에게도 강하게 남아 있다. 말실수를 받아 적는 심리 언어학자들은 사람들이 t나 d로 끝나는 규칙 동사에서도 -ed를 빼먹는 경향이 있음을 발견했다. 예를 들어 사람들은, tested를 말하려는 의도로 "So we test 'em on it."이라고 말하거나, needed를 말하려는 의도로 "That's what I need to do."라고 말한다.[15] 실험실에서 사람들에게 동사 목록을 주고 과거 시제형을 가능한 한 빠르게 큰 소리로 말하게 하면 똑같은 일이 일어난다.[16] 아이들 역시 t나 d로 끝나는 동사에 -ed를 붙이기를 싫어한다. 아이들은 breaked와 같은 특유의 실수를 저지를 때에도, bring과 buy(bringed, buyed로 실수한다.) 같은 동사보다는 hit, put, build, meet(hitted, putted, builded, meeted로 실수한다.)처럼 t

나 d로 끝나는 동사에서 더 드물게 실수를 저지른다.[17] 이 습관이 영어에 남긴 흔적은 지금도 계속 발전하고 있다. 심지어 신중한 말과 글에서도 많은 사람들이 bust, pet, shred, tread 같은 무변화 과거형 및 분사형을 사용한다. "She got the fleas when she **pet** the dog." 나 "This is an area where few psychologists have **tread**." 가 그런 예들이다.[18]

잉여 접미사에 대한 공포증은 과거 시제에만 국한되지 않는다. 원예 산업에서 일하는 대서인들은 종종 crocuses(크로커스들), gladioluses(글라디올러스들), narcissuses(수선화들, 우리가 『정원사의 사전』의 Narcissus 항목에서 확인한 것처럼)이라고 적을 용기를 내지 못하고, 다음과 같은 표제를 붙인다. "Hardy **Gladiolus** Have Long Been a Favorite(내한성 글라디올러스는 오래전부터 사랑을 받아 왔다.)." 또는 "Dutch **Crocus** Herald the Arrival of Spring(더치 크로커스는 봄이 오는 것을 예고한다.)." (분명 이것들도 라틴 어의 -us/-i를 의식한 데서 오는 불안 증상일 것이다.) 나는 "fits all **hose**(모든 호스에 맞는다. hoses가 옳은 표현—옮긴이)" 라는 스프레이 광고와, "the **pantyhose** that last(오래가는 팬티스타킹, pantyhoses가 옳은 표현—옮긴이)" 라는 광고를 본 적이 있고, "All **fax** on sale(모든 팩스를 싸게 팜, faxes가 옳은 표현—옮긴이)"

이라는 광고도 보았다. 사람들은 sh 소리를 s와 비슷하게 취급하고, 그래서 《보스턴 글로브》에는 window **sash**(창틀, sashes가 옳은 표현—옮긴이) 수리에 관한 잡역부의 글이 실리고,[19] 2명 이상의 **prefrosh**(신입생 예정자)를 표현하려는 교수들은 당혹감을 느낀다. 많은 사람들이 Joneses를 따라잡는 데 애를 먹고, 대신 Jones만을 따라잡으려고 노력한다. 소유격 's로 말하자면, 거의 모든 사람이 스트런크와 화이트의 유명한 문체 매뉴얼에 적힌 충고대로 Charles's hat(charlzɨz)이나 the Jones's car라고 말하지 않는다. 그것은 글에서나 말에서나 대개 Charles' hat, the Jones' car라고 쓰인다. 여러분이 어떤 사람의 양쪽 어깨에 daddy-long-legs(장님거미)가 한 마리씩 기어오르고 있는 것을 봤다면, 그에게 어떻게 말하겠는가?

어떤 단어에 접미사가 붙을 때 단어 안에 접미사의 복사본이 있으면, 진짜 접미사를 붙이려는 시도는 종종 꼴사납거나 난해한 결과물을 낳는다. 하늘에서 비(rain)나 눈(snow)이나 우박(hail)이 내리거나 천둥(thunder)이 칠 때 우리는 raining, snowing, hailing, thundering이라고 말한다. 그렇다면 번개(lightning)가 칠 때는 어떻게 말해야 할까? lightninging일까? 그럴 가능성은 거의 없고, 어떤 화자들은 -ing를 떼어 버리고 "It is thundering and lightning"이라고 말한다. 많은 형용사들이 -ly가 붙으면 부사가 된다. softly, surely, happily가 그런 예들이다. 그런데 ugly, friendly, heavenly, leisurely처럼 -ly로 끝나는 형용사들은 어떻게 될까? Uglily? Friendlily? Heavenlily? Leisurelily? (언젠가《애틀랜틱 먼슬리》는 아무도 눈치 채지 못할 것이라는 생각으로, "Friendily Yours"라는 제목의 이야기를 실었다.) 때로는 상표 이름이 여행이나 발송을 표현하는 구어체 동사로 돌변한다.

We Chevy'd up and down Main Street(우리는 시보레를 타고 메인스트리트를 왔다갔다 했다.).

I FedExed the package last night(나는 어젯밤 그 꾸러미를 페덱스로 보냈다.).

Down to their last thirty dollars, they Greyhounded home(그들은 수중에 30달러밖에 안 남자, 그레이하운드를 타고 집으로 갔다.).

Because of his fear of flying he Amtrak'd to New York(그는 비행기를 타는 것이 두려웠기 때문에 앰트랙(전 미국 철도 여객 수송 공사 또는 그 열차—옮긴이)을 타고 뉴욕으로 갔다.).

　　그러나 당신이 United Airlines(유나이티드 에어라인, 미국 항공사 —옮긴이)을 자주 이용한다고 해도, "you have ever **Uniteded** to SanFrancisco(유나이티드를 타고 샌프란시스코에 간 적이 있다.)."라고 말하지는 않을 것이다.

　　때때로 사람들은 접미사가 들어 있는 것처럼 보이는 단어에 실제로 그 접미사가 포함되어 있다고 착각해 곤란에 빠지기도 한다. 미국의 한 트럭 운송 회사는 모든 트럭 차체에 "Faster than rail, **regular** than mail"(more regular가 옳은 표현—옮긴이)이라는 문안을 자랑스럽게 써 넣었지만, 그 때문에 분명 교양 있는 고객층을 잃었을 것이다.[20] 조지 부시 전 대통령은 기자들에게 bonefishing을 하면서 휴가를 보낸다고 말하고는 해서, 해골(bone)을 낚는 데 가장 좋은 미끼는 무엇일까 하는 궁금증을 불러일으켰다(bonefish는 원래 여을멸 종류의 물고기를 뜻한다. 여을멸 낚시를 뜻했다면 bonefishfishing이라고 해야 맞다.—옮긴이). 그는 "I hope I stand for anti-bigotry, anti-Semitism, anti-racism."(부시는 여기에서도 말실수를 한 것 같다. stand for anti-Semitism은 '반유대주의를 지지한다.'는 뜻이기 때문이다. 그의 의도는 '나는 반유대주의에 반대한다.'였을 것이다.—옮긴이)이라고 설명해 간신히 인간미를 되찾았다.

동사로 돌아가 보자. 접미사 반복 공포증은 애초에 wend–went가 속해 있던 동사 유형을 설명해 주는 이유도 된다.

bend–bent 유형: send, spend, lend, rend, build

이 동사들은 마지막 자음인 d를 t로 무성음화한다. 이것들은 예를 들어 bend+de처럼 시작했다가, 이중의 d를 수정하기 위해 어간의 마지막 자음을 잘라냄으로써 과거 시제형 ben+de가 생겨났다. 뿐만 아니라 오늘날 walked, passed 같은 단어에서 -d를 -t로 바꾸는 음운론 규칙은, l, m, n, v로 끝나는 단어들로 인해서도 촉발되고는 했다. bende는 bente가 되었고, 그런 다음 e를 잃어버리고 bent가 되었다. -d → -t에 집착하는 그 규칙은 아래의 동사들에도 책임이 있다.

burn–burnt 유형: learn, dwell, spell, smell, spill, spoil

-t로 끝나는 불규칙형들은 영어의 변화를 생생하게 보여 준다. 그것들 대부분은 소멸 중이다. 미국 화자들은 burnt를 과거 시제형

이 아니라 주로 형용사로 사용하고(The toast is burnt because Bernie burned it(버니가 태워서 토스트가 타 버렸다.).), learnt, dwelt, spelt, smelt, spilt, spoilt라고 말하는 것을 죽기보다 싫어한다. rent는 "The Vietnam war rent the fabric of American society(베트남 전쟁은 미국의 사회 구조를 분열시켰다.)."에서처럼 감정적 반향을 불러일으키기 위해서만 사용되고, lent는 미국 영어에서 loan의 과거형인 loaned에게 밀려나고 있다.「차일드 해럴드의 편력(Childe Harold's Pilgrimage)」(1812년)에서 바이런은 오늘날 빈사 상태에 빠졌거나 이미 숨을 거둔 부류의 세 동사를 이용해 전장을 묘사한다.

> The thunder clouds close o'er it, which when rent,
>
> The earth is covered thick with other clay
>
> Which her own clay shall cover, heaped and pent,
>
> Rider and horse – friend, foe, in one red burial blent!
>
> (포탄이 바로 위에 구름을 띄워 올리고, 터질 때
>
> 대지는 다른 흙으로 두껍게 덮인다.
>
> 그 흙은 다시 대지의 흙이 두껍고 깊게 덮으리라.
>
> 기병과 말, 아군과 적군이 함께 뒤섞여 붉은 땅에 묻힌다.)

물론 blend-blent는 wend-went, pen-pent, gird-girt, geld-gelt, gild-gilt처럼 과거 시제형에 -t가 있던 대부분의 동사들처럼 이제는 완전한 규칙형이 되었다. 이제는 폐어(廢語)가 된 많은 불규칙형들처럼 gilt와 pent는 형용사들 사이에 잔재가 남아 있다. a gilt-edged book(금테를 입힌 책), pent-up energy(억눌린 에너지)가 그것이다.

규칙형들이 씨를 퍼뜨릴 수 있는 또 다른 이유는 우리에게 feet나 mice 같은 불규칙 복수형을 선사했던 로스앤젤레스 레이커스 효과에 있다. 어간에 접미사가 붙으면 어간의 발음에 변화가 촉발될 수 있고, 때때로 그 변화는 촉발 요인이 사라진 후에도 오랫동안 남을 수 있다.

많은 언어들이 재빨리 발음되는 모음 소리와 길게 끄는 모음 소리를 구분한다. 이른바 단모음과 장모음이다. 영어에서 예로부터 '단(short)'과 '장(long)'으로 불리는 모음들은 bet와 beet의 철자에서 볼 수 있듯이 과거에는 다음과 같은 차이가 있었다. 즉 장모음은 발음 시간이 두 배로 걸리는 것처럼 단모음 2개를 나란히 붙여 표기했다.

　　1000년경부터 영어 화자들은 다른 음성 재료(예를 들어 자음이나 음절)가 추가되어 원래 음절이 새 자음에게 밀리면 모음을 짧게 발음했다.[21] 근대 영어에 남아 있는 몇 가지 예를 살펴보자.

bone-bonfire

break-breakfast

child-children

Christ-Christmas

deep-depth

five-fifth

know-knowledge

sheep-shepherd

wide-width

wise-wisdom

단모음화는 음절 끝에 재료가 추가될 때 자연스럽게 나타나는 반응이다. 음절은 일종의 계시(計時) 단위로, 말 시계의 일정한 똑딱거림과 함께한다. 만일 어떤 음절 뒤에 재료가 추가되면 그 음절의 모음은 종종 리듬을 유지하기 위해 짧아진다.[22] 이런 발음 습관은 어엿한 하나의 규칙으로 쉽게 발전했을 것이다. 언어 전문가인 윌리엄 새파이어(William Safire)는 1997년 4월 5일자에 실린 칼럼에서, seminal(정액의, 생산적인)의 발음이 〔SEE-muh-null〕이 아니라 〔SEM-uh-null〕이 된 것은 seminal이 semen(정액)이라는 단어에서 파생했다는 사실을 감추려는 신경질적인 교수들이 주도한 학계의 무단 삭제 행위라고 과감히 주장했다. 그러나 새파이어의 이론이 올리버 스톤(Oliver Stone) 감독 수준에 도달하려면, 그 교수들이 도대체 어떤 이유에서 필시 세미나(SEEminar)를 열고 음모를 꾸며서 vanity, sanity, cleanliness, brevity, criminal이 vain, sane, clean, brief, crime에서 파생했다는 사실을 감추기 위해 그 발음들을 바꿨는지를 설명해야 할 것이다. 물론 그것들은 모두 3음절 단어의 첫 음절 모음을 단모음화하는 음운론 규칙이 만들어 낸 단어들이다.

　　장모음을 가진 동사 keep을 예로 들어보자. 거기에 규칙형 접미사를 붙이고 소리나는 대로 적으면 keept가 될 것이다. 뒤에 붙은 추가 재료에 대한 반응으로 모음을 줄여 보자. 그러면 kept로 발음되는 어떤 것이 나올 것이다. 이것은 짧아진 모음만 아니라면 규칙형이 될 오늘날의 수많은 규칙 과거 시제형들 중 하나다.

keep-kept 유형 : creep, leap, sleep, sweep, weep

지금까지 우리가 만났던 중세 영어 화자들의 다른 습관들(-t를 더 광범위하게 사용하는 것, 접미사를 탈락시키는 것)을 추가하면, 위에 열거한 것들 외에 근대 영어의 많은 불규칙 동사들을 이해할 수 있다.

feel-felt 유형 : deal, kneel, dream, leave

bleed-bled 유형 : breed, feed, lead, mislead, plead, read, speed, meet

hide-hid 유형 : slide, bite, light, alight

flee-fled, say-said, hear-heard, lose-lost, shoot-shot

sell-sold 유형 : tell, foretell

do-did

(앞에서 보았듯이, 이 동사들 중 일부는 규칙 과거 시제형을 허용한다. kneeled, dreamed, speeded, lighted 그리고 특히 pleaded가 그런 것들이다. 몇몇 동사의 경

우(특히 sell, tell, do) 모음 변화의 이유는 약간 더 복잡하다.)

물론 kept는 그저 keeped의 모음을 짧게 발음한 것이 아니다. hide의 단모음 형태인 hid도 그렇고, shoot의 단모음 형태인 shot도 그렇다. 전통적으로 '장모음'과 '단모음'으로 불려 왔고 마치 한 소리의 이중 형태와 단일 형태인 것처럼 쓰이고 있는 그 모음 쌍들은 실제로는 매우 다른 모음들이다. 어떻게 그런 일이 일어났을까?

범인은 언어 변화의 과정들 중에서 우리가 지금까지 보았던 다양한 발음 굴리기, 삼키기, 자르기와 정반대인 어떤 과정이다. 그 모든 변화들은 화자가 말하는 것을 더 쉽게 해 줄 뿐이고, 청자에게는 아무것도 해 주지 않는다. 청자는 오히려 화자가 똑똑하게 발음하는 것을 좋아한다. 때로는 청자들이 뜻을 관철한다. 그러면 화자들은 더하거나, 과장하거나, 다르게 꾸밈으로써 모음 쌍의 차이를 강화한다.[23]

수세기 동안 고대 영어와 중세 영어의 화자들은 혀 근육을 긴장시켜 장모음을 발음하는 방법으로 단모음과 장모음의 차이를 강화했다. 혀뿌리의 근육이 긴장되고 형태가 변하면, get의 모음보다 더 길 뿐만 아니라 소리도 다른 great의 모음이 나온다. 그러나 초기 근대 영어가 시작된 15세기에 이르자 강화는 일대 혼란에 빠졌다. 이른바 '대모음 추이(Great Vowel Shift)'라고 불리는 언어 혁명으로 장모음들의 발음이 뒤죽박죽된 것이다. 대모음 추이 이전에 keep은 cape과 비슷하게, hide는 heed와 비슷하게, boot은 boat과 비슷하게 발음되었다. 추이 이후에 장모음의 철자는 더 이상 큰 의미를 띠지 못했고, keep과 kept에서와 같은 '장단' 모음 쌍들도 의미를 잃게 되었다. 그 후 초기 근대 영어를 습득하는 아이들은 장단 모음의 관계를 귀로 들을 수 없었고, 과거 시제형들은 있는 그대로 암기해야 하는 주머니 속의 단어로 생각했다. 그 후 세대들도 마찬가지다. 따라서 대모음 추이 이후에 대중의 언어로 편입된 peep(1460년)과 seep(1790년) 같은 동사들, 그리고 발음이 표류하다가 결국 keep 동사들과 운이 맞게 된 reap, heap 같은 동사들은 모음 변화를 겪지 않았다. 그것들은 pept, sept, reapt, heapt가 아니라, 맨 처음 –ed에 복종했을 때와 똑같이 peeped, seeped, reaped, heaped로 남았다.

이제 작은 수수께끼에 도전해 보자. "The Watergate scandal wrought great changes in American politics"의 과거 시제형이자, 새뮤얼 모스(Samuel Morse)가 최초의 도시 간 전보에 인용했던

「사사기」 23장 23절 "What hath God wrought!"의 분사형 wrought는 어느 동사에서 나온 것일까? 불규칙형은 기억된 단어 쌍이라는 이론에 따르면, 불규칙 과거 시제형은 원칙상 어간과 무관하게 기억에 존재한다. wrought도 그런 예일 것이다. 대부분의 사람들은 그 동사가 무엇인지를 알지 못한다. 많은 사람들이 (seek-sought로부터 유추해) wreak으로 추측하거나, (bring-brought로부터 유추해) wring으로 추측하지만, 둘 다 틀린 추측이다. 정답은 work다. wrought iron은 worked iron이고, a person who is all wrought up은 몹시 흥분한(all worked up) 사람이다(연극계에 전해 오는 오래된 말로 "희곡은 쓰는 것(written)이 아니라 만드는 것(wrought)"이라는 말이 있다.). wrought는 압운 부분이 ought나 aught로 바뀌는 동사 집단에 속한다.

buy-bought 유형 : beseech, bring, catch, fight, seek, teach, think

어떻게 work에서 wrought가 나오고 seek에서 sought가 나올까? 지금은 묵음이 된 gh가 과거에는 Bach, loch, Chanukah의 ch와 다소 비슷하게 발음되었다는 것을 알면 그 관계를 조금 더 이해할 수 있다. work 로 시작해 보자(사실은 wyrcan 이지만, 변화 과정을 보다 확실히 하기 위해 오늘날의 철자를 사용하기로 하자.). 여기에 접미사 -t 를 더하면 workt 가 된다. k 소리를 부드럽게 죽여 gh 로 바꾸면 worght 가 된다. 이것은 힘겨운 -kt 를 피하기 위한 오래된 음운론 기술이다. 영어의 역사에서 모음과 그에 인접한 r 는 종종 자리가 바뀐다. r 가 모음과 아주 비슷하게 소리가 나서, 모음과의 순서가 귀에 잘 안 들리기 때문이다. 그래서 brid 는 bird, thrid 는 third, hross 는 horse, worght 는 wroght 가 되었다. 우리는 더 이상 gh 를 발음하지 않는다. 그리고 많은 영어 모음들이 대모음 추이를 겪는 동안 뒤죽박죽으로 뒤섞였다는 사실(철자상 ou 로 표기되는 모음이 한때는 ō로 발음되었다.)과, 모음은 접미사가 붙으면 종종 단모음화된다는 사실(ō→ŏ)을 기억하자. 그 결과는 wrought 이므로, 수수께끼는 풀렸다.

⁓

　　1980년대에《뉴욕 타임스》의 성마른 서평가 애너톨 브로야드(Anatole Broyard)는 영어에 "어떤 생명력이 남아 있는지, 어떤 맛이나 특이성"이 있는지 의심스럽다고 썼다. 그의 동료인 매기 설리번(Maggie Sullivan)은 자신의 칼럼에서 아래와 같이 그의 말을 이었다.

애너톨 브로야드는 적절한 경보를 울렸다. 우리는 이 특이성을 잃어 버리고 있다. 언어가 변할 때 강변화 동사들은 약해지는 경향이 있다. 예를 들어 보자. 한때 양치는 사람들은 양털을 shore 했지만, 이제 양들은 더 이상 shorn 되지 않고, sheared 된다.(양털을 깎다는 뜻을 가진 shear는 현재는 shear-sheared-sheared같이 변하지만 고어에서는 shear-shore-shorn같이 변했다. ——옮긴이)

영어를 사랑하는 사람이라면 이 문제를 간과하지 못할 것이다. 동사의 약화는 곧바로 언어 자체를 약화시킬 수 있다. 영어가 나약한 언어가 되는 것을 막기 위해 우리는 동사들을 강화해야 한다. 다행히 나에게 두 가지 계획이 있다. 첫째, 우리는 새 동사가 약한 상태로 영어에 들어오는 것을 허락하지 말아야 한다. 예를 들어 "Future generations of booksellers may reproach us for not having clown Joyce Carol Oates and Isaac Asimov. ……(미래의 서적상들은 조이스 캐럴 오츠와 아이작 아시모프를 복제해 놓지 않은 것으로 우리를 비난할 것이다.……)"에서처럼 to clone 은 반드시 clone, clewn, clown으로 정해야 하고, "The newcomers gentrifo one block and now the whole old neighborhood is gentrifum(새로 온 사람들이 한 블록을 고급 주택지로 변모시켰고, 이제는 낡은 동네 전체가 고급 주택지로 변모했다.)."에서처럼 to gentrify는 반드시 gentrify, gentrifo, gentrifum으로 정해야 한다.

새 동사는 극히 드물기 때문에 나는 두 번째 계획으로, 강변화 동사를 새로 만들 것을 제안한다. 영어에는 go, went, gone처럼 주요 성분들이 독특한 형태를 띠는 강변화 동사들이 있다. 개성은 이것들을 특히 취약하게 만든다. 만일 각 형태의 사례가 더 많아진다면 그 형태들은 더 잘 버틸 것이다. 하나밖에 없는 강변화 동사들에게 동맹군을 만들어 주면, 우리는 그것들을 보강하고 수를 늘릴 수 있다. 따라서 나는 새 강변화 동사들을 아래와 같이 제안한다.

Conceal, console, consolen: After the murder, Jake **console** the weapon(제이크는 살인을 한 후에 무기를 감췄다.).

Subdue, subdid, subdone: Nothing could have **subdone** him the way her violet eyes subdid him(어떤 것도 그녀의 보랏빛 눈처럼 그를 누그러뜨리지 못했을 것이다.).

Fit, fat, fat: The vest fat Joe, whereas the jacket would have **fat** a thinner man(그 재킷은 더 날씬한 사람에게 잘 맞았음에도 불구하고, 그 조끼는 조에게 잘 맞았다.).

Displease, displose, displosen : By the look on her face, I could tell she was **diplosen**(그녀의 얼굴을 보고 그녀가 불쾌하다는 것을 알 수 있었다.).

영어를 '강화'하려는 설리번의 계획에는 영어의 불규칙 동사 중 두 번째 종류인 강변화 동사의 두 가지 특징이 포착되어 있다. 강변화 동사들은 비슷한 소리를 가진 것들끼리 동맹을 형성하고 있고, 그런 단결에도 불구하고 수천 년 동안 꾸준히 감소하고 있다.

강변화 동사들은 5,500여 년의 역사를 거슬러 올라간다. 유럽, 이란, 인도 북반부의 언어들 대부분과, 터키, 서아시아, 중국의 살아 있거나 소멸한 다수의 언어들은 어휘와 문법에서 유사성을 보이는데, 이것은 그 언어들이 광대하고 불가사의한 어느 선사시대 부족이 사용했던 단일한 언어의 후손임을 암시한다. 가장 일반적인 이론에 따르면, 그들은 신석기 후기에 말을 가축으로 사용하고, 바퀴와 수레를 사용하고, 군사적 지휘권을 갖추었고, 기원전 3500년경에는 러시아 남부까지 진출했던 농경 민족이라고 한다.[24] 다른 이론에 따르면, 그들은 기원전 7000년경부터 고향인 터키 동부를 떠나기 시작했고, 유럽에 맨 처음 농경을 전한 민족이라고 한다.[25] 우리는 그들이 누구이고 어디서 왔는지 모르지만, 그들이 어떻게 말을 했는지에 대해서는 많은 것을 알고 있다. 역사 언어학자들이 파생 언어들의 공통점으로부터 반대로 거슬러 올라가 그 부족의 원시 인도-유럽 어를 대부분 재구성했기 때문이다.[26]

많은 인도-유럽 어들이 영어에서 볼 수 있는 강변화 동사 패턴의 메아리를 간직하고 있다(bear-bore, tear-tore, sink-sank, drink-drank). 일부 동사들과 그 과거 시제형들은 조상 언어에 실제로 존재했다(bher--bhor-, senk^w--sonk^w-). 원시 인도-유럽 어에는 분명히 과거 시제형을 만드는 일단의 규칙이 있었지만, 그것은 현대 영어처럼 접미사를 붙이는 것이 아니라, 현대 히브리 어처럼 모음을 변화시키는 이른바 '모음 전환(gradation, apophony, ablaut)' 규칙이었다. 대략 7개의 모음 전환 규칙이 있었던 것 같다. '동사에 ei가 있고 그 뒤에 자음이 오면, ei를 a로 바꾼다.' '동사에 e가 있고 그 뒤에 모음 같은 자음이 오면, e를 ă로 바꾼다.' 그리고 이밖에도 5개의 규칙이 더 있었다.

인도-유럽 어들이 유라시아 대륙으로 흩어지기 시작했을 때 접촉이 끊어졌고 각 언어에서는 귓속말잇기 게임이 시작되었다. 결국 그 언어는 우리에게 익숙한 언어들과 어족들, 즉 게르만 어,

로망스어, 슬라브어, 켈트어, 그리스어, 이란어, 산스크리트어로 흩어졌다. 예를 들어, 동사 werg-(to do)는 게르만어에서 werkam(work)이 되고, 그리스어에서는 erg-(action)과 org-(tool)가 되었는데, 이것들은 다시 영어로 건너와 energy, organ, orgy가 되었다. 'do'를 의미하는 단어가 'orgy(유흥, 방탕한 파티)'를 의미하는 단어로 변했을 때, 게임 참가자들 사이에 상당한 변화가 발생했을 것이다. 인도-유럽어의 강변화 동사 7종류가 너덜너덜해졌지만 알아볼 수 있는 형태로, 원시 게르만어와 앵글로색슨 족의 서부 게르만어를 거쳐 고대 영어, 중세 영어, 근대 영어까지 견뎌왔다는 것은 주목할 만하다. 그런 이유로 오늘날의 강변화 동사들은 소리가 비슷한 형태들의 몇몇 묶음으로 분류된다.

그러나 규칙 자체는 소멸했다. ĭ를 a로 바꾸는 규칙이 있다고 상상해 보자. 그리고 그 모음 뒤에 오는 자음과 그밖의 여러 요인에 따라 사람들이 어떤 동사에서는 ĭ를 ī로 바꾸고, 다른 동사에서는 e로 바꾸고, 또 다른 동사에서는 그냥 ĭ로 발음하기 시작했다고 가정해 보자. 아이들은 이 규칙을 이해하는 데 애를 먹다가, 어느 시점에는 노력을 포기하고 과거 시제형들을 그냥 하나의 목록으로 암기할 것이다. 고대 영어가 사용될 무렵 인도-유럽어의 모음 변화 규칙들은 완전히 소멸하고 그 산물들은 운명의 잔인무도한 투석기와 화살에 의해 다양한 방식으로 난도질당했다. 강변화 동사들 중 최소 5분의 1이 더 이상 원래 유형의 규칙을 따르지 않았고, 그로부터 수백 년이 흐르는 동안 너무 많은 동사들이 유형에 합류하거나 유형을 떠나거나 이동해, 오늘날 강변화 동사 유형들은 화자들의 마음속에서 원래의 체계에 정확히 들어맞지 않게 되었다.

아래 동사들은 인식 가능한 형태로 견뎌온 고대 영어의 '유형 I(Class I)'에 속한다.

> rise-rose-risen 유형: arise, write, smite, ride, stride, dive, drive, shine, strive, thrive

이 목록은 강변화 동사의 주요한 특징 하나를 잘 보여 준다. 영어 사전에는 smite-smote-smitten, stride-strode-stridden, strive-strove-striven 같은 불규칙 형태들이 아무 문제없이 나열되어 있지만, 영어를 사용하는 실제 화자들의 마음에는 흐릿하게 (muzzy) 기재되어 있다. 사람들은 책에서 그런 형태들을 막연히 알아보기는 해도, 직접 말을 할 때에는 불편함을 느끼고 규칙형인 smited, strided, strived, thrived로 넘어가고 싶은 유혹을 느낀다. 때로는 화자의 마음속에 강변화 형태와 약변화 형태가 나란히 존재해, strove와 strived, dove와 dived 같은 이중어가 형성된다.[27]

이중어가 생기는 것은 대개 (strove 같은) 불규칙형이 기억 속의 중간 지대를 떠다니고 사람들이 그 형태를 들은 적이 있는지를 확신하지 못하거나 그것을 drove 같은 유사한 형태와 혼동할 때이다. 또 어떤 이중어들은, 당신은 tomayto라고 발음하고 나는 tomahto라고 말하는 바로 그 이유로 생겨난다. 즉 영국과 미국은 공통어 안에서 나뉜다. 영국인들은 dived를 즐겨 쓰고 미국인들은 dove를 좋아하기 때문에, 캐나다 인들처럼 두 방언을 모두 접하는 사람들은 둘 중 어떤 단어를 써야 하는지를 확신하지 못한다. 이중어의 두 단어는 마치 오해를 당하지 않기 위해 노력하는 쌍둥이들처럼 종종 의미, 문법, 격식 등에서 차이를 보인다. 예를 들어 shone은 "The stars shone in the sky."에서처럼 (직접 목적어가 없는) 자동사이고 시적인 느낌을 주는 반면, shined는 "Melvin shined his shoes."에서처럼 타동사 문장에 사용될 수 있고 일상적으로 쓰인다("Melvin shone his shoes."라고 말하면 바보같이 들릴 것이다.). 많은 사람들에게 규칙형 hanged는 '죽음에 이를 때까지 목이 매달림'이라는 뜻이고, 불규칙형 hung은 단지 '매달림'을 의미한다. 때때로 흐릿한 분사는 형용사로 쓰이고, 종종 독자적인 의미를 지닌다. 예를 들어 smitten은 말 그대로 '세게 맞은'이 아니라 '홀딱 반한'을 의미하는 형용사 역할을 멋지게 수행한다(물론 이 은유의 원관념은 아주 분명할 뿐만 아니라, 같은 종류의 은유인 stunning과 lovestruck에서도 뚜렷이 보인다.).

원래 이 유형에 속했던 과거 시제형들 중 일부는 갈수록 흐릿해져서 나중에는 완전히 사라지고 그 동사들은 규칙형이 되었다. abode는 abide의 과거 시제형이었지만 오늘날에는 residence(거주)를 의미하는 명사로만 남아 있다. 비록 climb-clomb 같은 몇몇 예들이 영국과 미국의 시골 지역에서 목숨을 부지하고 있지만, 현대 표준 영어를 쓰는 어떤 화자도 chide-chode, glide-glode, gripe-grope, writhe-wrothe를 사용하지 않는다. 변덕스러운 동사들 중 많은 것들이 규칙성을 중시하는 군대에 배속되지 않고 다른 불규칙 패턴에 이끌렸다. 예를 들어 단모음 ĭ는 driven, risen, written 같은 분사들과 수많은 약변화 동사 속에 공통적으로 존재하고, 영어의 표준 방언에 bit과 hid를 낳았다. 비표준 방언에서는 clim, writ, strid, smit, div, driv 뿐만 아니라, 「Joshua fit the battle of Jericho(여호수아는 예리코에서 싸웠네.)」라는 흑인 영가와, "Spring has sprung / The grass is ris / I wonder where the boidies is(봄이 움텄네/풀이 짙어졌네/보이디들은 어디에 있을까 궁금하네.)." 라는 엉터리 시에서 영원한 생명을 얻은 형태들(fight-fit, rise-ris)을 볼 수 있다.[28]

rise-rose, drive-drove를 비롯해 유형 I의 후손들에서 볼 수 있는 ī와 ō 쌍은 강변화 동사 전반에 걸쳐 존재하고, ī와 비슷한 모음들이 종종 ō와 비슷한 모음으로 대체되는 변형들도 널리 존재한다.

find-found 유형: bind, grind, wind

freeze-froze 유형: speak, bespeak, steal, heave, weave

wear-wore 유형: bear, forbear, swear, forswear, tear

take-took 유형: mistake, partake, forsake, shake

wake-woke 유형: awake, break

forsook과 hove는 오늘날 대단히 멋있는 단어로, hove는 "The

ship hove to(그 배는 멈췄다.)."처럼 주로 항해와 관련해 쓰이고, "Irving hove his lunch(어빙은 점심을 게웠다.)." 같은 그밖의 용법은 농담에서만 사용된다. 다른 강변화 유형들처럼 swear-swore 유형도 한때는 더 많은 동사를 거느리고 있었지만, 많은 동사들이 규칙형 진영으로 망명했다.

> But unburied whiten the bones of the crew ;
>
> Ah ! would that the widow and orphan but knew
>
> The place where their dirge by deep billows is sighed,
>
> The place where unheeded, **unholpen**, they died.
>
> (그러나 선원들의 뼈는 땅에 묻히지 못하고 하얗게 변한다.
>
> 아! 과부들과 고아들이 알기만이라도 한다면 좋을 것을,
>
> 깊은 파도가 그들을 위해 만가를 토하는 곳을,
>
> 보는 이 없이 돕는 이 없이, 그들이 죽어 간 곳을.)[29]

오래된 불규칙형들 중 일부는 시골 방언에 남아 있다. help-holp, tell-tole, melt-molt, swell-swole, 그리고 molten 과 swollen 처럼 표준 방언에 형용사로 남아 있는 것들이다.

e-o 패턴의 두 모음을 모두 짧게 하면 아래와 같이 된다.

get-got 유형 : forget, beget, tread

여기에도 약간의 흐릿함이 있다. 분사 has got 은 영국식이고, has gotten 은 미국식이다. 두 방언의 많은 차이들처럼 모국어를 불순하게 만든 쪽은 모국(영국)이다. gotten 은 최초의 이주민들이 영국을 떠날 때 영국에서 사용되던 형태였고, 그 형태가 영국 제도에서 사라졌을 때에도 미국인들은 계속 그것을 사용했다. trod 와 trodden 은 미국인들의 귀에는 곰돌이 푸의 말처럼 들린다. 미국인들은 좀처럼 tread 를 사용하지 않기 때문이다. 다시 말해 영국인들은 tread on 이라고 말하는 것을 미국인들은 step on 이라고 말한다(비록 미국 독립 전쟁의 슬로건 중에는 "Don't Tread on Me(나를 밟지 마라.)."라는 슬로건이 있지만.). tread가 사용될 때는 "He **trod** water." 가 아니라 "He **treaded** water." 처럼 규칙형으로 사용된다. begot 은 고생을 겪는다. 킹 제임스판 성경에 나오는 begat 과 그에 기초한 수많은 풍자문의 친숙함 때문이다.

이상하게도 세 부류의 일반 동사에서는 모음 변화가 역순으로 일어난다.

> come-came 유형 : become, overcome (wake-woke, take-took 와 비
>
> 교하라.)
>
> fall-fell 유형 : befall (get-got 과 비교하라.)
>
> hold-held 유형 : behold (swear-swore 와 비교하라.)

came 은 기원이 불분명한 아주 오래된 불규칙형에서 왔지만, hold 는 (그리고 아마 fall 도) 실제로 역전된 것이 분명하다. 원래 to hold 는 to held (실제로는 healdan) 였고, 과거 시제형이 hold (heold) 였다. 이와 마찬가지로 fall 은 원래 feallan-feoll 의 형태였다. 어떤 이유에서인지 고대의 강력한 혼란에 빠진 어느 화자 집단이 이 동사들과 과거 시제형들을 뒤섞어 버렸다. 이것은 생각만큼 혼란스러운 일이 아니다. 오늘날에도 과거 시제나 분사가 어간보다 더 자주 사용되면 사람들은 이따금씩 동사의 요소들을 혼동하기 때문이다.

Even as environmentalists speak of a seamless web of life, and the artery advocates speak of a seamless city, the designs on the drawing board still **rent**(rend-rent 때문에 혼동한다.) the land from the sea and undermine its urbanity(환경론자들이 하나로 통일된 생명의 망을 이야기하고, 간선도로 옹호론자들이 하나로 통일된 도시를 이야기할 때에도, 제도판 위의 설계도에서는 여전히 육지와 바다가 분리되고 도시의 우아함이 훼손된다.).[30]

The videophone is the same size as a regular phone but includes a 3.3 inch color screen with a tiny camera and lens. The ······ company hopes to **smitten**(smite-smote-smitten 때문에 혼동한다.) prospective buyers by renting the phones for less than $30 a day(그 비디오폰은 일반 전화기와 크기가 같지만 3.3인치 컬러 스크린이 있고 작은 카메라와 렌즈가 달려 있다. 회사는 하루 30달러 미만으로 비디오폰을 임대해 잠재 구매자들의 마음을 사로잡으려 하고 있다.).[31]

REEBOK KICKS ITSELF OVER NAME WITH BAD FIT ······ For a company that made its reputation by helping to **shod**(shoe-shod 때문에 혼동한다.) the women's aerobics movement, the Incubus name would definitely seem out(어울리지 않는 이름 때문에 후회하는 리복…… 여성들에게 편한 에어로빅 운동화를 제공해 명성을 쌓은 회사에게 인큐버스라는 이름은 전혀 안 어울린다. (리복은 여성용 러닝 슈즈에도 인큐버스라는 이름을 붙인 적이 있다.—옮긴이).[32]

Producer Harvey Weinstein **hoves**(heave-hove 때문에 혼동함.) his boorish bulk up to the mike for his moment in the sun for the callow "Shakespeare in Love" —but is miraculously sent packing by the deus ex machina of the orchestra(영화 제작자 하비 웨인스타인이 모두가 지켜보는 가운데 촌스러운 덩치를 이끌고 사랑에 빠진 풋내기 셰익스피어(영화 「셰익스피어 인 러브」)를 위해 마이크로 다가갔지만, 오케스트라의 데우스 엑스 마키나(deus ex machina, '기계 장치의 신'이라는 뜻으로 고대 연극에서 기계 장치를 통해 무대에 등장한 신을 빗대어 결말을 짓거나 갈등을 해결하기 위해 억지로 사건을 일으키는 플롯 장치를 가리킨다.—옮긴이)에 떠밀려 기적적으로 쫓겨나갔다.).[33]

이와 마찬가지로, hoist는 원래 (「햄릿」의 "For 'tis the sport to have the enginer Hoist with his own petar(3막 4장, 제 손으로 묻은 지뢰가 터져서 중천으로 날아올라가는 꼴이란 보기에도 신이 나거든요.)"에서처럼) hoise의 과거 시제 및 분사였지만, 그 후로는 hoist-hoisted의 어간으로 재분석되었다.

아래의 동사들은 질서정연했던 유형들이 수백 년에 걸쳐 난잡해지는 과정을 정지 화면처럼 보여 준다.

blow-blew 유형: grow, know, throw, draw, withdraw, fly, slay

이것들의 공통점은 무엇일까? 모두 모음으로 끝나고, know를 제외하고 모두 자음군으로 시작한다. 사실 know도 철자상으로는 자음군으로 시작하는데, 바로 여기에 주목할 만한 이야기가 숨어 있다. 철자는 대개 과거의 발음을 반영한다. know의 k는 원래 큰 소리로 발음되었기 때문에 그 단어는 kʼnawa로 발음되었다. 따라서 과거에 위의 동사들은 완전히 동일한 성격을 가졌다고 할 수 있다. 그런데 구어에서 단어 첫머리의 kn과 gn이 사라지면서 한 구성원이 회원 자격에 맞지 않게 되었고, 순전히 약정에 따라서만 신분을 유지하게 되었다. 언어의 역사에서 규칙을 준수하는 단어 유형들에 전반적으로 발음 변화가 일어나 그것들이 갈수록 무질서해지면, 결국 아이들은 기준을 식별하지 못하고 단어들을 개별적으로 암기하게 된다.

지금까지는 반항적인 구성원이 단 하나뿐이었기 때문에 blow 유형에 속하는 동사들은 아직 사라지지 않고 있지만 약간의 손실은 있었다. 성경의 느낌이 나는 slay-slew는 "Burr slayed Alexander Hamilton in a duel(버는 결투에서 알렉산더 해밀턴을 죽였다.)." 같은 최근의 용례로 판단하자면 사라지고 있는 중으로 보인다.[34] crow-crew는 "The cock crew(수탉이 울었다.)."라는 책벌레 같은 표현에 살아 있고, The rooster crew처럼 그 표현에 아주 작은 변화라도 일어나면 기묘하게 들리고, "Harvey crew over his victory(하비는 자기의 승리를 크게 기뻐했다.)."는 이해하기가 어렵다. 몇몇 지방어들에는 몇 개가 더 추가되었거나 보존되어 있는데, show-shew, saw-sew, sow-sew, snow-snew가 그런 것들이다. 1942년에 《시카고 선(*Chicago Sun*)》의 일기 예보에는 "It blew and snew and then it thew(thaw-thawed, 바람이 불고 눈이 왔고 그런 후 눈이 녹았다.)."라는 글이 실렸다. 그러나 요즘 이 과거형들은 매우 드물게 쓰이고, 유행은 규칙 유형으로 흐르는 경향을 보인다. 아이들은 다른 어떤 종류의 불규칙 동사보다 blowed와 knowed 같은 실수를 더 많이 범한다.[35] 저널리스트 헨리 루이스 멩켄(Henry Louis Mencken)은 미국 지방어를 주도면밀하게 연구해, 권위 있는 저서인『미국 언어(*The American Language*)』에 흔히 쓰이는 많은 비표준 과거 시제형들을 기록했다. 그중에는 blowed, knowed, throwed, drawed가 있고, 헤리엇 비처 스토(Harriet Beecher Stowe)의 『톰 아저씨의 오두막(*Uncle Tom's Cabin*)』에 등장하는 톱시(TOPSY)라는 여자 아이 때문에 유명해진 과거형도 있다. 시어도어 번스타인은『신중한 작가(*The Careful Writer*)』에서, 자주 인용되는 톱시의 단어들을 비평했다.

톱시

"그런 재편이 이루어지지 않은 상태에서 시의 사법 구조는 전체적으로 톱시처럼 '성장했다(growed).'" "정부가 보유하고 있는 잉여 농장 필수품은 톱시처럼 계속 '증가하고 있다(growin)'." 톱시의 말은 여러 판본과 여러 책에 다양한 구두점과 함께 인쇄되어 있지만 정확하게는 "I 'spect I grow'd(내가 성장한 것 같아.)."다. 'just,' 'jes' 'growin' 같은 것은 전혀 없다. 어쨌든 진부한 표현의 여왕인 톱시는 즉시 퇴출당해야 한다. 진부한 표현(Clichés) 항목을 보라.[36]

came 외에도 몇몇 동사가 과거 시제형에서 ā를 취한다.

　　eat-ate 유형 : give, forgive, bid, forbid, lie

bade 는 '요구하다.'나 '명하다.'라는 뜻을 지닌 bid의 다소 딱딱한 과거 시제형이고, 포커나 브리지 또는 국방 계약에는 쓰이지 않는다(bid-bid-bidden, (카드에서) 비드를 선언하다, 입찰하다 하는 뜻이다. ― 옮긴이). 어느 누구도 "He bade three clubs(그는 세 클럽에 들었다.)."라고 말하지 않는다. lie-lay 는 마치 화자의 실수를 유발하고 언어 애호가들(사적인 순간의 나도 포함됨.)에게 비탄의 빌미를 주기 위해 고안된 것만 같다. 최근에《애틀랜틱 먼슬리》에 실린 컬런 머피(Cullen Murphy)의 "The Lay of the Language"라는 제목의 기사는 전적으로 동사 lay만을 다뤘고,[37] 심지어 머펫(Muppets, 미국 텔레비전 프로그램 「세서미 스트리트」에 나오는 인형들―옮긴이)들도 lay에 대해 논쟁을 벌였다. 1999년에 말하는 인형인 싱과 스노어 어니(Sing and Snore Ernie)는 "It feels good to **lay** down."(to lie가 옳은 표현)이라는 입력어 때문에 순수주의자들의 항의에 부딪혀 프로그램을 바꿔야 했다.[38] (바비 인형 이래로 말하는 인형을 둘러싼 가장 큰 소동은 "수학은 어려워."라고 말하는 인형의 푸념이 양성 평등에 대한 논쟁을 촉발해 일어났다.) lay 의 문제는 무엇일까? 표면상으로 그것은 두 동사에 속해 있다. 하나는 불규칙 자동사인 lie-lay-lain로 의미는 '눕다.'이다.

> 어간: Please *lie* down and tell me about your childhood.
>
> 과거 시제: He *lay* down on the couch.
>
> 분사: He has *lain* down on the couch

또 하나는 규칙 타동사인 lay-laid-laid이고 의미는 '눕히다.'이다.

> 어간: *Lay* your cards on the table.
>
> 과거 시제: He *laid* his cards on the table.
>
> 분사: He has *laid* his cards on the table.

어니뿐만 아니라 수많은 무심한 화자들이 둘 다에 lay를 사용하는 데(I'm going to **lay** down(원래는 lie)에서처럼), 누가 그들을 책망할 수 있 겠는가? lay를 두 활용에 쓰는 것이 큰 혼란을 일으키지 않는다면, 두 동사는 영어의 문법 논리에 따라 하나가 되어야 한다. lay는 '눕 게 하다(cause to lie)'를 의미한다. 즉 'X하게 하다(cause to X).'를 의 미하는 동사인 것이다. 뿐만 아니라 lay는 'X하다.'를 의미하는 동족의 동사와 모음 하나만 다른 소수의 동사 중 하나다. 다른 동사들로는 sit-set, rise-raise, fall-fell(to fell a tree에서처럼)이 있고, 믿기 어렵겠지만 drink-drench가 있다. 그밖에 대부분의 경우에 'X하다.'를 의미하는 동사와 'X하게 하다.'를 의미하는 동사는 똑같은 소리가 난다.

The stick *leaned* against the house(그 지팡이는 집에 기대어져 있었다.).

I *leaned* the stick against the house(나는 지팡이를 집에 기대 놓았다.).

The planter *stood* on the deck(그 화분은 테라스에 서 있었다.).

I *stood* the planter on the deck(나는 그 화분을 테라스에 세워 놓았다.).

The baby *sat* on the bed(아기는 침대 위에 앉았다.).

I *sat* the baby on the bed(나는 아기를 침대 위에 앉혔다.).

'비문법적인' 자동사 lay는 lean, stand, sit의 패턴을 완벽하게 따르고 있다. 많은 순수주의자들이 자동사 lay는 최근에 전와(轉訛, corruption, 순수성 상실)된 것이고, 밥 딜런(Bob Dylan)의 「레이 레이디

레이(Lay Lady Lay)」와 에릭 클랩턴(Eric Clapton)의 「레이 다운, 샐리(Lay Down, Sally)」 같은 록 음악 가사 때문에 더 널리 퍼졌다고 믿는다. 그러나 단어 감시자들이 주목할 정도로 자주 출현하는 이른바 전와는 결국 1세기나 그보다 더 오래전부터 널리 쓰이고 있음이 밝혀졌다. 자동사 lay는 17, 18, 19세기에도 나무랄 데가 없었다. 예를 들어 1812년에 조지 고든 바이런(George Gordon Byron)은 「차일드 해럴드의 편력」에서 "There let him lay."라고 썼다.[39] 역사언어학자 토머스 파일스(Thomas Pyles)과 존 알지오(John Algeo)는 다음과 같이 말한다.

형제인 H. W. 파울러와 F. G. 파울러(1931, 49쪽)는 19세기 미국의 저명한 순수주의자, 리처드 그랜트 화이트(Richard Grant White)의 글에서 "I suspected him of having laid in wait for the purpose."라는 문장을 인용했는데 그의 문맥에는 명백히 즐거운 반대 의사가 담겨 있다. 왜냐하면 순수주의자들은 영어 문법을 위반한 죄악이라고 간주되는 어떤 것에서 다른 순수주의자들을 따라잡는 것을 무엇보다 좋아하기 때문이다.[40]

그림 작가의 허락을 받고 게재했다.

마지막 종류의 불규칙 동사가 새겨진 수지 베커(Suzy Becker)의 축하 카드도 영어를 장기적으로 개조하려는 또 다른 경향을 보여 준다(다음쪽 그림).

ing-ang-ung 패턴은, 익살맞은 표현인 "Who would have thunk?(누가 생각이나 했을까?)"처럼 방언이나 방언을 흉내 낸 말에서 일반화될 때가 많다. 1998년 텍사스의 칼럼니스트 몰리 어빈스(Molly Ivins)는 자신의 책에 "You've Got to Dance with Them What Brung You(나를 이끌어 준(도와준) 사람들을 높이 우대해야 한다.)"라는 제목을 붙였는데, 이 제목은 시골 냄새가 풍기는 금언으로 쓰였지만

실은 짐짓 어수룩해 보이려는 도회 사람의 어투에 가깝다. 투수이
자 스포츠 해설가인 디지 딘(Dizzy Dean)은 어느 연극에서 아래와 같
은 해설을 낭독했다고 한다.

The pitcher wound up and **flang** the ball at the batter. The batter
swang and missed. The pitcher **flang** the ball again and this time
the batter connected. He hit a high fly right to the center fielder.
The center fielder was all set to catch the ball, but at the last minute
his eyes were blound by the sun and he dropped it(투수, 와인드업하
고 타자를 향해 공을 던졌습니다. 타자, 헛스윙하고 말았습니다. 투수 다시 공을
던졌고 이번에는 타자가 공을 때렸습니다. 공은 중견수 쪽으로 높이 날아갔습
니다. 중견수는 만반의 준비를 하고 공을 잡으려 하지만 마지막 순간에 햇빛 때
문에 눈이 부셔 공을 놓치고 말았습니다!(fling-flung, swing-swung, blind-
blinded——옮긴이))![41]

데이브 배리(Dave Barry)는 한 칼럼에서 닐 다이아몬드(Neil Diamond)
의 소비를 조롱한 후, 격노한 팬들에게 자신의 입장을 옹호하는 과
정에서 독자 조사의 결과를 다음과 같이 설명했다.

불행하게도 조사에 응답한 많은 투표자들이 닐의 노래, 특히 「플레이미(Play Me)」에서 그가 "…… song she sang to me, song she brang to me …… "라고 노래하는 부분을 열광적으로 좋아하지는 않았다. 물론 나는 그 가사가 멋지다고 생각한다. 그러나 독자들에게는 아주 냉담한 반응을 불러일으켰다(they brang out a lot of hostility in the readers).

ing-ang-ung 패턴은 고대 영어의 또 다른 강변화 동사 유형인 유형 III에서 나왔고, singan-sang-sungen이 그 예이다. 현대에도 많은 동사들이 정도의 차이는 있지만 그 패턴을 따른다.

ring-rang-rung 유형: sing, spring, drink, shrink, sink, stink, swim, begin

cling-clung 유형: fling, sling, sting, string, swing, wring, slink, stick, dig, spin, win

run-ran-run

hang-hung

strike-struck

sneak-snuck

sit-sat, spit-spat

ing-ang-ung 동사들은 대부분 -ing 나 ink로 끝난다. 그렇지 않은 두 동사에 대해서는 특별한 언급이 필요하다.

begin은 일반 불규칙 동사 중 단음절도 아니고 단음절 어근으로 조성된 것도 아닌 유일한 동사라는 특징을 갖고 있다. (우리가 일상적으로 사용하는 일반적인 앵글로색슨 단어들은 대개 단음절이고, 불규칙 동사도 예외가 아니다.) begin은 비슷한 불규칙 동사들인 become, befall, beget, behold, beset, bespeak처럼, 접두사 be-로 이루어져 있다. 그러나 begin의 경우에 나머지 -gin은 영어 단어가 아니라, 지금은 소멸한 원시 게르만 어의 'open'을 의미하는 동사에서 왔다. (다소 특이한 불규칙 과거 시제형을 가진 2개의 동사가 더 있는데, begin처럼 어간만으로는 동사 역할을 못 한다. forsake-forsook, beseech-besought이 그것이다.)

snuck(sneak-snuck, 미국 방언 또는 비표준어로 '몰래 움직인다.'는 뜻이다.—옮긴이)은 가장 최근에 표준어에 편입된 불규칙 동사라는 특징을 갖고 있다. 『옥스퍼드 영어 사전』에 맨 처음 기재된 것이

1887년이다. 최근의 한 조사에 따르면, 대부분의 나이든 미국인들은 snuck에 눈살을 찌푸리는 반면, 대부분의 젊은이들은 그 단어을 아무 문제없이 받아들인다고 한다.[42] 윌리엄 새파이어는 영어과 명예 교수인 도리스 애스먼드슨(Doris Asmundsson)의 편지를 인용했다. "creak, critique, eke, freak, leak, tweak는 과거 시제에서 cruck, crituck, uck, fruck, luck, twuck로 변하지 않는다. 그렇다면 왜 sneak은 snuck으로 변하는가? 언젠가는 sneaker가 snucker로 변할지도 모른다."[43] 한 이론에 따르면, snuck은 음성 상징을 통해 영어에 숨어 들어왔다고 한다. 이 단어에는 빠름, 은밀함, 약간 나쁜 평판이 함축되어 있어 slunk와 suck(slink-slunk(살금살금 걷다.), suck-sucked(빨다, 알랑거리다.) —옮긴이)의 소리 패턴을 생각나게 하는데, 특히 세 단어 모두 또렷한 k로 끝나기 때문에 더욱 그렇다.[44] 이보다 조금 더 부자연스러운 설명에 따르면, sneak은 발음상 sting, strike, dig에, 그리고 특히 stick에 가깝다고 한다. i는 단지 짧고 이완된 ē이고, n은 감기를 앓아 본 사람이라면 누구나 알겠지만 기본적으로 코를 통해 발음되는 t나 d다. 그것이 creak 및 tweak과 운이 맞지 않는 것은 결코 장애가 아니었다. 왜냐하면 조음 동작의 유사성이 소리의 유사성보다 더 중요하기 때문이다. 그리고 그 때문에 우리는 stick-stuck 과 sneak-snuck 을 유사하게 느낀다.

방언의 과거 시제형들 중 cling 이나 slink 와 운이 정확하게 맞지 않는 많은 것들도 과거 시제에는 ŭ를 취한다. 멩켄과 그밖의 사람들은 climb-clumb, shake-shuck, take-tuck, dive-duv, drive-druv 를 보고했으며, 영어에는 "Sussex won't be druv(너는 나를 절대 이길 수 없어.)."라는 말도 있다. 한 화자는 옛날 사람들이 멸종 위기에 처한 종에게 어떻게 했는지를 다음과 같이 묘사했다. "They killed 'em and skun 'em out(그들은 동물들을 죽이고 가죽을 벗겼다.)." 디지 딘은 "He slud into second(그는 2루로 슬라이딩했다.)."라는 말로 유명했고, 그 때문에 어떤 야구팬들은 "If Dykstra hadn't dropped the ball, the runner wouldn't have tug(다익스트라가 공을 떨어뜨리지 않았다면 주자는 태그아웃 당하지 않았을 것이다. tagged가 옳다.)."라고 말한다.[45] 또 다른 유명한 예가 다음 만화에 있다.

영어에서 ing-ang-ung 동사들은 1,000년 전에도 선두 주자였고 지금도 유행을 이끌고 있다. 14세기에 인류 평등주의를 설파한 존 볼(John Ball)은 "When Adam delved and Eve span / Who was then a gentleman?(아담이 땅을 파고 이브가 실을 자을 때에는 / 과연

어머나!

고양이가 뭔가를 drug in한 (질질 끌고 들어
온) 것 같아.

내가 보기에 는 고 양이 가 뭔가 를
dragged in한(질질 끌고 들어온) 것 같은
데!

그랬을 지도 모르지. 어쨌든 당신 눈에는
괜찮아 보인다는 거야?

ARLO&JANIS® by Jimmy Johnson

누가 신사였는가?")"라는 슬로건으로 대중을 선동했다. span은 sing, swim, begin처럼 i-a-u 패턴을 따르는 spin의 과거 시제형이었다. 그러나 결국 분사 spun이 과거 시제 슬롯을 빼앗고 span을 역사의 쓰레기통으로 내몰았다. 이런 탈취 사건은 지금도 일어나고 있다. 월트 디즈니 사가 「애들이 줄었어요(Honey, I Shrunk the Kids)」라는 영화를 출시했을 때, 영어 교사들은 일제히 목소리를 높였다. "Honey, I Shrank the Kids"가 되어야 한다는 것이었다. 그럼에도 대부분의 사람들은 shrank, sprang, sank, stank가 아니라 shrunk, sprung, sunk, stunk라고 말한다. (어떤 사람들은 정반대로 말한다. O. J. 심슨 살인 사건을 다룬 재판에서 어느 추악한 순간에 크리스토퍼 다든(Christoper Darden) 검사는 "The gloves appear to have shrank somewhat(장갑이 약간 줄어든 것 같다.)."라고 말했다.)

교사들은 지는 싸움을 하고 있다. 언어 전문가들조차도 가끔씩 그것을 구별하지 못하기 때문이다. 윌리엄 새파이어는 꼬투리잡기(Gotch!) 모임과 유오펄피플(Uofallpeople) 클럽에서 너무 많은 것을 들은 나머지, "Trivialize had its moment in the vogue-verb sun, until the usage of this older verb shrunk to the very occasional(trivialize도 인기 동사에 드는 좋은 시절이 있었지만, 결국 이 늙은 동사는 아주 가끔씩만 사용되는 단어로 위축되었다.)."이라고 썼다.[46] 《보스턴 글로브》의 언어 전문가, 얀 프리먼은 "They sort of sprang it on me."라는 말을 듣는 순간 깜짝 놀라, 혹시 그것이 부정확한 단어인지를 생각했다고 한다.[47]

ank와 ang 패턴을 가진 다른 단어들처럼 shrank도 두 방향에서 협공을 당하고 있다. 한 방향은 자기 자신의 분사인 shrunk로부터이고, 다른 방향은 이미 ang 패턴을 잃고 분사뿐만 아니라 과거 시제형에서도 ung를 취하는 많은 ing 동사들로부터다. 예를 들어 "He slung(slang이 아니다.) the hash.", "They strung(strang이 아니다.) him up with a rope.", "He flung(flang이 아니다.) the ball at the batter." 등이다. ing-ung-ung는 확실하고 꾸준하게 ing-ang-ung을 대체하고 있는데, 이것은 동사 전역에서 분사형과 과거 시제형의 구분이 무너지고 있는 보다 큰 침식 현상의 일부다.

규칙 동사들은 과거형과 분사형이 전혀 구별되지 않고(I walk, I walked, I have walked), 불규칙 동사 중에서도 두 형태가 구분되는 것들이 오히려 적다. 대부분의 불규칙 동사는 mean-meant-has meant나 find-found-has found처럼 변한다. 과거형과 분사형의 차이는 비표준 방언들에서 훨씬 더 약해진다. "I seen it."과 "A man come into the bar."는 상류 계급과 중류 계급 밖에서는 심지어 도회 지역에서도 완전히 표준적이고, "He begun to cry.", "She done it.", "They gone home."도 흔히 쓰인다. 멩켄은 20세기 초반의 수십 년 동안 div, driv, riz, swole, taken, thrown, writ 같은 과거 시제형과, (has) ate, blew, broke, did, drank, drive, froze, gave, rode, rose, ran, stole, swam, took, tore, woke, wore, wrote 같은 분사형이 사용되었다고 보고했다. 그럼에도 많은 사람들이 그 침식 현상은 최근에 시작된 것이라고 생각한다.

앤 랜더스 씨에게

미국인들은 동사의 시제라는 것이 있다는 것을 잊은 걸까요? 저는 사람들이 'woulda came', 'coulda went', 'shoulda did', 'woulda took', 'had went', 'hadn't came'이라고 말하는 걸 들을 때마다 충격을 받습니다.

그들은 'woulda'와 'coulda'가, 'would have'와 'could have'의 단축형인 'would've'와 'could've'의 속어라는 것을 모르는 걸까요?

어느 정치 광고의 성우는 "I seen."이라고 말하고, 어느 텔레비전 기자는 "We haven't spoke."라고 말했습니다…… 텔레비전의 어느 여성 앵커는 "had threw it", "between you and I"라고 말하더군요.

저는 50년 동안 비서로 일했는데, 고등학교 교육만으로 제 영어가 완벽하다는 것이 고마울 따름입니다. 만일 당신이 이 편지를 채택하여 당신의 칼럼에 실어 준다면 많은 사람들에게 아주 고마운 일을 하게 될 것입니다.

우드리지, 뉴저지

E. E.

E. E. 씨에게

시간과 수고를 들여 편지를 적어 보내 주신 것에 감사드립니다. 제가 그 사람들에게 직접 따져야겠다는 생각이 듭니다(I shoulda **thunk** to tell them off myself.).[48]

과거형과 분사형의 혼동은 쉽게 설명할 수 있다. 어떤 것들은 잘못 듣기 때문에 발생한다. E. E. 씨가 지적한 것처럼, 완료형을 나타내는 조동사 has와 have는 종종 he's, we've, could've, should've, would've로 단축되거나, 더 짧게 coulda, shoulda, woulda로 단축된다. (중·고등학생 과제물을 채점하거나 인터넷 토론 그룹에 참가해 본 사람이라면 could of, should of, would of에도 익숙할 것이다.) 그 때문에 빠른 말에서 have 동사들은 쉽게 누락되고, 특히 'He's seen it.'은 쉽게 'He seen it.'으로 재분석된다.

그러나 ang-ung 구분이 쇠퇴하는 주된 이유는, 영어 굴절의 모든 구분들이 지난 1,000년에 걸쳐 계속 쇠퇴하고 있다는 데 있다. 그에 따라 과거에는 형태론이 지고 있던 짐이 이제는 통사론의 어깨로 넘어가고 있다. 고대 영어와 중세 영어에는 현재, 과거, 분사를 위한 동사형이 따로 있었을 뿐만 아니라, 서로 다른 인칭(I, you, he/she)과 과거 시제 내에서의 수(단수와 복수)를 위해서도 개별적인 동사형이 존재했다. 예를 들어 sing의 과거 시제형은 아래와 같았다.

I sang	We sungon
Thou sunge	You sungon
He/she sang	They sungon

인칭과 수의 구분이 붕괴하자 모든 동사는 단수 과거 시제형으로 끝나게 되었고, 의자 빼앗기 놀이가 시작되어 서로 다른 어간들이

빈 의자를 차지하기 위해 경쟁을 벌였다. 어떤 동사에서는 단수가 이겼고(sing-sang-sung), 어떤 동사에서는 복수가 이겼다(sling-slung-slung). (과거 시제 복수형은 대개 분사와 비슷했다. 2장에서 봤던 융합 현상이다.) -en을 유지함으로써 붕괴되고 있는 활용으로부터 어간을 취해야 했던 분사들 사이에서도 의자 빼앗기 놀이가 벌어졌다. take-took-taken 같은 동사들은 기본형의 어간을 취했고, break-broke-broken 같은 동사들은 과거형의 어간을 취했으며, swell-swelled-swollen 같은 동사들은 독자적인 어간을 유지했다. 어떤 분사들은 다른 패턴으로 갈아타기도 한다. 만일 break-broke-broken 패턴을 shake와 take에 적용하면, 다소 귀여워 보이는 shooken과 tooken이 나온다. 나는 어떤 사람으로부터, tooken이 X세대 동아리들 사이에서는 표준어가 되었는데 만일 그렇다 해도 그 원인을 X세대의 풍자적이고 초연한 태도로 돌리지 말라는 충고를 들은 적이 있다. 그것은 이미 오래전부터 쓰이고 있었기 때문이다. 1946년에 베니 굿맨이 녹음한 노래 「Put That Kiss Back Where You Found It」에는 "Took it when I wasn't lookin' / And my heart you've also tooken(내가 안 보고 있을 때 그것(키스)을 가져갔다. / 그리고 당신은 내 심장도 가져갔다.)."라는 가사가 들어 있다.[49] 영어 굴절에서 형태 구분이 꾸준히 희미해지는 현상을 이해하고 나면, 고대 영어가 끝나고 2,000년이 지난 지금까지도 왜 우리가 shrink 와 spring 같은 동사들 때문에 혼란스러워하는지를 이해할 수 있다.

완전한 마무리를 위해 나머지 불규칙형들을 살펴보자. shorn 과 swollen 은 분사를 제외한 형태들이 규칙적으로 변하는 소규모 집단에 속한다.

swell-swelled-swollen, shear-sheared-shorn

show-showed-shown 유형: sow, sew, prove, strew

(그밖에 몇몇 불규칙 분사들은 동사로부터 고아처럼 떨어져 나와 형용사로만 쓰이는데, 다음에 열거한 것처럼 대부분의 분사들이 다소 특이하다. bereft, unbidden, clad, cleft, cloven, drunken, forlorn, girt, gilt, misbegotten, hewn, beholden, laden, molten, mown, pent, misshapen, clean-shaven, shod, sodden) 아래의 동사들은 어디에 넣어야 할지 모르겠다.

beat-beat-beaten

choose-chose-chosen

see-saw-seen

stand-stood 유형 : understand, withstand

stand-stood 패턴은 권투 프로모터인 조 제이콥스(Joe Jacobs)가 토로한 후 사람들이 자주 인용하는 "I should have stood in bed (계속 잠이나 잘 걸 그랬다.)."라는 불평에서, 그리고 아래의 서법 조동사에서 들을 수 있다.

can-could

이 조동사는 "I can't polka now, but I could before I broke my leg."처럼 용법상 현재와 과거의 대조를 유지하고 있다. 다른 서법 조동사 쌍들(may-might, will-would, shall-should)은 처음에는 한 동사의 두 시제형이었지만 오래전에 갈라섰다. 이제 might, would, should는 더 이상 과거 시제가 아니다.

오늘날 영어에는 정확히 몇 개의 불규칙 동사가 있을까? get과 forget처럼 접미사가 붙은 족속들을 이중으로 계산하지 않고, drug

와 brung 같은 방언 형태들을 계산하지 않고, 표준 미국 영어나 표준 영국 영어의 불규칙 동사들만 계산하고, 흐릿하지만 널리 인식되는 형태들을 계산에 넣는다면, 현대의 불규칙 동사는 164개로, 그중 (t나 d로 끝나는) 약변화 동사는 81개, 강변화 동사는 83개에 이른다. 강변화 동사가 325개였던 고대 영어와 비교하면, 영어가 정말로 '약해진' 것이 분명하다. 이후의 장에서는 잔존하고 있지만 위기에 처한 불규칙 동사들이 소멸하지 않고 살아남을 수 있을지를 살펴볼 것이다.

지금까지 우리는, 약변화 과거 시제형은 약 2,000년 전의 원시 게르만 어로 거슬러 올라간다는 것과, 강변화 과거 시제형은 최소 5,500년 전의 원시 인도-유럽 어로 거슬러 올라간다는 것을 확인했다. 그런데 그것들은 애초에 어디서 나왔을까? 분명 어떤 위원회가 고안한 것은 아닐 테고, 신의 계시로부터 생긴 것도 아닐 것이다. 아무도 정답을 알지 못하지만 소수의 용감한 언어학자들은 다음과 같이 추측한다.

우리가 쓰는 -ed의 선조인 원시 게르만 어의 치경 접미사는 to do 동사의 축소된 형태로부터 생겨났을 것으로 여겨진다.[50] 많은 언어들이 do에 해당하는 무의미 동사를, 시제, 완료의 정도, 부정과 같은 문장 전체에 관한 정보를 전달하는 조동사로 사용한다. 사실 현대 영어도 예스-노 질문(Do you want to dance?)과 부정(Alice doesn't live here anymore)에서 그런 목적으로 do를 사용한다. 한 언어의 역사에서 접두사와 접미사는 종종 do, take, be, have 같은 동사들의 침식으로부터 생겨나는데, 그런 과정을 '문법화(grammaticalization)'라고 부른다.[51]

치경 접미사가 do에서 생겨났다면, 우리는 왜 그 안에 d나 t 소리가 있는지를 이해할 수 있다. 원시 게르만 어에서 do는, He hammer-did나 She walk-did에서 희미하게 엿볼 수 있는 것처럼 명사나 다른 동사 뒤에 올 수 있었다. 그 do가 침식되어 d라는 토막만 남게 되었고, 이것이 동사 뒤에 붙어 -ed의 선조가 되었을 가능성이 있다.

이 이론은 또한 왜 -ed가 새롭거나 낯선 동사에도 자유롭게 붙을 수 있는 규칙 접미사가 되었는지를 설명해 준다. do와 동사 하나를 포함한 구가 통사론 규칙에 의해 만들어졌을 것인데, 통사론 규칙은 거의 모든 것을 다른 모든 것과 결합시킬 수 있는 최고의 조합 체계다. 무차별한 조동사가 자연스럽게 무차별한 접미사를 낳았을 것이다. 즉 do에 해당하는 어떤 동사가 어느 동사와도 결합할 수 있는 것처럼(He did abandon, He did abate, He did abbreviate 등등), 그 후손인 -ed도 그런 습관을 그대로 유지해 어떤 동사와도 결합할 수 있었을 것이다(abandoned, abated, abbreviated 등등).

강변화 동사형의 선조인 인도-유럽 어의 모음 전환 패턴에서는 e(Ed와 aid의 중간 소리)나 중립 모음이 a(예를 들어 father)나 ō(hoe나 horse)로 바뀐다. e는 혓몸이 구강 앞쪽에 놓인 상태에서 발음되고, a와 ō는 혀가 구강 뒤쪽으로 낮게 놓인 상태에서 발음된다. 전설 모음과 후설 모음 간의 이 대조는 현대 영어에 존재하는 대다수의 불규칙 동사에도 살아 있다. 그 기본형들은 ĕ, ē, ĭ, ī, ā 등의 소리를 갖고 있고, 과거 시제형들은 ă, ŏ, ō, ŭ. ŏŏ 등의 소리를 갖고 있다.

이것은 우연의 일치가 아닐 것이다. 20세기 중반의 세 위대한 언어학자, 로만 야콥슨(Roman Jakobson), 예지 쿠릴로위츠(Jerzy Kuryłowicz), 모리스 스와데시(Morris Swadesh)는 많은 언어에서 혀의 높은 위치와 구강 앞쪽에서 발음되는 모음들은 명사와 동사의 기본형(예를 들어 명사의 단수형과 동사의 부정형)에 사용되는 경향이 있는 반면에, 혀의 낮은 위치와 구강 뒤쪽에서 발음되는 모음들은 특수한 표지의 형태들(명사의 복수형과 동사의 시제형들)에 사용되는 경향이 있음을 지적했다.[52] 게다가 대조를 이루는 단어 쌍에서 높고 앞쪽으로 치우친 전설 모음은 낮고 뒤쪽으로 치우친 후설 모음과는 다른 언외(言外)적 의미를 내포한다. pitter-patter 와 dribs and drabs 같은 표현에서는 높은 전설 모음이 먼저 오기 때문에, 우리는 patter-pitter 나 drabs and dribs 라고 말하지 않는다. 그리고 this 와 that, here 와 there, me 와 you 같은 쌍에서도 높고 앞쪽으로 치우친 전설 모음들은 '자기 자신'이나 '자신과 가까운' 것을 의미하는 단어에서 발견되고, 낮고 뒤쪽으로 치우친 후설 모음들은 '타인'이나 '자신과 먼' 것을 의미하는 단어에서 발견된다. 이러한 현상은 영어뿐만 아니라 많은 어족에서 공통적으로 발견된다.[53]

모음 대조가 편재하는 이 현상은 음성 상징의 한 경우일 것이다. 언어학자 로저 웨스콧(Roger Wescott)은 높은 전설 모음들은 구강이 수축되고 혀가 성도의 보이는 부분에 가까이 놓인 상태에서 발음되는 반면에, 낮은 후설 및 중설 모음들은 구강이 크고 혀가 보이지 않게 파묻힌 상태에서 발음된다고 지적했다. 이것은 현재와 과거의 개념적 차이를 생각나게 한다. 과거의 사건은 현재 순간과 시간의 간격을 두고 분리되어 있고 시간은 비유적으로 공간과 동등하기 때문에, 과거는 사람들에게 구멍이나 공간을 떠올리게 할 수 있다. 또한 오래전의 말은 비유적으로 멀리 떨어진 것과 동등하기 때문에 과거는 동떨어진 상태나 거리를 떠올리게 할 수 있다. 아마도 인도-유럽 어가 발전하는 과정에서 화자들은, 낮고 뒤쪽으로 치우친 모음들은 현재와 시간적으로 분리된 사건의 개념에 더 적합하고, 높고 앞쪽으로 치우친 모음들은 현재 이곳에서 벌어지는 사건에 더 적합하다고 느꼈을 것이다.[54] 물론 인도-유럽 어의 화자들은 과거 시제를 모음으로 표시해야 했다면 여러 모음 중에서 한 모음을 선택했을 것이고, 우리가 아는 범위에서 보자면 별 어려움 없이 정반대로 선택할 수도 있었을 것이다. 그러나 그 모음 대조가 서로 무관한 많은 언어들에서 비슷한 역할을 수행하고, 5,500년 동안 계속된 우리의 귓속말잇기 게임에도 화려하게 보존되어 있다는 사실로 미루어 볼 때 우리는 그것이 인간의 마음에 어떤 의미론적 반향을 불러일으키는 것은 아닌지를 생각하게 된다.

4
일대일 전투

이제 규칙 동사와 불규칙 동사에 대해 모든 것을 알게 되었다. 그렇다면 단어-규칙 이론은 얼마나 유효할까? 어떤 면에서는 대단히 유효하고, 또 어떤 면에서는 그렇지 않다. 단어-규칙 이론에 따르면 언어는, 소리와 의미의 자의적 결합 쌍인 기억된 단어들의 목록과, 단어들을 조립해 조합물을 만들어 내는 생성 규칙이라는 두 요소로 이루어져 있다. 규칙 동사형과 불규칙 동사형은 두 성분의 좋은 예다. 즉 불규칙 동사형은 기계적으로 암기되고, 규칙 동사형은 규칙에 따라 생성된다.

2장의 언어 해부는, 단어-규칙 이론의 예상대로, 규칙 동사형들은 조합 체계라는 훌륭한 기관에서 분비된다는 것을 보여 주었다. 그러나 3장의 탐구는, 그 역시 단어-규칙 이론의 예상대로, 불규칙 동사들의 저장소는 무질서하거나 비활성이 아니라는 것을 보여 주었다. 불규칙 동사는 패턴으로 가득 차 있다.

blow-blew, grow-grew, know-knew, throw-threw

bind-bound, find-found, grind-ground, wind-wound

drink-drank, shrink-shrank, sink-sank, stink-stank

bear-bore, swear-swore, tear-tore, wear-wore

자의적인 목록에서는 결코 이런 것들을 기대할 수 없다. go-went 와 be-was 같은 보충형 쌍들은 예외지만, 만일 불규칙형들이 정말로 하나씩 습득된다고 해도 그것들은 예외가 아닌 규칙에 포함될 것이다.

앞에서 본 바와 같이, 다수의 불규칙 패턴들은 오래전 화자들의 머릿속에 살고 있었으나 지금은 사멸한 규칙들의 화석이고, 역사는 단지 그 일부만을 설명해 준다. 만일 불규칙형들이 과거의 규칙에서 모든 패턴을 빌려 왔고 규칙들이 사멸한 이래로 꾸준히 퇴화되어 왔다면, 오늘날의 패턴들은 너덜너덜해진 채 남은 고대 인도-유럽 어의 강변화 종류들일 것이고, 과거의 패턴에 들어맞는 핵심 동사들과 다양한 방향으로 떠밀리면서 왜곡된 그밖의 동사들로 이루어져 있을 것이다. 그러나 많은 동사들이 강변화 종류에 합류했거나 종류를 건너뛰었고, 그 결과 오늘날의 불규칙 집단들은 원래의 집단들과는 다르게 분류된다. ring-rang은 원래 약변화 동사였는데(과거 시제형이 ringed였다.), sing 같은 동사들로 인한 유추 때문에 ing-ang-ung 유형에 이끌려 왔다. dig-dug, stick-stuck, wear-wore, show-shown과 그밖의 많은 유형에서도 똑같은 일이 일어났다. 예를 들어 fling-flung, sling-slung처럼 고대 영어 이후에 영어에 들어온 몇몇 동사들 역시 강변화 유형에 합류했다. slay-slew, draw-drew(원래는 drough였다.)를 비롯한 몇몇 동사들은 유형을 건너뛰었다. 그리고 light-lit, creep-crept 같은 동사들은 약한 불규칙 패턴의 매력을 인정받았다.[1]

만일 이런 끌림과 변환이 먼 과거의 일이라면 단어-규칙 이론은 아무 문제가 없을 것이다. 모음 전환 규칙은 인도-유럽 어나 게르만 어 부족들 사이에서 완전히 사멸하지 않았고, 영국의 여러 지역에서 몇 세기 동안 약화된 형태로 머문 다음에야 사멸했다. 불행하게도 몇몇 변환은 상당히 최근에 일어났다. kneel-knelt, dive-dove, catch-caught, quit-quit은 19세기 들어 유행하기 시작했다. 예를 들어 조지 워싱턴은 catched를 썼고, 제인 오스틴은 quitted를 썼다. 앞에서도 보았듯이 snuck은 한 세기 전에 영어에 들어왔고 이제야 표준어가 되고 있다.

영어의 비표준 방언들에 남아 있는 재미있는 불규칙형들은 몇몇 근심거리를 제공한다. 시골 지역의 몇몇 불규칙형들은 옛 표준형들의 기이한 잔존물이고(help-holp, climb-clim, creep-crope), 대부분까지는 아니어도 다수의 불규칙형들은 지방 화자들의 창조성이 만들어 낸 토산품들이다(bring-brang-brung, dive-div, chide-chode, snow-snew, climb-clomb, drag-drug, slide-slud, fling-flang, 그리고 그밖의 수백 단어들).[2]

나는 실험 심리학자로서 쥐나 2학년생을 대상으로 한 실험을 통해 입증되지 않은 것은 절대로 믿지 말도록 훈련을 받았다. 물론 내가 아는 한 어느 누구도 쥐들의 불규칙 동사를 연구한 적은 없다. 하지만 언어학자인 존 바이비(Joan Bybee)와 캐럴 모더(Carol Moder)는 2학년생들의 불규칙 동사를 연구해, 그들이 행복한 대학 생활에 푹 빠진 나머지 불규칙 패턴들을 일반화해 기발한 형태들을 만들어 낸다는 사실을 보여 주었다. 실험자들은 한 언어학 강의에 참석한 학생들(물론 다른 학년의 학생들도 있었다.)에게 현존하는 동사들과 지어 낸 동사들의 과거 시제형을 떠올려, 'Sam likes to spling. Yesterday he ______.' 같은 문장들을 완성하라고 요구했다. 거의 80퍼센트에 달하는 학생들이 splang이나 splung을 적었다. 진짜 단어가 주어졌을 때에도 어떤 학생들은 불규칙 패턴에 이끌려, dig-dag, sting-stang, slink-slank, streak-strack, skid-skud, clip-clap 같은 창조적인 형태를 만들어 냈다. 바이비와 모더는 영어가 우리에게 fling-flung과 drag-drug 같은 형태를 선사했던 역사적 과정을 실험실에서 고스란히 재현해 낸 것 같았다.[3]

또는 그렇지 않을 수도 있다. 대학생들은 시험이라고 생각되는 것은 무엇이든 시험처럼 취급하는 경향이 있으므로, 어쩌면 그 과제가 창조적인 형태를 만들어 내는 재능을 측정하는 것이라고 생각했을지도 모른다. 사람들은 실험실 밖에서도 불규칙 형태들을 곰곰이 생각하고, 때때로 일반화를 통해 과거형을 추론한다. 레오 로스텐(Leo Rosten)이 레너드 로스(Leonard Ross)라는 필명으로 창조해 낸 하이먼 카플란(Hyman Kaplan)이라는 인물의 대사를 보자. 그는 야간 학교에서 영어를 배우는 유대 인 이민자다.

"제 생각에, bite의 과거는 bote가 되어야 할 것 같아요."

미트닉 양은 너무 놀라 잠시 숨이 멎었다.

"bote라구요?" 파크힐 씨가 어처구니없다는 듯이 물었다. "bote 라니?"

"네, bote요!" 카플란 씨가 말했다.

파크힐 씨는 머리를 절레절레 흔들었다. "도대체 무슨 말인지 모르 겠군요."

그러나 카플란 씨가 겸연쩍게 어깨를 으쓱하고 한숨지으며 말했 다. "그게 말이죠, 'write, wrote, written'이면 당연히 'bite, bote, bitten'이 되어야 하잖아요?"

파크힐 씨의 고막에서 심벌즈 소리가 요란하게 울렸다.

"그런 단어는 없어요." 미트닉 양이 단호하게 말했다. 미트닉 양은 이것을 완전히 개인적인 모욕으로 받아들이고 있었다. 그녀의 목소리 는 작지만 심각했다.

카플란 씨가 얄궂은 어조로 그녀의 말을 되풀이했다. "그런 단어는 없다구요? 존경하는 미트닉 양, 그런 단어가 없다는 걸 제가 모를 것 같아요? 전 그런 단어가 있다고 말하지 않았어요. 제가 물은 건 단지 그게 논리적이지 않느냐는 거였거든요?"[4]

spling 실험에 참가한 학생들도 속으로 '그런 단어가 되어야 하는 게 논리적이지 않을까?'라고 생각하면서, 자연스러운 대화에서는 결코 써 본 적이 없는 말들을 지어 낸 것인지 모른다.

이 문제와 관련해 또 하나 우려할 사실은, 사람들은 특히 다른 사람들의 방언 속에서 불규칙 과거형을 귀담아 듣고, 그것을 위트와 말장난에 의식적으로 사용한다는 것이다. 앞 장에서도 그런 것들을 소개했지만, 우리는 아래의 오래된 농담에서도 그런 예를 볼 수 있다.

A woman gets into a taxi in Boston's Logan airport and asks the driver, "Can you take me someplace where I can get scrod?" He says, "Gee, that's the first time I've heard it in the pluperfect subjunctive(한 여자가 보스턴 로건 공항에서 택시를 잡아타고 운전사에게 "대구를 파는 데로 가주시겠어요?"라고 말했다. 그러자 운전사는 "원 세상에, 그 단어의 대과거 가정법은 처음 들어보는군." 운전자는 여자의 질문을 — where I can get screwed로 이해했다. 'get Screwed'는 '성교하다.'라는 뜻이다. —옮긴이)."

A friend of mine came across some cut flowers that were so spectacularly red she thought they must be fake. "There are amazing," she said. "Are they dyed?" The florist shook his head. "No, no, not at all," he said. "Just put 'em in water and they'll be fine(내 친구는 꽃집에서 너무나 새빨간 꽃을 보고 조화가 틀림없다고 생각했다. 그녀가 말했다. "정말 놀랍군요. 염색한 꽃인가요?" 그러자 꽃집 주인이 말했다. "아니오, 절대로 그렇지 않습니다. 물에 담그기만 하면 싱싱해질 거예요." 꽃집 주인은 손님의 질문을 "Are they died?"로 이해했다. ─옮긴이)."[5]

A man was on trial for pulling a woman down the street by her hair. The judge asked the arresting officer, "Was she drugged?" The policeman replied, "Yes, sir, a whole block(한 남자가 여자의 머리채를 잡고 거리를 끌고 다닌 사건으로 재판을 받고 있었다. 판사가 경관에게 "그녀는 마약을 한 상태였는가?"라고 묻자 경관이 대답했다. "네, 판사님. 온 동네를 끌려 다녔습니다." 경관은 판사의 질문을 "Was she dragged?"로 이해했다. ─옮긴이)."[6]

언어의 유머는 이상한 단어가 정말로 이상하다는 것을 청자가 알아차리는가 아닌가에 달려 있다. 그 단어들이 특별히 이상하지 않다면 농담이 성립되지 않을 것이다. 따라서 어느 아는 체하는 사람이 새로운 과거 시제형이 논리적이거나 재미있다고 느낄지라도, 그 때문에 그 형태가 일상적인 언어 체계의 자연스러운 산물이 되는 것은 아니다. 대신에 그 형태는 개인의 언어를 반성하는 지적 능력, 즉 메타 언어적 인식(metalinguistic awareness)이라고 불리는 능력의 산물일 것이다.

그러나 이런 것들과는 달리 한 종류의 일반화는 결코 의식적 사고의 산물이 아니다. 미취학 아동들이 자발적인 말에서 저지르는 실수가 그것이다.

It was neat—you should have **sawn** it!(seen이 옳은 표현)

Doggie **bat** me(bit가 옳은 표현).

The cheerios got **aten** by the Marky(eaten이 옳은 표현).

I know how to do that. I **truck** myself(tricked이 옳은 표현).

He could have **brang** his socks and shoes down quick(brought가 옳은 표현).

And they **swang** into a roller coaster and we went with their cars and they were sliding and they did a leap(swung이 옳은 표현).

Elsa could have been **shotten** by the hunter, right(shot이 옳은 표현)?

So I took his coat and I **shuck** it(shook가 옳은 표현).

This is the best place I ever **sot**(sat이 옳은 표현).

I **bate** Paul up(beat가 옳은 표현).

You mean just a little bitty bit is **dranken**(drunk가 옳은 표현)?[7]

심리학자 페이 수(Fei Xu)와 나는 아홉 명 아이들의 말이 녹음되어 있는 전자 자료들을 빗질하듯 뒤져서 약 2만 개에 달하는 과거형과 완료형을 모두 끄집어 냈다.[8] 그 속에서 우리는 표준 영어가 아닌 수많은 불규칙 과거형을 발견했다.

beat-bate	crush-crooshed	fling-flang	say-set
bite-bet	fight-fooed	jump-janged	sleep-slep
bring-brid	fit-feet	lift-left	swing-swang

아이들은 이런 실수를 자주 저지르지는 않지만(0.2퍼센트에 불과했

다.), 아홉 아이들 중 여덟 명이 테이프가 돌아가는 동안 최소 한 번 이상 실수를 저질렀으며, 아이들은 학령에 도달한 후에도 계속 그런 실수를 저지른다는 것을 알게 되었다. 나에게는 일곱 살 된 여자 아이의 그림이 있는데 그림 밑에는 "Win I Wit to Git a crismis chre and it wus Sowing so i **braing** my umbrella(나는 크리스마스 리를 구하러 갈 때 눈이 내려서 우산을 가져왔다.)."라는 설명 글이 적혀 있다.[2] 나도 열두 살 때 teach–taught에서 유추해 reach의 과거 시제형을 raught로 써야 한다고 고집을 부린 적이 있다.

∾

불규칙 패턴들은 죽음을 거부한다. 사람들은 불규칙 동사들이 duck과 walk처럼 기계적으로 암기된 자의적 단어들의 목록이며, 따라서 그 속에는 오래전에 소멸한 규칙들이 남긴 패턴화의 흔적만 있을 것이라고 생각한다. 그러나 breaked 같은 말실수, moshed 같은 신조어, wug 테스트 등의 규칙적 패턴에서 볼 수 있듯이, 사람들은 패턴을 뽑아내고 그것을 새 단어로 확대한다. 규칙 굴절과 불규칙 굴절의 차이 그리고 그로부터 발생하는 단어와 규칙의 차이는 더 이상 분명하지 않다. 여기서 두 가지 가능성을 생각해 볼 수 있다. 하나는 불규칙 패턴들도 규칙 패턴들처럼 규칙에 따라 발생한다는 것이다. 또 하나는 언어적 생산성은 애초부터 규칙에 의존하는 것이 아니라 이미 알고 있는 단어들의 패턴을 새로운 단어들의 패턴에 연관시키는 어떤 능력에서 생길 수도 있다는 것이다.

두 대안 모두 영어의 과거 시제 체계에 대한 유명하고 성숙한 이론들로 발전해 왔다. 두 이론의 충돌은 마음에 대한 현대의 연구에서, 심리학, 언어학, 철학, 컴퓨터 과학, 신경 과학을 뒤흔든 가장 활발한 논쟁들 중 하나로 손꼽힌다. 놈 촘스키와 모리스 할레(Morris Halle)가 확립한 생성 음운론(generative phonology)에 따르면, 지배자는 규칙이라고 한다.[10] 규칙형이든 불규칙형이든 과거 시제형 속의 모든 패턴화 요소를 쥐어짜면 규칙이 나오고, 마음 사전에는 단지 압축 건조된 찌꺼기만이 저장되어 있다는 것이다. 데이비드 러멜하트(David Rumelhart)와 제임스 매클레랜드(James McClelland)가 확립한 병렬 분산 처리(parallel distributed processing) 또는 연결주의 이론(connectionism)에 따르면, 규칙은 없다고 한다. 즉 사람들은 어간의 소리와 과거 시제형의 소리가 결합된 연합물을 저장하고, 만일 어떤 연합물이 오래된 단어와 비슷하면 그 연합물들을 일반화해 새 단어를 만들어 낸다는 것이다.[11] 두 이론 모두 사람들이 규칙형들과 불규칙형들을 어떻게 생성하는가를 설명하기 위해 한 종류의 마음 연산(mental computation)에 의존한다. 생성 음운론이 의존하는 마음 연산은 처음부터 끝까지 '규칙'인 반면에, 연결주의가 의존하는 마음 연산은 처음부터 끝까지 '기억'이다.

불규칙 동사 때문에 충돌이 일어났다는 말을 들으면, 학문적인 논쟁은 중요한 문제와 무관하기 때문에 벌어진다는 이야기가 떠오른다. 그러나 이 경우에는 중요한 문제가 걸려 있었다. 과거 시제 논쟁은 마음을 이해하는 두 종류의 아주 다른 방식 사이에 수백 년 동안 벌어진 논쟁의 마지막 전투다.

추론을 할 때 인간은 단지 꾸러미들의 총합을 생각하거나, 한 수에서 다른 수를 뺀 나머지를 생각한다. 이것을 단어로 바꾸면, 모든 이름이 전체의 이름으로 귀결되거나, 전체와 한 부분의 이름에서 나머지의 이름에 도달하는 결과를 생각하는 것이다. …… 추론(REASON)은 곧 계산(reckoning)이기 때문이다.[12]

토머스 홉스(Thomas Hobbes)가 1651년에 쓴 『리바이어던(*Leviathan*)』에서 인용한 이 구절에서 홉스는 '계산(reckoning)'이라는 말을 '셈(counting)', '계산(calculating)', 또는 '연산(computing)'의 원래 의미로 사용했다. 예를 들어 '인간'의 정의가 '이성적 동물'이라고 가정해 보자. 그렇다면 어떤 것이 '이성적'이고 '동물'인지 안다면(부분들의 이름을 알면) 우리는 그것이 '인간'이라고 추론할 수 있고(전체의 이름을 추론할 수 있고), 만일 어떤 것이 '인간'이고 그것이 '이성적'이라는 것을 안다면(전체의 이름과 한 부분의 이름을 알면), 우리는 그것이 이성적 '동물'이라고 추론할 수 있다(다른 부분의 이름을 추론할 수 있다.). 이 추론 과정의 각 단계들은 단어를 인식하고 복사하라는 일종의 기호인 기계적 명령어 체계로 설계할 수 있다. 따라서 '이성적인'과 '동물'이라는 개념이 무슨 뜻인지를 전혀 모르는 사람도 '계산' 또는 연산할 수 있다. 만일 그 기호들이 종이 위의 글자들가 아니라 뇌의 패턴들이고, 그 패턴들이 뇌의 배선 방식 때문에 다른 패턴들을 촉발한다면, 이것은 사고에 관한 이론이 된다.

홉스의 영향을 받은 사람들 중 한 명인 라이프니츠는, 존 윌킨스를 비롯해 1장에서 논의했던 인공 언어의 설계자들에게서도 영향을 받았다. 추론은 곧 계산이라는 홉스의 말을 라이프니츠는 곧이곧대로 받아들였다. 그는 생애의 오랜 시간 동안 사고의 기초가 되고, 논증을 계산으로 바꾸고, 산수에서의 실수만큼이나 명백한 오류를 만들어 내는 연산을 수행하는 설계를 고안하는 일에 전념했다. 그는 다음과 같이 썼다. "일단 이것이 완성되면, 설령 또 다른 논쟁이 벌어진다고 해도, 두 명의 철학자 사이에 말다툼이 벌어질 이유는 두 대의 계산기 사이에 말다툼이 벌어질 이유보다 많지 않을 것이다. 필요한 것은 단지 펜을 들고 테이블에 둘러앉아서 "자, 계산해 봅시다."라고 말하는 것뿐이다."[13] 라이프니츠의 한 설계는 '인간'에게 숫자 6, '동물'에게 2, '이성적인'에는 3을 배정한다. $2 \times 3 = 6$이므로 이성적인 동물은 반드시 인간이고, $6 \div 3 = 2$이므로 인간은 이성적인 존재일 뿐만 아니라 구체적으로 이성적인 동물이다. '원숭이'의 숫자가 10이라면, 원숭이는 인간이 아니고 그 역도 참이 아니며, 원숭이는 동물이지만 이성적이지는 않다는 계산이 나올 것이다.[14]

지능이 규칙에 따른 기호 조작에서 생겨난다는 생각은, 라이프니츠와 데카르트로 대표되는 합리주의라는 사조의 주된 신조다. 기호가 단어를 상징하고 규칙이 기호들을 배열해 구와 문장을 만들면 문법이 나오는데, 문법은 데카르트 언어학의 주제이자 후에 훔볼트와 촘스키의 영감을 자극한 주제였다. 기호가 개념을 상징하고 규칙이 기호를 배열해 추론의 사슬을 만들면 논리가 나오는데, 논리는 디지털 컴퓨터, 디지털 컴퓨터에서 운용되는 인공 지능 체계, 그리고 인간의 정신을 모방한 많은 모형의 기초가 되었다.[15]

그러나 기호 조작이 마음의 유일한 작동 방식은 아니다.

개념들 사이의 관계에는 단 세 개의 원칙만 있는 것으로 보인다. 유사(semblance), 시간 또는 공간상의 인접(contiguity), 원인 또는 결과(cause or effect)가 그것이다. 경험상 우리는 수많은 일정불변의 결과를 보게 되는데, 그것은 일정한 사물들로부터 나온다. 비슷한 감각적 성질을 가진 새 물체가 제시되면 우리는 비슷한 효력과 힘이 있을 것이라 기대하고 비슷한 효과를 찾는다. 빵과 비슷한 색깔과 밀도를 가진 물체에서 우리는 비슷한 영양분과 에너지를 기대한다.[16]

1748년 『인간 오성에 관한 철학 논집(*Enquiry Concerning Human Understanding*)』에 실린 이 구절에서 데이비드 흄(David Hume)은 경험주의라고 불리는 사조의 주된 교의인 연합주의(associationism) 이론을 요약하고 있다. 마음은 함께 경험되거나 비슷해 보이는 사물들을 연결하고(나중에 흄은 원인과 결과를 별개의 원리로 떼어냈다.), 이미 알려진 것들과의 유사성에 따라 새로운 물체들로 일반화한다. 합리주의자들이 조합 문법에 사로잡혔던 것처럼, 연합주의자들은 기억된 단어에 사로잡혔다. 1689년의 『인간 오성론(*Essay Concerning Human Understanding*)』에서 존 로크(John Locke)는 단어와 사물의 자의적 관계는, 마음이 시간상의 인접에 따라 어떻게 연합을 형성하는가를 보여 주는 전형적인 예라고 지적했다. 개가 있는 자리에서 어머니가 "개"라고 말할 때 아이가 개를 학습한다는 것이다. 로크와 흄의 '관념'이나 '감각할 수 있는 특성들'을 '자극'과 '반응'으로 대체해 보라. 그러면 이반 파블로프(Ivan Pavlov), 존 브로더스 왓슨(John Broadus Watson), 버루스 프레더릭 스키너(Burrhus Frederic Skinner)의 행동주의가 나올 것이다. 그 개념들을 '뉴런(신경세포)'으로 대체하고 연합을 '연결'로 대체해 보라. 그러면 데이비드 러멜하트와 제임스 매클레랜드의 연결주의가 나올 것이다.

철학, 심리학 또는 사상의 역사에 대해 강의를 들어본 사람이라면 합리주의와 경험주의의 대논쟁이 낯설지 않을 것이다. 대논쟁에는 마음은 선천적인 구조로 채워져 있는가, 아니면 환경에 따른 후천적 내용을 기록하는 빈 서판인가, 지식은 이론을 이용한 추론으로부터 생겨나는가, 아니면 관찰을 통한 자료 수집으로부터 생겨나는가 같은 쟁점들이 포함되어 있다. 그러나 지금 우리와 관련된 주제는 마음 기관의 본질, 특히 지능은 기호 조작으로부터 생겨나는가, 아니면 감각적 특성들을 연합함으로써 생겨나는가 하는 것이다. 그런데 영어의 과거 시제형을 놓고 경쟁하는 두 이론은 우리에게 색다른 기회를 제공한다.

『리바이어던』이 나온 지 350년이 지난 지금도 학자들은 여전히 합리주의와 경험주의를 놓고 논쟁을 벌인다. 양쪽 모두 이론적 통일성, 직관적 타당성, 정치적 분파, 현대 과학의 도덕과의 일치에 호소하지만, 이것들은 매우 불확실한 기준이고, 논쟁은 여전히 계속되고 있다. 우리에게 필요한 것은, 충분한 연구를 거친 구체적인 인간 심리의 사례이고, 그것에 대해 두 이론이 당당하게 맞서 동일한 사실들을 설명하는 것이다.

고대 전쟁에서 양쪽 군대는 때때로 가장 강한 전사를 내보내 상대편의 가장 강한 전사와 일대일 전투를 치르게 했다. 이 전투에서 승리한 군대는 이후에 벌어질 실제 전투에서 기세를 올리거나, 불필요한 혈전을 건너뛰고 전투를 매듭지을 수 있었다. 가장 유명한 예는 성경에 나오는 다윗과 골리앗의 싸움이고, 현대적인 예는 톰 울프(Tom Wolfe)는 『필사의 도전(*The Right Stuff*)』에서 볼 수 있다. 울프는 우주 개발 경쟁이 불붙은 1960년대의 수성 탐사선 우주 비행사들을 소련 우주 비행사들과 일대일 전투를 벌이는 전사로 묘사한다. 과학 논쟁은 때때로 일대일 전투처럼 진행되는데, 이것은 전투라는 비유가 특히 적절하거나 매력적이어서가 아니라, 두 거대 이론이 각각 서로 다른 매우 특수한 가설에 기초해 있고 두 가설이 공통의 기반 위에서 경쟁을 벌일 때 그 이론들을 비교하기가 더욱 쉽기 때문이다.

　영어의 과거 시제는 완벽한 전장이다. 그 현상은 경계가 제한되어 있고, 그래서 연구하기가 수월하다. 과거 시제의 역사, 습득, 사용 패턴에 대해서는 풍부한 기록이 남아 있다. 그것은 명백한 규칙과 명백한 기억처럼 보이는 자질들을 갖고 있는데, 그 자질들은 양쪽 이론에서 모두 반드시 해명하고 넘어가야 할 장애물 역할을 한다. 그리고 양편이 영리하고, 세련되고, 자세하고, 놀라운 모형을 고안하는 과정에서 그것은 현대 이론가들의 독창성을 최대한 이끌어 낸다. 내가 아는 한에서 과거 시제는 두 위대한 서양 사상을 마치 일반적인 과학 가설들처럼, 공통의 풍부한 데이터에 기초해 시험하고 비교할 수 있는 유일한 사례일 것이다.

무엇이 설명되어야 할 사실일까? 불규칙 동사가 기계적으로 기억된다는 제안은 맞지 않는 것 같다. 불규칙 동사들은 세 종류의 패턴화를 보여 주기 때문이다.

첫째, 불규칙 과거 시제형들은 기본형과 소리가 비슷하다. 예를 들어 drink 와 drank 는 d, r, 모음 하나, n, k 를 공유한다. 유일한 차이는 drank 의 모음은 a인 반면 drink 의 모음은 i 라는 점이다. 이와 마찬가지로, swear 와 swore, sleep 과 slept, freeze 와 froze도 서로 비슷하다. 사실 go-went 와 be-was 를 제외한 모든 불규칙 동사들이 어간과 재료를 공유한다. 그러나 반드시 그럴 필요는 없었다. 우리는 대부분의 동사들이 go-went처럼 어간과 과거형에 공통점이 전혀 없고 각각의 어간과 각각의 과거형이 개별적인 기억 슬롯에 들어가는 가상의 언어를 상상할 수 있다. 따라서 왜 영어는 그렇게 되지 않았는가를 설명할 필요가 있다. 이 패턴을 어간-과거형 유사성이라고 하자.

둘째, 164개의 불규칙 동사 중에서 우리는 어간에서 과거형에 이르는 몇 종류의 변화를 반복적으로 볼 수 있다. 예를 들어 drink-drank-drunk 의 ĭ-ă-ŭ 패턴은 변주된 형태로 sing-sang-sung, sit-sat-sat, begin-began-begun, shrink-shrank-shrunk 와 그밖의 20개 동사에서 발견된다. freeze-froze, speak-spoke, steal-stole과 bleed-bled, breed-bred, feed-fed, 그리고 teach-taught, fight-fought, bring-brought도 마찬가지다. 우리는 각각의 동사가 논리적으로 가능한 수천 개의 자모음 중에서 자신만의 자모음을 선택한 언어를 상상해 볼 수 있다. 그러나 여러 세대에 걸친 학습자들은 그런 가능성과는 거리가 먼 영어를 전수해 왔다. 한 동사의 어간-과거형 변화가 다른 동사의 어간-과거형 변화와 비슷한 형태로 전개되는 이 패턴을, 변화-변화 유사성이라고 하자.

셋째, 일정한 불규칙 변화를 겪는 동사들은 서로 훨씬 더 비슷하다. 만일 당신이 동사이고 ĭ-ă-ŭ 패턴을 따르고 싶다면, 단지 ĭ만 있으면 될 것이다. 그러나 그 패턴을 따르는 동사들(drink, spring, shrink 등)은 그보다 훨씬 많은 공통점을 갖고 있다. 대부분이 st-, str-, dr-, sl-, cl- 같은 자음군으로 시작하고, 또 대부분이 -ng나 -nk로 끝난다. 이와 마찬가지로 과거형이 -ew로 끝나는 동사들(blow, grow, throw, slay, draw, fly)은 자음군으로 시작하고 모음으로 끝나는 경향이 있다. 비슷한 동사들이 비슷하게 변하는 것은 관찰된 사례에만 국한된 현상이 아니다. bring-brang, fight-fit, spling-splung처럼 사람들이 기존의 패턴을 새 동사에 적용하는 현상도, 새 동사가 기억에 저장된 기존 동사들과 아주 비슷할 때에만 발생한다. 따라서 인간의 마음이 왜 소리의 유사성에 그토록 끌리는지에 대한 설명이 필요하다. 이 패턴을 어간-어간 유사성이라 부르자.

규칙 동사뿐만 아니라 불규칙 동사에도 규칙을 적용하는 이론이 있다면 세 종류의 패턴을 모두 설명해야 할 것이다. "동사에 자음-자음- ĭ-ng 소리가 있다면, ĭ를 ŭ로 바꿔라."라는 규칙이 있다고 가정해 보자. 이 규칙은 과거 시제형의 철자를 일일이 지정하지 않는다는 점에 주의하라. 그것은 단지 "모음을 바꿔라."라고 말한다. 모음 앞뒤의 자음들 같은 나머지 입력물들은 변하지 않은 채로 출력된다. 이것이 어간-과거형 유사성에 대한 설명이다.

이제 마음이 많은 규칙을 가진 복잡한 문법보다는 몇 개의 규칙을 가진 단순한 문법을 선호한다고 가정해 보자. 만일 동사의 수보다 규칙의 수가 더 적다면, 여러 개의 동사는 가령 "ĭ를 ŭ로 바꿔라." 같은 하나의 규칙을 공유해야 할 것이다. 이것이 변화-변화 유사성에 대한 설명이다.

마지막으로 그 규칙에는 다음과 같은 조건이 달려 있다는 점에 주목해 보자. '모음 앞에 자음 2개가 있고 모음 뒤에 ng 소리가 있는 동사에만 그 규칙을 적용한다.' 이 조건은 cling-clung 집단에 속하는 동사들을 받아들이는 한편, ĭ만 포함하고 있는 동사들은 걸러내는 문지기다. 이것이 어간-어간 유사성에 대한 설명이다.

이쯤에서 단조롭고 힘드는 일을 마다하지 않는 사람이라면 앞 장의 목록으로 돌아가 불규칙 동사에 적용되는 지루한 규칙들을 종이에 적을 것이다. 그것은 "만일 동사가 s로 시작하고 ee로 끝나면, ee를 aw로 바꿔라." 등이다. 그러나 그렇게 한다고 해도 원래의 동사 목록은 조금도 개선되지 않을 것이다. 규칙에 호소하는 이론은 동사들의 패턴을 요약하는 것 이상을 제공해야 한다. 그것은 심리학적 이론, 즉 아이들이 단어를 습득하는 체재에 대한 가설과 왜 동사들이 현재와 같은 패턴들을 갖고 있는지를 설명할 수 있어야 한다. 이를 위한 비결은, 마음이 수행하고 싶어 하는 일반화들을 잘 포착한 간결한 규칙들을 발견하는 것이다.

이런 종류 중에서 단연코 야심찬 이론은 놈 촘스키와 모리스 할레가 1968년에 발표했고 후에 할레와 언어학자 K. P. 모하난(K. P. Mohanan)이 다듬은 대작 『영어의 음성 체계(*The Sound Pattern of English*)』에 담겨 있다.[17] 그들의 이론에 따르면 불규칙 동사 규칙은 한 언어의 소리 패턴(강세)을 포괄하는 더 큰 규칙의 일부다. 분명히 한 언어의 화자들은 주어진 시점에 그 언어에 우연히 존재하는 단어들의 목록 이상의 것을 알고 있다. 예를 들어 영어 화자들은, blicket, dax, fep는 영어 단어는 아니지만 영어 단어일 수 있는 반면에, ftip, rtut, nganga는 영어 단어가 아니고 영어 단어일 수도 없다는 것을 직관적으로 안다(비록 다른 언어의 화자들은 그것을 그들의 언어에서 가능한 단어로 볼 수도 있지만 말이다.). 영어 화자들은 또한 divine에 -ity가 결합해서 divinity가 되면 -in- 속의 모음 i가 ī에서 ĭ로 변한다는 것과, Canada에 -ian이 결합해서 Canadian이 되면 마지막의 -a가 사라지고 강세가 첫음절인 Ca에서 둘째 음절인 na로 이동하고 그 음절의 모음이 ā로 변한다는 것을 안다. 촘스키, 할레, 모하난은 수천 개에 달하는 영어 단어들의 패턴을 단 몇십 개의 음운 규칙으로 설명했는데, 각각의 규칙은 69쪽 그림의 마음 사전, 형태론, 통사론 중 하나 또는 하나 이상의 상자에 배정된다. 그들의 이론은 생성 음운론이라는 분야에서 나왔는데, 생성 음운론은 촘스키가 창시한 언어 접근법인 생성 언어학의 한 갈래다.

촘스키와 할레는 불규칙 동사 속의 자모음(음소)을 바꾸는 규칙들을 가정함으로써, 일반적인 규칙의 이점을 이용해 동사와 변화

사이의 패턴을 설명하고, 그것들을 일반화하는 화자의 능력을 설명했다. 놀랍게도 촘스키, 할레, 모하난은 165여 개의 불규칙 동사들이 보여 주는 어지러운 패턴들의 대부분을 단 3개의 규칙으로 처리했다. 그밖의 규칙들은 모두 영어의 일반적인 소리 패턴을 설명하는 데에 필요하다.

촘스키, 할레, 모하난은 단어와 규칙의 이분법을 단호히 거부했다. 동사들은 "sing-sang, ring-rang 그리고 bind-bound, wind-wound 같은 집단들을 사이에 두고 decide-decided의 -ed 접사 첨가에서부터 go-went의 완전한 보충까지 이어진 생산성과 일반성의 연속체" 상에 놓여 있다.[18] 연속체의 한쪽 끝은 규칙 동사들인데, 이 동사들은 취급할 수 있는 단어에 대해 어떤 것도 말하지 않는 일반적인 규칙에 따라 처리된다. 연속체의 반대쪽 끝은 go와 went 같은 보충형 동사들인데, 이 동사들은 그냥 쌍으로 등재된다. 그 중간에 있는 다른 불규칙 동사들은 보다 작은 규칙에 따라 처리되는데, 각각의 규칙은 특정한 동사들에 적용되도록 지정되어 있다. 어느 동사가 어느 규칙을 따라야 하는지를 규정함으로써, 이론가들은 소리에 따라 동사를 구별하는 규칙을 만들어야 하는 문제를 피했다. shrink의 과거 시제가 shrank이고,

sling의 과거 시제가 slung이고, bring의 과거 시제가 brought이 고 blink의 규칙 과거 시제형이 blinked라면 이것은 결코 작은 문 제가 아니다.

각각의 규칙이 제멋대로 적용되지 않도록 각각의 층(stratum) 에 고정시키는 것도 규칙에 대한 또 다른 고삐 역할을 한다. 예를 들어 촘스키, 할레, 모하난은 keep-kept를 생성하기 위해, 장모 음이 pt 같은 자음군 앞에 있을 때 그 장모음을 단모음화하는(ē를 ĕ 로 바꾸는) 규칙에 의존했다. 그러나 이 규칙이 전면적으로 적용되 도록 허용할 수는 없었다. 그렇게 되면 그것은 seeped를 sept로 바꾸거나 wiped를 wipped로 바꾸기 때문이다. 그래서 할레와 모하난은 kept를 비롯한 약한 불규칙 동사들 속의 -t와 -d는 비 슷한 발음을 갖는다고 해도 규칙 동사 속의 -ed와 같은 것이 아니 라는 견해를 제기했다. 규칙적인 -ed는 형태론 상자에서 붙는 반 면에 불규칙 동사 속의 -t나 -d는 마음 사전 상자에서 붙는데, 마 음 사전 상자는 단모음화 규칙이 감금되어 있는 곳이다. 이것은 속 임수처럼 느껴질 수도 있지만, 여기에는 독립적인 근거들이 존재 한다. 예를 들어 serene-serenity와 volcano-volcanic을 만들어 내는 규칙들처럼 과거 시제와 아무 관계가 없는 다른 반규칙적 규칙들도 단모음화 규칙을 필요로 한다. 이것은 몇 개의 규칙들이 그들만의 작은 공동체에 따로 모여 있다는 생각을 뒷받침한다.

촘스키, 할레, 모하난이 아주 적은 수의 규칙으로 위와 같이 설명할 수 있었던 것은, 복잡한 변화를 몇 개의 단순한 변화로 인수 분해하고, 그 단순한 변화들이 다양한 조합으로 결합해 다양한 동사에 배정되도록 허용한 방법 덕분이었다. 예를 들어 tell-told는 최소 2개의 규칙을 통해 생산되는데, 하나는 모음을 변화시키는 규칙이고 다른 하나는 -d를 첨가하는 규칙이다. 모음을 변화시키는 규칙은 swear-swore에서도 효과를 발휘하고, -d를 첨가하는 규칙은 flee-fled에서도 효과를 발휘한다. tell-told, swear-swore, flee-fled, bend-bent, burn-burnt, deal-dealt, breed-bred, hit-hit에서 겹치고 교차하는 패턴들을 보면, ts와 ds를 첨가하는 작은 규칙, 여분의 t와 d를 삭제하는 작은 규칙, 모음을 조작하는 작은 규칙을 공유하는 것이, 압운이 맞는 각각의 동사 집단을 위해 특별한 규칙을 하나씩 만드는 것보다 훨씬 경제적이라는 것을 쉽게 알 수 있다.

생성 음운론의 기념비적인 공헌은 규칙을 더욱 세분화해, 규칙을 자모음뿐만 아니라 자질(feature)이라고 하는 자모음의 성분

(component)들에 적용할 수 있게 한 것이었다. 로만 야콥슨(Roman Jakobson)으로 거슬러 올라가는 이 생각은 인간 언어의 두드러진 보편적 특성이다. 2장에서 우리는 walked, jogged, patted의 -ed에서 나는 세 발음이 어간의 마지막 자음에 따라 결정되는 것을 보았다.

> 동사가 t 나 d 로 끝나면, ɨd
>
> 동사가 p, k, f, s, sh, ch 또는 무성음 th 로 끝나면, t
>
> 동사가 모음이나 l, r, m, n, b, g, v, z, j, zh 또는 유성음 th 로 끝나면, d

각각의 목록은 자음들을 구태의연하게 그냥 모은 것이 아니다. 첫째 줄의 두 자음인 t 와 d 는 구강의 같은 부위(혀끝과 잇몸이 만나는 곳)에서, 같은 방식으로(기류를 정지시킨 다음 분출한다.) 발음된다. '장소＝혀끝', '방식＝정지(stopping, 또는 파열—옮긴이)'와 같은 자질들은 접미사 -ed 에서도 발견된다. 또한 s, z 와 복수 접미사에서도 이와 비슷한 패턴 공유를 볼 수 있는데, 그것들은 모두 마찰음이다. 반면에 "단어가 z, r, k 로 끝나면 -og 를 첨가하라." 같은 규칙이나, 음소들을 오합지졸 집합으로 조립하는 규칙은 결코 볼 수 없다.

규칙을 음소가 아닌 자질에 적용하면 이 모든 것이 해결된다. 한 규칙은 다음과 같이 말할 것이다. "단어 끝에서, 조음의 장소와 방식상 비슷한 자질을 가진 인접한 두 자음을 떼어놓으려면 중간에 ɨ를 넣어라." 그러면 t, d, s, z, -ed, -s를 열거할 필요가 없어진다. 이와 마찬가지로 p, k, f, s, sh, ch, th 목록의 자음 뒤에 t를 붙이는 규칙도 불필요하다. 이 자음들은 모두 기류를 방해하고(저해음(obstruent)이다.) 모두 무성음이다. 규칙은 단지 다음과 같이 말한다. '음절 끝에서, 한 폐쇄 자음의 유성음 자질을 복사해 그다음 폐쇄 자음에게 넘겨라.' p, k를 비롯한 모든 무성 자음은 자동적으로 t를 얻게 되는 동시에, b, g를 비롯한 모든 유성 자음은 자동적으로 d를 얻게 된다. 게다가 이 규칙은 복수 접미사인 s와 z도 생성한다.

자질들을 조사하거나 뒤집거나 삭제하는 단순 규칙들은 전 세계 모든 언어에서 발견된다. 단순 규칙은 자의적인 자모음 목록을 난도질하는 규칙보다 더 경제적이면서도, 화자들에게 일반화를 허락한다. ch 소리는 보통 영어 단어에서 발견되지 않지만, Bach라는 유명한 작곡가의 이름을 힘들게 발음하는 영어 화자는 누구나, 만일 "Handel out-Bached Bach."에서와 같이 out-

Bach(바흐를 능가하다.)라는 동사가 있다면 그 과거 시제형은 bachd 나 bach표d가 아니라 bacht로 발음될 것임을 안다. '무성 자음' 뒤에 t를 지정하는 규칙은 무성음 ch를 자동적으로 포함시키고, ch 가 그 목록에 속해 있다는 것을 학습한 적이 없는 화자에게도 어떻게 해야 할지를 알려 준다.

모음이 아래와 같은 자질들로 분해된다면 모음을 다루는 규칙에도 그런 경제성과 능력이 생길 것이다.

혀가 구강 앞쪽에 놓이는가(전설), 뒤쪽에 놓이는가(후설)?

혀가 구강 높은 쪽에 놓이는가(고설), 낮은 쪽에 놓이는가(저설)?

입술이 둥글게 되는가(원순), 그렇지 않은가(평순)?

장모음인가, 단모음인가?

긴장 모음(설근이 앞쪽으로 굽어짐)인가, 이완 모음인가?

sing-sang과 sit-sat을 예로 들어 보자. ĭ는 예를 들어 say 나 boat 나 shoe 속에 있는 모음처럼 어떤 무작위적인 모음으로 대체되는 것이 아니라 ă로 대체되는데, 이것은 혀의 높이를 제외하고는 ĭ 와 동일하다. ĭ는 전설(front), 평순(unround), 단(short), 이완(lax),

고설(high) 모음이고, ä는 전설(front), 평순(unround), 단(short), 이완(lax), 저설(low) 모음이다. 간단히 "다음의 불규칙 동사들의 경우에는 모음을 하강시켜라."라고 말하는 규칙은, 5개의 자질이 아니라 단지 1개의 자질만을 수선할 것이고, 왜 ǐ가 아무 모음으로나 대체되지 않고 비슷한 모음으로 대체되는지를 설명해 준다. 또한 sing-sang처럼 모음 하강이 일어나는 eat-ate와 choose-chose를 그 상자에서 곧바로 생산해 낼 것이다. 하강 전환이라고 불리는 이 단순 규칙은 할레와 모하난의 이론이 성공적으로 사용한 세 종류의 불규칙성 규칙 중 하나다. 나머지 두 규칙은, bear의 중전설 모음 e를 bore의 중후설 모음 o로 바꾸는 후설음화 전환(Backing Ablaut), 그리고 flee와 shoot의 장모음을 fled와 shot의 단모음으로 바꾸는 단모음화 전환(Shortening Ablaut)이다.

만일 당신이 바로 앞의 단락을 대충 훑어 봤다면, 모든 것이 질서정연하게 보였을 것이다. 다시 말해 위에서 flee-fled와 shoot-shot의 모음들은, 그야말로 동일한 어떤 것의 긴 형태와 짧은 형태인 것처럼, ee : e 그리고 oo : o로 씌어 있다. 그러나 당신이 입으로 그 소리들을 만들면서 마음의 귀를 기울여 보았거나, 그보다 더욱 바람직하게는 큰 소리로 직접 발음해 보았다면, 뭔가 이상하잖아! 하는 생각이 들었을 것이다. 앞 장에서 보았듯이, '장'과 '단'은 모음들의 발음이 뒤섞여 버린 15세기의 대모음 추이 이후로는 영어에서 틀린 이름이 되었다. flee의 모음은 fled의 모음을 길게 늘인 것이 아니고, shoot의 모음 역시 shot의 모음을 길게 늘인 것이 아니다. ee(ē)를 발음할 때 혀는 ĕ를 발음할 때보다 더 높아지고 더 많이 긴장하며, 그 모음은 끝에서 작은 y로 전이하는 이중 모음(2개의 연속된 모음이 마치 하나처럼 발음된다.)이 된다. 이와 마찬가지로 oo(ū)를 발음할 때 혀는 ŏ를 발음할 때보다 더 긴장하고 더 높아지며, 입술은 더 둥글어지며, 끝에 작은 w가 있다. 이 모음들은 특별히 비슷하지 않아서, 하나를 다른 하나로 대체할 수 있는 규칙이 있다면 그것은 거의 모든 것을 할 수 있는 만능의 규칙일 것이다. 이제 어떤 단모음화 규칙이 너저분한 불규칙 동사들을 깔끔하게 처리해 준다는 말은 속임수처럼 들린다.

촘스키와 할레도 물론 이것을 깨달았는데, 그들의 해결책은 그들의 이론에서 가장 급진적인 주장이다. 통사론에서 촘스키는 화자의 마음속, 즉 모든 문장의 아래에는 마음 사전과의 접촉면인 보이지 않고 들리지 않는 **심층 구조**(deep structure)가 있다고 제안한 것으로 유명하다. 심층 구조는 변형 규칙에 따라 입으로 발음되고 귀로 들을 수 있는 소리에 더 가까운 표층 구조(surface structure)로 전환된다. 이 주장의 이론적 근거는, 어떤 구조가 마음에 표층 구조로 등재되어 있다면 하나씩 학습될 수밖에 없었을 수천 개의 변종 잉여물(redundant)들을 낳겠지만, 심층 구조로 등재되어 있다면 그것들은 단순하고, 수적으로 매우 적고, 경제적으로 학습될 것이라는 것이다(『언어 본능』 4장 120~124쪽을 보라.). 촘스키와 할레가 단어의 소리에 대해서도 비슷한 제안을 했다는 사실을 아는 사람은 훨씬 더 적다. 각각의 단어에는 실제 발음과 다를 수도 있는 심층 구조(전문 용어로 기저형(underlying form))가 있는데, 사실 그것은 발음이 불가능할 수도 있다. 음운론 규칙은 기저형을 분명하게 발음되고 귀에 들리는 표면형으로 전환한다.

영어의 이른바 장모음의 경우에, 촘스키와 할레는 장모음의 기저형은 사실 단모음의 장형태(단모음의 발음을 길게 늘인 것이 장모음의 기저형이라는 뜻—옮긴이)라고 제안했다. 즉 마음 사전에서 아래 쌍의 모음들은 발음에 드는 시간이 얼마나 긴가를 제외하고 모든 면에서 동일하며, 장모음은 발음에 약 두 배의 시간이 걸린다는 것이다.

단모음	짝을 이루는 장모음
din	diviin (divine)
den	sereen (serene)
pat	saan (sane)
fund	profuund (profound)
shot	shoot (shoot)
bomb	coon (cone)

실제 발음에서 이 쌍들은 모음을 말하는 데 걸리는 시간뿐만 아니라 그밖의 여러 측면에서 서로 다르다. 그렇다면 왜 마음은 단지 길이의 차이만을 등재한다고 가정하는 것일까? 촘스키와 할레에 따르면, 다른 차이들은 잉여적이고(변별적이 아니다.) 예측 가능하며 그래서 등재할 필요가 없기 때문이라고 한다. 영어 단어의 어떤 쌍도 단지 모음의 길이만 다르지는 않다. 장모음은 길 뿐만 아니라 긴장되고 이중 모음이며(끝에서 다른 모음으로 전이된다.), 단모음은 이완되고 이중 모음이 아니다. 마음이 길이, 긴장, 혀의 위치, 입술 모양, 이중 모음과 같은 영어 모음의 모든 뉘앙스를 저장하는 능력을 가지고 있다고 생각하는 어떤 이론이 있다고 하자. 마음에 그러

한 능력을 부여한 이론은 영어에 장이완 모음, 이완 이중 모음, 단 긴장 모음 등이 있다고 잘못 예측하고, 영어에 동일한 모음의 장형태와 단형태를 끌어들이겠지만, 이것은 모두 사실과 어긋난다. 보다 나은 이론이라면, 모음 목록에는 단어들을 구별하는 데(예를 들어 bit과 bet을 구별) 필요한 수의 모음만 수록하고, 다른 규칙들이 나머지 공백을 메워 입과 목이 수행할 무대 지시를 완성할 것이다. 이것을 위한 가장 좋은 방법은, 몇 개의 모음 쌍을 단지 장단으로만 구별해 등재하고, 장형태들이 발음의 나머지 조건들을 구체적으로 결정하는 의무적 규칙들을 촉발하게 하는 것이다.

그러므로 촘스키와 할레는, 영어에는 모든 장모음을 긴장시키는 '장모음 긴장화 규칙'과, lake(leh-eek), glide(gla-eed), need(nee-y'd), loud(la-ood), road(ro-ood)에서처럼 작은 y와 w를 더해 이중모음을 만드는 '이중 모음화(Diphthongization) 규칙'이 있다고 제안했다. 이 모든 제안은 딱히 나무랄 데가 없다. 영어 화자의 마음속에 존재하는 어떤 것이 길이, 긴장도, 이중 모음 상태의 상관 관계를 담당한다면, 발음의 예측 가능한 세부 측면들은 개인의 사전 기재항에 따로 저장될 필요가 없다.

단어가 추상적이고 직접 발음될 수 없는 심층 구조로 저장된다는 이론에는, 언어학자 아디티 라히리(Aditi Lahiri)와 심리학자 윌리엄 마슬린월슨(William Marslen-Wilson)이 지적한 또 다른 이점이 있다.[19] 기억이 단어의 실제 발음을 보유하고 있다는 생각은 더 간단하게 여겨진다. 문제는 그 단어의 어느 발음이냐 하는 것이다. hand는 주의 깊고 똑똑하게 발음하면 h-a-n-d로 발음되겠지만, 자연스러운 대화에서는 아주 다르게 발음된다. nd는 hand you에서는 nj로 발음되고, hand me에서는 m으로, hand care에서는 ng로 발음된다. (이것은 컴퓨터 음성 인식 시스템이 고립된 단어들을 인식하는 데는 유능하면서도 연결된 이야기 속의 단어를 인식하는 데는 어려움을 겪는 이유 중 하나다.) 그러나 촘스키와 할레가 제안한 것처럼 만일 사전의 단어 항목들이 도식적이라면, 그래서 hand의 마지막 단음들이 n과 d가 아니라 '비음'과 '치음'으로 등재되어 있고, 그것들이 문맥에 따라 각기 다르게 적용되는 규칙에 따라 완전한 자음으로 구현된다면, 단 하나의 표상만으로도 hand, hand me, hand you, hand care에 나타나는 hand를 포용할 수 있다.

그러나 촘스키와 할레는 기억에 저장된 단어의 형태가 실제 발음과 동일하지 않다는 주장에 그치지 않았다. 그들은 단어의 기저형이 그 발음과 심하게 다를 수 있다고 제안했다. 특히 장모음을 상승시키거나 하강시키는 복잡한 모음 전이 규칙을 제안해, 15세기의 대모음 추이를 현대 영어 화자들의 마음속에 재현했다. 다시 말해 개체 발생은 계통 발생을 반복한다는 것과, 우리의 마음 사전에 등록된 단어의 심층 구조는 초서가 발음했을 방식과 일치한다고 주장했다(초서가 몇 세기를 건너뛰어 현대에 온다면 우리 귀에는 그의 말이 독일어처럼 들리겠지만 말이다.). 촘스키 -할레 이론에 따르면, 지난 몇천 년 동안 여러 세기에 걸쳐 그리고 현대의 모든 영어 방언에 걸쳐 단어의 마음 표상들은 동일하다는 것이다. 영어의 변화들은 기본적으로 음운론 규칙들이 추가됨으로써 일어났을 뿐이다. 그리고 영어 철자는 대모음 추이나 다른 방언들의 발전과 함께 나타난 발음상의 변화를 따르지 않았으므로, 단어들의 기본적인 마음 표상들을 반영한다.

촘스키와 할레는 그와 관련된 의미들을 추적한다. 우리는 누구나, 좋은 철자법은 시간과 공간에 상관없이 안정적이어야 한다는 점에 동의한다. 먼 조상들이나 대서양 건너편의 사람들이 비록 우리와 발음이 다르다 해도, 우리는 그들이 쓴 글을 읽을 수는 있어야 한다. 또한 철자법은 단어의 내용물과 결부되어 있어 예측할 수 있고, 사람들이 말을 하면서 무의식적으로 실행하는 입술과 혀의 궤적이 아니라 단어의 내용물을 확인하는 데 필요한 정보만을 부호화해야 한다. 촘스키와 할레는 이런 기준에 따르면 영어 철자는 비논리적이고 가학적인 쓰레기 더미라는 오명을 벗을 수 있을 뿐만 아니라 "최적의 철자법에 놀라울 정도로 가까워진다."라고 결론지었다.[20] 그것은 우리에게 최적이고, 다른 현대 영어의 방언들에도 최적이고, 기록으로 남겨진 과거 수세기 동안의 모든 방언에 최적이다![21] 자, 어떤가? 여러분은 모두 글을 쓸 때마다 철자법 때문에 비난당하고, 맞춤법 검사기에 의존하고, 문법 파괴를 일삼는 사람들 아닌가? 이제 cough 와 rough 와 dough 와 plough, fish 로 읽히는 ghoti, 영어 철자를 개혁하자는 조지 버나드 쇼의 캠페인, 그리고 미친 영어에 대한 모든 불평불만들을 잊어버리자(조지 버나드 쇼는 영어의 발음과 철자의 일치(fit)는 어차피 엉망이므로 fish를 ghoti로 적어도 무방할 것이라고 풍자했다. gh(enough) +o(women) +ti(initiate)——옮긴이).

A *moth* is not a *moth* in *mother*,

Nor *both* in *bother*, *broth* in *brother*,

And *here* is not a match for *there*,

Nor *dear* and *fear* for *bear* and *pear*.

And then there's *dose* and *rose* and *lose*,

Just look them up-and *goose* and *choose*,

And *cork* and *work* and *card* and *ward*,

And *font* and *front* and *word* and *sword*,

And *do* and *go* and *thwart* and *cart*

Come, come, I've hardly made a start!

(moth 는 mother 속의 moth 가 아니고,

both 는 bother, broth 는 brother 속의 그것들이 아니다.

그리고 here 는 there 와 일치하지 않고,

dear 와 fear 역시 bear 와 pear 와 일치하지 않는다.

또한 dose 와 rose 와 lose 가 있다.

어디 그뿐만이랴, goose 와 choose 가 있고,

cork 와 work, card 와 ward 가 있고,

font 와 front, word 와 sword 가 있고,

do 와 go, thwart 와 cart 가 있다.

자, 자, 이것은 시작에 불과하다!)

A dreadfal language? Man alive!

I'd mastered it when I was five.

And yet to write it, the more I tried.

I hadn't learned at fifty-five.

(끔찍한 언어라고? 인간은 오래 산다!

나는 다섯 살 때 영어를 터득했다.

그러나 쓰기를 배우기 위해서는 더 많이 노력했고

55세까지도 다 배우지 못했다.)[22]

무엇이 촘스키와 할레를 이렇게 충격적인 결론으로 이끌었을까? 그것은 영어의 소리 패턴을 위한 그들의 문법에서 불필요한 잉여와 복잡성의 흔적을 말끔히 지우려는 의욕적인 마음이었다. 이제 우리 앞에는 breed-bred, flee-fled, shoot-shot, lose-lost를 위한 깔끔한 단모음화 전이 규칙이 등장했다. breed의 기저형은 bred 속의 담긴 e의 두 배 길이 형태이므로, 단모음화 규칙은 단지 한 단계를 거쳐 bred를 만들어 낸다. (예전에는 breed 자체가 bred의 두 배 길이 형태가 아니라는 불편한 사실에 직면했지만, 이제 그 문제는 긴장화(tensing)에 따라 bred를 briid로 만들고 이중 모음화에 따라 그것을 breed로 만드는 모음 전이를 통해 해결된다.) 만일 모음 전이 규칙의 혜택을 누리는 불규칙 동사가 극소수에 불과하다면, 'ē가 ĕ로 바뀐다.'라는 식으로 간단히 조작하는 방식과 비교해 그것의 절약 효과는 미미할 것이다. 그러나 정확히 똑같은 방식으로, 즉 전이되기 이전의 심층 형태의 모음에 적용됨으로써 단순해질 수 있는 또 다른 규칙들이 있다면, 절약 효과는 증가하기 시작한다. 모음 전이가 장모음의 세부 측면들을 취급할 수 있다면, 아래의 각 과정들은 간단한 길이 변화 규칙으로 정리할 수 있다.

3음절 단모음화:

divine-divinity serene-serenity sane-sanity

모음군 단모음화:

crucify-crucifixion intervene-intervention

-ic 단모음화:

satire-satiric kinesis-kinetic volcano-volcanic

CiV 장모음화:

study-studious manager-managerial Canada-Canadian

일단 사람들에게 추상적인 기저형들이 구비되어 있다고 보면, 불규칙 동사는 갈수록 단순해진다. 만일 to run의 기저형이 to rin이고, 후설음화 전환과 그밖의 규칙들이 분사가 아니라 어간에 적용되어 run을 표층에 떠오르게 만든다고 가정하면, run-ran-run은 sing-sang-sung, drink-drank-drunk 등을 위한 규칙에 따라 취급될 수 있다. 이와 마찬가지로 come, give, slay, catch의 기저 어간이 kēm, gēv, slē, kĕch라면 과거 시제형들은 더 단정하게 행동할 것이다.

가장 독창적인 면으로서, 촘스키, 할레, 모하난은 Bach의 ch는 buy와 fight의 마음 사전 기재항, 즉 bēch와 fēcht에, 그리고 seek과 teach의 불완전한 과거 시제형에 숨어 살고 있는 내현적인 영어 음소라고 제안했다. 물론 ch는 태양 아래 모습을 드러내기 전에 암살당해야 하지만, 그 전에 올바른 과거 시제형을 만드는 규칙을 촉발한다. 하강과 후설화 전환 규칙에 따라 bēch는 -t를 얻어 bōcht로 변하고, 그 순간에 cht는 모음군 단모음화 규칙을 촉발해 ch가 영구적으로 희생당하기 전에 bŏcht를 만들어 낸다. bought라는 철자를 가진 과거 시제형이다.

우리는 이 용감한 이론에서 어떤 효과를 기대할 수 있을까?

처음에 언급했듯이, 불규칙형을 위한 규칙을 가정하는 이론은 어간과 과거 시제형 사이의 유사성, 예를 들어 왜 swing과 swung은 80퍼센트나 똑같은가를 설명해 준다. 즉 해당 규칙이 모음을 변화의 표적으로 삼고 나머지는 그대로 놓아둔다는 것이다. 촘스키-할레-모하난 이론은 규칙의 실행 범위를 새로운 차원으로 끌어올렸다. 그들의 규칙은 단지 모음의 몇몇 자질들(예를 들어 혀의 높이나 모음의 길이)만을 변화의 표적으로 삼고, 이번에도 역시 모음의 나머지 부분은 그대로 놓아두기 때문이다. 이와 마찬가지로 불규칙형을 위한 규칙들을 가정하는 이론은 각기 다른 동사들이 겪는 변화들의 유사성, 예를 들어 왜 sing-sang 속의 ĭ-ă 패턴이 drink-drank, sit-sat에서도 발견되는가를 설명해 준다. 즉 몇 개의 규칙을 많은 동사들이 공유한다는 것이다. 여기에서 촘스키-할레-모하난 이론은 165개에 달하는 동사들이 단 3개의 규칙을 공유하게 하는 놀라운 성공을 거둔다.

각각의 규칙이 단 하나의 자질을 미세하게 조정하는 단 3개의 규칙으로, 너무나 제멋대로 구는 영어의 불규칙 과거 시제를 길들일 수 있는 이론이라면 누구도 부인할 수 없을 만큼 뛰어난 이론임이 분명하다. 그러나 그것은 정확한가? 반드시 그렇지는 않다. 한

가지 문제는, 동사 패턴화의 모든 편린을 화자의 심리에 의거해 설명해야 한다는 가정, 특히 동사의 패턴들이 마음속에서 증류되어 규칙으로 남는다는 가정에서 발생한다. 촘스키, 할레, 모하난 규칙의 지배를 받는 파생물들은 종종 의도적으로 수세기에 걸친 과거 시제형의 역사를 반복하는데, 이것은 3장에서 처음부터 끝까지 사용했던 대안적인 설명, 즉 동사의 패턴들은 오래전에 죽은 규칙들의 화석이라는 설명을 돌아보게 만든다. 살아남은 과거 시제형들은 비록 절반 정도는 법칙적이지만, 오늘날의 세대는 규칙의 도움을 전혀 받지 않고 그것들을 간단히 기억할 수도 있다.

사멸한 규칙에 기초한 설명 방법에는 촘스키-할레-모하난 이론보다 나은 점이 있다. 아이들은 기저형을 듣지 않고, 기저형을 귀에 들리는 표면형으로 전환하는 규칙들을 배우기 위해 따로 수업을 받지도 않는다. 아이들은 단지 표면형만을 듣는다. 만일 규칙과 기저형이 마음 활동에서 어떤 역할을 한다면, 아이들은 표면형을 생성한 규칙들을 단계적으로 추론할 것이고, 그것을 역으로 적용해 기저형을 끌어낼 것이다. 그리고 영어를 사용하는 어린이들이 run을 듣고 rin을 추론한다거나 fight를 듣고 독일어처럼 들리는 fecht를 추론한다는 제안은 솔직히 믿기 힘든 이야기다.

첫째, 만일 규칙이 단지 표면형을 생성하기 위해 존재하고 아이들이 이미 has라는 표면형을 알고 있다면, 무엇 때문에 아이들이 번거로운 수고를 하겠는가? (문장의 경우는 다르다. 무한한 수의 새로운 문장을 생성하기 위해 규칙이 필요하기 때문이다. 어근의 경우는 학습할 대상의 수가 한정되어 있다.) 그리고 설령 아이들이 규칙과 기저형을 찾고 싶어 한다고 해도, 만일 언어학자들이 규칙을 발견하기 위해 이용하는 결정적인 단서들이 serene과 serenity, manager와 managerial, kinesis와 kinetic처럼 어른이 되어서야 학습할 수 있는 단어 쌍에서 발견된다면, 아이들은 어떻게 올바른 것들을 찾아낼 수 있겠는가? 촘스키와 할레는 이 문제를 인정하고, 그들의 문법은 아이들이 일상적인 단어들을 미리 학습하지 않은 상태에서 한자리에서 어휘 전체를 들은 다음 규칙을 계산할 때 구성해 낼 수 있는 가정상의 문법일 뿐이라고 말한다. 그러나 그렇다면 그들의 이론은 무엇에 대한 이론인지가 불분명해진다. 그것은 그들도 인정하듯이, 실제 아이들이 어떻게 단어를 습득하는지, 또는 실제 성인들이 어떻게 단어를 표현하는지에 대한 이론이 아니기 때문이다. 가상적으로 존재하는 최적의 아이가 만일 한 번에 언어 전체를 곰곰이 생각한다면 그 아이는 무엇을 하겠는가를 사고 실험으로 추정해 보는 것은 흥미로울 수 있다. 그러나 그런 실험은 가상의 아이가 실제 아이를 잘 이상화한 모형일 때에만 유용하다. 그리고 잘 이상화한다는 것 자체는 매우 불확실하다. 만일 아이들이 실제 세계에서 그 능력을 조금도 사용할 수 없고, 사고 실험의 순수한 결과가 아이들이 실제 세계에서 습득하는 것과 똑같은 언어라면, 실제 아이들이 사슬처럼 복잡한 규칙들과 불가해한 단어 기재항들을 추출하는 능력을 구비해야 할 이유가 어디 있을까? 그보다 (비록 더 도식적이기는 하지만) 아이들은 단어를 마음 사전에 저장할 때 귀에 들리는 것과 내용상 근본적으로 다르지 않은 형태로 저장할 가능성이 더 높다.

설상가상으로 그 사고 실험이 촘스키와 할레가 가정했던 식으로 진행될 것인지도 매우 불확실하다. 예를 들어 kinesis-kinetic, intervene-intervention처럼 낯선 기저형 항목들을 유도하는 단어 쌍들은 교육받은 전문가들의 글이나 대화에서 만날 수 있는 단어들이다. 그 모음 패턴들을 새 단어에 사용할 필요가 있는 사람은 누구나, 그와 비슷한 단어들을 인쇄된 형태로 봤을 것이다. 영어를 읽고 쓸 줄 아는 사람들은 알파벳을 배울 때 대개 눈물을 흘리고 어금니를 깨물면서, 소리 ă와 ā를 철자 a와 관련짓고, 소리 ĕ와 ē를 철자 e와 관련짓도록 훈련받았을 것이다. 이것은 화자들이 contravene-contravention이나 elide-elision 같은 새 단어들을 발음하기 위해 단모음을 선택해야 할 때, 그들이 자연적으로 습득할 수 있는 영어 음운론 규칙이 아니라 그들의 알파벳 지식에 이끌릴 것임을 의미한다.

그러나 촘스키-할레-모하난 이론의 가장 큰 문제는 불규칙형들을 관통하는 세 번째 종류의 유사성, 예를 들어 sting, string, sling, stink, sink, swing, spring에서 볼 수 있는 어간 사이의 유사성을 설명하지 못한다는 점일 것이다. 그들의 이론에서 분사를 위한 하강 전환 규칙은 절대 명령에 따라 그 동사들과 연결되어 있어서, 각 동사의 기재항은 "나에게 하강 전환을 적용하라." 라고 말한다. 그러나 그렇게 하면 모든 동사들이 그렇게 비슷하다는 사실은 설명할 수 없는 우연의 일치가 된다. 그 법칙에 배정되는 동사 목록에는 till-tull, wish-wush, fib-fub, pith-puth도 그만큼 쉽게 들어올 것이다. 어간과 과거형, 그리고 한 어간에 적용되는 변화와 다른 어간에 적용되는 변화 사이에 존재할 수 있는 모든 잉여의 흔적을 가차 없이 받아들이는 이론이, 어떻게 한 변화를 거치는 모든 어간 사이의 방대한 잉여에 그토록 무관심할 수 있을까? 또한 만일 규칙들을 현재 규정되어 있는 단어에만 적용되도록 제한한다면, 화자는 어떻게 그 규칙들을 새 단어에 일반화할 수 있을까?

이 집단들을 취급하는 확실한 한 가지 방법은 공통 분모를 추출해 그것을 하나의 조건으로서 규칙에 붙이는 것이다. ǐ–ǔ 집단에서 모음 ǐ는 앞에 자음군이 오고 뒤에 ng가 오는 경향이 있다. 자음 ng를 더 자세히 분석하면 비음(코를 통해서 발음되는 소리)과 연구개음(혀와 연구개 사이에서 발음되는 소리)이라는 자질들이 나온다. 그렇다면 아마 그 규칙은 '만일 어간에 자음–자음–i–연구개 비자음이 있으면 모음 ǐ를 ǔ로 하강시켜라.'가 될 것이다. 불행하게도 이 규칙은 작위적 실수와 부작위적 실수를 모두 저지를 것이다. 그것은 bring–brought와 spring–sprang을 포함하지만 이 동사들의 모음은 ǔ로 변하지 않는다. 그것은 또한 stick–stuck과 spin–spun을 제외시키지만 이것들의 모음은 ǔ로 바뀐다. 이 동사들은 분명히 그 부류에 속하지만, 각각의 동사는 근소한 차이로 조건을 위반한다. stick의 k는 ng와 같은 연구개 비음은 아니지만, 구강의 동일한 장소에서 발음되는 연구개음이다. 또한 spin의 n 역시 연구개 비음은 아니지만, ng처럼 코를 통해 발음되는 비음이다.[23]

언어학자 존 바이비와 심리학자 댄 슬로빈이 최초로 지적한 바에 따르면, 문제는 불규칙 동사군들이 이른바 가족 유사성 범주

(family resemblance categories)라는 사실에서 비롯된다고 한다.[24] 그 범주들은 어느 동사가 포함되고 어느 동사가 제외되는지를 지정하는, 도 아니면 모 식의 엄격한 정의를 갖고 있지 않다. 대신에 그것들은 경계가 애매하고, 그 구성원들은 서로 몇 개의 특성들을 공유하고 있는가에 따라 다양한 정도로 포함되거나 제외된다. string과 sling은 ĭ-ŭ 유형에 속하는 전형적인 구성원으로, 그 가족임을 보여 주는 모든 자음이 한 단어에 들어 있다. spin과 stick은 자질이 하나씩 없고, dig-dug와 win-won은 그보다 먼 외곽에 존재하며, sneak-snuck, drag-drug, skin-skun, climb-clumb은 화자들의 용인성(acceptability)이 제각기 다른 흐릿한 경계 지대에 존재한다. 어떤 규칙도 ĭ-ŭ 동사들을 깨끗하게 추려 낼 수 없고, 그런 이유로 촘스키, 할레, 모하난은 각각의 규칙을 촉발하는 조건들을 애써 찾기보다는, 그 동사들을 개별적으로 등재하는 방식에 의존했다.

다른 불규칙 집단들도 위와 똑같이 작동한다. 예컨대 blow-blew, grow-grew, throw-threw는 전형적인 ow-ew 동사지만, 그 유형에 적용되는 규칙은 자음-자음-ō 조건에 따라야 한다고 요구하지 않는다. know-knew도 그 집단에 속하지만 자음 하나로 규칙을 위반하고, draw-drew, fly-flew는 모음 하나로 위반하고, slay-slew, crow-crew는 완전히 포함되거나 완전히 제외되지 않고 흐릿하다.

불규칙 집단의 소속 여부는 사람들이 패턴을 일반화해 새로운 동사에 적용하는 경우에도 확률적이다. 방언의 불규칙형들은 한 집단의 여러 구성원들과 비슷한 소리를 갖는 경향이 있다. 예를 들어 bring-brang은 sing-sang, ring-rang, spring-sprang, drink-drank, shrink-shrank와 비슷하고, write-writ은 bite-bit, light-lit과 비슷하다. 페이 수와 나는 아이들의 창조적인 불규칙형들이 이런 식으로 나온다는 것을 발견했다. 아동기의 실수인 swing-swang은 sing-sang 유형의 모든 동사들과 비슷하고, sleep-slep은 feed-fed, bleed-bled, meet-met와 비슷하다.[25] 바이비와 모더는 성인 자원자들에게 ing-ung 집단의 전형적인 구성원들과 유사성에서 다양한 차이를 보이는 무의미한 단어들을 제시함으로써 그 효과를 수량화하기까지 했다. spling과 skring은 그 집단의 한가운데에 들어가는데, 실험 참가자들 중 약 80퍼센트가 splang, splung, skrang, skrung을 지어냈다. krink, trig, pling은 그보다 덜 비슷해서, 참가자들 중 약 50퍼센트만이

krunk, trug, plang을 제시했다. vin, sid, kib은 그 집단의 동사들과 모음 하나만 공유하기 때문에, 약 20퍼센트만이 vun, sud, kub 같은 형태를 제시했다.[26]

촘스키, 할레, 모하난은 최고 성능을 내기 위해 규칙들을 개조했지만 높은 비용이 들었다. 그들은 마음 기재항에 대한 믿기 힘든 주장들을 제기할 수밖에 없었고, 그들의 이론은 한 규칙에 순응하는 동사 간의 애매하고 통계적인, 그러나 심리상으로는 활성화되어 있는 유사한 패턴들을 취급하지 못한다. 불규칙 패턴들은 그다지 규칙적이지 않으며, 매우 다른 어떤 것을 요구한다.

심리학자 데이비드 러멜하트와 제임스 매클레랜드가 1986년에 과거 시제를 위한 인공 신경망 모형을 발표하자 떠들썩한 반응이 일어났다.[27] 단어, 규칙, 모듈 같은 언어학적 설비를 전혀 갖추지 않은 모형이었지만, 그것은 수백 개의 규칙 및 불규칙 과거 시제형을 습득했고, 그것들의 패턴을 일반화해 새로운 동사들에 적용했으며, 아이들과 똑같이 breaked, comed 같은 실수를 저질렀다. 《시카고 트리뷴》에는 "실험상 뇌와 똑같이 작동하는 컴퓨터"라는 표제가 실렸고, 《타임스 문예 부록(*Times Literary Supplement*)》

에는 "언어학의 전환점"이라는 제목의 논평이 실렸다.[28] 논평가의 말에 따르면, 그것은 "굉장한" 의미가 있다. "계속해서 전통적인 방식으로 (언어학을) 가르치는 것은 연금술을 계속 살려두는 것과 같기 때문이다." 러멜하트와 매클레랜드의 모형은 연결주의 또는 병렬 분산 처리라고 알려진 새로운 인지 과학 학파를 출범시켰는데, 이 학파는 뉴런(뇌를 이루는 신경 세포)과 어렴풋이 비슷하고 서로 연결된 단순한 단위들의 망으로 마음에서 일어나는 일들을 설명한다.[29] 많은 연구자들이 연결주의를 마음을 연구하는 분야에서의 패러다임 이동 또는 과학 혁명으로 보았다.[30] 신경망은 또한 인공 지능 분야에서도 일시적인 유행이 되었고, 곧 뮤추얼 펀드의 주식 선별 그리고 전기 밥솥과 세탁기 같은 값비싼 일본 가전 제품의 제어 기술에 이용되었다.

　언어가 뇌의 신경망에 의해 계산된다는 것은 어느 누구도 의심하지 않는다. 규칙, 심지어 촘스키와 할레의 순박하고 논리와도 같은 규칙들까지도 신경 회로 내에서 작동하는 과정들 또는 구조들에 대한 고차원의 설명으로 해석된다. 연결주의와 생성 문법의 차이는 신경망에서 수행된다고 생각하는 마음 연산의 종류에 있다. 특히 양자의 차이는 연합주의와 기호 조작의 차이와 일치한다. 연결주의는 모듈로 조직화된 조합 규칙이 없는 대신, 흄의 근접성 법칙(A가 B와 함께 나타나면 둘을 관련지어라.)과 유사성 법칙(C가 A와 비슷해 보이면 그것이 A의 연합물들을 공유하게 하라.)을 이용해 지능에 도달하려 한다. 이렇게 작동하는 신경망을 패턴 연상망 기억(pattern associator memory) 또는 퍼셉트론(perceptron)이라고 부른다.

이제 러멜하트와 매클레랜드의 모형이 어떻게 작동하는가를 살펴보자. 지금까지 나는 마치 거인들의 충돌처럼 러멜하트-매클레랜드 이론과 촘스키-할레 이론을 비교했지만 사실 연결주의 모형은 촘스키-할레 이론과 설계상 몇 가지 중요한 특징을 공유하고 있다. 그 모형의 입력물은 동사 어간의 소리이고, 과거 시제는 그로부터 계산된다. 그것은 동사의 의미와 과거성 개념으로부터 직접 과거 시제형을 계산하는 모형과는 다르다. 그래서 러멜하트와 매클레랜드는 의미와 소리 사이에 존재하는 최소한 하나의 모듈(여형론 상자)에 전념했다. 촘스키와 할레의 이론에서처럼, 러멜하트와 매클레랜드의 연결주의 모형에서도 단 한 종류의 장치가 규칙, 불규칙, 보충(go-went)을 망라한 모든 동사의 과거 시제형을 계산하는 일을 담당한다. 그 동사들은 완전히 예측 가능한 규칙성으로부터 완전히 자의적인 불규칙성에 이르는 연속체 위에 존재한다. 과거 시제형들은 동사들이 공유하는 미니 규칙성들로부터 조각조각 조립되고, 그에 따라 sleep-slept 는 feed-fed 의 모음 변화와 burn-burnt의 접미사 첨가를 겸비한다. 러멜하트와 매클레랜드는 또한 말의 소리들은 음소로서가 아니라 '유성음'과 '비음' 같은 자질들의 묶음으로 마음에 표상되어 있다는 촘스키의 기본 가정을 도입했다.

그러나 그밖의 측면들은 모두 다르다. 다음 쪽에 나오는 그림은 연결주의 모형의 핵심인 패턴 연상망 기억이다.

왼쪽 행은 입력층으로, 여기에 동사 어간이 들어온다. 입력층에는 어렴풋이 뉴런과 비슷한 460개의 단위들이 있고, 각 단위는 켜져 있거나 꺼져 있을 수 있다(on 또는 off). 각 단위는 예를 들어 두 정지 자음 사이의 고설 모음이나 단어 끝의 비자음 앞에 놓인 후모음처럼, 영어 동사에 나타날 수 있는 작은 소리 조각을 상징한다. 한 단어의 처음과 끝은 열린 대괄호와 닫힌 대괄호(〔 〕)로 표시된다. 개별 동사를 위한 단위는 없다. 동사는 그 속에 포함된 소리의 단위들이 켜짐으로써 유입된다. 그 결과 소리가 비슷한 동사들은 표상의 부동산을 공유한다. shrink 가 공급될 때 켜지는 단위들 중 대부분은 drink 가 공급될 때에도 켜진다(단어 첫머리의 자음군, 두 공명

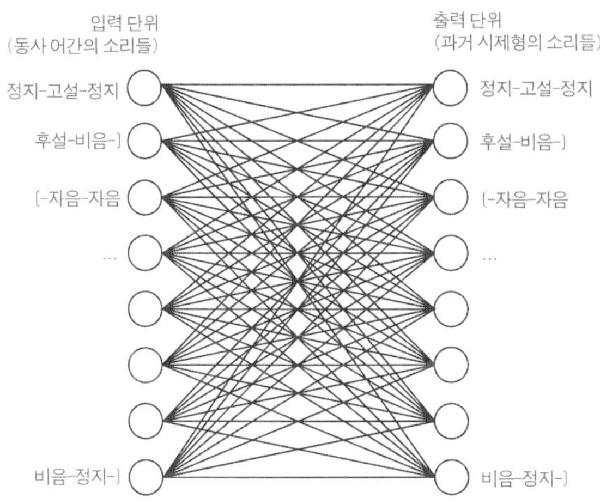

자음 사이의 고설 모음 등). 이 단위들은 자신들이 현재 어느 단어를 표현하고 있는지를 전혀 모른다.

오른쪽 행에도 동일한 단위 열이 있는데, 그것들은 위 모형의 출력, 즉 과거 시제형의 소리를 나타낸다. 각각의 모든 입력은 시냅스 같은 연결을 통해 각각의 모든 출력과 연결되는데, 연결의 강도는 강한 흥분성(입력 신호가 단위를 켜는 경향이 있다.)에서부터, 중립성(입력 신호가 아무 효력이 없다.)을 거쳐, 강한 억제성(입력 신호가 단위를 끄는 경향이 있다.)에 이르기까지 다양하다. 사실 각각의 모든 연결은

"만일 어간에 정지 자음과 그 뒤를 이어 고설 모음이 포함되어 있으면, 과거 시제형의 끝에는 비자음이 올 것이다."와 같은 것을 진술하는 확률론적 초소형 규칙이다. 460개의 입력 단위가 460개의 출력 단위와 연결되면, 모두 $460 \times 460 = 211,600$개의 초소형 규칙이 나온다. 입력 단위 하나가 켜지면 그 단위는 모든 라인을 따라 출력층으로 신호를 보내고, 그 신호는 각 연결 강도에 따라 증폭되어 해당 출력 단위에 공급된다. 특정한 출력 단위가 켜지는가 아닌가는 공급된 신호들의 총합과 출력 단위 자체의 촉발 만족도(trigger-happiness) 또는 역치(threshold, 문턱값)에 따라 확률적으로 결정된다. 신호의 총합이 역치보다 높으면 높을수록 그 출력 단위는 켜질 확률이 높아진다.

갓 태어난 망은 연결 강도가 0이고, 그래서 그 출력층은 입력과 무관하게 완전히 꺼진 상태다. 그런 다음 그 모형에 일련의 동사들과 그것들의 올바른 과거 시제형을 '가르치는' 학습 절차를 시행하면 연결에 변화가 생긴다. 물론 러멜하트와 매클레랜드는 실제로 나이든 여선생이 아이들에게 동사 활용을 훈련시켜야 한다고 믿지는 않는다. 그들은 아이들이 부모의 말에서 과거 시제형을 듣고 그것이 친숙한 동사의 과거 시제형이라는 것을 알아차릴 때, 기억으로부터 그 동사 어간을 들춰내고, 그것을 과거 시제 망에 공급하고, 그 망의 출력물과 방금 들었던 것을 조용히 비교한다고 가정한다. 회의론자들은 아이들이 어떻게 (러멜하트와 매클레랜드가 쓸모없다고 주장하는) 마음 사전과 문법 장치의 도움 없이 이 모든 일을 수행할 수 있는지를 의아해할 수도 있지만, 이런 의심은 잠시 접어두기로 하자.

학습 절차는 다음과 같이 시행된다. 먼저 부모에게서 나온 올바른 형태가 특별한 교육 단위 층에 전시된다. 연결주의 모형은 자신의 출력물을 최소 단위별로 올바른 출력물과 비교한다(walk의 walked, come의 came 등). 그런 다음 모형은 그 차이에 따라 연결 강도를 아주 조금 위나 아래로 조정한다(다음 쪽의 그림 참조.).

만일 어떤 단위가 꺼져 있고(예를 들어 ă의 단위) 선생님이 그것을 켜야 한다고 말하면(올바른 과거 시제형이 rang이기 때문에), 모형은 다음번에는 그 단어가 입력되었을 때 그 단위를 켤 가능성을 높여야 한다. 그러면 현재 활성화되어 있는 도입선들의 모든 연결이 미세하게 강화되고 ă 단위의 역치가 미세하게 낮아짐으로써, ă 단위는 촉발 만족도가 높아진다. 이와 반대로 만일 어떤 단위가 켜져 있고 예를 들어 ĭ의 교육 단위가 그것을 꺼야 한다고 말하면(올바

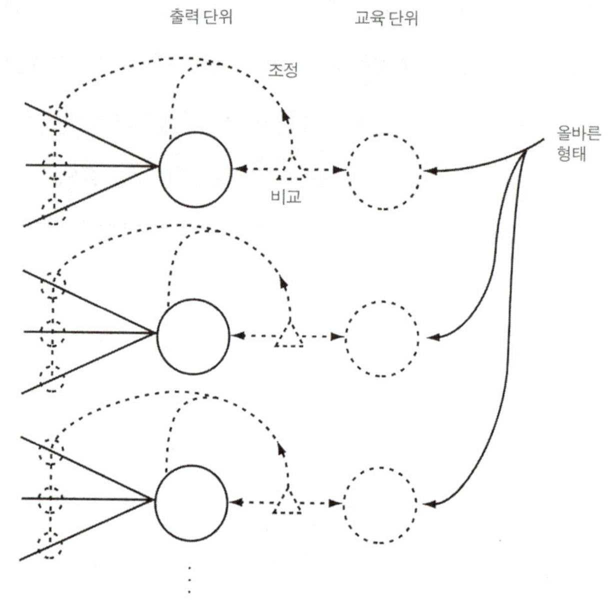

른 과거 시제형이 rang이기 때문에), 모형은 차후에는 그 단어가 입력되었을 때 그 단위를 켤 가능성을 낮춰야 한다. 그러면 현재 활성화되어 있는 도입선들의 모든 연결이 미세하게 약화되고(아마 그 연결을 음의 값 또는 억제 값까지 끌어내릴 것이다.) 그 단위의 역치가 미세하게 올라감으로써, ă 단위는 촉발 만족도가 낮아진다.

그 모형은 훈련을 통해 동사들의 목록과 과거 시제형을 반복적으로 제시받는다. 특정한 연결은 훈련 과정에서 연속적으로 제시되는 동사들에 따라 위아래로 요동치지만 결국에는 다른 연결들과 조합해 올바른 과거 시제형을 가장 성공적으로 생산하는 강도의 값에 안착한다. 다양한 동사들과 그 과거 시제형에 대한 망의 지식은 21만 1600개의 연결 강도 전체에 퍼져 있어서, 우리는 그 망에서 구체적인 단어나 구체적인 불규칙형 집단 또는 구체적인 규칙을 시행하는 구역을 집어낼 수가 없다.

러멜하트와 매클레랜드는 그들의 망에 420개의 동사를 200번씩, 총 8만 4000번 학습시켰다. 정말 놀랍게도 모형은 420개의 모든 동사의 올바른 소리 열 대부분을 계산해 내는 훌륭한 능력을 과시했다. 그것은 단 한 묶음의 연결 강도들이 look을 looked로, seem을 seemed로, melt를 melted로, hit을 hit으로, make를 made로, sing을 sang으로, 심지어 go를 went로 전환시킬 수 있었다는 것을 의미한다. 그런 다음 러멜하트와 매클레랜드는 망에게 학습 경험이 없는 86개의 새로운 동사를 제시했다. 그것은 일종의 wug 테스트였고, 규칙의 필수 조건인 일반화 또는 생산성에 대한 시험이었다. 모형은 새로운 규칙 동사들 중 약 4분의 3에 -ed를 붙여 올바른 과거 시제형을 만들어 냈고, 대부분의 새로운 불규칙 동사에 대해서도 과잉 일반화를 수행해 catched와 digged 같은 합리적인 실수를 낳았다.

더욱 인상적인 것은, 그 모형이 영어를 습득하는 아이들에게서 볼 수 있는 몇몇 경향을 그대로 보여 준다는 점이었다. 훈련 과정의 어느 시점에 그것은 지금까지 올바른 형태를 생산했던 동사들에 대해 갑자기 gived 같은 오류를 생산했다. 그것은 또한 새 불규칙 동사들을 그와 비슷한 소리를 가진 기존의 불규칙 동사 집단들과 연관시켜, 예를 들어 cling-clung, sip-sept, slip-slept, bid-bid, kid-kid 라고 추측했다. 그것은 아이들의 입에서 이따금씩 튀어나오는 gaved나 stepted 같은 혼합물도 생산했다. 그것은 blow 같은 소규모 집단의 불규칙 동사보다 feel 같은 대규모 집단의 불규칙 동사에 -ed를 붙이는 실수를 더 적게 저질렀다. 그리고 그것은 2장에서 살펴봤던 인간들의 일반적인 거부감을 보여 주기라도 하듯이, t나 d로 끝나는 동사에는 -ed를 붙이기를 꺼려했다.

러멜하트와 매클레랜드의 패턴 연상망 기억은 어떤 기적의 세포 조직으로 만들어진 것이 아니다. 그것은 다음과 같은 하나의 비결에 따라 작동한다. 즉 그것은 단어와 단어를 연관시키는 대신, 단어의 음운론적 자질 같은 한 단어의 특성들을 다른 단어의 특성들과 연관시킴으로써 유사성에 따른 자동적인 일반화를 수행하는 것이다. 다시 말해 drink를 drank와 관련시키는 대신, dr를 dr와, dr를 rang과, ring을 rang과, ink를 ank와 관련시키는 것이다. 그와 동시에 그것은 dr를 nked와, ink를 nked와 부정적으로 관련시켜, 올바르지 않은 불규칙형인 drinked를 억제한다.

결정적인 것은 이러한 연합들이 훈련 목록 안의 다양한 단어들에 골고루 겹쳐져 있다는 사실이다. drink에 대해 훈련을 받은 다음 shrink에 대해 훈련을 받으면, 모형은 여러 개의 동일한 연결들(예를 들어 ring과 rang, ink와 ank)을 강화시키게 된다. 이것은 대부분의 연결이 사전에 강화되었으므로 shrink의 학습을 더 쉽게 만들고, sink 같은 하위 집단 구성원의 학습은 훨씬 더 쉽게 만든다. 또한 그것은 stink처럼 훈련을 받은 적이 없는 동사들을 일반화하는 간단한 방법으로, 이 경우에 ing-ang 연결들은 이미 강화되어 있고, ing-inged 연결들은 이미 약화되어 있다. 규칙 동사에도 똑같은 비결이 적용된다. 모형은 walk-walked를 훈련받으면 alk와 alked의 연결을 강화하고, talk-talked를 훈련받을 때 자동적으로 그 연결들을 재강화하고 자동으로 일반화해 stalk-stalked에 적용한다. 규칙 동사와 불규칙 동사의 유일한 차이는, 규칙 동사들은 더 풍부하고, 더 다양하고, 과거 시제형의 패턴이 더 일정하다는 점이다. 수천 개의 강한 연결들이 서로 협력해 t나 d를 켰을 때 모형이 가장 먼저 드러내는 경향은 규칙형을 출력하는 것이다.

이때 모형의 주요 장치는 자질 사이의 연합물을 형성하는데, 이것은 단어-규칙 이론을 난처하게 만드는 인간의 습관, 즉 불규칙 패턴을 일반화해 비슷한 단어에 적용하는 습관을 그대로 보여준다. 이 핵심 개념의 출처는 러멜하트와 매클레랜드가 아니다. 자질들을 관련짓는 것은 다양한 연합주의 이론들의 본질적 특성으로, 18세기 영국의 의사이자 철학자인 데이비드 하틀리(David Hartley)로 거슬러 올라간다.[31] 하틀리는 만일 뇌가 한 사물의 여러 특성을 개별적으로 표상하면, 근접성과 유사성이라는 흄의 두 연합 법칙은 근접성이라는 한 법칙으로 절감될 수 있다고 지적했다. 유사성이란 공통된 특성에 불과하므로, 특성 사이의 연합에서는 유사성을 통한 일반화가 저절로 발생한다. 즉 빵과 영양분의 연합이 실제로는 담갈색, 푹신푹신함, 향긋함, 영양분의 연합이라고 할 때, 우연히 마주친 케이크 역시 담갈색이고 푹신푹신하다면 '영양분'이 자동으로 마음에 떠오를 것이다. 뇌에서 빵과 케이크가 비슷하다는 사실을 등록하고 연합물들을 빵으로부터 케이크로 이동시키는 추가 장치가 불필요한 것이다.

그렇다면 단어와 규칙을 고수하는 전통적인 언어학은 연금술의 위치로 떨어지는가? 아직 그렇지는 않다. 1988년에 언어학자 앨런 프린스와 나는 《코그니션(*Cognition*)》에 패턴 연상망 모형을 맹렬히 비판하는 논문을 발표했다. 우리는 패턴 연상망 모형과 연결주의의 일반적인 언어 접근법이 무시하거나 잘못 취급한 많은 사실들을 지적했다.[32] 그 무렵에, 그리고 그 후 몇 년에 걸쳐 다른 사람들도 강력한 비판들을 제기했다.[33] 최근의 한 책에서 수학자이자 《사이언티픽 아메리칸》의 칼럼니스트였던 알렉산더 듀드니(Alexander K. Dewdney)는 중성자선, 저온 핵융합, 정신 분석과 함께 연결주의를, 폭로할 필요가 있는 "나쁜 과학"의 사례라고 싸잡아 비난했다.[34] 듀드니의 비난이 지나친 감이 있지만, 아직도 연결주의는 과대하게 선전되고 있으며 마음 이론으로서의 문제점들도 사실임이 밝혀졌다.

2장의 언어학적 해부에 따르면 몇 가지 문제가 명백하게 드러난다. 첫째, 러멜하트와 매클레랜드의 패턴 연상망 기억은 과거 시제형을 생산하기만 하는 장치다. 그 모형을 역으로 가동시켜 과거 시제형을 인식하게 하기는 불가능하다. 그러나 사람들은 분명히 두 가지를 다 한다. 우리는 walked라고 말할 뿐만 아니라, walked를 들으면 그것이 '과거에 걸었다.'를 의미한다는 것을 안다. 아이들은 -ed를 생산하는 것과 -ed를 이해하는 것을 따로따로 훈련받지 않는다. 가장 직설적인 설명은, 아이들이 규칙과 마음 사전 기재항들을 학습할 때 혀로 명령을 보내는 모듈과 귀에서 들어오는 소리를 해석하는 모듈이 모두 데이터베이스에 능숙하게 접근할 수 있다는 것이다.

둘째, 패턴 연상망 모형은 과거 시제형 발음의 세부 사항들을 모두 계산한다. 그러나 앞에서 보았듯이, 발음의 세부 사항들 중 예를 들어 -t, -d, ɨd 중 하나를 선택하는 것을 비롯해 많은 사항들이 언어 체계의 15개 품사 전반에 걸쳐 발견된다. 그것들은 과거 시제를 위해 하나, 복수형을 위해 또 하나 계산되는 식으로 15개의 서로 다른 망에 놀라운 우연의 일치에 따라 복제되는 것이 아니라, 형태론과 통사론의 출력을 공급받는 단일한 음운론 모듈을 통해 계산되는 것이 분명하다.

셋째, 패턴 연상망 모형은 마음 사전의 이용을 배제하고 전적으로 단어의 소리에만 의존해 과거 시제형을 계산하기 때문에, 같은 소리를 가진 두 단어의 차이를 알지 못한다. 모형은 두 단어에게 동일한 과거 시제형을 부여하지만, ring-rang과 wring-wrung, break-broke와 brake-braked, meet-met와 mete-meted처럼 소리가 같은 동사들에는 적합하지 않다. 어떤 사람들은 단어의 소리 외에 의미를 나타내는 단위를 입력층에 더하면 문제가 해결될 것이라고 생각할지 모른다. 예를 들어 'striking'의 단위는 ang를 켜는 반면에, 'squeezing'의 단위는 ung를 켠다면, ring과 wring이 구별된다는 식이다. 그러나 2장에서 보았듯이, 단어의 의미는 과거 시제형을 체계적으로 예측하지 못한다. hit, strike, slap은 의미는 비슷하지만 과거 시제형은 각기 다르고, take, undertake, take a leak은 의미는 다르지만 과거 시제형은 동일하다. 각기 다른 특유의 과거 시제형들이 촉발되는 것은 단어 1과 단어 2와 단어 3이 서로 다르다는 엄연한 사실 때문인데, 그러한 구분은 마음 사전의 기재항에 포착되어 있다. 영어에는 소리는 비슷하지만 복수형과 과거형이 다른 단어들이 산재해 있으며, 그런 단어들 때문에 언어 전문가들은 왜 야구 선수가 센터 필드에서 flied out(플라이 아웃)되었다고 말하는지, 왜 토론토의 하키 팀 이름이 The Maple Leafs(더 메이플 리프스)인지, 왜 Walkman(워크맨)의 복수형이 종종 Walkmans인지를 끊임없이 질문받는다. 이에 대한 답은 6장에서 살펴볼 인간 언어의 멋진 설계 특성과 관련이 있는데, 그것은 러멜하트-매클레랜드 모형을 가동시키는 반사적인 연합물과는 매우 다르다.[35]

넷째, 러멜하트와 매클레랜드는 모형이 아이들의 언어 발달 단계를 흉내 낼 수 있도록 하기 위해 약간의 속임수를 써야만 했다. 우리는 7장에서 언어 습득을 조사할 때 아이들이 실제로 어떻게 과거 시제를 사용하고 오용하는지를 자세히 살펴볼 것이다.[36]

이런 문제들은 전적으로 연결주의자들이, 복잡한 계산 문제를 몇 개의 단순한 문제들로 쪼개 각각의 문제를 최적화된 마음 모듈들에게 하청을 주는 방식을 혐오하고 기피하기 때문에 치르는 대가라고 할 수 있다. 전통적인 언어학에서처럼 형태론, 음운론, 마음 사전을 위한 별개의 망들을 만드는 동시에 각각의 상자를 신경망들로 구현한다면 위의 문제는 해결될 것이다.[37]

그러나 하나의 계산을 여러 개의 모듈로 나누어도 쉽게 해결되지 않는 문제가 하나 있다. 그것은 패턴 연상망 모형의 핵심에 자리 잡고 있으며 수세기 동안 연합주의 이론이 안고 있었던 주요한 결함을 보여 준다. 그것은 가장 기초적인 문제로, 우리는 고정

된 배열의 부분들로 이루어진 하나의 실체(예를 들어 단어)를 어떻게
표상하는가 하는 것이다. 단위는 단지 켜지거나 꺼질 수만 있다.
단위는 마치 수첩이나 컴퓨터의 바이트처럼 그 위에 기호를 적어
넣을 수는 없다. 가장 먼저 떠오르는 해결책은 단위들을 음성 알파
벳으로 전환하는 것이다. 한 단위에 $\bar{a}$, 한 단위에 $\bar{a}$, 한 단위에 b,
한 단위에 d 등을 배정한다. 그런 다음 해당 단어를 나타내는 단위
들을 켜기만 하면 된다.

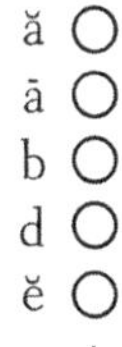

그러나 이것은 고려할 가치가 없는 생각이다. 음소들의 순서에 대
한 정보가 빠져 있기 때문이다. pit 은 tip 과 구별되지 않고, Spiro
Agnew 는 grow a penis 와 구별되지 않을 것이다. 만일 단어에 존
재하는 것이 그것뿐이라면, 우리는 입을 열 때마다 철자 바꾸기 문
제를 풀고 있을 것이다.

　보다 나은 해결책은 한 단어의 첫 번째 음소를 위해 첫 번째

열, 두 번째 음소를 위해 한 열을 배치하는 식으로, 사람의 기억에 담길 수 있는 가장 긴 단어까지 음소 단위들을 배열하는 것이다.

첫째 음소   둘째 음소   셋째 음소 · · ·

이렇게 하면 철자 바꾸기 문제는 해결되지만, 두 가지 새로운 문제가 생긴다. 첫째, 이 배열이 감당해야 하는 가장 긴 단어는 도대체 얼마나 긴 단어인가? 표준적인 사전들에서 가장 긴 단어인 antidisestablishmentarianism(국교 제도 페지론)이면 충분할까? 『옥스퍼드 영어 사전』에서 가장 긴 단어인 floccinaucinihilipilification(부귀 영화를 경시하는 성벽)이면 충분할까? great-great-great-grandmother, great-great-great-great-great-grandmother 등은 어떨까? 결국 가장 긴 단어란 존재하지 않으며, 따라서 그것이 무엇인지를 선험적으로 결정하도록 강요하는 표상은 무언가 잘못된 것이 분명하다.

두 번째 문제는, 그 표상은 단어 속의 첫째 음소를 위한 단위 열, 둘째 음소를 위한 단위 열, 셋째 음소를 위한 단위 열 등을 갖고 있고, 기억에 저장된 단어들을 첫째 음소에 따라 좌에서 우로 정렬시킨다는 것이다. 그러나 인간의 마음은 단어 사이의 유사성을 지각하고 그에 따라 일반화를 수행할 때 음소들을 좌에서 우로 계산하지 않는다. 불규칙 과거 시제 체계에서 가장 애타게 만드는 일반화는 ing-ang-ung 집단에서 발생하는데, 이때 ring-rang과 drink-drank와 spring-sprang은 서로를 강화시켜 fling-flang, bring-brang, spling-splang을 유발한다. 그러나 좌-우 배열에서 처음 세 동사는 중복되는 부분이 전혀 없다.

위치:	1	2	3	4	5	6	7
ring:	r	i	ng				
drink:	d	r	i	ng	k		
spring:	s	p	r	i	ng		

ring에 대해 학습했던 것(예를 들어 과거 시제형에 ang가 있다는 것) 중에서 아무것도 drink나 spring으로 이전되지 않는다. 두 단어는 bird와 clam이 다른 것만큼이나 서로 비슷하지 않다. 그러나 사람들은 분명히 두 단어가 비슷하다고 느낀다. 불규칙 체계에는 왼쪽 끝에 나란히 정렬되지 않는 단어 집단들이 매우 많기 때문이다. dive, drive, strive가 그런 예이고, stand, withstand, understand나 come, become, overcome처럼 접미사가 붙은 형태들이 가장 분명한 예다. 이 두 번째 문제는 단어의 어미에 의존하는 일반화를 혼란에 빠뜨리는데, 우리는 그런 종류의 엄청난 일반화가 존재한다는 것을 잘 알고 있다. 그것은 -t, -d, ɨd 선택으로, 이 선택은 마지막 음소가 유성음인가, 무성음인가, t 또는 d인가에 따라 결정된다. 좌-우 정렬 표상의 마지막 음소는 위치 2일 수도 있고(add의 경우), 위치 3일 수도 있고(ask의 경우), 위치 4일 수도 있고(risk의 경우), floccinaucinihilipilify의 경우 위치 23일 수도 있으며, 심지어 그 이상일 수도 있다. 좌-우 표상에서는 -ed 접미사를 어떻게 발음해야 할지를 단어의 모든 길이에 맞춰 개별적으로 학습해야 한다.

러멜하트와 매클레랜드는 이 문제를 인식한 것이 분명하다. 다음과 같은 독창적인 대안을 제시했기 때문이다. 단위들은 그들이 위켈폰(Wickelphone)이라고 명명한 것들을 대표하는데, 위켈폰은 맨 처음 그것을 생각해 낸 심리학자 웨인 위켈그렌(Wayne Wickelgren)의 이름에서 따왔다.[38] 위켈폰은 ipt나 str처럼 연속된 세 음소의 묶음을 가리킨다. 영어에는 약 40개의 음소가 있다. 단어의 처음과 끝을 나타내는 특수 기호인 〔과 〕까지 더하면, 가능한 위켈폰은 약 6만 7000개인데, 각각의 위켈폰에는 각각의 단위가 필요하다. 위켈폰으로 단어를 표상하면 철자 바꾸기 문제와 좌로 정렬 문제를 동시에 피할 수 있다. 예를 들어 strip은 ip〕, rip, str, tri, 〔st의 위켈폰들이 포함되어 있다. 순서에 대해서는 걱정할 필요가 없는 것이, 그것들은 다음과 같이 한 방식으로만 줄을 서기 때문이다. 맨 처음에 〔st가 오고, 다음에 차례로 str, tri 등이 온다. 그리고 rip의 위켈폰들은 strip의 위켈폰들과 중복되므로, 두 단어의 표상은 인간의 마음에 지각될 때처럼 서로 비슷하다. (러멜하트와 매클레랜드는 사실 그들의 음소보다는 촘스키-할레식의 자질로 단어들을 표상하기를 원했고, 그래서 한 단위는 실제로 나란히 늘어선 세 자질들을 대표했다. 예를 들어 정지음-고음-정지음이나 유성음-무성음-유성음은 하나의 위켈 자질(Wickelfeature)이다.)

단어를 비체계적인 단위 열에 등록하는 간단한 행위가 거의 해결 불가능한 문제라는 것은 믿기 어려울 수도 있지만, 실제로 그것은 해결이 거의 불가능하다. 그렇게 독창적인 위켈폰도 도움이 되지 않는다. 인간의 마음은 단일한 음소들 그리고 음소들을 구성하는 자질들에 주의를 기울이는데, 위켈폰은 그것들을 묶어 3개들이 사슬로 만들었다. 예를 들어 silt와 slit에는 공통되는 위켈폰이 하나도 없다. silt를 분해하면 〔si, sil, ilt, lt〕가 나오고, slit을 분해하면 〔sl, sli, lit, it〕가 나온다. 그러나 사람들은 분명히 두 단어를 비슷하게 듣는다. 예를 들어 우리는 영어의 역사적 변화 중에서 brid가 bird로, thrid가 third로 변한 것을 볼 수 있다. 설상가상으로 어떤 언어에서는 위켈폰이 특정한 단어들을 전혀 표현하지 못한다. 오스트레일리아 원주민 언어인 오이캉간드(Oykangand) 어에는 ‘곧은’을 의미하는 단어 algal과 ‘매우 곧은’을 의미하는 algalgal이 있는데, 두 단어는 동일한 위켈폰인 alg, al〕, gal, lga, 〔al로 이루어져 있다.

단어:	〔algal〕	〔algalgal〕
위켈폰:	〔al	〔al
	alg	alg

lga　　　　　　　lga

gal　　　　　　　gal

al]　　　　　alg(이미 사용됨.)

lga(이미 사용됨.)

gal(이미 사용됨.)

al]

단위들은 켜지거나 꺼진 상태이므로, 어떤 것 2개를 절대로 표현할 수 없다. 따라서 위켈폰 이론에 따르면, 오이캉간드 어를 쓰는 화자는 실제로 존재하지 않을 것(또는 이런 단어들이 드물지 않으므로, 그밖의 여러 언어의 화자들도 존재하지 않을 것)이라는 잘못된 예측에 도달한다.[39]

　　또한 마음이 어떻게 사물을 표상하는가를 설명하는 이론이라면, 마음이 쉽다고 느끼는 것과 마음이 어렵다고 느끼는 것을 예측해야 한다. 쉬운 과제들은 표상에 대한 간단한 연산으로 계산되어야 하고, 어려운 과제들은 길고 복잡한 연산으로 계산되어야 한다. 이 점에 대해서도 위켈폰은 잘못된 예측에 도달한다. 언어학자들은 자신의 학생들에게 인간의 언어들이 어떻게 다른 종류의 규칙이 아닌 특정한 종류의 규칙을 사용하는가를 설명할 때, 거의 항상 똑같은 예를 이용한다. 즉 어떤 언어에도 단어를 거울상으로 뒤집어, 예를 들어 pit을 tip의 복수형으로, mug를 gum의 복수형으로, god을 dog의 복수형으로 전환하는 규칙은 없다는 것이다. 그러나 위켈폰 대 위켈폰 망은 정확히 그것을, 그것도 매우 쉽게 한다. 입력된 위켈폰 ABC와 출력된 거울상 위켈폰 CBA 사이의 모든 연결을 강화하고, 그밖의 모든 연결을 약화시키는 것이다.

거울상 반전은 쉬울 뿐만 아니라, 그것을 학습하기는 입력과 출력 사이의 상상할 수 있는 가장 단순한 관계, 즉 ABC와 ABC의 연결을 강화하는 어간 자체의 축어적 복사보다도 쉽다. 거울상 반전과 축어적 복사의 유일한 차이는, 그 모형을 들여다보는 이론가들이 단위 표지들을 읽으면서 ABC가 어떤 경우에는 CBA로 가고 어떤 경우에는 ABC로 가는 것을 볼 수 있다는 것이다. 그러나 그 모형은 자기 자신의 마디(node) 표시들을 읽지 못한다. 그것은 단지 입출력 관계의 일관성에만 주의를 기울이는데, 두 관계의 일관성은 동일하다. 이와 마찬가지로 모든 a를 b로, 모든 b를 c로, 모든 c를 d로 바꾸는 등의 무모한 규칙들도 입력을 그대로 출력하는 것만큼이나 학습하기가 쉽다.

이것은 결코 쓸데없는 트집이 아니다. 그것은 러멜하트-매클레랜드 모형의 성능 시험에서 발생했던 난처한 착오를 설명해준다. jump, pump, warm, trail 처럼 단순하지만 다소 특이한 소리를 가진 단어들의 과거 시제형을 묻자 모형은 침묵을 지켰다. 그리고 모형은 squat 을 squakt 로, tour 를 toureder 로, mail 을 membeld 로 전환하는 등 몇몇 단어를 제멋대로 고쳤다. 이런 착오들이 우리에게 당혹스러운 까닭은, 어간을 복사해 과거 시제로 넘긴 다음 -ed 를 첨가하는 것보다 직관적으로 더 단순한 일은 있을 수 없기 때문이다. 그러나 패턴 연상망 기억에는 복사할 수 있는 '어간'의 위치 표시(placeholder)가 없고, 복사를 수행할 수 있는 연산도 없다. 그것이 하는 일이라고는 소리와 소리를 관련짓는 것뿐이어서, 만일 훈련 내용에 -ump 나 -ail 같은 소리 조합을 가진 단어가 우연히 누락되면, 그 모형은 당황해 아무 말도 못하고 그냥 앉아 있거나, 훈련받은 적이 있는 소리들과 막연하게 연관된 소리 조각들을 기침하듯이 내뱉을 것이다.[40]

만일 마음이 규칙에 따라 계층 구조로 조직화된 기호들을 조작한다는 합리주의 이론을 다시 불러들이면 모든 문제가 사라질 것이다. 동사 to outstrip 은 아래와 같이 표상될 것이다.

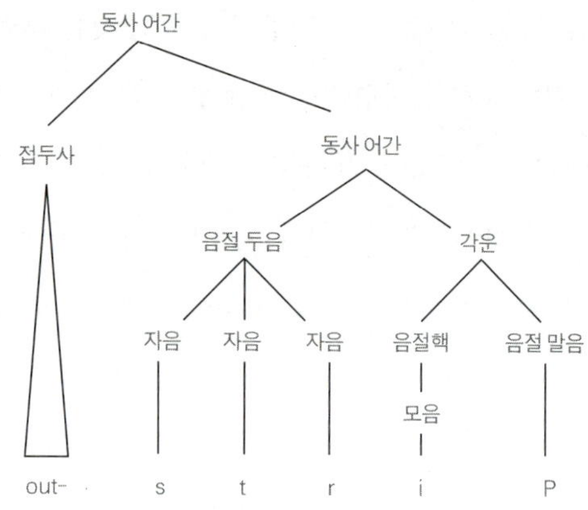

이 음소들이 올바른 순서로 유지되는 것은, 단어의 형태론적 구조 (어간, 접두사, 접미사로 어떻게 구성되어 있는가?)와 부분들의 음운론적 구조(부분들이 음절두음, 각운, 모음 핵, 자음과 모음, 그리고 궁극적으로 자질 같은 토막들로 어떻게 구성되어 있는가?)를 구체적으로 표현하는 나무 구조에 의해서다. strip, restrip, trip, rip, tip 같은 다른 단어들과의 유사성은 그것들이 동일한 '어간'이나 동일한 '각운' 같은 동일한 나뭇 가지를 소유하고 있다는 사실로부터 기계적으로 발생한다. 그리고 규칙 과거 시제형을 계산한다는 것은 '동사 어간'이라는 기호 뒤에 접미사를 붙이는 것에 불과하다.

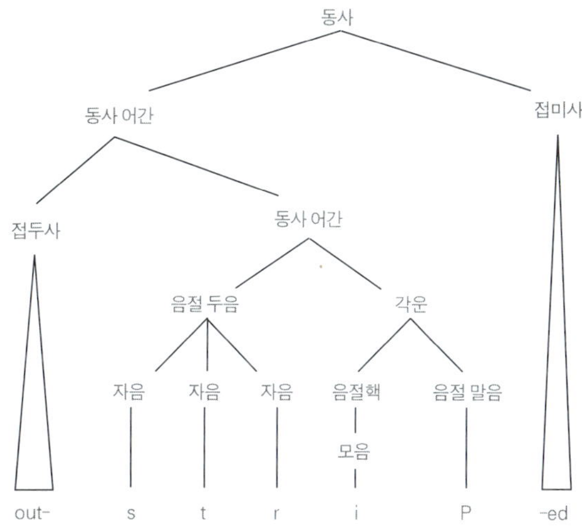

‘동사 어간’ 기호 밑에 매달려 있는 가지가 walk인지 outstrip인지 jump인지 pump인지 bftsplk인지는 중요하지 않다. 당신이 ‘동사 어간’이라는 마음 기호를 가졌고 그 뒤에 접미사를 어떻게 붙여야 하는지를 안다면, 동사 어간들의 전체 어휘는 당신의 발 앞에 무릎꿇을 것이다. 마지막으로 나무 구조는 재귀 규칙에 따라 구성되므로(예를 들어 "어간은 접두사와 결합해 새로운 어간이 될 수 있다."), 사전에 어떤 길이 제한도 둘 필요가 없고, 그래서 re-outstrip이나

great-great-great-grandmother처럼 아무리 긴 단어라도 거뜬히 표상될 수 있다.

기호 나무는 연결주의자들에게 인기 있는 걸쭉한 단위 수프보다는 더 세련된 신경 하드웨어를 필요로 하지만, 그 이론적 모형들은 실제의 뇌와는 거리가 멀다. 최근에 몇 명의 신경망 설계자들은 계층 구조 나무가 더 체계화된 신경망에 도입될 수 있음을 보였다.[41] 한 추측에 따르면, 신경 과학에서 오랫동안 주목받지 못했던 뉴런 점화의 주기적 리듬이 나무의 추상적인 슬롯을 표현하는 단위들과 그 내용물을 표현하는 단위들을 묶는 아교 역할을 한다고 한다. 예를 들어 '음절 말음' 슬롯의 단위들이 1초에 20번 점화하고 p의 슬롯들이 그와 동시에 1초에 20번 점화하면, 체계 전체는 음절 말음이 p라는 것을 안다. 또한 '음절핵'의 단위들이 1초에 30번 점화하고 i의 단위들이 그와 동시에 1초에 30번 점화하면, 체계는 음절핵이 i라는 것을 안다. '음절 말음', '음절핵', p, i의 단위들은 동시에 모두 활성화되지만, 공통된 점화 패턴이 각 소리를 각 슬롯에 연계시키기 때문에 체계가 혼란에 빠져서 i가 음절 말음이라고 생각하는 일은 일어나지 않는다. 이 이론은 옳을 수도 있고 틀릴 수도 있지만, 내가 그에 대해 언급하는 이유는, 추상적 기호와 복잡한 구조는 타당성 있는 신경망 모형과 양립할 수 있다는 것을 보이기 위해서다.

앨런 프린스와 내가 패턴 연상망 모형을 혹평하자 언어학자들은 안도의 한숨을 내쉬었다. 그들은 이제 신경망 설계를 배울 필요가 없어졌으며 연결주의자들도 그것을 뜨거운 감자로 여길 것이라고 생각했기 때문이다. 혹평을 했지만 프린스와 내가 패턴 신경망 모형의 열렬한 팬이라는 것은 역설적이다. 그 모형은 어쨌든 규칙 이론들이 무시하는 중요한 현상을 해명하고, 아동 언어 발달의 양상을 하나가 아닌 몇 개씩이나 설명해 준다. 그에 비해 우리의 비판에 대응해 고안된 25개의 과거 시제 연결주의 모형들은 모두 실망스러웠고, 어느 것도 최초의 모형만큼 야심적이지 못하다.[42] 많은 모형들이 walk와 run처럼, 자음 하나, 모음 하나, 자음 하나로 이루어진 단음절 단어만 수용하는 딕과 제인 식의 영어를 사용해, 위켈폰 문제를 피해 간다. 어떤 모형들은 단어는 어간을 위한 기호와 접사를 위한 기호로 구성되어 있음을 암묵적으로 인정하면서도 애써 과거 시제형을 계산하지 않는다. 그것들은 단지 대여섯 개의 영어 접미사나 모음 변화를 대표하는 대여섯 개의 선천적인 단위 메뉴 중에서 하나를 선택한다. 그런 다음 어떤 다른 메커니즘이 그 접미사나 모음 변화를 어간에 붙여야 실제적인 과거 시제형이 나온다. 그 은밀한 메커니즘은 바로 우리가 규칙이라 부르는 것이다. 많은 설계자들이 입력층과 출력층 사이에 숨겨진 단위층을 끼워 넣어 망을 보충했지만, 직접적인 성능 시험에서는 개선되는 점이 거의 또는 전혀 나타나지 않았다.[43] 발명자들은 저마다, 프린스와 내가 지적했던 어떤 문제를 좁게 한정하는 패치(patch, 프로그래머들이 hack 또는 kluge라 부르는 것)를 추가했지만, 어느 누구도 자신의 창작물이 마음의 그 부분이 어떻게 작동하는가에 대한 실제 이론이라고 자신 있게 주장하지 못한다. 그리고 어느 누구도 러멜하트와 매클레랜드가 했던 것처럼 경험적 예측을 제시하거나 몇 종류의 데이터를 설명하지 못하고 있다.

한 현상에 대한 두 모형, 즉 촘스키-할레의 이론과 러멜하트-매클레랜드 이론은 둘 다 완전히 틀렸다고 보기에는 너무 많은 것을 설명하고, 완전히 옳다고 보기에는 결함이 너무 많다. 프린스와 나는, 규칙적 굴절에 대해서는 촘스키와 할레가 기본적으로 옳고 불규칙 굴절에 대해서는 러멜하트와 매클레랜드가 기본적으로 옳다고 보는 잡종 이론을 제안했다. 우리의 이론은 전통적인 단어-규칙 이론에서 한 가지를 변형시킨 것이다. 규칙 동사는 동사 어간의 기호를 접미사의 기호와 결합시키는 규칙에 따라 계산된다. 불규칙 동사는 기억의 일부인 마음 사전으로부터 검색된 단어 쌍이다. 변형된 점은 다음과 같다. 기억은 컴퓨터의 RAM처럼 무관한 슬롯들의 목록이 아니라, 러멜하트-매클레랜드 패턴 연상망 기억과 다소 비슷하게 연합적이다. 단어들은 단어들과 연계되어 있으며, 또한 단어의 조각들은 단어의 조각들과 연계되어 있다. 그 조각들은 물론 위켈폰이 아니라, 어간, 음절 두음, 각운, 모음, 자음, 자질 같은 하부 구조들이다.

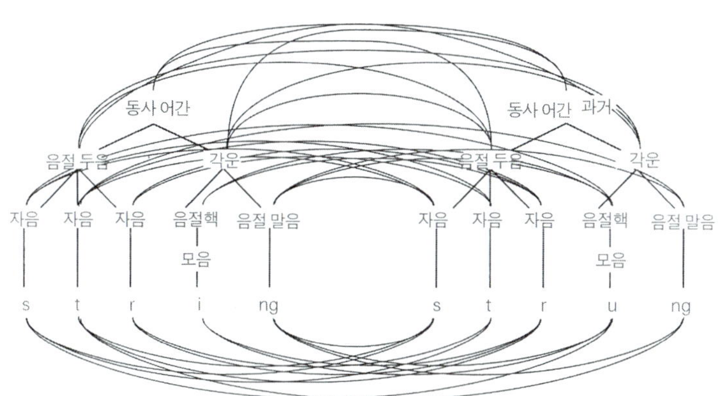

게다가 한 단어(예를 들어 string) 속의 마디들은 다른 단어들(예를 들어 sling, stick, stink, swim)의 마디들과 부분적으로 중복된다. 그 결과 불규칙 동사들은 연결주의 패턴 연상망에서 볼 수 있는 것과 같은 종류의 연합 효과들을 보여 준다. 사람들은 비슷한 불규칙 동사의 집단들은 공유한 연합물들을 반복적으로 강화시키기 때문에 저장하고 인출하기가 더 쉽다고 느낀다. 그리고 때때로 불규칙 패턴들을 일반화해 비슷한 새 동사들에 적용한다. 새 동사에는 이미 기존의 동사들 속에 들어 있는 패턴과 관련된 재료가 포함되어 있기 때문이다.

프린스와 나의 제안이 단어-규칙 이론을 이런 식으로 수정한 최초의 이론은 아니었다. 많은 생성 언어학자들이, 고성능 규칙을 이용해 언어에 담긴 체계적인 모든 것을 설명하려는 촘스키-할레의 시도에 불편함을 느껴 왔다. 마크 아로노프(Mark Aronoff), 존 브레스넌(Joan Bresnan), 레이 재킨도프(Ray Jackendoff), 로셸 리버(Rochelle Lieber), 앤드루 스펜서(Andrew Spencer), 그리고 그밖의 많은 학자들이, 언어는 두 종류의 규칙을 사용한다고 제안해 왔다. 화자들이 자유롭게 일반화하는 진정한 규칙들과, 기억에 저장된 단어들 간의 유사성 패턴들을 포획해 놓은 마음 사전의 잉여 규칙

(lexical redundancy rules)이 그것이다.[44] 유사성 패턴들이 등록되고 때때로 일반화되는 기억 체계가 바로 패턴 연상망 기억인데, 러멜하트와 매클레랜드는 우리에게 그런 것이 어떻게 작동할 수 있는가를 개략적으로 보여 주었다.

수정된 단어–규칙 이론은 모두가 즐겁고 행복하게 살기를 바라는 감상적인 바람처럼 여겨질 수도 있지만, 그것은 강력한 예측을 제공한다. 그것은 규칙 굴절과 불규칙 굴절은 심리학적으로 그리고 결국에는 신경학적으로 구분될 수 있다는 예측이다. 그러나 만일 둘 다 사람들이 일반화할 수 있는 패턴들과 관련이 있다면 두 굴절을 어떻게 구분할 수 있을까? 이에 대한 답은, 불규칙 굴절은 '기억된 단어들' 또는 '비슷한 형태'들에 의존하지만 규칙 굴절은 그 단어가 기억으로부터 쉽게 검색될 수 있는가 아닌가와 상관없이 '모든 단어'에 적용될 수 있다는 것이다. 규칙 굴절이 그런 능력을 가질 수 있는 것은, 그것이 기억의 내용물에 접근할 필요가 없는 마음 연산, 즉 '동사' 기호의 모든 사례에 적용되는 기호 처리 연산이나 규칙에 따라 계산되기 때문이다. 이 책의 나머지 부분에서는 그 증거를 짜 맞출 것이고 그 과정에서 우리는 대화와 읽기에서 단어들이 어떻게 사용되는가, 새 단어는 어떻게 창조되는가,

아이들은 모국어를 어떻게 배우는가, 언어는 뇌에서 어떻게 체계화되는가, 세계의 언어들이 어떻게 보편 설계를 따르는가 등의 문제를 탐구할 것이다. 우리는 기억에 접근하지 못하는 것을 제외하고 아무런 공통점이 없는 수십 개의 언어 사용 사례들을 통해 불규칙형 패턴은 무능력하지만 규칙형 규칙은 훌륭하게 작동한다는 것을 볼 것이다.

만일 수정된 단어-규칙 이론이 옳다면, 그것은 연합주의와 합리주의 사이의 해묵은 논쟁을 풀어 줄 만족스러운 의미를 내포할 것이다. 두 이론은 모두 옳지만, 그것들은 마음의 서로 다른 부분에 대해 옳다.

5

단어광

우리가 모국어를 사용할 때 우리 뇌에서는 단어들이 홍수처럼 들어오고 나간다. 때때로 한 단어가 혀끝에 걸려 좌절에 빠지거나, 외국어로 문장을 만들면서 진땀을 흘리거나, 뇌졸중 환자가 질문에 답하기 위해 고생하는 것을 볼 때 우리는 언어를 유창하게 구사한다는 것이 얼마나 소중한 재능인지를 깨닫는다.

이 장에서는 우리가 실시간으로 언어를 사용할 때 우리 마음속에서 어떻게 단어와 규칙이 불쑥 떠오르는지를 살펴볼 것이다. 이 주제는 4장 끝에 소개했던 수정된 단어-규칙 이론을 시험해 볼 좋은 기회가 될 것이다. 그 이론에 따르면 규칙형은 규칙을 통해 생성되고, 불규칙형은 기억으로부터 검색된다. 그러나 기억은 슬롯들의 목록이 아니라, 부분적으로 연합적이어서 단어와 단어뿐만 아니라 패턴과 패턴이 연계되어 있다.

수정된 단어-규칙 이론은 규칙형과 불규칙형을 모두 생성하는 규칙들을 거느린다는 점에서 촘스키-할레의 생성 음운론과 다르다. 그것은 또한 규칙형과 불규칙형을 모두 저장하는 패턴 연상망 기억을 구비했다는 점에서 러멜하트-매클레랜드의 연결주의 이론과도 다르다. 앞에서 보았듯이 각각의 모형은 영어의 현실과 어긋나는 문제들을 안고 있다. 촘스키와 할레는 기억으로부터 패턴화의 모든 조각들을 걸러내 규칙으로 농축하는 과정에서, 선뜻 믿음이 가지 않는 단어의 심층 구조를 제안해야 했고, 왜 불규칙 동사들이 비슷한 형태를 가진 집단들로 묶이는지를 설명하지 못했다. 러멜하트와 매클레랜드는 언어 구조의 모든 조각을 제거하는 과정에서 단어를 표현하는 수단으로 볼썽사나운 위켈폰을 제안해야 했고, 왜 규칙 동사들이 그토록 일관되게 과거 시제형으로 복사되는지를 설명하지 못했다.

이 장에서 우리는 그런 고전적인 모형들의 역학을 뒤로하고 그것들을 움직이는 일반 원리에 주목할 것이다. 어쨌든 그 모형들의 몇몇 문제들은 수행상의 세부 측면에서 발생할 수 있고, 그래서 항상 후속 모형들을 통해 개선될 수 있다. 앞으로 우리는 각 모형의 지적 핵심, 촘스키와 할레의 모형에서는 기억이 최소치로 축소된다는 것, 러멜하트와 매클레랜드의 모형에서는 일반화가 연합 법칙에 따라 이루어진다는 것이 과연 실제 언어 사용에 들어맞는지의 여부를 살펴볼 것이다.

모든 언어 이론의 주요 도전 과제는 무한한 수의 새 형태를 생성하고 이해하는 생산성이다. duck과 walk 같은 한 조각짜리 단어들은 언제나 기억에 등재될 수 있지만, 우리는 그런 단어들만 주고받지는 않는다. 우리는 접두사, 어간, 접미사가 결합해 만들어진 새 단어들을 끊임없이 만난다. 예를 들어 키분조어(Kivunjo, 아프리카 반투 족의 언어 — 옮긴이)나 터키어에서는 각각의 모든 단어가 50만 개에서 몇백만 개의 형태를 띨 수 있는데, 화자들은 필시 유년기에 그 모든 형태를 기억하지는 못했을 것이다. 심리학자 하랄트 바이엔(Harald Baayen)과 앙투아네트 르누프(Antoinette Renouf)의 계산에 따르면 신문을 펼칠 때마다 우리는 un-이 결합된 새 단어, -ness가 결합된 신조어, -ly가 결합된 신조어를 최소한 1개 이상 만난다고 한다. 예를 들어 uncorkable, uncheesy, headmistressly, breathcatchingly, pinkness, outdoorsiness 같은 것들이다.[1] 이것들은 영어에 존재하는 40개 남짓의 접두사와 접미사 중 단 셋에 불과하다.

　　새로운 단어 형태에 대처하는 것은 인간 언어의 사용자들뿐만 아니라 모든 언어 사용자들의 문제다. 대화체 영어를 이해하고 생산하는 컴퓨터 프로그램에는 낯선 형태의 단어를 처리하기 위한 형태론 모듈이 필요하다.[2] 심지어 나의 초라한 맞춤법 검사기에도 그런 것이 있다. 그것은 다음과 같이 문서화되어 있다.

　　철자(spell): 명명된 파일에서 단어를 모으고, 잘게 구분된 철자 목록에서 그것들을 찾아본다. 그 목록에 없는 단어나 목록에는 있지만 굴절, 접두사, 접미사를 적용함으로써 파생되지 않는 단어들은 표준 출력에 표시되어 있다.

형태론 모듈 덕분에 맞춤법 검사기는 단어의 어간들만 저장하고 규칙에 따라 그 굴절된 형태들과 파생된 형태들을 계산할 수 있다. 나는 그 프로그램에게 이 장의 처음 두 단락을 검사해 결과를 보고해 달라고 요구했다. 대략 일곱 단어당 하나가 사전에 없는 단어여서 규칙으로 계산해야 했다.

according＝accord＋ing

associative＝associate－e＋ion－ion＋ive

composing＝compose－e＋ing

flows＝flow＋s

forms＝form＋s

frustration＝frustrate－e＋ion

generated＝generate＋d

having＝have－e＋ing

introduced＝introduce＋d

linking＝link＋ing

looks＝look＋s

modified＝modify－y＋ied

occasional＝occasion＋al

partly＝part＋ly

patterns＝pattern＋s

retrieved＝retrieve＋d

rules＝rule＋s

slots＝slot＋s

struggling＝struggle－e＋ing

words＝word＋s

이와 마찬가지로 그 프로그램은 overregularized (과잉 규칙화된)와 underlyingly(심층 구조적으로) 같은 심리 언어학의 전문 용어들도 불평하지 않고 처리한다.

overregularized＝over＋regular＋ize＋d

underlyingly＝under＋lying＋ly

만일 그 사전에 mosh 와 Bork 를 추가한다면, moshed, moshes, moshing, Borked, Borks, Borking 을 함께 추가할 필요는 없다. 그 철자 프로그램은 wug 테스트를 통과하기 때문이다.

인간의 마음은 어떻게 새로운 굴절 단어와 파생 단어를 처리할까? 나의 맞춤법 검사기처럼 최소의 사전과 낯선 단어를 접두사, 어간, 접미사로 자르는 규칙을 사용할까? 모든 단어의 모든 공통 형태들이 등재된 엄청난 사전에 의존해서 수행하는 것일까? 개선된 단어-규칙 이론에 따르면 마음은 규칙형에 대해서는 규칙을 사용하고, 불규칙형에 대해서는 패턴 연상망 기억에 의존한다. 앞으로 보겠지만, 이 변종 모형을 뒷받침하는 증거가 있다. 사람들이 불규칙형을 사용할 때에는 그들의 기억에는 그 형태나 그와 비슷한 형태가 있어야 하는 반면, 규칙형을 사용할 때에는 기억에 접근할 필요가 전혀 없다는 점이 바로 그것이다.

❧

기억의 단순한 특성 하나는 우리가 어떤 것을 자주 들으면 들을수록 그것을 더 잘 기억한다는 것이다. 따라서 흔하지 않은 단어들은 기억 기재항이 약하고 검색이 더 어려울 것이다. 단어-규칙 이론에서는 희소성이 불규칙 동사를 손상시키는 반면에 규칙 동사는 손상시키지 않을 것이라고 예측한다. 이 효과를 가장 먼저 살펴볼 장소는 영어 자체에 대한 통계 자료다.

아래는 영어에서 가장 흔히 등장하는 상위 10개 동사의 목록이다.

동사	100만 단어 중 발생 횟수
1. be	39,175
2. have	12,458
3. do	4,367
4. say	2,765
5. make	2,312
6. go	1,844
7. take	1,575
8. come	1,561
9. see	1,513
10. get	1,486

이 동사들은 브라운 대학교의 계산 언어학자인 넬슨 프랜시스

(Nelson Francis)와 헨리 쿠세라(Henry Kučera)가 신문, 잡지, 대중서, 교과서를 비롯한 다양한 출처에서 뽑은 100만 단어 분량의 자료에 등장하는 빈도에 따라 단어의 순위를 매기고 분석한 것이다.[3] 여러분은 그 동사들에 어떤 공통점이 있다는 것을 알아차렸을 것이다. 그것들은 모두 불규칙 동사다. 사실 어떤 것들은 정말로 불규칙적이다. 상위 4개는 과거 시제뿐만 아니라 현재 시제까지도 불규칙적인 동사들이다. be-is/are, have-has, do-does, say-says. 이런 동사는 이 4개 말고는 없다. 그리고 1위와 6위에는 과거 시제형 어간이 완전히 다를 정도로 매우 불규칙적인 동사가 올라 있다. be-was/were와 go-went를 보라.

영어에서 가장 드물게 등장하는 하위 10 목록은 존재할 수가 없다. 정말로 드문 동사들은 100만 단어 분량의 자료에도 등장하지 않기 때문이다. 그러나 등장하는 동사들 중에서 가장 희소한 동사는 살펴볼 수 있다. 100만 번당 한 번 등장하는 동사 877개가 목록의 마지막 자리를 차지한다. 아래는 알파벳 순서에 따라 처음 10개의 동사를 나열한 것이다.

동사	100만 단어 중 발생 횟수
abate	1
abbreviate	1
abhor	1
ablate	1
abridge	1
abrogate	1
acclimatize	1
acculturate	1
admix	1
adulterate	1

인용된 예에서 볼 수 있듯이 그것들은 모두 규칙 동사다. 정확히 말해, 100만 개당 한 번 등장하는 860개의 동사 중 98퍼센트가 규칙 동사들이다. 나머지 16개는 자기보다 훨씬 더 자주 등장하는 어근에 기생하는 접두사형 불규칙 동사들이다. bethink, forswear, inbreed, misread, outdraw, outfight, overbear, overdrive, overlie, overwrite, presell, regrind, spellbind, unbend, unbind, unwind. 희소한 동사들 중 단 하나만이 불규칙 어근이다. smite(강타하다.).

영어를 비롯한 대부분의 언어에서 불규칙 동사는 가장 빈번하게 사용되는 동사이고, 또 가장 빈번하게 사용되는 동사는 불규칙 동사다.[4] 그 이유는 간단하다. 어떤 언어에서 불규칙형이 살아남으려면 여러 세대에 걸쳐 반복적으로 기억되어야 하는데, 기억하기 쉬운 동사는 빈번하게 들리는 동사이기 때문이다. 만일 어떤 불규칙 동사가 인기를 잃으면 한 세대의 아이들은 과거 시제형을 기억할 정도로 그 단어를 자주 듣지 못한다. '-ed를 첨가하라.'는 규칙은 빈도에 상관없이 적용될 수 있으므로 아이들은 규칙형 접미사를 사용할 것이고, 원래의 불규칙 과거 시제형은 잊혀지고 그 동사는 아이들 세대와 그다음 모든 세대에게 규칙 동사가 될 것이다. 과거를 기억하지 못하는 사람에게는 과거를 계산해야 하는 운명이 주어진다.

존 바이비는 역사적 발굴을 통해 이 추측을 입증했다. 고대 영어에는 강변화 불규칙 동사가 현대 영어보다 약 세 배 많았다는 사실을 기억해 보자. 지금은 사용하지 않는 cleave-clove, crow-crew, abide-abode, chide-chid, geld-gelt 가 그런 예들이다.

바이비는 현대 영어에 살아남은 33개의 강변화 동사를 조사해, 불규칙 동사로 남아 있는 것들과 규칙 동사로 변한 것들로 나눴다. 그런 다음 브라운의 언어 자료를 통해 현대의 발생 빈도를 조사했다. 여전히 불규칙성을 간직하고 있는 동사들은 100만 단어당 평균 515번 출현했고, 변절한 동사들은 평균 21번 출현했다.[5]

　　우리는 빈도가 낮은 과거 시제형들을 볼 때 역사의 힘이 오늘날까지 계속되고 있음을 느낄 수 있다. smite는 100만 단어당 한 번 출현하고 불규칙형인 smote가 달려 있는 동사다. 그러나 어느 누구도 얼굴을 마주보고 나누는 대화에서 그 단어를 사용하지 않는다. 그 형태는 우리 눈앞에서 영어 밖으로 빠져나가고 있다. 이와 마찬가지로 heave-hove, stave-stove, rend-rent, bid-bade, slay-slew, smell-smelt, thrive-throve-thriven은 약간 특이해서 언젠가는 chid, crew와 똑같은 길을 밟을 것이라고 예측할 수 있다. 어떤 형태는 규칙형을 봉쇄할 정도로 충분히 친숙하지만 자연스럽게 발음할 정도로 친숙하지는 않아서, 화자들은 그 동사의 적당한 과거 시제형을 결정하지 못할 수 있다. 다음의 단어 열을 완성해 보라. I stride, I strode, I have ______. 때부분의 사람들은 이 지점에서 stridden과 strided에 똑같이 불편함을 느끼고 얼굴을 찡그린다. stridden은 사전에 등록되어 있고, 산문에서 때때로 발견되지만(레베카 골드스타인(Rebecca Goldstein)의 1989년 소설 『어느 지적인 여자의 늦여름의 열정(*The Late-Summer Passion of a Woman of Mind*)』에서처럼), 브라운 자료의 100만 단어에서는 발견되지 않는다. 그것은 무대 위에 모습을 드러내지 않고 희미한 기억을 떠다니면서 strided를 오염시킨다.

중요한 것은, 규칙 동사에서는 이런 일이 결코 일어나지 않는다는 점이다. 예를 들어 다음 단어 열을 완성해 보라. I agglutinate, I _______, I have _______. smite처럼 agglutinate도 100만 단어 중 한 번 출현하고, 그나마 과거 시제형은 한 번도 출현하지 않는다. 그러나 사람들은 어려운 과거형과 분사형인 agglutinated를 서슴없이 제시한다. 표본에 과거 시제가 출현하지 않는 그밖의 동사들도 쉽게 추측할 수 있고(allure-allured, badger-badgered, carouse-caroused) 100만 단어에도 나오지 않을 정도로 아주 드문 수많은 동사들도 마찬가지다. to fleech, to fleer, to stint, to prescind, to anastomose 등.

이런 차이가 발생하는 것은 희소한 불규칙 과거 시제형이 기억에서 희미해진 탓일까, 어떤 형태로든 희귀한 동사를 사용하기 싫어하는 결벽증 탓일까? 우리는 smote를 자주 사용하지 않지만, smite 역시 매일 사용하지는 않는다. 아무것도 붙지 않은 어간 형태는 괜찮지만 과거 시제형은 이상하게 느껴지는 그런 동사는 없을까? 그런 동사가 있다면 동사와 그 과거형은 기억에 따로따로 등재되어 있다는 이론을 시험할 수 있는 좋은 기회가 될 것이다. 만일 그렇다면 한 기재항은 확고한 반면 다른 하나(과거형의 기재항)는 허약할 것이다. 우리가 주목할 만한 것은 부정형이나 과거 시제형으로만 종종 사용되는 숙어, 상투적 문구, 연어(連語)다.

동사 forgo를 살펴보자. 비록 흔하지는 않지만 그것은 다소 생기 넘치는 동사이고, 특히 to forgo the pleasure of라는 풍자적인 구절에서는 더욱 그렇다. "You'll excuse me if I forgo the pleasure of watching the video of your wife giving birth(당신의 아내가 출산하는 비디오를 보는 즐거움을 포기한다고 해도 나를 용서하시오.)." 이제 forgo의 과거 시제를 생각해 보자. 분명 forgoed는 아니지만, 다음 문장에 쓰인 그 대안 역시 영 마땅치 않다. "Last night I forwent the pleasure of watching Hank's vacation slides(어젯밤 나는 행크의 휴가가 끝나는 것을 지켜보는 즐거움을 누리지 않았다.)."[6] 이와 마찬가지로 "I don't know how she can bear the guy(그녀가 어떻게 그 남자를 참고 보는지 모르겠다.).”라고 말하는 것은 대단히 자연스럽지만, “I don't know how she bore the guy (그녀가 어떻게 그 남자를 참고 보았는지 모르겠다.).”는 어딘가 이상하다. 또한 “I dig The Doors, man!(나는 도어스(1960년대 록밴드—옮긴이)를 잘 안다!)”이라고는 말할 수 있지만, “In the '60s, your mother and I dug The Doors, son(얘야, 60년대에 너희 엄마와 나는 도어스를 잘 알았단다.).”이라고 말하기는 훨씬 더 어렵다. 그리고 사람들은 누구나 “That dress really becomes her (그 옷은 그녀에게 잘 어울린다.).”가 무슨 뜻인지를 알지만, “But her old dress became her even more (그러나 그녀의 옛날 옷이 그녀에게 훨씬 더 잘 어울렸다.).”처럼 바뀌면 거의 아무도 이해하지 못한다. 아래에 또 다른 예가 있다.

불규칙 어간과 그 과거 시제형은 서로 헤어져 친밀감이 각기 다르게 형성될 수 있다. 이것은 기억에 개별적으로 저장된 기재항에서 기대할 수 있는 일이다. 정반대의 불균형, 즉 불규칙 과거 시제형이 동사 자체보다 더 친숙해지는 경우가 발생할 수도 있다. 3장에서 우리는 사람들이 종종 동사 smitten, rent, shod, hove, wrought의 어간이 무엇인지를 정확히 *끄집어* 내지 못한다는 것을 보았다. 언어의 역사에서 그런 일이 발생할 때, 과거 시제형은 닻을 잃어버리고 표류하다가 다른 동사에 안착할 수도 있다. 예를 들어 went는 원래 wend와 짝이었지만, 지금은 go와 짝을 이루고 있다.

규칙 동사에서는 결코 이런 일이 일어나지 않는다. 어떤 것들은 기본적으로 부정문(否定文)에 사용되고 그래서 "He doesn't suffer fools gladly."에서처럼 부정형(不定形)으로 등장한다. 그러나 이 상투적 표현을 다음과 같이 과거 시제로 전환해도 흥미로운 일이 전혀 발생하지 않는다. "None of them ever suffered fools gladly." 일반적으로 흔히 사용되지만 과거 시제로는 드물게 사용되는 afford와 cope 같은 그밖의 동사들 역시 다음 두 문장처럼 과거 시제로 전환해도 아무 문제가 없다. "I don't know how he afforded them, It's a miracle how she coped with him." 다음 쪽 만화「지츠(Zits)」에서 만일 '나쁘다.'라는 뜻의 불규칙 동사 bite를 규칙 동사 동의어 suck로 대체하면 재미가 사라진다. 이 모든 것은 사람들이 규칙 동사의 희귀한 과거 시제형을 떠올릴 때 그것을 기억에서 찾는 것이 아니라 규칙에 따라 어간과 접미사로 분석하는 경우에 비로소 기대할 수 있는 일이다. 과거 시제형은 동사 자체의 친밀감을 물려받을 것이다. 마음이 보기에는 과거 시제형도

"이번 주는 완전히 엉망이었어(bit)."
"'bit' 라구?"

"좋아, 이번 주는 개판이었어(bited)."
"그것도 옳은 표현이 아냐."

"이번 주는 완전히 망쳤어(bitten)?"
"거의 맞았지만 그것도아냐."

"좋아, 그럼 월요일로 돌아가지. 나는 이
번 주가 이렇게 개판이 될 줄 몰랐어."
"난 속어를 불규칙 활용하는 걸 싫어해."

바로 그 동사(그리고 장식물)이기 때문이다.

지금까지 우리는 빈도수의 최고점과 최저점 사이에 걸쳐 있는 동사들의 분포가 동사를 사용하는 사람들의 심리와 관련해 어떤 정보를 제공한다는 것을 보았다. 최저 빈도수로 단 한 번만 출현하는 동사들 사이에서 발견되는 단서들도 똑같이 유익하다. 방대한 분량의 자료에서 한 번만 출현하는 동사를 가리키는 사랑스러운 전문 용어가 있는데, '단 한 번 언급된'을 의미하는 그리스 어 하팍스 레고메논(*hapax legomenon*)과 그 복수형 *hapax legomena* 가 그것이다. 이 용어는 오래된 문헌을 연구하는 문헌학에서 나왔다.

하팍스 레고메논은 고대 언어를 연구하는 학자들에게는 골칫거리다. 단 한 번의 사례로는 그것이 무슨 뜻인지를 정확히 알 수 없기 때문이다. 그러나 하랄트 바이엔은 하팍스 레고메논이, 접두사나 접미사가 정말로 규칙적이고 생산적인지에 관심이 있는 언어학자들에게 금광이 될 수 있음을 보여 주었다. 바이엔은 어떤 접미사(또는 다른 어떤 형태라도)의 생산성을 단 하나의 숫자로 표현할 수 있는 공식을 창안했다. 하팍스 레고메논의 수, 즉 언어 자료에서 정확히 한 번 출현하는 단어들 중 특정한 접미사를 가진 단어들의 수를, 언어 자료 전체에서 그 접미사가 출현하는 횟수로 나누는 것이다.[7] 다음을 보면 그것을 직관적으로 이해할 수 있다.

예를 들어 당신은 대단히 큰 호수에 물고기가 몇 마리나 살고 있는지를 알고 싶어 한다. 당신은 낚싯대를 구해서 물고기를 잡고, 잡은 물고기에 인식표를 붙인 다음 놓아주기를 반복한다. 인식표 덕분에 당신은 전에 잡았던 물고기를 알아볼 수 있다. 만일 호수에 사는 물고기가 아주 적으면, 얼마 후부터 당신은 똑같은 물고기를 계속해서 잡을 것이다. 물고기가 아주 많으면 당신은 좀처럼 똑같은 물고기를 낚아 올리지 못할 것이다. 만일 물고기의 수가 본질적으로 무한하다면, 그래서 당신이 낚아 올리는 속도보다 물고기들의 번식 속도가 더 빠르다면 당신은 결코 같은 물고기를 두 번 낚아 올리지 못할 것이다. 가령 낚아 올리고 풀어주기를 100만 번 시도한 후에 한 번 낚아 올린 물고기의 수, 두 번 낚아 올린 물고기의 수를 기록했다고 해 보자. 한 번만 낚아 올린 물고기의 비율이 높으면 높을수록 당신은 호수에 물고기가 그만큼 많이 산다고 결론지을 것이다.

호수는 영어이고, 물고기는 접미사가 붙은 단어다. 100만 번의 낚시는 100만 단어 분량의 언어 자료다. 열 번 낚인 물고기는 100만 단어당 열 번 출현하는 단어이고, 한 번 낚인 물고기는 한 번 출현하는 단어, 즉 하팍스 레고메논이다. 만일 바구니가 하팍스 레고메논으로 가득 찬다면, 단어들은 빠르게 번식하고 있는 것이 분명하다. 즉 그 접미사는 생산성이 매우 높고 단어들은 그것을 무한히 수용하는 것이다. 이렇게 되면 언어의 규칙이 ‘생산적’이라거나 ‘무제한적’이라는 애매한 개념은 숫자로 전환될 수 있다.

　영어에 낚싯줄을 던져서 규칙 동사의 과거 시제형을 낚아 올리면 어떻게 될까? 브라운 자료에서 건져 올린 1만 5369개의 포획물 중, 하팍스 레고메논, 즉 단 한 번 출현한 규칙 동사 과거 시제형은 871개다. 이것은 만일 낚시를 계속하면(브라운 자료를 확대하면), 새로운 규칙 과거 시제형 중 5.7퍼센트가 과거 시제로는 한 번도 출현하지 않았던 것임을 의미한다. 이것은 높은 비율일까, 낮은 비율일까? 가장 좋은 비교 기준은 우리가 비교적 비생산적이라고 생각하는 단어 유형들, 즉 eat 나 walk 같은 동사 어간이다. mung 과 mosh 같은 새로운 동사 어간은 규칙을 통해서가 아니라 창조적인 문장가가 때때로 경험하는 순간적인 영감을 통해서 창조된다. 이제 미끼를 던져 동사 어간을 낚아 올리면 17만 931개가 올라오는데 그중 877개가 하팍스 레고메논이므로, 새로운 단어 형태의 비율은 0.5퍼센트에 불과하다. (사실 이것은 과도한 평가다. 그중에는

uncorkable과 pinkness처럼 파생 접두사 및 접미사가 붙어 형성된 신조어들이 포함되어 있기 때문이다.) 이것은 규칙 동사 접미사의 10분의 1로, 우리가 동사를 창조하는 것보다 훨씬 빠르게 새로운 규칙 과거 시제형을 만들어 낸다는 것을 보여 준다. 우리의 낚시에서 또 다른 관심거리는 불규칙 과거 시제형이다. 1만 832개의 포획물 중 하팍스 레고메논은 62개, 즉 0.6퍼센트에 불과한데, 이것은 동사 어간의 비율과 거의 비슷하다.[8] 이 통계 수치들은, 불규칙형은 규칙을 통해 자유롭게 생성되는 반면에, 불규칙 과거 시제형은 보통의 단어와 똑같은 방식으로 저장되어 있다는 것을 입증한다.

지금까지 나는 우회적인 방식으로, 즉 영어 어휘에 대한 통계 수치로부터 거꾸로 거슬러 올라가면서 다양한 빈도 범위에 놓여 있는 동사들에 대해 여러분의 직감적인 반응을 묻는 방식으로 심리를 살펴보았다. 그러나 체계적인 연구도 그와 똑같은 결과를 보여 준다. 마이클 얼먼(Michael Ullman)과 나는 99명의 사람들에게, 각기 한 문장에 포함된 몇백 개의 동사와 그 과거 시제형에 대한 그들의 직감적 반응에 1(부자연스러움)부터 7(자연스러움)까지의 점수를 매겨 보라고 요구했다.[9] 우리는 아무것도 붙지 않은 어간들과 그 과거 시제형들에 대한 그들의 평점을 얻어, 동사 자체에 대한 거북함(예를 들어 to maim이나 to smite)으로부터 과거 시제형에 대한 거북함(예를 들어 maimed 나 smote)을 분리해 낼 수 있었다.

얼먼은 불규칙 과거 시제형에 대한 평점이 영어에서의 빈도수에 의존한다는 것을 발견했다. 어떤 동사형이 흔하면 흔할수록 사람들은 그것을 더 좋아했다(심지어 얼먼이 표준적인 통계 절차를 이용해 동사 자체의 친밀도를 제어했는데도 그러했다.). 반면에 규칙 과거 시제형에 대한 평점은 빈도수에 의존하지 않았다. maimed 처럼 드문 동사형도 walked 처럼 흔한 동사형만큼이나 자연스럽게 들렸다. (규칙형의 경우에도 실험자는 maim 이 walk 보다 덜 자연스럽다는 사실을 제어했다.) 대신에 규칙 과거형들은 어간에 대한 평점에 크게 의존했다. 즉 어간이 자연스러울수록 그 과거 시제형도 자연스럽게 받아들여졌다. 이것은 사람들이 과거 시제형을 어떤 규칙에 따라 장식물이 첨가된 어간 자체로 본다는 것을 의미한다. 불규칙 과거 시제형에 대한 사람들의 평점은 어간에 대한 평점과 상관성이 낮았는데, 이것은 불규칙 과거 시제형들이 개별적인 단어들이고, 어간과는 단지 연계되어(linked) 있을 뿐임을 의미한다.

시간 제한이 있는 빠른 대화에서 과거 시제형을 말해야 할 때에도 이와 똑같은 양상이 나타난다. 샌디프 프라사다(Sandeep Prasada), 윌리엄 스나이더(William Snyder), 그리고 나는 또 다른 자원자들을 실험실로 불러 동사 어간들이 뜨는 컴퓨터 화면 앞에 앉힌 다음, 자원자들에게 최대한 빨리 과거 시제형을 말하게 했다.[10] 마이크에 음성으로 작동되는 스위치가 연결되어 있어 자원자가 응답을 하면 컴퓨터로 신호가 가도록 되어 있었다. 컴퓨터는 자극과 반응 사이의 시간을 측정해 사람들이 동사를 읽고, 마음속으로 과거 시제형을 계산하고, 그것을 큰 소리로 말하기까지 얼마나 오래 걸리는지를 산정했다. 우리는 과거 시제형으로 자주 사용되는 동사와, 그보다 드물게 사용되는 동사를 선택해 쌍으로 묶었는데, 둘 다 과거형이 아닌 형태(현재형)로는 동일한 빈도로 사용되는 동사였다. (앞의 실험에서처럼 우리는 동사의 친밀도를 일정하게 유지하고 단지 과거 시제형들만 비교하고자 했다.) 예를 들어 어간 ring과 strive는 둘 다 100만 단어당 약 일곱 번 사용되었지만, rang은 스물한 번 사용된 반면 strove는 단 네 번 사용되었다. 규칙 동사인 pour와 soak도 동일한 통계 수치를 보였다. 두 동사의 경우 어간 형태로는 똑같이 사용되었고, 과거 시제형인 poured와 soaked까지도 동일하게 출현했다. 모든 동사는 무작위 순서로 제시되었다.

불규칙 동사의 과거 시제형은 자주 사용되는 것일수록 입 밖으로 빨리 나왔다. 마치 그것들은 기억에 더 강하게 저장되어 있고 그래서 더 빨리 인출되는 것 같았다. 반면에 규칙 동사의 과거형은 빈도수와 상관이 없었고, 이것으로 보아 사람들은 미리 만들어진 과거형을 기억으로부터 인출한다기보다는 실시간에 과거형을 조립하는 것 같았다. 그 효과는 몇백 분의 1초에 불과했지만, 우리는 세 번의 실험을 통해 그것을 확인했고, 다른 네 팀의 실험에서도 동일한 결과가 나왔다.[11]

불규칙형을 생산할 때 사람들은 기억으로부터 그것을 찾아내야 할 뿐만 아니라, breaked나 broked라고 말하지 않도록 -ed 규칙을 억눌러야 한다. 언어학자들은 이 원리를 불규칙형이 규칙을 저지한다는 의미에서 봉쇄(blocking)라고 부르는데, 실험을 통해 우리는 마음이 어떻게 봉쇄를 수행하는지를 이해할 수 있다. 한 가지 가능성은, 과거 시제형을 말할 필요가 있을 때 먼저 불규칙 동사 목록을 검색해 그것이 목록에 있는지를 보고, 만일 없으면 규칙에 의존한다는 것이다. 이것은 가장 느린 불규칙 동사(목록의 끝에 있는 동사)는 가장 빠른 규칙 동사보다 더 빨라야 한다는 예측을 제공한다. 그러나 이것은 틀린 예측이다. 불규칙형은 대개 규칙형보다

더 느리게 생산된다. 불규칙형은 결코 더 빠르지 않다.[12]

　보다 유망한 가능성은, 우리의 마음이 단어와 규칙에 병렬적으로, 즉 동시에 접근한다는 것이다. 어떤 동사를 과거 시제로 말하겠다고 생각할 때 우리는 그 단어를 기억에서 찾아보는 동시에 규칙을 활성화시킨다. 기억 상자에서 규칙 상자로 억제 링크가 가동하는데, 기억 상자에서 일치하는 것을 발견함에 따라 억제 링크는 점차로 규칙을 억제하다 결국에는 규칙을 완전히 끈다.

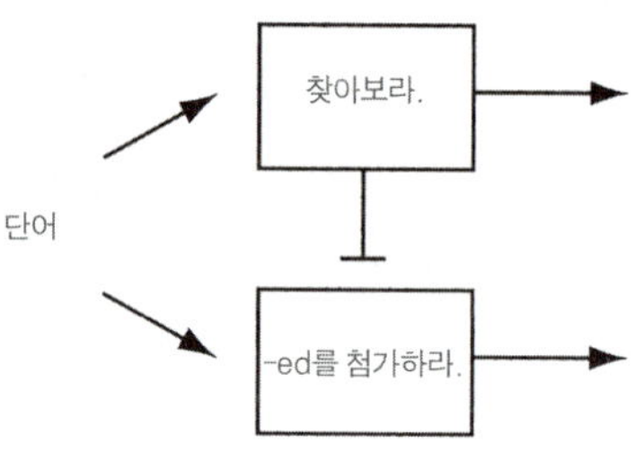

　물론 기억 찾아보기는 실제 사전에서 단어를 찾는 것처럼 알파벳 순서에 따르지 않는다. 단어 속의 음소들과 음절들이 기억 속의 대응물들과 개별적으로 접촉하는데, 몇 밀리초가 흐르는 동안 점점 더 많은 음소들과 음절들이 하나의 대응물을 발견한다. 모든 조각들이 어떤 기재항과 일치하면 즉시 그 기재항에 연계되어 있는 불규칙형이 인출되고 성도로 새어나온다. 이 찾아보기가 진행되는 동안 규칙 상자로 보내지는 억제 신호는 점점 더 강해지고, 결국 규칙은 정지 상태에 이른다. 때때로 비교하기나 불러오기가 실패하고 규칙이 적용되면 "I carefully looked at 'em and choosed that one."와 같은 말실수가 나오게 된다.[13]

만일 어떤 단어가 흔치 않아서 기억 속의 기재항이 희미하거나 흐릿하면, 비교하기나 불러오기가 유난히 변덕스러워지고, 규칙이 제때에 멈추지 않는 경우가 종종 발생한다. 예를 들어 많은 사람들이 말실수로 slayed를 생산하면(slew가 옳은 표현이다.), 청자들은 그것을 slay의 옳은 과거 시제형으로 기억에 새길 것이다. 그런 일이 자주 발생하면 slew/slayed나 strove/strived 같은 이중어들이 일반적인 어법에 들어올 것이다. 그리고 결국 chid, dempt, abode처럼 불규칙형들은 자취를 감출 것이다. 얼먼은 이중 과거 시제형을 가진 동사들(strived와 strove, dreamed와 dreamt, dived와 dove)은 과거 시제형을 하나만 가진 동사들보다 빈도수가 더 낮다는 것을 발견했다. 얼먼은 또한 불규칙형들의 지배력이 약해지는 동시에 그 규칙형 짝들의 지배력이 높아지는 현상의 단면들을 포착했다. 이중어들의 경우, 불규칙형의 빈도수가 낮으면 낮을수록 그

규칙형 짝은 더 자연스럽게 들린다.[14]

불규칙형을 기억해 내지 못하는 경우가 있는가 하면, 반대로 사실은 동사가 규칙형인데 불규칙 과거형을 찾았다는 거짓 경보가 울릴 수도 있다. 단어 찾아보기는 순간적인 과정이 아니며, 찾아보기가 진행되는 동안 기억 속의 몇몇 불규칙 동사들은 규칙형 탐지기에 잘못 걸려들 수도 있다. 규칙을 둔화시켜 단어의 모든 획이 적절하게 맞아떨어지고 틀린 대응물들이 소멸했을 때에야 비로소 규칙은 아무 제약 없이 효력을 발휘한다. 이로부터 우리는, 불규칙형과 비슷한 규칙 동사들은 일시적으로 틀린 대응물을 끌어들이기 때문에 과거 시제형이 더 느리게 생산될 것이라고 예측할 수 있다. 이것은 심리학자 마크 자이덴버그(Mark Seidenberg)와 매기 브럭(Maggie Bruck)이 발견한 사실이다. smell, greet, bake 같은 규칙 동사(불규칙 동사인 tell, meet, make와 각운이 맞는다.)의 과거 시제형을 말하는 데에는 walk, look 같은 규칙 동사들보다 더 오랜 시간이 걸린다. 반면에 walk, look은 어떤 불규칙 동사와도 각운이 맞지 않으므로 아무 제약 없이 규칙 상자를 통과한다.[15] 덧붙이자면 규칙 과거 시제형은 기억 기재항에 의존하지 않는다고 말하는 것과, 다른 동사들의 기억 기재항과 일시적으로 잘못 매치되

면 규칙 과거 시제형의 속도가 늦어질 수 있다고 말하는 것 사이에
는 아무런 모순이 없다. 뇌의 관점에서 볼 때에는 어떤 동사도 기
억에서 찾아보기를 통해 특별한 과거 시제형이 있거나 또는 없다
는 것이 밝혀질 때까지는 규칙형도 아니고 불규칙형도 아니다.

⌇

　단어를 위한 마음 장치는 또한 사람들에게, 그들이 단어를 듣
거나 읽을 때 하는 것처럼 단어를 인식하라고 요구하는 실험을 통
해서도 연구할 수 있다. 단어 인식을 연구할 때의 문제는 그것이
두개골 안에서 사적으로 진행된다는 점, 그래서 사람들이 과연 어
느 순간에 그 단어를 '인식'했는지를 분명히 알 수 없다는 점이다.
사람들이 그 단어를 전에 본 적이 있다는 것을 아는 순간일까? 그
단어가 무슨 뜻인지를 아는 순간일까? 그 단어가 문장에서 어떻게
쓰여야 하는지를 아는 순간일까? '단어광(word nerds)'이라고 자처
하는 실험 심리 언어학자들은 대개, 사람들이 어떤 단어를 단어처
럼 생긴 어떤 것이 아니라 진짜 단어라고 기꺼이 말하는 순간을 확
인하려고 노력한다. 그 실험에서 자원자들은 뒤죽박죽으로 섞인
진짜 단어들과 가짜 단어들(예를 들어 narse나 bluck)을 보거나 들으면
서, 만일 그것이 진짜 단어이면 한쪽 버튼을 누르고 진짜 단어가

아니면 다른 버튼을 눌러야 한다. 마음 사전 결정(lexical decision)이라고 불리는 이 과제는 사람들이 실험실 밖에서 하는 어떤 행동과도 일치하지 않고, 사람들이 그것을 할 때 그들의 머릿속에서 어떤 일이 벌어지는지를 누구도 알지 못하지만, 언어학자들은 그 절차를 이용해 지금까지 수백 건의 실험을 수행해 왔다.[16] 이 과제가 인기를 끄는 이유는 우리에게 마음 사전이 어떻게 조직되어 있는지에 대한 어떤 진실을 알려 주기 때문이다.

만일 사람들에게 한 단어를 제시한 후에 그것을 다시 제시하면, 두 번째에는 그것을 더 빨리 인식한다(즉 그것을 더 빨리 비(非)단어와 구별한다.). 분명히 마음 사전의 기재항은 단어의 실례와 연관지을 수 있는 '점화 상태(primed, 민감 상태(sensitized) 또는 준비 상태(prepared)라고 할 수도 있다.)'가 될 수 있다. 이 효과를 반복 점화(repetition priming)라고 한다. 흥미로운 사실이지만, 한 단어는 비록 같은 단어 때문에 점화될 때만큼 강하거나 오래는 아니지만, 예를 들어 doctor와 nurse 또는 duck과 goose처럼 의미상 관련이 있거나 비슷한 단어 때문에도 점화될 수 있다. 월드 와이드 웹(World Wide Web)의 페이지들처럼 단어들도 기억 속에서 핫링크(hot-link)로 연계될 수 있고, 그래서 한 단어가 켜지면 그와 관련된 단어들은 더 쉽게 켜질 수 있다.

만일 점화용 단어가 굴절된 형태이고 표적 단어(사람이 인식해야 하는 단어)가 그 어간이라면 어떤 일이 일어날까? 즉 walked가 점화용 단어로 제시된 다음 표적 단어로 walk가 제시된다면 어떤 일이 일어날까? 단어-규칙 이론에 따르자면, 만일 점화용 단어가 규칙형이라면 마음은 그것을 어간+접미사로 분석할 것이고, 마치 그 어간이 직접 제시된 것처럼 마음 사전 기재항을 점화할 것이다. 즉 walk를 인식하는 데에 walked는 walk 자체와 똑같은 효과를 낼 것이다. 마음의 관점에서 볼 때 walked라는 단어는 사실은 접미사가 붙은 walk이기 때문이다. 이와 반대로, swept 같은 불규칙형은 비록 어간인 sweep과 핫링크로 연계되어 있기는 하지만 그와 별개의 단어로 보일 것이다. 따라서 swept는 sweep을 점화시킬 수는 있지만 sweep 자체보다는 덜 효과적이다. 마음의 관점에서 볼 때 swept는 모음이 변하고 -t가 붙은 sweep이 아니라 별개의 단어이기 때문이다. 심리학자 로버트 스태너스(Robert Stanners)와 그의 동료들이 바로 그것을 발견했고, 다른 네 곳의 실험실에서도 그것을 확인했는데, 그중 한 실험에서는 버튼 누르기 방식이 아니라 피실험자의 머리 표면에 전극을 붙이고 단어들에

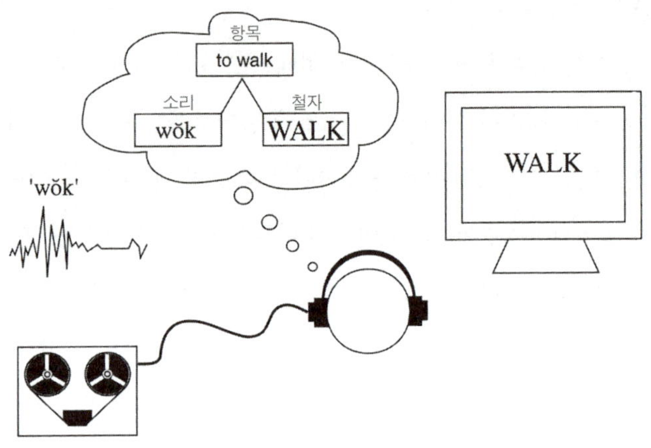

대한 뇌의 반응을 직접 측정했다(9장에서 다시 이 기술을 살펴볼 것이다.).[17]

어떤 사람들은 swept와 sweep보다는 walked와 walk의 철자가 더 많이 겹치므로, walked란 단어를 점화하는 것은 가설에 불과한 마음 사전의 기재항 같은 공허한 어떤 것이 아니라, w-a-l-k라는 철자 형태로 반복되는 검은 선들이나 wok에서 반복되는 소리들이라고 이의를 제기할 수도 있다. 그러나 위의 연구들에는 market을 mark의 점화용 단어로 제시하거나 gravy를 grave의 점화용 단어로 제시하는 제어 방법이 포함되어 있었다. 이 단어들은 규칙형과 원래 자체의 어간보다 더 많이 겹치지만 의미상 또는 문법상 서로 관계가 없다. 여기에서는 어떤 일도 일어나지 않는다. 마음은 철자나 소리의 중복만으로는 움직이지 않는다.

점화가 감각에서가 아니라 마음 깊은 곳에서 일어난다는 것을 입증하는 또 다른 방법은, 점화 단어가 녹음된 테이프를 크게 튼 다음 인쇄된 단어를 컴퓨터 화면으로 보여 주는 것이다. 만일 귀로 들어오는 소음이 눈으로 들어온 글자를 인식하는 데 도움이 된다면 둘 사이에는 분명 그 단어의 마음 표상이 들어왔을 것이다. 실험자는 심리학자 윌리엄 마슬린윌슨과 로레인 타일러(Lorraine Tyler)였다.[18] 그들은 사람들이 asked 를 들으면 ask 를 읽기가 더 쉽지만, gave 를 들을 때에는 give 를 읽기가 더 쉬워지지 않는다는 사실을 발견했다. 극도로 변형된 한 실험에서 연구자들은 식역하 (識閾下, subliminal) 점화라 불리는 기법을 사용했다('식역'이란 의식과 무의식의 경계를 가리키는 말로 '식역하'는 무의식 또는 잠재 의식을 뜻한다. ─옮긴이). 점화용 단어가 화면에 아주 잠깐 켜지고 즉시 여러 줄의 무작위 글자들이 화면을 뒤덮는다. 피실험자들은 아무것도 보이지 않는다고 주장한다. 그러나 그 단어는 그들의 뇌에 무의식적으로 등록되는 것이 분명하다. 보이지 않은 filled 덕분에 fill이 더 빠르게 인식되기 때문이다. 반면에 보이지 않는 rode는 ride를 더 빨리 인식하게 해 주지 않는다. 여느 때처럼 단순한 중복(fillet과 fill, rude와 ride)은 아무 효과를 발휘하지 못했다.

그렇다면 불규칙형과 그 어간의 관계는 duck과 goose의 관계처럼 그저 의미상 비슷한 두 단어일 뿐인가? 분명 그렇지 않다. 어간과 그 불규칙 과거형은 따로 저장되어 있기는 하지만 한 단어의 활용에서 나온 식구들이다. 그렇지 않다면 rode가 rided의 생성을 저지할 이유가 없을 것이다. 마슬린윌슨과 타일러가 보여 준 것은 실은, duck과 goose의 느슨한 관계와는 달리 불규칙형과 그 어간은 밀접하게 연계되어 있다는 것이었다. 한 단어가 비슷한 의미를 가진 한 단어를 점화할 수 있으려면 두 번째 단어가 첫 번째 단어 이후에 즉시 나타나야 한다. 공통된 의미로 인한 점화는 빨리 사그라지기 때문이다. 반면에 한 단어가 자기 자신을 점화할 수 있는 시간은 여러 초, 여러 분이고 때로는 여러 시간이나 여러 날까지 이어지기도 한다. 마슬린윌슨과 타일러는 변형된 화면에 비친 단어 뒤에 음성 단어가 따라 나오는 대신, 음성 단어 뒤에 음성 단어가 따라 나오는 점화 실험에서 규칙형과 불규칙형이 똑같이 효과적으로 각자의 어간을 점화시킨다는 것을 발견했다. (음성-음성 실험의 경우에는 왜 불규칙형들이 자신의 어간들을 점화하는지는 아무도 모른다.) 예를 들어 gold와 silver처럼 비슷한 의미를 가진 단어들도 서로를 잘 점화했다. 그러나 표적 단어가 점화용 단어를 곧바로 따라 나오지 않고 35초간 지연된 후에 따라 나올 때에는 의미보다 문법이 더 강한 끈으로 작용했다. 35초가 지나면 gold는 먼 기억이 되고 silver가 나와도 점화 효과를 발휘하지 못하지만, gave는 계속해서 give를 점화했고, 당연히 filled도 계속해서 fill을 점화했다. 이것으로 보아, 마음은 gave를 그저 give와 의미상 비슷한 단어로 받아들이는 것이 아니라 동사 give의 과거 시제를 표상하는 독립된 형태소로 받아들인다는 것을 알 수 있다.[19]

⁓

단어-규칙 이론은 규칙 동사와 불규칙 동사 사이의 이런 차이들을 정확히 예측하는 동시에, 다른 예측들을 배제하는가?

마크 자이덴버그는 흔하지 않은 규칙 과거 시제형이 흔한 것들보다 더 느리게 생산되지 않는다는 규칙 사용의 한 증거가 사실은 연결주의의 패턴 연상망 기억을 입증하는 증거라고 주장했다.[20] 패턴 연상망은 단어를 무시하고 패턴을 기억하도록 설계된다. 규칙 동사는 너무나 풍부해서 stalk 같은 드문 동사는 stop이나 walk 같은 많은 동료 규칙형들과 이런저런 패턴을 공유한다. 따라서 희소성이 동사를 손상시키지 않는다. 반면에 불규칙 동사는 수가 적다. 따라서 드문 불규칙 동사는 기댈 수 있는 비슷한 불규칙형이 부족하다. 따라서 더 어렵게 생산된다.

자이덴버그와 컴퓨터 과학자 킴 도허티(Kim Daugherty)는 러멜하트-매클레랜드 모형과 매우 비슷하지만 입력과 출력 사이

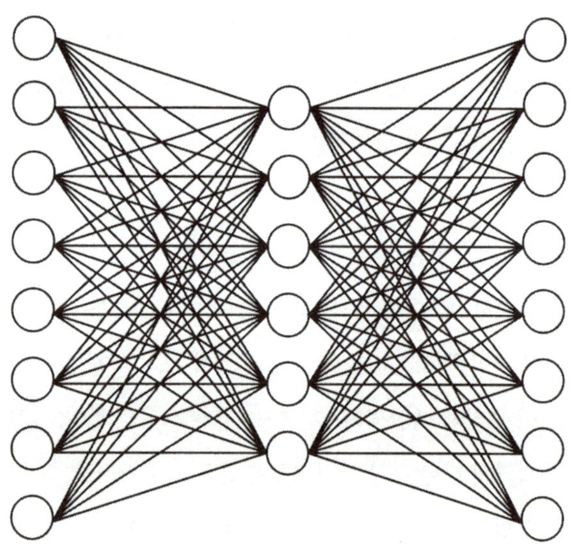

에 특별한 단위층을 가짐으로써 패턴 연상망을 더욱 강화시킨 시뮬레이션 모형을 고안했다(옆 그림 참조).

이 모형과 사람을 비교할 때 즉각적으로 드러나는 문제는, 패턴 연상망은 모든 것을 일정한 수의 단계로 계산하고(앞의 경우는 2단계), 그래서 사람들과는 달리 규칙이든 불규칙이든, 흔하든 드물든, 모든 동사를 똑같은 시간에 처리한다는 점이다. 그래서 도허티와 자이덴버그는 그 패턴 연상망의 오차 점수(추측과 정답 간의 불일치)를 동사의 난이도를 보여 주는 지표로 해석했고, 만일 연상망으로부터 자료를 공급받는 블랙박스가 있다면 그것은 '더 어려운' 동사를 조립할 때 더 많은 시간을 소모할 것이라고 추측했다. 그러나 애석하게도, 설계자들은 모형의 오차 점수를 볼 수 있지만 모형 자신은 그것을 볼 수 없다. 일단 훈련 과정이 끝나면, 교과서 안의 모든 단어를 암기해 커닝 페이퍼로 이용하지 않는 한 그 모형은 더 이상 자신의 추측이 옳은지 그른지를 알 방법이 없다. 그러나 패턴 연상망의 요점은 단어 기재항을 필요로 하지 않는다는 것이다!

어쨌든 그 모형은 사람처럼 행동하지 않았다. 설계자들의 기대와는 반대로 그것은 불규칙형이든 규칙형이든 흔한 동사보다 드문 동사를 더 어렵게 찾았다. (사람들은 드문 규칙 동사를 찾을 때 흔한 규칙 동사를 찾을 때보다 더 큰 어려움을 겪지 않는다.) 문제는 stick-stuck 같은 불규칙 동사들이 stalk 같은 드문 동사들이 의존하는 규칙형 패턴을 방해하고 있다는 것이었다. 그래서 도허티와 자이덴버그는 그 모형에게 단 24개의 불규칙 동사와 309개의 규칙 동사를 재훈련시켜, 드문 규칙 동사들에게 기댈 수 있는 비슷한 이웃들을 충분히 제공하고 성가신 불규칙 동사들을 억제했다. 이것은 효과가 있었다. 그런 조치를 취하자 그 모형은 인간과 똑같이 드문 규칙 동사를 찾을 때 흔한 규칙 동사를 찾을 때보다 더 큰 어려움을 겪지 않았다.

　불규칙 동사의 급감은 문젯거리가 될 수 있다. 성인은 약 165개의 불규칙 동사를 알고, 미취학 아동은 약 80개를 안다.[21] 그리고 8장에서 보겠지만 규칙 대 불규칙의 비율은 언어마다 크게 다르기 때문에, 단지 모형에게 적절한 영어 능력을 부여하기 위해 그 비율을 마음대로 조정할 수는 없다. 그러나 더 심각한 문제가 있다. 모형의 성공이 인위성에 좌우된다는 것이다. 그 모형은 하나의 과제, 즉 과거 시제형의 소리를 생성하는 일에 맞춰진 천재 백치다. 그것은 규칙형 단어의 빈도에 무감각할 수 있는데, 그것은 단어 자체에 무감각하기 때문이다. 그것이 아는 것이라고는 단어의 소리뿐이다. 친숙하지 않은 stalk 은 st-와 -alked로 분해되는데, 만일 훈련 목록에 규칙 동사가 충분하고 불규칙 동사가 적으면 두 소리 모두 친숙해질 수 있다. 그러나 실제 인간은 소리만으로는 살 수 없고, 어떤 단어가 무엇을 의미하는지를 알 필요가 있다. 인간의 머리에는 분명 stalk과 stop과 walk를 구분하는 어떤 것이 들어 있다. 그리고 사람이 어떤 단어를 자주 또는 드물게 접함에 따라 그 어떤 것, 마음 사전 기재항 또는 소리와 의미 간의 연계는 강도의 변화를 보인다. 만일 패턴 연상망이 단지 단어의 소리가 아니라 단어에 대한 사람들의 실제 지식을 모형화한다면, 그것 역시 과거 시제 연상물을 포함해 단어 자체에 대한 정보를 축적할 것이다. 그렇다면 그것은 흔한 규칙 과거 시제형처럼 드문 규칙 과거 시제형을 쉽게 생성하는 인간의 패턴을 그대로 보여 주지 못할 것이다.

정반대 이론, 즉 촘스키-할레의 생성 음운론에서 비롯된 규칙 만능 모형은 어떠한가? 그들의 이론에 따르면 규칙 동사에는 -ed 규칙을 위한 꼬리표가 붙어 있지 않은 반면에(초기 설정으로 결정된다.), 불규칙 동사에는 모음 변화 규칙을 위한 꼬리표가 붙어 있다. 만일 그 꼬리표들이 연습을 통해 강화된다면 드문 불규칙형들은 더 느리고 덜 분명할 것이고, 이것은 사실과 일치한다.

그러나 이 이론의 또 다른 예측은 사실과 일치하지 않는다. 촘스키-할레 이론의 주된 가르침은, 잉여 정보의 모든 흔적은 기억으로부터 축출될 수 있고 규칙으로 계산할 수 있다는 것이다. 그 이론은 인간의 뇌에서 기억은 비싸지만 계산은 싸다고 가정한다. 궁극적인 잉여는 규칙 동사에서 발생하는데, 과거 시제형의 저장은 비용이 많이 들어 터무니없이 비경제적이다. 만일 예측 가능한 형태들이 저장되지 않는다면, 규칙 동사들도 당연히 저장되지 않을 것이다.

이와 반대로 단어-규칙 이론에서는 기억이 나란한 규칙들을 끊임없이 가동한다고 가정하는데(애초에 불규칙 동사들은 그렇게 발생한다.), 들리는 모든 규칙 과거 시제형을 기억 체계에게 기억하지 말라고 강요하는 것이 있다면 그것은 이상한 마음 저지선일 것이다. (어쨌든 "All men are created equal."이나 "The quick brown fox jumped over the lazy dog."에서처럼 우리는 규칙 과거 시제형들을 잘 기억한다.) 단어-규칙 이론은 단지, 사람들은 저장된 과거 시제형에 의존하지 않는다고 예측하는 것이지, 사람들이 그것을 저장하지 못한다고 예측하는 것은 아니다. 사람들은 필요할 때마다 과거 시제형을 생성하고 판단하기 위해 규칙을 이용한다. 이와 동시에 만일 어떤 규칙형들이 기억에 저장되어 있으면 그것들은 절대적이지는 않아도 이용할 수 있다(사실 저장된 형태들이 방해가 될 수도 있다.).[22]

　얼먼의 실험은 사람들이 규칙형을 저장하고 검색하는 두 사례를 발견했다. 예를 들어 이중어인 dived/dove와 dreamed/dreamt처럼 받아들일 수 있는 과거 시제형이 2개인 단어에서, dived와 dreamed 같은 규칙형에 대한 사람들의 판단은 그 형태들이 언어에서 얼마나 자주 사용되느냐에 크게 의존한다. 이것은 심지어 촘스키-할레 이론에서도 완벽하게 그렇다. 기억의 문지기가 '예측 불가능한 것은 모두 저장하라.'라는 원리를 따른다고 가정해 보자. 물론 불규칙형들은 예측이 불가능하고, 그래서 그것들은(또는 모음 변화 규칙에 붙어 있는 꼬리표는) 항상 저장된다. 그러나 이중어의 규칙형 역시 예측이 불가능하다. 만일 당신이 이미 dreamt를 알고 있다면, came 규칙이 comed를 제외하는 것처럼 dreamed는 봉쇄 규칙 때문에 제외될 것이다. 이제 누군가가 dreamed라고 말하는 것을 듣는다고 가정해 보자. 만일 당신의 언어 처리가 일종의 정보 읽기처럼 당신의 이마에 표시된다면 그것은 다음과 같을 것이다. 'dreamt와 봉쇄 규칙은 dreamed가 언어 안에 없어야 한다고 말한다. 그러나 방금 누군가가 dreamed 라고 말했으므로, 어쨌든 그것도 언어에 포함되는 것이 분명하다. 나의 규칙 체계에서는 dreamed 가 생성되지 않으므로, 나는 그것을 기억하는 편이 낫다.'

이 설명 방식은 빈도수의 차이와 관계가 있는 또 다른 사례에도 효과가 있다. 그것은 불규칙 동사와 각운이 맞는 blink 와 glide 같은 규칙 동사들이다(blink 는 drink 및 stink 와 각운이 맞고, glide 는 ride 및 stride와 각운이 맞는다.). 인간의 기억은 항상 불규칙 패턴들을 일반화하려는 유혹에 시달린다. 그래서 어떤 사람이 blink 와 glide 의 과거 시제를 생각할 때는 그의 머릿속에서 작은 목소리가 "blunk!" 와 "glode!"라고 속삭인다. 그런데 누군가의 입으로부터 blinked 나 glided 를 들으면, 그것들의 존재는 다소 의외이므로 그는 그 형태를 마음에 기록한다.[23]

이와 같이 생성 음운론은 dreamed 와 blinked 처럼 예측 가능성이 보다 적은 규칙형들에 규칙형 규칙을 위한 표지가 붙도록 허락한다면 그 자료들을 처리할 수 있다. 그렇다면 불규칙형과 닮지 않아서 100퍼센트 예측 가능한 보통의 과거 시제형들과 복수형들은 어떨까? 이에 대한 답은 그중 일부도 기억에 저장된다는 것이다. 네 팀의 심리학자들이 사람들에게, 앞에서 설명한 것처럼 인

쇄된 철자 열이 단어인지 아닌지를 판단하는 '마음 사전 결정' 과
제를 제시했다.[24] 네 연구는 모두(동사나 명사 자체의 빈도수를 일정하게 유
지했다.), 사람들이 흔한 규칙형을 인식할 때보다 드문 규칙형을 인
식할 때 몇백 분의 1초가 더 걸린다는 것을 발견했다. 이것은 비록
비논리적이기는 하지만 사람들이 흔한 규칙형에 대해서는 기억
흔적을 만든다는 것을 의미한다. 만일 어떤 단어형이 충분히 흔하
면, 우리는 그것을 여러 부분으로 쪼개어 그 부분들을 찾아보기보
다는, 그것을 직접 찾아볼 것이다.

앞에서 설명한 실험들, 즉 과거 시제형을 평가하고 생산하는
실험에서가 아니라 이 실험들에서 왜 사람들은 기억된 규칙형을
사용할까? 하랄트 바이엔과 심리학자 로버트 스뢰더르(Robert
Schreuder)의 설명에 따르면, 322쪽에서 본 것처럼 규칙 체계와 단
어 체계는 단어를 병렬적으로 (동시에) 처리하고, 두 체계는 한 형태
를 생산하거나 분석하기 위해 서로 경쟁을 벌인다고 한다.[25] 각 체
계는 어떤 단어에 대해서는 더 빠르고 또 어떤 단어에 대해서는 더
느리기 때문에, 사람들은 빨리 그리고 실수 없이 말하거나 이해하
는 자신의 능력을 최대화하기 위해 주어진 과제에 따라 두 체계 중
어느 하나에 더 의존한다. 과거 시제형이 기억에서 검색되는가,

아니면 규칙에 따라 생성되는가는 해당 형태의 성격 그리고 개인이 그것으로 무엇을 해야 하느냐에 달려 있다. 불규칙 단어의 경우는 선택의 여지가 없고, 단어 체계만이 그것들을 처리할 수 있다. 그러나 규칙 단어들은 과제와 단어에 따라 결정된다.

과제들은 연속선상에 놓여 있다. 한쪽 끝에는 형태의 자연스러움을 평가 또는 회고하거나, 가장 자연스러운 형태를 선택하는 느긋한 과정이 있다. 사람들은 한 동사가 언어 안에서 좋은 형태의 규칙 과거 시제를 가질 수 있는지를 결정하기만 하면 되고, 거기에는 과거 시제형을 공급하는 규칙이 항상 대기 중이므로, 사람들은 그 과거 시제형을 자주 보았는지, 드물게 보았는지, 한번도 보지 못했는지에 신경을 쓰지 않는다. 연속체의 중간쯤에는 시간적 압박이 가해지는 상황에서 과거 시제형을 생산하는 과제가 있다. 만일 여러 개의 동사가 규칙형이면, 규칙을 통해 그 형태들을 생성하는 시간은 가장 짧을 것이고, 이때 저장된 규칙 과거형의 빈도수는 조금도 중요하지 않을 것이다. 그러나 만일 그 목록에 여러 개의 불규칙 동사가 들어 있으면, 화자들은 기억을 자주 찾아볼 것이고, 그 과정에서 규칙형을 만난다면 그것을 사용하는 편이 나을 것이다. 따라서 희미한 형태들은 강한 형태들보다 검색하는 데에 더 많은 시간이 걸릴 것이다.[26] 연속체의 반대편 끝에는 하나의 철자열이 단어인지 아닌지를 결정하는 과제가 있다. 이때 사람들은 refeamed처럼 단어 같이 보이지만 난생 처음 보는 형태에 대해서는 "아니다."라고 말해야 하고, 본 적이 있는 형태에 대해서는 "그렇다."라고 말해야 한다. 이 과제는 규칙의 사용을 억제하고 기억과의 매치를 조장하므로, 기억에 머물고 있는 단어의 흔적을 시험하는 민감한 평가 기준이 된다. 이런 이유로 이 과제에서는 흔한 규칙형들이 드문 규칙형들보다 더 빨리 인식된다.

그것은 또한 단어에도 달려 있다. 기억에 저장된 규칙형은 빨리 검색될 정도로 강할 때에만 유용하다. 그렇지 않으면 굴절된 형태가 검색되기 전에 규칙 체계가 접미사를 벗겨내고 어간을 검색하여(특히 흔한 어간이라면) 승리를 거둘 것이다.[27] 승자는 또한 어간에서 접미사를 얼마나 쉽게 떼어낼 수 있는가, 그리고 그 접미사가 양의적인가 아닌가(영어에는 많은 융합(syncretism), 즉 접미사들이 다수의 활용 슬롯에 들어가는 경우가 있기 때문이다.)에 따라 결정된다.

바이엔과 스뢰더르는 사람들이 빈도수가 각기 다른 어간, 복수형, 과거 시제형을 인식하는 데에 얼마의 시간이 걸리는지를 예측하는 수학 모형으로서 병렬 경쟁 이론을 정식화했다. 그 이론의 예측들은 여러 번의 실험을 통해 실제 인간의 행동과 잘 맞아 떨어진다는 것이 입증되었다. 그러나 바이엔과 스뢰더르가 규칙 경로를 제거하고 기억뿐인 이론을 만들거나 단어 경로를 제거하고 규칙뿐인 이론을 만들자, 인간과의 유사성은 급격히 떨어졌다.[28] 따라서 단어-규칙 이론의 두 경로는 실제 인간의 행동을 설명하는 데에 꼭 필요하다고 여겨진다.

연합주의의 첫 번째 엔진이 빈번한 짝지음이라면 두 번째 엔진은 유사성이다. 흄은 유사성을 연합의 두 번째 법칙으로 격상시켰고, 행동주의는 유사성에 의존해 자극 일반화라는 이론을 낳았다. 비둘기에게 초록색 건반을 쪼도록 훈련시키면, 건반이 초록색일 때 비둘기는 맹렬하게 쪼고, 건반이 누르스름한 초록색이거나 푸르스름한 초록색이면 활발하게 쪼고, 건반이 노랗거나 파란색이면 심드렁하게 쪼고, 빨간색이거나 보라색이면 거의 쪼지 않는다. 쪼기 비율을 건반이 가진 색의 파장에 따라 좌표로 표시할 때 그래프 상에 나타나는 곡선의 형태를 빌려, 이 패턴을 일반화 기울기(generalization gradient)라고 부른다. 연결주의 역시 유사성에 의존한다. 러멜하트와 매클레랜드, 그리고 그들의 동료인 제프리 힌턴(Geoffrey Hinton)은 패턴 연상망의 매력을 다음과 같이 설명했다.

"사람들은 새로 획득한 지식을 능숙하게 일반화한다. 예를 들어 당신은 침팬지가 양파를 좋아한다는 것을 알게 되면 고릴라가 양파를 좋아한다는 확률 추정치를 높일 것이다. 분산형 표상을 이용하는 망에서 이런 종류의 일반화는 자동으로 일어난다."[29]

단어-규칙 이론에 따르면 유사성은 사람들이 불규칙 패턴을 새 동사에 일반화할 때 정말로 중요하다. 단어-규칙 이론의 기초에는 연결주의자들이 그것에 의존하는 다음과 같은 이유가 있다. 유사한 형태들은 기억 속에서 중복되므로, 한 형태의 연상물은 자동적으로 다른 것의 연상물로 전이된다. 그러나 사람들이 규칙 패턴을 새 동사에 일반화할 때에는 유사성이 중요하지 않다. 동사라고 표시된 어떤 어간에든 간단히 접미사를 첨가하는 문법 조합을 통해 일반화가 이루어질 수 있기 때문이다.

이제 그 차이를 시각적으로 설명해 보자. 단어들이 여러 차원으로 한 공간을 채우고, 각 차원은, 예를 들어, 단어 첫머리의 어떤 자음군이나 단어 끝의 어떤 모음처럼 특정한 소리의 존재에 해당한다고 가정해 보자. 불규칙 동사들은 비슷한 형태끼리 모여 공간 속의 영역들을 만들어 낸다. sing-sang, ring-rang, drink-drank가 한 영역, hide-hid, slide-slid, bite-bit가 또 한 영역, blow-blew, know-knew, grow-grew가 세 번째 영역을 만든다. 한 동사가 한 구역이나 그 구역을 둘러싼 바깥 지역에 포함되면, 예를 들어 bring-brang, fight-fit, snow-snew처럼 사람들은 그 구역의 불규칙 패턴을 그 동사에 일반화시키고 싶은 유혹을 느끼게 된다. 아래의 단순화한 그림에서, 각각의 점은 단어, 점들의 덩어리는 비슷한 소리를 가진 단어들, 그늘진 부분은 사람들이 불규칙 패턴을 일반화하고 싶어 하는 소리들이다.

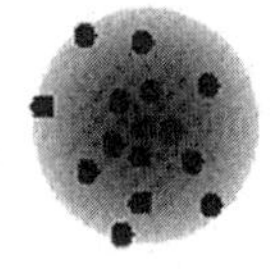

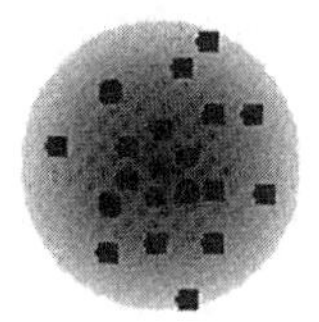

그렇다면 규칙 동사들은 이 소리 공간에 어떻게 분포할까? 규칙 동사들은 그들만의 구역, 즉 불규칙 구역들보다 더 크고, 더 혼잡하고, 단어들이 더 고르게 퍼진 구역들을 형성할까?

이것이 왜 규칙 패턴이 더 쉽게 일반화되는가에 대한 연결주의자

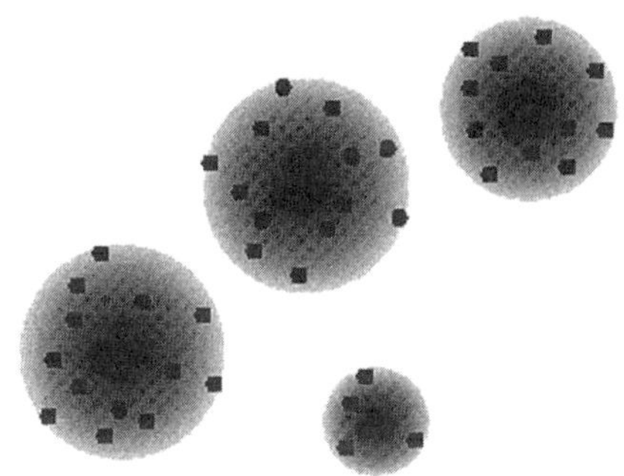

들의 설명이다. 그러나 만일 규칙형들이 단지 '동사에 접미사를 붙여라.'라는 규칙에 따라 생성된다면, 그 동사의 소리들은 조금도 중요하지 않을 것이다. 규칙은 구체적인 동사의 소리가 아니라 '동사'라는 기호 때문에 촉발된다. 규칙 동사들의 영토는 불규칙

동사들이 차지하지 않은 영토 안에 다도해처럼 형성된 구역들이 아닐 것이다. 규칙 동사들은 잠재적인 각각의 모든 소리가 다른 모든 소리와 똑같이 규칙형 접미사에 적합하므로 소리의 전체 공간을 가득 채울 것이다. 그림으로 나타내면 그 결과는 수많은 덩어리들이 아니라 균일한 한 장의 담요처럼 보일 것이다.

단어-규칙 이론에서는, 단지 친숙한 규칙 단어들의 구역에 포함된 것들뿐만 아니라 어떤 소리를 가진 동사든 규칙형 접미사를 가질 수 있다고 예측한다.

빈도의 효과에서도 그랬듯이, 영어 자체가 우리에게 단서를 제공한다. 첫째 규칙 동사들은 한 구역을 차지하고 있는 불규칙 갱단에게 협박을 당하지 않고 당당하게 걸어 들어와 거처를 정한다. 영어의 모든 불규칙 집단은 규칙형 침입자들을 너그럽게 보아준다.[30]

불규칙 집단	규칙형 침입자
hit-hit, split-split	pit-pitted
cut-cut, shut-shut	jut-jutted
bleed-bled, feed-fed	need-needed

bend–bent, send–sent	mend–mended
sleep–slept, keep–kept	seep–seeped
sell–sold, tell–told	spell–spelled
bind–bound, find–found	mind–minded
grow–grew, blow–blew	glow–glowed
take–took, shake–shook	fake–faked
stink–stunk, slink–slunk	blink–blinked

규칙형 제국주의의 가장 노골적인 징후는 불규칙 동사와 동일한 구역을 차지하는 능력이다. 불규칙 집단과 소리가 동일한 규칙형 동사들이 그런 능력을 갖고 있다.

불규칙 동사	규칙형 동음 이의어
The dentures *fit*.	He *fitted* the dentures.
She *rang* the bell.	They *ringed* the city.
He *hung* the painting.	He *hanged* the rustler.
We *met* the passenger.	We *meted* out the punishment.
They *lay* on the couch.	They *lied* about what happened.

규칙형 동사들은 단지 어려움을 무릅쓰고 영토를 확보한 소수의 강인한 떠돌이가 아니라, 기회만 있으면 쉽게 만들어질 수 있는 동사들이다. 어떤 소리를 가진 규칙 동사라도 원하는 대로 만들 수 있는 손수짜기(do-it-yourself) 지침서를 살펴보자. 예를 들어 "It out-herods Herod."(『햄릿』에서)나 "Clinton is trying to out-Kennedy Kennedy."에서처럼 영어에는 사람의 이름 앞에 접두사 out-을 붙여 동사를 만드는 규칙이 있다. 당신이 좋아하는 사람의 이름으로 동사를 만들어 보라. 그것은 규칙 동사이다. 1983년에 모든 미국인은 미국 최초의 여성 우주 비행사의 이름인 샐리 라이드(Sally Ride)를 들었다. 그러나 몇 년 후 메이 제미슨(Mae Jemison)은 최초의 아프리카계 미국인 여성 우주 비행사로서 훨씬 더 큰 인기를 얻었다. 즉 그녀는 여자 우주 비행사로서 샐리 라이드의 인기를 능가했다. 이것을 영어로 쓰면, "She out-Sally-Rided Sally Ride(out-Sally-Rode Sally Ride가 아니다.)."이다. 오랫동안 뉴욕에서 가장 악명 높은 감옥은 싱싱(Sing Sing)이었다. 그러나 1971년에 아티카(Attica) 교정 시설이 유혈 폭동으로 인해 주목을 받게 되었다. 즉 아티카의 악명은 싱싱을 능가했다. 이 역시 영어로 쓰면 "Attica out-Sing-Singed Sing Sing(out-Sing-Sang Sing Sing도 아니고, out-

Sang-Sang Sing Sing도 아니고, out-Sing-Sung Sing Sing도 아니고, out-Sung-Sung Sing Sing도 아니다.).”이다. 일본에는 ‘바둑’이라는 대중적인 보드 게임이 있다(일본에서는 바둑을 ‘碁(ご)’라고 표기하고 ‘고’라고 읽는다. ― 옮긴이). 일본 사람들이 계속해서 미국 문화를 모방하더니 모노폴리 게임이 더 큰 인기를 얻게 되었다고 가정해 보자. 즉 그것이 대중적인 게임으로서 바둑을 앞질렀다고 하자. 이것을 영어로 쓰면, “It would have out-Go’d Go(out-Gone Go가 아니다.)”이다. 다음 장에서 우리는 이런 형태들을 창조하는 사람들의 행동을 포착한 실험들을 살펴볼 것이다.[31]

마지막으로 규칙 동사들은 어떤 동사도 밟아 보지 못한 곳으로 과감하게 들어간다. 그곳은 동사들이 거의 또는 전혀 가 본 적이 없는 음운론 공간의 구석들과 틈새들이다. 거의 어떤 영어 동사도 -ach, -ev, -a 로 끝나지 않지만, 우리는 “Handel out-Bached Bach .”나 “Yeltsin out-Gorbachev’d Gorbachev”나 “We rhumba’d and cha-cha’d all night .”라고 말할 수 있다. 영어의 어떤 단어에도 oink와 비슷한 소리가 없지만, 그것이 1969년에 처음 영어 동사로 선을 보인 이래로 어느 누구도 돼지가 “꿀꿀거렸다(oinked)”라고 말하면서 어색함을 느끼지 않았다.[32]

　　마이클 얼먼은 사람들이 수백 개의 동사들과 그 과거 시제형들의 자연스러움을 평가하는 실험을 통해 규칙형 접미사의 방랑벽을 자세히 기록했다.[33] 그는 다른 모든 조건을 일정하게 유지한 상태에서, 유사한 형태들이 많이 모인 큰 집단의 불규칙형들(ring-rang, sing-sang, drink-drank 등등)이, 작은 집단에 속하거나 소속 집단이 없는 불규칙형들(stand-stood)보다 더 자연스럽다고 평가된다는 것을 발견했다. 그러나 규칙형의 경우에는 아무 차이가 없었다. walk, talk, stalk, balk 처럼 큰 집단에 속한 동사들이 scour 처럼 작은 집단에 속한 동사들보다 더 잘 받아들여지는 일은 없었다.[34]

　　이상한 소리를 가진 동사에 규칙형 접미사를 철썩 갖다 붙이는 행동은 실험실에서도 반복될 수 있을까? 샌디프 프라사다와 나는 사람들에게 spling 같은 낯선 동사의 과거 시제형을 추측하게 하는 존 바이비와 캐럴 모더의 실험을 되풀이했다.[35] 앞에서 보았듯이 바이비와 모더는 일반화 기울기를 얻었다. 즉 낯선 단어가 기존의 불규칙 동사들과 비슷하면 비슷할수록, 피실험자들은 그 단어에 불규칙 패턴을 더 강하게 일반화했다. 예를 들어 유사 단어인 spling 은 sling, slink, string, shrink 를 비롯한 많은 불규칙 동사들과 비슷해서, 피실험자들이 그것을 splang 이나 slung 으로 굴절시키는 경우는 80퍼센트에 이르렀다. krink 는 실제의 동사들과 덜 비슷해서, krank 나 krunk 로 바뀌는 경우는 약 50퍼센트에 머물렀다. vin 은 거의 비슷하지 않아서 van 이나 vun 으로 바뀌는 경우는 약 10퍼센트에 불과했다.

프라사다와 나는 그런 무의미 동사들을 시험했고, 우리는 또한 규칙 동사들과의 유사성 정도가 다른 무의미 동사들도 시험했다. plip 이란 동사는 영어의 많은 규칙 동사들, 즉 chip, clip, dip, drip, flip, grip, nip, pip, quip, rip, ship, sip, slip, skip, snip, strip, tip, trip, whip, zip 등과 소리가 비슷하다. glinth 와 smaig 같은 동사들은 어떤 동사 어근들과도 각운이 맞지 않는다. 그리고 ploamph 와 smeerg 같은 동사들은 영어의 소리 패턴을 위반했기 때문에 영어 동사처럼 들리지 않는다. 영어 음운론에서는 음절 말미에 자음군이 있으면 그 자음들이 모두 혀끝에서 발음되지 않는 한 자음군 앞에 장모음이 오는 것을 허락하지 않는다. 예를 들어 toast 는 가능한 영어 단어지만, toask 와 toasp 는 그렇지 않다.[36]

우리는 대학생들과 훈련받은 러멜하트-매클레랜드 패턴 연상망 모형에게, 여섯 종류의 동사들을 제시했는데, 세 종류는 불규칙 집단들과의 유사성이 다르고, 세 종류는 규칙 집단들과의 유사성이 달랐다. 불규칙 동사의 경우 패턴 연상망 모형은 사람과 똑같이, 불규칙 동사와 매우 비슷한 소리가 나는 동사들에서만 쉽게 불규칙 과거형이 나오는 일반화 기울기를 보였다. 그러나 규칙 동사에서는 모형과 인간이 차이를 보였다. 사람들은 친숙한 소리를 가진 plip에 -ed를 붙일 때와 거의 똑같은 비율로 낯선 소리를 가진 ploamph에 -ed를 붙였다. 패턴 연상망 역시 plip에는 별 문제 없이 -ed를 첨가했지만, ploamph에 대해서는 약 10퍼센트의 경우만 규칙형을 만들어 냈다. 때로는 불규칙형에 어설프게 기초한 추측을 내놓기도 했다.

greem-grame

proke-prokt

brilth-brilt

때로는 훈련을 받은 적이 있는 다른 동사의 과거형을 내놓았다.

brilth-prevailed

ploag-pleaded

proke-trusted

krilg-brewed

그리고 때로는 이상한 혼합물을 조작해 냈다.

slace-fraced

smeeb-imin

plaonth-bro

smairf-spurice

trilb-treelilt

smeej-leefloag

frilg-freezled

이 애석한 결과들은 러멜하트와 매클레랜드 본인들의 실험에서 나타난 모형의 오류인 mail-membled, tour-tourder, 그리고 jump, pump, warm, glare에 대한 침묵이 무작위적인 잡음이 아니라는 우리의 진단을 확인해 준다. 그 오류들은 결국, 연상망 모형은 훈련받은 단어들과 소리가 다른 단어에 대해서는 훈련받은 내용을 일반화해 적용하는 능력이 없음을 보여 주는 것이었다.

실패는 교훈적이다. 패턴 연상망 기억은 기호 처리기들과는 달리 변수(variable)라고 불리는 기본적인 계산 도구를 이용할 줄 모른다. 예를 들어 '동사' 같은 변수는 음운론적 내용에 상관없이 한 유형의 전체 항목을 대표할 수 있다. 그 덕분에 규칙은 어떤 어간이든 그 재료를 복사해 내고 거기에 간단히 접미사를 붙일 수 있다. 반면에 패턴 연상망은 그 유형의 모든 입력 자질을 지닌 항목들을 힘들여 훈련받아야 한다. 만일 자질들의 낯선 조합을 지닌 새 항목이 제시되면 연상망 모형은 그 조합을 자동으로 복사해 내지 못한다. 대신 그것은 그 자질들과 희미하게 연관된 부스러기 조각들을 활성화하고 두루뭉술하게 버무려 뱉어 낸다.

연결주의자들은 즉시 이 문제들의 원인을 최초의 러멜하트-매클레랜드 모형에 적용되었던 1960년대의 기술 수준으로 돌렸다. 위켈폰은 "잊어 달라."라고 그들은 말했다. 위켈폰의 의도는 결코 진지한 것이 아니었기 때문이다.[37] 그리고 직접적인 자극-반응 연결도 잊어 달라고 했다. 현재의 연결주의 모형들에는 2개의 단위 층이 아니라 (앞에서 설명한 도허티-자이덴버그의 모형처럼) 3개의 단위 층이 있기 때문이다. 입력과 출력 사이에 숨겨진 새 층은 패턴 연상망으로 하여금 2개 층 모형이 해결할 수 없었던 문제들을 해결할 수 있도록 해 준다는 것이 입증되었다. 예를 들어 그것은 한 숫자가 홀수인지 짝수인지를 판정할 수 있고, "A 또는 B, 그러나 둘 다는 아님."(배타적 논리합이라고 한다. —옮긴이)이라는 공식을 적용할 수 있는데, 과거의 모형들에서는 둘 다 불가능했다. 원리상 이 고급스러운 모형은 노예 같은 훈련이 아니라 유사성에 입각한 훈련을 받을 수 있고, 입력물의 공통 자질들을 반영하지 않는 새 집단들을 만들어 낼 수 있다.

컴퓨터 언어학자 리처드 스프롯(Richard Sproat)과 다나 에게디(Dana Egedi)는 업그레이드된 모형들을 시험했다.[38] 그들은 위켈폰 대신 어떤 언어학자라도 자부심을 느낄 만한 입출력 층들을 적용하고, 출력층을 지각할 수 있는 자모음 열로 변환하는 정교한 해독기를 추가했다. 또한 숨겨진 단위 층 하나를 추가해 모형을 개조하고 최신 학습 절차를 이용해 모형을 훈련시켰다. 최초의 모형처럼 그리고 인간처럼 그것은 불규칙 패턴들을 일반화해 훈련받은 불규칙형들과 비슷한 동사들에 적용했다. 그러나 최초의 모형처럼 그리고 인간과는 달리 그것은 낯선 규칙 동사에는 일반화를 제대로 적용하지 못했다. 어떤 것들은 변하지 않았고, 또 어떤 것들은 훈련 목록에 들어 있던 다른 동사들과 혼동을 일으켰다(train-trailed, spoke-smoked, glow-glanced). 그리고 4분의 1은 기묘하게 왜곡된 것들이었다(conflict-conflafted, wink-wok, yield-rilt, satisfy-sedderded, quiver-quess).

패턴 연상망이 낯선 조합물에 부적당한 행동을 보이는 것은 단지 1세대 기술의 결함 때문이 아니라, 그 설계와 깊은 관계가 있는 것 같다. 많은 연결주의자들이 설계 도면을 수정 보완하고 있지만, 패턴 연상망 기억은 아직도 새로운 규칙형들을 제대로 생성하지 못하고 있다. 몇몇 설계자들은 횡설수설을 늘어놓는 모형의 습관에 지쳐, 규칙 동사를 위해 맞춤 설계된 다양한 패치들을 모형 속에 내장시켰다. 한 설계 팀은 각각의 모든 입력 단위를 출력층의 짝과 연계해 규칙의 복사 연산을 강제적으로 실행시키는 새로운 연결 경로를 포함시켰다.[39] 또 다른 설계 팀은 -ed 단위들이 변하지 않은 어간 모음의 단위들을 강화하고 변한 모음의 단위들을 억제하는 방식으로, 영어의 과거 시제 규칙을 파렴치하게 배선해 넣은 선천적인 정화용 망을 추가했다.[40] 그리고 4장에서 언급한 것처럼, 많은 연결주의 설계자들이 과거 시제형을 생성하려는 노력을 완전히 포기했다. 그들의 출력망은 각각의 과거 시제 접미사나 모음 변화를 위한 단위를 정확히 하나씩 갖고 있어, 굴절을 몇 개의 선천적인 가능성 중 하나를 선택하는 시험으로 전락시켰다.[41] 그 선택을 실제의 과거 시제형으로 전환하려면, 어떤 다른 메커니즘이 숨어서 대기하고 있다가 어간을 복사하고, 선택된 단위에 해당하는 패턴을 찾고, 그 패턴을 어간에 적용해야 할 것이다. 물론 그 메커니즘은 우리가 규칙이라 부르고, 연결주의자들이 필요 없다고 주장하는 것이다.

규칙적 굴절을 일반화해 낯선 단어에 적용하는 문제에 관해서는 패턴 연상망은 잘못된 도구임이 분명하다. 문제는 모순된 요구들을 가진 여러 개의 과제들이 하나의 메커니즘에 부과되고 있다는 것이다. 예를 들어 drink-drank, slink-slunk, think-thought, blink-blinked처럼 각기 다른 형태를 출력하지만 비슷한 소리를 가진 동사들을 구별하려면, 패턴 연상망은 입력되는 소리의 아주 작고 미묘한 차이를 듣는 귀를 발달시키고, 그런 차이들에만 연합을 국한시켜야 할 것이다. 이것은 패턴 연상망이 규칙 패턴을 낯선 단어에 일반화하기 위해 해야 하는 것과 정확히 반대의 일이다. 낯선 단어에 규칙을 일반화할 때에는 패턴 연상망은 소리들의 차이를 무시하고 모든 소리에 접미사를 붙여야 하기 때문이다. 게다가 동사들을 구별할 때와 일반화할 때 사용하는 경로가 동일하므로 패턴 연상망은 어간의 모든 소리들을 기록하고 그것들을 과거 시제형으로 복사하려고 노력해야 한다. 표준 문법에서 이 일들은 서로 독립된 세 부분을 통해 처리된다. 마음 사전 기재항(동사에 불규칙이라고 표시한다.), '동사'와 같은 범주 기호(규칙에 따라 접미사와 결합되어 있다.), 음운론적 표상(출력물에 그대로 들어간다.)이 그것이다. 패턴 연상망은 이 세 작업을 모두 수행해야 하지만 어느 것도 만족스럽게 수행하지 못한다.

이 장에서 기억해야 할 가장 중요한 내용은, 다른 모든 복잡한 장치들처럼 마음 역시 각기 다른 작업을 위해 최적화된 메커니즘들의 체계라는 것이다. 한 메커니즘으로 모든 일을 수행하게 하는 이론은 인간의 뇌보다 못한 일종의 크리플웨어(crippleware, 사용자들이 사용료를 지불하고 등록해 사용하도록 일부 중요한 기능을 고의로 제거하고 배포하는 공유 소프트웨어 — 옮긴이)를 제공하는 것에 불과하다. 만일 그 메커니즘이 일련의 규칙이라면, 그것은 자주 실행되는 계산의 결과를 저장함으로써 매번 되풀이해 계산할 때보다 더 빨리 찾아볼 수 있는 장점을 잃어버릴 것이다. 만일 그 메커니즘이 일련의 연합이라면, 그것은 변수들과 그 변수들을 결합하는 규칙에서 오는 장점을 잃어버릴 것이다. 심리학자 윌리엄 제임스(William James)는 다음과 같이 썼다. "생각은 …… 일종의 대수학으로, 구체적인 수량이 각각의 철자에 의해 표시될지라도 …… 모든 단계에서 각각의 철자가 당신의 생각에게 자신이 표현하고 있는 구체적인 수치를 제시할 필요는 없다."[42]

6
Mice와 Men에 대하여

비논리와 변덕의 진수인 영어의 불규칙성은 종종 한가한 호기심을 자극한다. 《보스턴 글로브》의 칼럼니스트 존 파워스(John Powers)는 다음과 같은 물음들을 던졌다.

왜 미술가들은 아담의 배꼽을 그릴까? 왜 독일은 Fatherland이고 러시아는 Motherland일까? 누가 'impact'를 단어로 만들었을까? 왜 엘리자베스 여왕은 머릿수건을 두를까? 미스 플루토(명왕성) 없이 어떻게 미스 유니버스 행진이 있을 수 있을까? 왜 페그(Peg)가 마거릿(Margaret)의 약칭일까? 틴 휘슬(tin whistle, 악기의 일종—옮긴이)이 주석으로 만들어졌다면, 포그혼(foghorn, 안개, 눈, 비 등으로 시계가 나쁠 때

선박의 충돌을 막기 위해 등대나 등대선에서 울리는 소리 ─ 옮긴이)은 무엇으로 만들어졌을까? 왜 딜레마에는 뿔이 나 있을까?(be on the horns of a dilemma(딜레마에 빠지다.)라는 표현에서. ── 옮긴이) 'mice'가 'mouse'의 복수형이라면, 왜 'house'의 복수형은 'hice'가 아닐까?[1]

때때로 그런 질문에 대한 유일한 답은, 그냥 그렇다는 것이다. 나는 여왕과 그녀의 머릿수건에 대해서는 말할 것도 없고, 왜 고대 영어에서 mus의 복수형은 mys인데 반해 hus의 복수형은 husas인지를 전혀 알지 못한다. 그러나 어떤 한가한 질문들에는 정답이 있다. 연재 만화 「펑키 윈커빈(Funky Winkerbean)」에서 리틀 야구단의 한 소년이 벤치에 앉아 야구의 불가사의들을 곰곰이 생각하지만(다음 쪽을 보라.), 그의 팀 동료는 문제 해결에 큰 도움이 되지 않을 것 같다.

plate의 기본적인 의미는 '매끄럽고, 평평하고, 비교적 얇고, 단단하고, 두께가 일정한 물체'이고, 메이저리그 공인 규칙서에는 "홈베이스는 지면과 같은 높이로 운동장에 고정된 오각형의 흰색 고무판으로 표시되어야 한다."라고 규정되어 있다. 이것은 원래의 정의에 잘 들어맞는다. 야구가 시작된 초창기에 모든 투구는 페

"야구를 통 이해하지 못하겠어."

"왜 홈플레이트는 접시(plate)하고 전혀 다르게 생겼는데, 그걸 홈플레이트라고 부를까?"

"왜 타자가 공을 못 치고 완전히 헛스윙을 했는데 그걸 스트라이크라고 부를까?"

"왜 야구 감독은 경기도 안 하면서 유니폼을 입는 거야?"

"그리고 왜 사람들은 플라이아웃된 걸 flew out이라고 안 하고 flied out이라고 하는 거지?"
"코치 선생님한테 물어볼게."

어 스트라이크(fair strike), 파울 스트라이크(foul strike), 또는 볼(ball)로 구분되었다. 파울 스트라이크는 페어(fair, 경기장) 밖으로 공을 쳐내는 경우였다. 페어 스트라이크라는 용어는 폐지되었고, 파울 스트라이크는 스트라이크로 줄어들었으며, 파울은 페어 밖으로 공을 쳐내는 경우를 가리키게 되었다. 다른 종목의 감독들과는 달리 야구 감독은 가끔씩 경기장 안으로 뛰어 들어와 투수와 의논을 하거나 땅을 차서 주심의 신발 위에 흙을 끼얹는다. 타자가 플라이 아웃당했다고(flied out) 말하는 이유에 대해서는 훨씬 더 만족스러운 대답이 있고(어떤 인간도 센터필드로 날아갈(flown out) 수는 없는 일이다.), 그것이 이 장의 주제다.

우선 실제로 그것은 flied out이다. 『신중한 작가』에서 시어도어 번스타인은 다음과 같이 말한다.

대부분의 사전에는 수록되어 있지 않지만, flied는 특별한 분야, 즉 야구에서 사용되는 fly의 과거 시제다. 타자가 중견수를 향해 옥수수 캔을 쳐 올렸을 때 우리는 그가 "flew out" 했다고 말하지 않고 "flied out" 했다고 말해야 한다.[2]

야구 용어를 논의하고 있는 상황에서 나는 옥수수 캔(a can of corn)이라는 유쾌한 구를 설명하지 않을 수 없다. 그것은 하늘 높게 힘없이 뜬 플라이 볼을 가리키는 오래된 용어다. 20세기 초로 거슬러 올라가면, 보통 식료품점의 높은 선반에는 통조림 제품들이 나란히 진열되어 있었고, 식료품점 주인은 막대기나 집게로 필요한 통조림을 톡 쳐서 떨어뜨려 받고는 했는데, 마치 외야수가 플라이 볼을 잡아내는 것과 흡사했다. 언어 칼럼니스트 얀 프리먼은 다음과 같이 덧붙였다. "캔의 내용물이 옥수수인 이유는 …… 쾌음조 때문일 것이다. can of corn은 근접한 두 단어의 운(韻)이 맞음으로써 can of peaches나 can of beans보다 훨씬 더 활기차게 들린다."[3]

다시 플라이아웃으로 돌아오자. flied out은 불규칙이면서도 특정한 방식으로 사용될 때에는 불가사의하게 규칙형 옷으로 갈아입는 많은 동사들 중 하나다. 예를 들어 대개 life의 복수는 불규칙형인 lives지만, 사람들은 "All my daughter's friends are **lowlives**."라고 말하기보다는, "All my daughter's friends are **lowlifes**."라고 말한다. 그리고 "I'm sick of dealing with all the **Mickey Mouses** in this administration."라고 말하지, "**Mickey Mice**."라고 말하지 않는다. 토론토의 아이스하키 팀 이름은

Maple Leaves가 아니라 Maple Leafs이고, 상대 팀의 골잡이를 견제하기 위해 거친 선수가 투입되어 하이스틱 반칙을 범하면, 그가 상대 팀 선수를 high-stuck 했다고 말하지 않고 high-sticked 했다고 말한다.

뒤에서 보겠지만 flying out을 비롯한 체계적인 규칙화 현상들은, 언어 일반, 특히 규칙-불규칙 대조 현상을 단어와 규칙의 상호 작용으로 설명할 수 있다는 이론을 뒷받침하는 훌륭한 증거다.

앞 장에서 우리는 기억이 굴절 형태들을 공급해 주지 않을 때 사람들이 '-ed를 첨가하라.' 같은 규칙을 사용한다는 것을 보았다. 그것은 여러 가지 이유로 발생한다. wug, fax, Bork, mosh 같은 신조어의 경우에는 기억에 저장된 과거 시제형이 없다. allure, badger, carouse처럼 드문 동사들은 과거 시제형이 너무 희미해서 안정적으로 인출하기가 어렵다. ploamph와 frilg처럼 소리가 이상한 단어들은 기억 속에 비슷한 단어가 없어서 유추를 통한 사용이 차단된다. mete와 lie처럼 불규칙 동음 이의어를 가진 단어들이나, wink와 blink처럼 불규칙 이웃을 가진 단어들은 기억 속에서 두 형태가 경쟁을 벌일 수 있다. 그러나 이 모든 경우처럼 기억이 실패하더라도, 사람들은 꿀 먹은 벙어리가 되지는 않는다.

규칙이 대신 나서 규칙 과거 시제형을 생성하기 때문이다.

이 장에서 우리는 기억이 양적인 이유(단어가 상대적으로 드물거나 이상할 때)에서가 아니라 질적인 이유에서 무익해지는 경우들을 살펴볼 것이다. 예를 들어 flied out이나 lowlifes 같은 의외의 형태들은 기억에 저장된 언어의 표준형을 위반하거나, 단어 형태를 계산하는 규칙으로 기억 속의 정보를 흘려보내는 메커니즘을 회피한다. 그러면 단어가 드물거나 낯선 경우처럼 규칙형 접미사가 위기에 대처한다. 여기에서 규칙의 힘이 분명히 드러난다. 규칙은 실패의 이유와 상관없이 기억이 실패할 때마다 적용될 수 있는 것이다.

이 예들은 또한 언어의 생산성을 움직이는 원동력이 규칙 처리인가 기억 연합인가에 대한 논쟁을 자극한다. 앞 장에서 우리는 규칙의 주요 경쟁자인 패턴 연상망 기억은 낯설고 특이한 단어에 대해서는 규칙형을 제대로 생성하지 못한다는 것을 보았다. 그러나 이 기억 모형을 옹호하는 연결주의자들은 아직 그 사실을 인정하지 않고 있다. 패턴 연상망을 비롯한 인공 신경망의 행동은 숨겨진 층의 수, 각 층에 포함된 단위의 수, 훈련 목록의 성격 같은 수십 가지 설정에 의존한다. 그 망들을 미세 조정하는 것이 신경망 설계

기술의 일부가 됨에 따라, 모형이 어떤 실패를 하든지 그것은 모형의 출력을 높이거나, 입력하는 규칙 및 불규칙형의 혼합을 풍부하게 또는 빈약하게 조정함으로써 모형의 성능을 높이려는 도전으로 여겨지고 있다.

나는 이런 시행착오에서는 궁극적으로 어떤 것도 나오지 않을 것이라 생각한다. 패턴 연상망의 문제는 기본적인 설계에 있기 때문이다. 다음 두 장에서 우리는 망의 설정을 아무리 절묘하게 조합해도 그것으로는 모든 언어의 모든 굴절을 감당할 수 없음을 볼 것이다. 그러나 이 장에서 수의 문제는 무시하고자 한다. 중요한 것은 다양한 유형의 단어가 얼마나 많이 존재하는가가 아니라 단어들 속에 담겨 있는 정보의 종류이기 때문이다. 결국 규칙은 가치를 드러내고 패턴 연상망은 한계를 드러낼 것이다.

체계적인 규칙화는 즉시 다음의 사실을 입증한다. 즉 대부분의 패턴 연상망 기억에서 그렇듯이, 소리가 굴절 형태를 계산하는 장치에 공급되는 유일한 입력 정보가 아니라는 사실이다. 예를 들어 fly 같은 특정한 소리는 새를 가리킬 때에는 장치의 반대편 끝에서 flew 와 flown 으로 등장하지만, 야구 선수를 가리킬 때에는

flied로 등장한다. 문제는 추가로 입력되는 것이 무엇이고, 왜 그 것으로 인해 차이가 발생하는가 하는 것이다.

많은 언어 전문가, 심리학자, 연결주의자 들이 똑같은 설명을 제시해 왔는데, 이른바 의미 확장 이론(semantic stretch theory)이 그것이다.[*] 언어는 의미에서 소리로 직접 전환된 것이라는 직관에서 발생한 그 이론은, 추가적인 입력 자질들은 의미론적이라고 말한다. 어떤 동사에 확장된 의미나 은유적인 의미가 주어지면 그 새로운 의미는 원래의 의미와 다르다고 느껴지고, 그로 인해 화자는 원래의 불규칙형을 사용하지 못하게 된다. 사람들은 flying out이 의미상 flying과 다르고 lowlife가 의미상 life와 다르다고 느끼고, 그래서 그 단어들의 불규칙형을 빌려오지 못한다는 것이다. 아마도 사람들은 의미 조각을 위한 단위들('날갯짓'의 단위, '초라함'의 단위 등)이 보강된 패턴 연상망을 가지고 있고, 그로 인해 확장된 의미를 가진 새 단어의 패턴은 원래 의미를 가진 단어의 패턴과 충분히 중복되지 않아 그 연합물에 기생하지 못할 수 있다. 또는 의사 소통을 분명히 하려고 노력하는 사람들이, 불규칙형 때문에 청자들이 야구 선수가 초인적인 능력을 가졌다는 등의 잘못된 생각을 품지 않을까 걱정하기 때문일 수도 있다.

의미 확장 이론의 주된 문제는 기본 전제가 틀렸다는 것이다. 의미 확대 자체는 단어의 과거 시제형이나 복수형에 어떤 영향도 미치지 못한다. 불규칙 단어의 의미가 종종 한계점까지 확대되어도 사람들이 불규칙형을 포기하지 못하는 예가 수백을 넘어 수천 개가 있다.[5]

- 만일 기존의 불규칙 단어에 접두사 첨가로 신조어가 만들어지면, 그 신조어는 불규칙으로 남는다. eat에서 overeat가 태어나면 새 단어의 과거 시제는 overeated가 아니라 overate다. overshot(overshooted가 아니다.), undid, preshrank, remade, outsold 등도 마찬가지다.

- 기존의 단어에 어떤 단어가 합쳐져 새로운 명사가 끊임없이 생겨나고 있다. 입력물이 불규칙이면 출력물도 불규칙이다. 예를 들어 bogeymans가 아니라 bogeymen이고, superwomans가 아니라 superwomen이다. muskoxen, stepchildren, milkeeth도 마찬가지다.

- 명사를 은유어로 사용하는 것도 불규칙성과는 아무 관계가 없다. 내 책들에 대해 잘못 알고 있는 비평가들은 straw mans가 아니라 straw men(허수아비들)을 공격하고, 다른 사람들은 chessmen, snowmen, sawteeth, children of a lesser god, six feet under 라고

말한다. 석유 산업에서는 유전과 송유관에서 기름을 훔치는 자들을 가리켜 oil mice 라고 부른다.[6] 장수말벌 중에는 일벌을 사냥하는 beewolf라는 종이 있는데, 그 복수는 beewolves다. 내 컴퓨터는 최근에 자식 프로세스(child process)라고 불리는 스폰 프로그램(spawned program)을 언급하는 중에 다음과 같은 웅변적인 메시지를 토해 냈다. sendmail[95]: NOQUEUE: SYSERR: getrequests: accept: No children.

● 2장에서 보았듯이 영어에는 불규칙 동사에 기초한 수백 개의 숙어들이 있는데, 그것들은 은유가 아무리 부자연스럽거나 불분명해도 원래 동사의 불규칙성을 견고하게 유지한다. cutted 가 아니라 cut a deal(~와 매매 협정을 맺었다.)이고, took a leak(오줌을 눴다.), bought the farm(전사했다.), caught a cold(감기 걸렸다.), hit the fan(혼란에 빠졌다.), blew him off(방귀를 뀌었다.), lost has marbles(머리가 돌았다.), put him down(끽소리 못하게 했다.), came off well(성공했다.), went bananas(열광했다.), threw up(토했다.)이다.

이 불규칙당 당원들은 또한 양의성을 피하고 소통을 분명히 하기 위해 단어를 규칙화한다는 제안도 틀렸음을 입증한다.[7] 이 숙어들 중 많은 것들이 문자 그대로의 의미와 관용적 의미를 모두 가진 양의성을 보인다. bought the farm과 threw up이 대표적인 예다. 그리고 어떤 숙어들은 다른 숙어들과도 의미가 중복된다. 예를 들어 blew away는 'wafted(불어 버렸다.)', 'impressed(감동시켰다.)', 'assassinated(사살했다.)'를 의미할 수 있고, put him down은 'lower(낮췄다.)', 'insult(모욕했다.)', 'euthanize(안락사시켰다.)'를 의미할 수 있다. 그러나 그렇다고 해서 어느 누구도 각 묶음에서 한 의미를 골라내, buyed the farm, throwed up, blowed him away, putted him down이라고 말하지 않는다. 이와 반대로 grandstand(인기를 노리는 연기를 하다.)의 과거 시제는 grandstood가 아니라 grandstanded지만, 어떤 사람이 grandstood라고 말하면 그것은 조금도 양의적이지 않을 것이다. Mickey Mice, high-stuck, lowlives도 마찬가지이고, 특히 문맥 속에서는 의미가 더없이 명백할 것이다. 그러나 사람들은 이 명백한 단어들에 규칙형 과거 시제형을 사용하고 싶은 유혹을 느끼고 때로는 강제적인 충동을 느끼기도 한다.[8]

의미가 불규칙형의 포기와 무관한 것은 아니다. 의미도 분명 관련이 있지만, 단지 때때로 특정 측면에서만 관련이 있으며, 의미만 관련이 있는 것도 아니다. 단어가 불규칙성을 잃어버릴 때를 예측하는 한 이론이 언어학자 파울 키파르스키(Paul Kiparsky), 에드윈 윌리엄스(Edwin Williams), 로셸 리버(Rochelle Lieber), 엘리자베스 셀커크(Elezabeth Selkirk)에 의해 제기되었고, 나와 나의 공동 연구자들이 그것을 수정했다.[2] 지금까지 여러분에게 제시된 단어-규칙 이론에서 단어 부분과 규칙 부분이 더 정교하게 구체화되었다는 조건에서, 그것은 단어-규칙 이론의 직접적인 산물이다. 그것을 미리 보면 아래와 같다.

- 단어는 정보의 우연한 묶음으로가 아니라 어근이라 불리는 표준형으로 마음 사전에 저장된다.
- 규칙은 단어나 단어의 부분들을 되는 대로 그러모으는 것이 아니라, 새로운 조합물의 특성들을 부분들의 특성과 배열 방식으로부터 계산해 낼 수 있는 도식을 제공한다. 이 도식을 따르는 조합물은 핵어를 가졌다고 말할 수 있다.

우리는 '어근을 가지는 단어'와 '핵어를 가지는 단어'라는 두 가지 기준에 부합하는 단어는 품행이 단정하다는 것을 볼 것이다. 그것은 불규칙이어야 할 것처럼 보인다면, 실제로 불규칙일 것이다. 두 기준을 위반하는 단어는 불규칙형을 포기해야 한다. 예를 들어 flied out과 lowlifes 같은 것들은 언어 애호가들의 호기심을 자극하는 단어들이다. 이 설명은 어떤 단어가 불규칙형을 유지할 수 있는지 아닌지가 단어의 구조, 특히 어근과 핵어를 갖고 있는가에 따라 결정된다고 말하기 때문에, 단어 구조 이론이라고 할 수 있다.

이 장에서 우리는, 신문의 언어 칼럼과 만화 지면을 가득 채우는 수많은 영어 단어 퍼즐을 어떻게 단어 구조 이론으로 설명할 수 있는지 볼 것이다. 단어 구조 이론은 단어의 핵심(어근)과 규칙의 핵심(핵어)에 의존하기 때문에, 그 이론의 성공은 단어 규칙 이론을 보다 널리 확립시키는 계기가 될 것이다. 우리는 어간을 찾을 수 없는 단어들로 시작한 다음, 핵어를 잃어버린 단어들을 살펴볼 것이다.

✍

사람들은 대화에 사용하는 소리에서 무한히 창조적이다. 사람들은 동작, 음향 효과, 외국어법, 이름, 인용어로 말의 간을 맞추는데, 이 모두가 실제 단어처럼 쓰인다.

So he starts to argue with me, and I just went (*roll eyes*)(rolls eyes는 눈 알을 굴리다로 '듣기 싫다'는 뜻이다.——옮긴이).

When I hit the rock, the tire made a pffffffffffffft sound.

This townhouse has that *je ne sais quoi*(형언하기 어려운 것이라는 뜻이 다.——옮긴이)

I've been Norman Mailer'd, Maxwell Taylor'd. I've been Rolling Stoned and Beatled till I'm blind.[10]

If he "Yes, Dear"s me one more time, I'll scream.

그러나 우리는 누구나 이 유사 단어들이 특별하다는 것을 알고 있다. 대부분의 말은 dog와 walk 같은 평범한 단어들로 채워지는데, 그것들은 기본적인 영어 단어를 위한 일단의 기준들에 부합하는 것처럼 느껴진다. 접두사와 접미사가 붙지 않았을 때 이 단어들은 규범 어근(canonical root, 줄여서 어근(root)이라고 한다.)이라 불리고, 기억에 특수한 방식으로 저장된다.

어근은 실제 사전의 표제어처럼 마음 사전에서 독립된 기재항을 차지한다. 그것은 '명사'나 '동사'처럼 단어의 품사 범주를 지정한다. 그것은 단어의 의미를 지정한다. 그리고 그것은 단어의 소리를 지정하고, 소리는 영어의 표준 단어들을 위한 기본틀을 따른다.[11] 영어에서 규범 어근 하나의 틀은 단음절이거나, 강세 없는 조각이 끝에 매달려 있는 단음절이다. 다른 언어들은 다른 틀을 갖고 있다. 예를 들어 이탈리아어는 규범적 명사와 동사에 단음절을 허락하지 않는다. (한 언어의 표준 단어 소리를 임시변통으로 시험할 수 있는 기준은 애칭의 소리다. 영어에서 비규범적인 Bartholomew 는 규범적인 Bart가 되고, Elizabeth 는 Lisa, Liza, Libby, Liddy, Lizzy, Liz, Betty, Betsy, Beth, Bess가 된다.) 규범 어근은 또한 1장에서 논의한 현대 언어학의 토대들 중 하나이자, 언어적 기호를 의미와 소리의 자의적 쌍으로 본 페르디낭 드 소쉬르의 개념을 구체적으로 보여 주는 증거다.[12] 화자들은 예를 들어 oink 나 pfffffffffffft 처럼, 규범 어근이 그 지시 대상과 똑같이 소리 날 필요가 없음을 암묵적으로 느낀다. 그것은 화자들이 학습한 인습적인 쌍에 따라 지시 대상을 상징한다.

바로 여기에 불규칙성의 핵심이 있다. 불규칙 복수형이나 불규칙 과거 시제형은 다른 어근과 연계되어 있는 어근이다. 예를 들어 sank 는 sink 에 연계되어 있고, feet 은 foot 에 연계되어 있다.

불규칙형들은 본래 자의적이고, 3장에서 살펴보았듯이 규범적인 영어 소리, 즉 stuck과 mice 같은 단음절이거나, became과 understood처럼 접두사가 붙은 단음절이거나, children과 oxen처럼 빈약한 둘째 음절을 가진 단어들이다. 불규칙형들이 단어가 아니라 어근에 묶여 있다는 사실은, 불규칙형을 가질 것처럼 소리가 나는 단어들이 실제로는 불규칙형을 갖지 못하는 여섯 경우를 설명해 준다. 그 단어들은 마음에, 불규칙성에 안착할 수 있는 단 하나의 적합한 닻인 규범 어근으로 표상되지 않고, 강제적으로 단어 역할을 떠맡게 된 소리 열로 표상되기 때문이다. 마음 표상에서의 그것과 어근의 차이는 아래 그림에서 볼 수 있다.

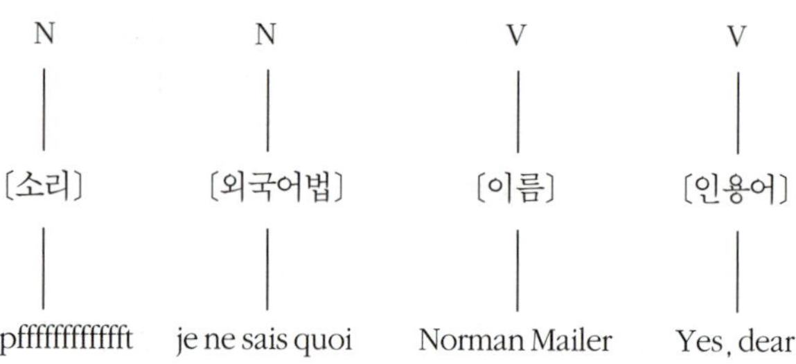

그러나 어떤 단어에 어근이 없고 그래서 기억에 저장된 굴절 형태와 단절되어 있다고 해도 그 단어는 과거 시제형이나 복수형을 가질 수 있다. 규칙이 뛰어들어 그 단어에 접미사를 첨가함으로써 규칙형을 만들기 때문이다.

이 효과의 첫 번째 예는 의성어로, 의성어는 하나의 자모음 열이 의미와 자의적 쌍을 이룬 소리로 해석되는 것이 아니라 세계의 어떤 소리를 직접 표현한 것으로 해석된다. 물론 어떤 사람도 의성어 형태가 테이프에 녹음된 소리처럼 특별히 정확하다고 생각하지 않을 것이다. 의성어는 언어마다 다르고, 언어마다 인습적 형태가 있으며, 대개 해당 언어의 음성 패턴과 조화를 이룬다. 그러나 의성어들은 규범적 음성 패턴을 위반하고(영어의 어떤 단어에도 oink 같은 열은 없다.), 결정적으로 사람들은 의성어들이 소리와 비슷하다고 지각한다. 의성어 동사와 명사들도 과거 시제형과 규칙형을 필요로 하지만, 그것들은 규범 어근이 아니기 때문에 불규칙형 유추를 촉진하는 마음 사전의 어근들 및 그와 연계된 불규칙형들을 이용하지 못한다. 그러므로 의성어들은 규칙적일 뿐만 아니라, 심지어 의성어가 아닐 때에는, 사람들이 소리를 듣고 spling-splang-splung처럼 불규칙 패턴을 차용하고 싶은 충동을 느끼게 되는 단어들도 일단 의성어로 쓰이면 규칙성을 띤다.

> The engine **pinged**(pang이나 pung이 아니다.).
>
> My grant got **dinged**(dang이나 dung이 아니다.).
>
> That presentation really **zinged**(zang이나 zung이 아니다.).
>
> The canary **peeped**(pept가 아니다.).
>
> Her computer **beeped**(bept가 아니다.).

규범 어근이 없는 두 번째 종류의 소리는 인용어다. 인용어는 규범적 단어를 사용할 필요가 없다. 인용어는 Elmer shouted나 Dwart!처럼 다른 사람이 말한 소리 열을 그대로 가져온 것이기 때문이다. "I hate how he begins every sentence with 'actually'."

에서처럼 인용어가 실제 단어일 수도 있지만 그것은 우연의 일치일 뿐이다. 우리는 다른 사람이 낸 소리는 무엇이나 인용할 수 있다. 의성어처럼 인용어 역시 어근으로 지각되지 않고, 기억 속의 어근 및 그 연합물과 연계되지 않는다. 저장된 불규칙 복수형들은 외면당하고, "While checking for sexist writing, I found three 'man's on page 1(three 'men'이 아님.)."에서처럼 규칙형이 사용된다. 제인 오스틴(Jane Austen)의 『맨스필드 파크(*Mansfield Park*)』에서 한 등장 인물은 드라마를 좋아하는 아버지에 대해 다음과 같이 말한다. "바로 이 방에서 우리는 몇 번이나 율리우스 카이사르의 죽음을 애통해 하고, 사느냐(to be'd)와 죽느냐(not to be'd)를 경험했던가?"

어근 없는 단어의 세 번째 종류는 이름이다. 현대 영어에서 이름은 무의미한 소리다. 많은 이름들이 우연히 어근처럼 소리가 나는 것은(예를 들어 Shepherd, Green), 성(姓)이 원래 개인의 거주지, 직업, 부친, 또는 특징적인 용모에서 비롯되었기 때문이다. 어떤 사람도 셰퍼드 교수가 양치기거나 그린 부인이 초록색일 거라고 생각하지 않는다. 또한 Dweezil Zappa, Carl Yastrzemski, Seamus McGillicuddy 같은 이름들은 영어 단어와 아무 관계가 없다. 의성어와 인용어처럼 이름도 마음에 규범 어근이 아니라 소리 열로 등록되고, 그래서 동일한 소리나 비슷한 소리로 저장되어 있는 어근들과 관계를 맺지 않는다. 그 결과 사람들은 어쩔 수 없이 그것들을 규칙화하게 된다.

> We're having Julia Child and her husband over for dinner. You know, the **Childs** are really great cooks (Children이 아니다.).
>
> Why hasn't the German literary world seen any more Thomas **Manns**(Menn이 아니다.).
>
> All the producers are looking for likable historians, but there aren't many Shelby **Footes** out there(Feete이 아니다.).

어근 없는 단어의 네 번째 유형은 latke 와 cappuccino 같은 외래 차용어로, 이것들은 규범적 영어 단어가 아니라 다른 언어에서 따온 소리다. 외래 차용어들은 영어의 어근 사전에는 수록되어 있지 않지만, 영어의 규칙적 굴절에는 기꺼이 복종한다(latkes 와 cappuccinos). 그것들은 심지어 불규칙 패턴이 유혹할 때에도 규칙적 굴절을 고수한다. thief-thieves, leaf-leaves, shelf-shelves, life-lives의 광범위한 불규칙 패턴에도 불구하고 프랑스 어나 독일어에서 차용된 명사들은 규칙 복수형을 갖고 있다. 프랑스 어에서 차용된 예로는 beefs, chiefs, gulfs 가 있고(beeves, chieves, gulves 가 아니다.), 독일어에서 차용된 예로는 3장에서 본 리처드 레더러의 불규칙 애호가인 농부 플러리버스의 fifes 가 있다(fives and dra 가 아니라 fifes and drums다.).[13] 만일 당신의 애완용 몽구스가 새끼를 낳으면 mongeese 가 아니라 mongooses 를 낳을 것이다. mongoose 라는 단어는 남인도의 언어인 마라티 어의 mangus 에서 왔기 때문이다. 2장 이상의 talisman(부적)은 talismen 이 아니라 talismans 다. 그 단어의 기원은 아라비아 어인 tilasm 이기 때문이다. 1066년 이래로 영어에 차용된 수천 개의 프랑스어 동사 및 라틴 어 동사는 대부분 규칙형이다. 예를 들어 derode 가 아니라 derided 이고('비웃다.'라는 뜻의 deride의 과거형), succame 이 아니라 succumbed 다('굴복하다.'라는 뜻의 succumb의 과거형).

물론 현대 영어의 화자들에게는 고대 색슨 족의 운율에 대한 공통의 기억이 없다. 따라서 한 단어가 토산품이 아니라는 것을 어렴풋이라도 알기 위해서는 화자 자신의 경험이 필수적이다. 여러 언어를 사용하거나 세계 여러 곳을 돌아다니는 화자들은 정확히 외국 단어를 알아보는데, 수세기 전에 chiefs, succumbed, mongooses 등이 영어에 규칙 복수형으로 들어온 것은 그런 이유에서였을 것이다. 그리고 새 단어를 가장 먼저 쓴 화자들이 규칙 복수형을 사용하면 다른 화자들은 대부분 선례를 따른다. 사람들은 불규칙형이 나올 것처럼 소리 나는 단어가 규칙형으로 나오면 주의를 기울이기 때문이다(335쪽에서 본 것처럼). 그러나 1개 국어 사용자들도 차용 단어가 규범적 영어 음성 패턴을 위반하면 어렵지 않게 그것이 외래어임을 알아본다. cappuccino처럼 최근에 이주한 단어들은 즉시 정체가 드러나고, 오래된 프랑스 단어와 라틴 단어들도 독특한 소리를 갖고 있다. 즉 그것들은 예를 들어 deride처럼 둘째 음절에 강세가 있는 이음절 단어일 때가 많다. 초기에 그 단어가 외래 차용어인지를 모를 때에도 화자들은 그 소리가 화려하거나 거북하거나 기존의 일상 영어와 뭔가 다르다는 것을 감지할 것이다. (몇몇 실험을 통해 밝혀진 바에 따르면, 사람들은 비록 그 차이를 구체적으로 지적하지는 못하지만, 다양한 일상 영어 구문에서 라틴 어식 소리가 나는 단어들보다는 영어식 소리가 나는 단어들을 더 좋아한다고 한다.[14]) 거꾸로 말해 어떤 단어가 차용된 것임을 전혀 모를 때 화자들은 그것을 표준적인 어근으로 취급하고, 그때 그 단어가 다른 불규칙 어근과 비슷하면 아무런 제약을 느끼지 않고 그것을 불규칙형으로 만든다. 예를 들어 quit과 cost는 둘 다 프랑스 어에서 들어왔지만 표준적인 영어 단음절 단어로 동화되었다. 두 동사의 과거 시제형은 변화가 없는 불규칙형으로, hit, cast와 유사하다.

다섯 번째 유형인 두문자어가 어근 없는 단어들로 인식되는 이유는, 인위적인 수단으로 만들어진 것들이기 때문이다. to synch는 to synchronize의 끝을 자른 것이고, 과거 시제는 sanch나 sunch가 아니라 synched이다(lip-synched에서처럼). 컴퓨터 설치 관리자 시스템을 sysman이라 하는데 그 복수형은 sysmans다. 두문자어들도 서투른 단어 조합의 또 다른 예인데, PCs, TVs, SOBs뿐만 아니라 세간의 비난을 한몸에 받고 있는 RBIs도 규칙형 접미사 첨가에 쉽게 복종한다. 어떤 두문자어가 불규칙형 소리와 일치할 때에도 그 불규칙형이 적용되지 않고 규칙형 접미사가 적용된다. 산소(oxygen)와 크세논(xenon)의 혼합물이 가득 담긴 용기에 OX라는 라벨이 붙어 있다면, 여러분은 여러 개의 용기를 부를 때 OXen이라는 단어를 사용해야 할지 의심스러울 것이다. 이 예는 다소 인위적이지만 다른 언어들에서는 흔한 경우로, 이에 대해서는 8장에서 살펴볼 것이다.

　　여섯 번째이자 마지막 예는 다른 품사 범주의 어근으로부터 전환되었기 때문에 자체적인 어근이 없는 단어들이다. 영어는 다른 범주의 어근들을 동사로 전환하는 것으로 악명이 높다. 이 장의 서두에서 칼럼니스트 존 파워스는 누가 impact 를 동사로 만들었냐고 묻는데, 다음 쪽의 만화에서 캘빈은 홉스에게 동사화는 언어를 묘하게 만든다고 말한다.

　　동사화된 명사들은 언어를 묘하게 만들기는커녕 정밀한 법칙을 따른다. 명사나 형용사가 살짝 겉모습을 바꾼 것으로 인식되는 동사들은 심지어 불규칙 동사처럼 소리 나는 경우에도 결코 불규칙형을 수용하지 않는다.

하이스틱 반칙을 범했다.

Boom-Boom Geoffrion got **high-sticked**! (high-stuck 이 아니다.)

hit with a high **stick**

포위했다.

Powell **ringed** the city with artillery.

formed a **ring** around

"난 단어를 동사화하는 게 좋아."
"뭐?"

"명사와 형용사로 동사를 만드는 거야. 기억나? 예전에는 'access'가 사물이었지만, 이제는 동사로 변해서 행위가 됐잖아."

"동사화는 언어를 묘하게 만들어."
"결국 우리는 언어를 조금도 이해할 수 없게 만들지 몰라."

마음을 단단히 먹었다.

I **steeled** myself for a visit with my dentist, Dr. de Sade.

made like **steel**

숨김없이 털어놓았다.

Harvey **bared** his soul on Oprah.

laid **bare**

구이용 꼬치에 꿰었다.

Mongo **spitted** the pig.

put on a **spit**

멈춰 세웠다.

Vernon **braked** for the moose.

applied the **brakes**

샐리 라이드를 능가했다.

Mae Jemison **out-Sally-Rided** Sally Ride.

outdid **Sally Ride**

고기가 검다.

Swans are **dark-meated** fowl.

having dark **meat**

벼룩을 없앴다.

Poor Bowser had to be **de-flea'd**.

had **fleas** removed

바로 세웠다.

Babs quickly **righted** the canoe.

set **right**

썰매를 타고 갔다.

We **sleighed** over the river and through the wood.

went by **sleigh**

두 세트 차이로 이겼다.

Martina **two-setted** Chris.

beat in two **sets**

평균을 계산했다.

After you've **meaned** both columns, you can do the t-test.

computed the **mean** (average) [15]

추모되다.

Mom was flying home. In a box. To be **waked** and buried.

given a **wake** [16]

덩굴손을 제거하다.

Most snow or sugar snap peas need removed to be **stringed**

have the **string** [17]

그 이유는 stick 같은 명사 어근은 불규칙 과거 시제형과 연합 될 수 없다는 데 있다. 과거 시제 개념은 명사와 무관하고 따라서 명사와 함께 등재될 수 없기 때문이다. (hockey stick이 '과거 시제'를 갖는다면 무슨 뜻이 될까?) 동사 어근 stick과 함께 저장된 불규칙 과거 시제형 stuck은 무관한 것으로 취급된다. to high-stick이 그 어근과 무관하기 때문이다. 규칙형 규칙은 동사 어근이나 그밖의 어떤 것에 한정되는 것이 아니라, 초깃값으로 적용된다. 따라서 규칙형 규칙은 동사 어근이 없는 동사를 굴절시킬 때는 언제든 이용 가능한 방법이자, 유일한 방법이다. 이것은 명사에도 똑같이 적용된다 (8장에서 살펴볼 것이다.).

우리는 flied out에 대한 설명을 거의 끝마쳤다. 야구팬들은 to fly out이라는 동사가 옥수수 캔이라는 애칭을 갖고 있고 하늘 높게 뜬 볼을 의미하는 명사 a fly에서 나온 것임을 알고 있다. to fly out은 높게 친 볼이 수비수에게 잡혀 아웃되는 것을 의미한다. 혹자는 사람들이 high-stuck과 de-fled를 피하는 이유가 그 단어들이 명사에 기초해 있기 때문인 것처럼, 사람들이 flew out이라고 하지 않는 이유도 그 단어가 명사에 기초해 있기 때문이라고 결론지을 수도 있다. 그러나 여기에는 문제가 하나 있다. 명사 a fly 자체가, "지상의 퉁명스러운 속박을 미끄러지듯 벗어나 웃음으로 은도금된 날개를 퍼덕이며 하늘에서 춤을 추는 것"[18]이라는 의미를 지닌 일상적인 동사 to fly 에서 전환된 것이라는 점이다. 야구의 fly 는 이중으로 전환된 단어, 즉 동사에서 명사로 전환된 뒤 다시 동사로 전환된 단어이므로 동사 어근이 있고, 그 어근에는 flew 와 flown 이 달려 있다. 위의 설명에는 뭔가 빠진 것이 있다. 그 빠진 부분은 단어의 성격이 아니라 규칙의 성격에서 비롯된다.

문법 규칙의 요점은 전체의 의미가 부분들의 의미와 그 배열 방식으로부터 계산될 수 있는 새로운 조합물을 규정한다는 것이다. 어떤 규칙들(통사론 규칙들)은 단어로 문장과 구를 만들고, 어떤 규칙들(형태론 규칙들)은 단일어와 접두사 및 접미사 같은 단어 조각들로 복합어를 만든다. 예를 들어 weirding 이나 long-billed thrasher 같은 새 단어가 표층에 떠오를 때, 문법 규칙 덕분에 화자는 그것을 만들 수 있고 청자는 그것을 이해할 수 있다.

동사 overeat 을 예로 들어보자. 그것은 동사 어근 eat 에 기초해 있다.

이 어근에 접두사가 씌워져 아래와 같은 마음 구조가 나오는데, 꼭
대기의 V는 overeat 라는 단어 전체를 나타낸다.

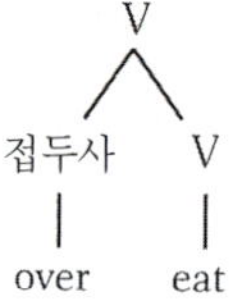

우리는 새 단어인 overeat 의 사용법을 어떻게 알까? 우리는 가장
오른쪽에 있는 eat 의 특성들을 그 단어에 부여한다. overeat 의 품
사는 무엇일까? eat 처럼 동사다. overeat 의 뜻은 무엇일까? eat
가 먹는 것을 가리키는 것처럼 그것도 일종의 먹는 행위(너무 많이 먹
는 것)를 가리킨다. 과거 시제형은 무엇일까? eat의 과거 시제형이
eated가 아니라 ate인 것처럼 그것도 overeated가 아니라 overate
다.

　새 복합어는 최우측 단어의 기억 기재항으로부터 (불규칙형을
포함해) 특성들을 물려받는다. 나무의 맨 아래에 있는 핵어에서, 그
로부터 형성된 새 복합어로, 그리고 그것으로부터 형성된 더 큰 단
어로 정보를 전달하는 경로는 다음 그림과 같다.

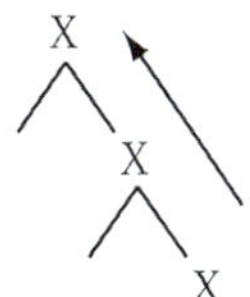

핵어로부터 정보가 위로 삼투(percolation)하는 현상은 의미 확장 이론(의미 변화가 불규칙형을 못 쓰게 만든다는 이론)에 어긋나는 사례들을 설명해 준다. 예를 들어 workman은 명사 man에 동사 work가 접두사로 붙어 형성된 복합어다.

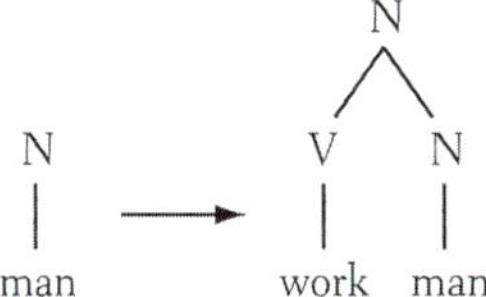

단어 전체의 특성들은 최우측 단어이자 핵어인 man의 특성에서 나온다. man이 명사이듯이 workman도 명사다. man이 사람을 가리키듯이, workman도 일종의 사람이다. 그리고 man의 복수형이 men이므로 workman의 복수형은 workmen이다. 이 설명은 예를 들어 bogeymen, superwomen, sawteeth 같은 다른 복합어들과 은유어들, 그리고 understand-understood와 become-became처럼 접두사가 붙은 동사들에도 적용된다. 그것은 또한 took a nap과 threw up 같은 구에도 적용되지만, 이때 우리는 그것들이 단어가 아니라 구이고, 영어에서 구의 핵어는 오른쪽이 아니라 왼쪽에 있다는 사실(2장에서 소개한 mothers-in-law/mother-in-laws 논쟁은 이것 때문이었다.)을 기억해야 한다.

우리는 마침내 lowlifes, flying out, Mickey Mouse에 도달했다. 몇몇 복합어들은 핵어가 없다. 즉 화자가 원하는 효과를 내기 위한 특성들이 최우측 요소에서 오지 않는다. 그 단어가 적절히 해석되고 사용되려면 정보 삼투기가 꺼져야 한다. 정보 삼투기가 꺼지면 그 단어의 어근에서 온 정보를 전달하는 경로가 막히게 되고, 그 어근과 함께 저장된 불규칙형은 기억에 감금되어 위로 올라오지 못하고 따라서 단어 전체에 적용되지 못한다. 그러면 초깃값으로 행동하는 규칙형 규칙이 뛰어들어와, 그 단어의 소리에서 불규칙성의 냄새가 느껴진다는 사실에도 아랑곳하지 않고, 그 단어에 과거 시제형을 공급한다.

단어는 언제 핵어를 잃어버릴까? 첫째, 최종 결과물인 형성 단어가 최우측 단어가 가리키는 것과 다른 종류의 것을 가리키는 복합어가 될 때이다. 복합어는 다른 어떤 것을 가리키는데, 그 어떤 것은 최우측 단어가 가리키는 종류에 속하거나 한다. workman은 일종의 사람이고 bluebird는 일종의 새지만, cutthroat(살인자)는 목(throat)이 아니고 lazybones(게으름뱅이)는 뼈(bones)가 아니다. 언어학자들은 이것을 '바후브리히(bahuvrihi)' 복합어라 부르는데, 바후브리히는 '많은 쌀을 가짐(부유하다는 뜻이다.—옮긴이)'이라는 뜻의 산스크리트 어이다.[19] (이 말은 산스크리트 어 문법에 대해 놀라울 정도로 정교한 분석을 남긴 2500년 전 인도의 한 언어학파에서 비롯되었다.) 이와 마찬가지로 lowlife는 일종의 삶이 아니라 일종의 사람, 즉 비천한 삶을 사는 (또는 영위하는) 어떤 사람을 가리킨다. 그 단어가 그런 뜻을 가지려면 삼투 경로가 막혀야 한다. 삼투 경로가 열려 있으면 lowlife는 일종의 삶을 가리킬 것이기 때문이다. 기억에 연결된 자료 경로가 막히면, life와 함께 저장된 다른 정보도 위로 올라올 수가 없고, 연계된 복수형인 lives도 차단된다. 불규칙 복수형이 차단되면 규칙형 접미사 -s가 달려와 lowlifes를 만든다.

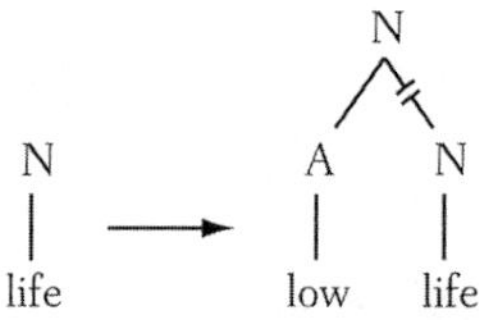

핵어 없음은 수십 년 동안 단어 관찰자들을 당혹스러움에 빠뜨린 복수형들과 과거 시제형들의 최소 네 종류를 설명해 준다. 번스타인은 "몇몇 복수형은 정말로 비합리적이다. talismans, mongooses, still lifes가 그것이다."라고 불평한다.[20] 우리는 이미 앞쪽 두 단어의 신비를 벗겼고, 이제는 still life(정물화)가 일종의 삶이 아니라 일종의 그림임을 알고 있다. 그 의미를 띠려면 그것은 삼투를 방지해 마음 사전의 lives를 봉쇄하고, 초깃값에 의존해 lifes로 변해야 한다. 이와 마찬가지로, flatfoot은 일종의 발이 아니라 동네를 지키는 경찰관인데(너무 많이 걸어 다녀 발이 평평해졌다.), 몇 명의 경찰은 flatfeet이 아니라 flatfoots이다. 경험이 없는 벌목꾼이나 유년단원을 tenderfoot이라 부르는데, 사전에는 그 복수형들 중 하나로 tenderfoots가 수록되어 있다.

만일 내가 인간을 그들이 선택한 소설 속으로 쏴 보내는 기계의 이야기를 다룬 우디 앨런의 소설에 나오는 커글머스 교수라면, 나는 리처드 루소(Richard Russo)의 『누구도 속일 수 없는 사람(*Nobody's Fool*)』(우리나라에는 「노스바스의 추억」이라는 제목으로 영화가 소개되었다.—옮긴이)의 이야기 속으로 들어가게 해 달라고 요구할 것이다. 그곳에 가면 고등학교에서 벌어진 논쟁을 해결할 수 있을 것 같아서다.

《노스바스 위클리 저널》의 사설란에서 Sabertooth(검치호랑이—옮긴이)의 복수형이 Sabertooths인지 Saberteeth인지에 대한 논쟁이 벌어졌다. 치어리더들이 철자 응원을 벌일 때 어떻게 해야 할까? 교장 선생님은 Saberteeth은 엘리트적이고 바보스럽고 치과처럼 들린다고 말했다. 학교의 영어 과장 선생님은 반대 의견을 내놓았다. 최근의 이 불법 행위는 영어 훼손의 또 다른 증상이며, 만일 그를 비롯한 영어과 선생님들이 tooths를 tooth의 복수형으로 인가해야 하는 상황이 오면 사임도 불사하겠다고 으름장을 놓았다. 시립 도서관의 사서는 편집자에게 편지를 보내, 왜 안 되느냐고 반문했다. 어쨌든 노스바스 고등학교의 영어과에서는 'antelope(영양)'의 복수형이 'antelopes'임을 인정하지 않았는가? 몇 주 동안 수많은 편지들이 쇄도했다. 중학교와 고등학교의 역사 과목을 '사회과'로 편입시킨 것 때문에 20년 동안 교장 선생님에게 앙심을 품고 있던 버릴 피플스 선생님은 검치호랑이가 멸종한 동물임을 일깨우는 것으로 논쟁을 마무리했다. 깊이 생각해 볼 문제라고 그녀는 말했다.[21]

다행히 그들은 내 도움 없이 문제를 잘 해결했다. 새로운 응원 구호는 "GO SABERTOOTHS! TROUNCE SCHUYLER SPRINGS!"로 정해졌다. 그것은 올바른 결정이었다. sabertooth는 바후브리히 복합어이기 때문이었다. 그것은 일종의 이가 아니라 고양잇과의 한 종을 가리킨다.

나는 또한 J. R. R. 톨킨(J. R. R. Tolkien)의 『반지 원정대(*The Fellowship of the Ring*)』의 등장 인물인 빌보 배긴스의 생각에 동의한다.

"친애하는 배긴스와 보핀 가 여러분. 친애하는 투크, 브랜디버크, 그럽, 첩, 버로우스, 혼블로우어, 볼저, 그레이스거들, 굿보디, 브록하우스, 프라우드푸츠(Proudfoots) 여러분." 천막 뒤쪽에 있던 초로의 한 호빗이 외쳤다. "프라우드피트(ProudFEET)예요!" 물론 그는 자랑발(Proudfoot) 가문의 한 사람이었고, 자랑발이라는 이름이 어울리는 인물이었다. 그는 특별히 털이 텁수룩하고 커다란 두 발을 탁자 위에 올려놓고 있었다.

빌보는 다시 말했다. "프라우드푸츠(Proudfoots) 여러분."[22]

그리고 나는 앨리슨 베이커(Alison Baker)의 단편 소설에 나오는 버펄로 갤이란 인물과 아는 체 하는 화자 사이의 대화에 끼어들 수 있다면 참 좋겠다고 생각한다.

버펄로 갤이 말했다. "그들이 왔다 갔다 해요. 빅푸츠(bigfoots, 전설로 전해 내려오는 사람 비슷한 동물 — 옮긴이)라면 좋겠소."
"빅피트(bigfeet)죠." 내가 말했다.
"어쨌든 말이오." 버펄로 갤이 말했다.[23]

단어 구조 이론은 또 다른 수수께끼도 해결한다. 1989년 《뉴스위크》에는 아래와 같은 기사가 실렸다.

소니 워크맨이 탄생한 지 10년이 되었다. 지금까지 5000만 대의 워크맨이 팔렸다. 그러나 아무도 워크맨의 정확한 복수형을 모른다.

Walkmans일까, 아니면 Walkmen일까? 우리로서는 미루어 짐작할 도리밖에 없다. 소니사는 워크맨을 형용사로만 사용해 이 문제를 전적으로 회피하고 있다. 일관된 용법을 위해—그리고 상표 보호를 위해, 소니사는 "Walkman® personal stereos."로 표기한다. 그러나 사람들은 모두 휴대용 카세트를 이야기할 때 상표가 파나소닉이든 도시바든 아이와든 무조건 "Walkmans"라고 말하거나 간혹 "Walkmen"이라고 말하지, 절대로 "personal stereos"라고 말하지 않는다.[24]

개중에는 워크맨의 복수가 규칙형이라고 완전히 확신하는 사람들이 있다. 샌프란시스코의 한 가게 주인은 아래와 같은 네온 간판을 자신 있게 내걸었다.

물론 워크맨은 사람이 아니므로, 대다수의 사람들은 샌프란

시스코의 간판업자처럼 그것을 핵어가 없고 따라서 불규칙 복수형인 men을 적용할 수 없다고 해석한다. 그것 역시 전형적인 바후브리히 복합어가 아니다. 하층민(lowlife)은 하층의 삶을 살고(has), 평발인 사람(flatfoot)은 평평한 발을 갖고 있지만(has), 워크맨(walkman)은 결코 사람을 갖고 있지 않기 때문이다. 가장 근접한 해석은 '사람이 (음악을 들으면서) 걸을 수 있는 카세트'일 것이다. 그러나 일본 회사들은 제품의 우수성을 부각시키기 위해 종종 "Supreme Liberal(최고로 자유로운)", "For vibratory refreshment(떨리는 상쾌함을 위해)", "Love the earth with honest poverty(정직한 가난으로 지구를 사랑하라.)" 같은 무의미한 영어 이름과 슬로건을 사용하기 때문에, 그러한 언어 분석은 무익하다.

핵어 없음은 또한 두 번째 규칙화 유형, 즉 에포님(eponym)을 설명해 준다. 에포님은 atlas(지도책), boycott(보이콧하다.), bowdlerize(무단 삭제하다.), cinderella(숨은 인재), maverick(독립적으로 행동하는 사람), quixotic(돈키호테식의), sandwich(샌드위치), scrooge(수전노), shylock(고리대금업자), tantalize(감질나게 해 괴롭히다.)처럼 이름에서 유래한 단어이고, 19세기에 수세식 변소를 도입한 영국 발명가 토머스 크래퍼(Thomas Crapper)의 이름을 딴 것이라고 전해오는 crap(배설물)도 에포님에 속한다(크래퍼는 실존 인물이지만, crap은 원래 중세 영어인 'chaff'에서 유래했다.).[25]

얼간이라는 의미의 a Mickey Mouse도 에포님이다. 그것은 일반 명사 mouse에서 유래했다. 월트 디즈니는 자신의 만화영화에 등장하는 자그마한 주인공에게 Mickey Mouse라는 이름을 붙였다. 이름과 명사는 다소 비슷하지만, 영어에서 둘은 서로 다르다. (사람들은 일반적으로 "She's talking to **the Mildred**." 나 "I left work because **sick jason** came home early." 라고 말하지 않는다.) 그런데 일상 언어에서 그 이름은 일반 명사인 a Mickey Mouse로 전환되었다.

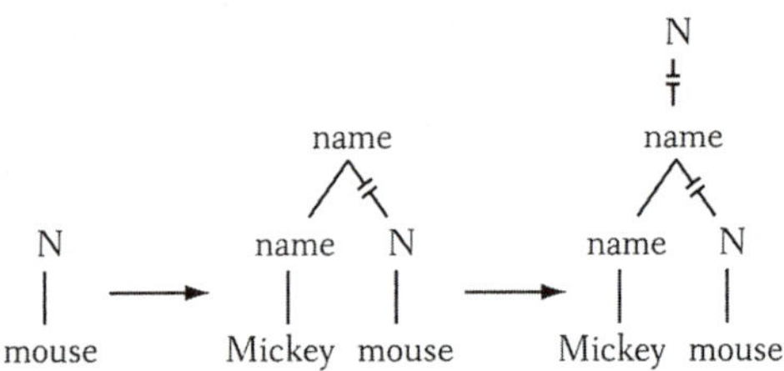

새 명사는 삼투 경로가 두 번 봉쇄되어야 했기 때문에 핵어가 없다. 한 번은 명사 mouse가 이름으로 전환될 때였고, 또 한 번은 그 이름이 명사로 전환될 때였다. (삼투 경로가 봉쇄되어야 했던 것은 또한 의미가 곧바로 발생하도록 하기 위해서였다. 즉 a workman은 사람이지만 a Mickey Mouse는 쥐가 아니다.) 삼투 장치가 꺼짐에 따라 mice는 마음 사전에 갇히고 복수형 규칙에 따라 Mickey Mouses가 탄생한다. 이중 전환어인 Mickey Mouses가 단일 전환어인 the Childs와는 약간 다르게 설명된다는 점에 주목하자. Julia의 경우와는 달리 Mickey의 경우에 그 성(姓)은 일반 명사와 눈에 보이게 연결되어 있으므로, 문제는 어근이 부재한다는 것이 아니라 어근에 접근할 수 없다는 것이다.

명사는 또한 예술 작품, 제품, 팀 등의 이름에서도 유래할 수 있다. 우리는 마이클 키튼(Michael Keaton)이 「배트맨」 시리즈의 처음 두 작품, 즉 두 편의 Batmen이 아니라 Batmans에 주인공으로 나왔다고 말할 수 있다. 우리는 로이 오비슨(Roy Orbison)의 원곡이 모든 「Pretty Womans」 중에 최고였고, 바비 다린(Bobby Darin)의 곡이 모든 「Mack the Knifes」 중에 최고였다고 주장할 수 있다. 나는 다음과 같은 말들을 보거나 들은 적이 있다. Spectrums와 Quantums(자전거), Elfs(자동차), John Deeres(트랙터), Top Shelfs(냉동 식품), Sea Wolfs(해군 항공기), Supermans(만화책), Maple Leafs(아이스하키 팀).[26] 《파퓰러 포토그래피(*Popular Photography*)》에서 한 저널리스트는 신

제품 카메라에 대해 다음과 같이 썼다. "캐논 사가 생산량을 늘리는 중에도 ELPHs는 계속 매진되고 있다(ELPH의 복수형은 무엇인가? ELPHS? ELVES? ELVIS?)."[27] 스포츠에도 토론토의 아이스하키 팀인 Maple Leafs가 있고 플로리다에는 옥수수 캔을 쳐 올리는 플로리다 야구 팀(Marlin이 아니다.)이 있다. 이때 훼방꾼이 나타나는데, 미네소타 농구 팀인 Timberwolves가 그들이다. 나는 다음 절에서 이러한 명백한 반례들을 살펴볼 것이다.

마침내 우리는 왜 미천한 인간은 센터필드를 향해 날아가지(flown out) 못하는가에 대한 완전한 설명에 도달했다. 야구 용어가 발전하는 과정에서 평범한 동사 to fly가 명사인 a fly로 전환되었고, 명사 a fly는 다시 '플라이 볼을 치다.'라는 뜻의 동사 to fly로 전환되었다.

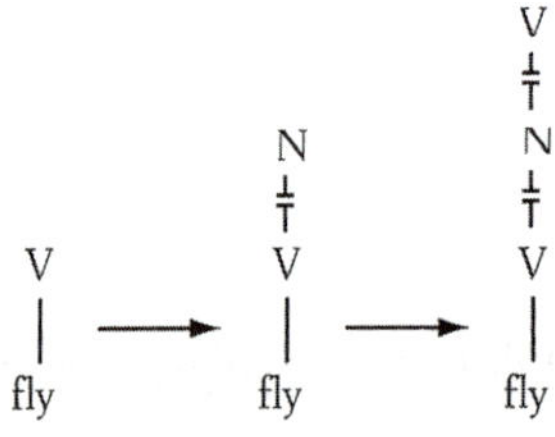

새 동사(맨 위의 V)는 어근 동사로부터 2개 층에서 봉쇄되었다. 하나는 동사를 명사로 전환한 층이고, 또 하나는 그 명사를 다시 동사로 전환한 층이다. 삼투가 두 번에 걸쳐 봉쇄됨으로써 동사는 아래 층의 범주를 맹목적으로 받아들이는 대신 범주를 전환할 수 있었다. 야구의 달인들은 flying out에서 fly ball을 들을 수 있으므로, 그들에게 flew와 flown 형태들은 마음 사전의 fly 기재항을 벗어나지 못한다. 그 단어는 최후 수단으로 –ed에 의존해 flied out이 된다.

아래의 예들은 동사에서 명사로, 명사에서 다시 동사로 전환되어 어근의 불규칙성과 단절된 또 다른 단어들이다.

Once again, Perot *grandstanded* (갈채 받을 연기를 했다.) to the audience.

(to stand →a grandstand →to play to the grandstand)

Vera *costed* (견적하다.) out the grant.

(to cost →the cost →to ascertain the cost)

Doctor Crunch *encasted* (깁스로 고정하다.) my leg.

(to cast →a cast →to put in a cast)

She threw out all her *runned* (올이 풀린) nylons.

(to run → a run → having a run)

A doctor who *slided* (슬라이드에 넣다.) a sample.[28]

(to slide → a slide → to place on a slide)

Many projects could be *offshooted* (퍼져나가다.) from television in the classroom.[29]

(to shoot → an offshoot → to make an offshoot)

In each of the past two seasons, Cleveland State guard William Stanley has sported a self-styled, one-of-a-kind hairdo. In 1987~1988 it was a half-foot-high flattop. Last season he went to a bilevel box cut. This season, as a senior, Stanley has *outdo'ed* (~보다 더 멋진 머리를 하다.) himself(클리블랜드 주립 대학의 가드 윌리엄 스탠리는 지난 2년 동안 매 시즌마다 자신만의 독특한 헤어스타일을 과시했다. 1987~1988년 시즌에는 2분의 1피트 높이의 항공모함 스타일이었다. 지난 시즌에 그는 2단 박스 커트로 바꾸었다. 4학년생이 된 이번 시즌에 스탠리는 더욱 인상적인 헤어스타일을 선보이고 있다.).[30]

(to do hair → a hairdo → a 'do → to have a more impressive 'do than)

The preterite of *to joyride* (폭주 드라이브를 즐기다.) is not *joyrode*, nor even *joyridden*, but *joyrided*.[31]

(to ride → a joyride → to take a joyride)

핵어 없음은 네 번째 호기심거리인 철자의 변덕을 설명해 준다. 영어 철자법은 단어의 소리와 글자를 연결하는 규칙 체계다. 문법처럼 철자법도 불규칙과 혼란으로 가득하고, 특히 eye, of, have, would처럼 빈번한 단어들이 그러하다. 첫 번째 혼란은 y로 끝나는 명사에 접미사가 붙으면 y가 ie로 변한다는 것이다(예를 들어 army-armies, body-bodies, cherry-cherries의 복수형과, happy-happiness, pretty-prettiness, ugly-ugliness의 파생 명사). 그러나 어간 말미의 ē 소리를 y로 표시하는 규칙형 철자 규칙이 가끔씩 자신의 존재를 주장하고는 한다. 아래는 여성 이름의 유행에 관한 기사에서 발췌한 글이다.

Bettys abound, past and present——from Crocker to Boop, from Grable to Friedan to Ford ······ If you're looking for a Betty under 40, though, good luck ······ Bettys are so endangered that they've formed a club——lots of clubs, actually. In fact, the Bettys of

Nebraska just held a convention simply to rejoice in their Bettyness(베티들은 예나 지금이나 많다. 크로커, 부프, 그래블, 프리단, 포드 …… 그러나 40세 미만에서 베티를 찾는다면, 글쎄다, …… 멸종 위기에 처한 베티들은 클럽을 만들었다. 실제로 많은 수의 클럽이 있다. 심지어 네브라스카의 베티들은 단지 자신들의 이름이 베티임을 축하할 목적으로 회의를 개최하기도 했다.).[32]

물론 Betty는 일반 명사가 아니라 이름에서 유래한 명사다. 그리고 복수화된 이름은 불규칙 복수형을 벗어던지는 동시에 불규칙 철자도 벗어던져서, the Kennedys, the Fogartys, the Kansas Citys, the Germanys, the Emmys, the Tonys, I'll have two Bloody Marys(보드카와 토마토 주스를 섞은 음료―옮긴이)를 탄생시킨다. 다른 문법적 범주로부터 전환된 명사도 마찬가지다. 어느 아파트식 모텔의 광고 간판에 적힌 Dailys Weeklys Monthlys Yearlys는 모두 부사에서 파생된 명사들이다.[33] 명사가 다른 품사에서 유래할 때, 사람들은 철자에서도 불규칙형들과의 연합물을 봉쇄한다.

철자 효과가 항상 적용되는 것은 아니다. 나는 the Alleghenies

(앨러게이니 산맥)과 the Rockies(로키 산맥)은 물론이고 Dollies(복제 양의 이름에서), dailies(신문), onlies(아이들만(only children)), goody-goddies(독실한 체하는 사람—옮긴이)를 본 적이 있다. 그럼에도 불구하고 땜질식으로 사후에 언어의 표준 설비에 추가되는 철자법이 그렇게 자주 문법 체계의 심층 원리를 보여 준다는 것은 놀라운 일이 아닐 수 없다.

체계적인 규칙화의 한 아이러니는, 일반적인 화자들은 추상적인 문법 원칙들을 본능적으로 적용하는 반면에 작문 교본을 펴내는 많은 저자들과 언어 전문가들은 그 원칙들을 알아차리지 못하고 사람들에게 불규칙형을 고수하라고 강요한다는 것이다. 시어도어 번스타인은 flied(그는 이 단어를 의미 확장 이론으로 설명한다.)와 broadcasted를 아래와 같이 대조시킨다.

만일 당신이 영어의 가까운 장래를 예측하고(forecasted) 당신의 표를 관용주의자들에게 던졌다면(casted), 몇몇 사전이 broadcasted를 용인하는 것처럼 최소한 라디오 방송에서 흘러나오는 broadcasted를 용인할 수밖에 없을 것이다(broadcast가 맞는 과거 시제형—옮긴이). 그러나 모든 불규칙 동사를 규칙 동사로 바꾸는 것이 아무리 바람직하다고 해도, 그런 일은 어떤 칙령으로도 실행될 수 없거니와 하룻밤 사이에 이루어질 수도 없다는 것이 우리의 결론이다. 우리는 broadcasted라는 단어에는 관용주의자들 스스로가 종종 경멸하는 유추나 일관성이나 논리 외에는 어떤 근거도 없다고 느끼기 때문에 계속해서 broadcast를 과거 시제와 분사로 쓸 것이다. 이 입장은 야구 용어인 flied에 대한 우리의 입장과 모순되지 않는다. flied에는 실질적인 이유가 있다. 몇몇 불규칙 동사가 존재한다는 것은 불가피한 사실이다.[34]

이것은 오래전부터 패배가 예정된 싸움이었다. 『미국 언어』에서 멩켄은 다음과 같이 지적했다. "broadcast를 과거형으로 확립하려는 순수주의자들의 노력은 높은 차원에서는 약간의 성공을 거두었지만, 낮은 차원에서는 거의 성공하지 못했다. 사람들은 일반적으로 'Ed Wynn broadcasted last night.'라는 문장을 듣는다."[35] 헨리 파울러(Henry Fowler)도 번스타인처럼 경멸적이었지만, 그의 논리적 근거는 언어학적 진실에 조금 더 가깝다.

어원학에 비추어 볼 때, 과거 시제와 분사로 forecast를 써야 할지

forecasted를 써야 할지의 문제는 파생의 출발점인 최초 단어를 동사로 보느냐 명사로 보느냐에 달려 있다. 만일 동사가 최초였다면(= to guess beforehand) 과거 및 과거 분사는 복합어가 되기 이전의 동사처럼 cast가 될 것이다. 만일 이 동사가 명사에서 파생되었다면(= to make a forecast) 과거 및 과거 분사는 동사의 일반적인 굴절형인 forecasted가 될 것이다. 사실은 동사가 명사보다 150년 먼저 기록되어 있으므로, 우리는 고마운 심정으로 꼴사나운 forecasted를 제거할 수 있다. 설령 역사가 우리에게 불리해도 우리는 그렇게 하는 것이 바람직하겠지만, 상황은 긍정적이다. broadcast의 경우도 마찬가지다. broadcasted가『옥스퍼드 영어 사전』증보판에서는 희미하게 인정받고 있지만 언젠가는 사멸할 것이다.[36]

파울러가 이 설명의 근거를 영어에서 forecast의 동사가 먼저 출현했는지 명사가 먼저 출현했는지가 아니라(단편적인 역사는 현대의 화자들에게 영향을 미치지 못하므로), 동사가 명사에 기초해 있는지 아니면 그 반대인지에 대한 화자들의 직관에서 찾았다면 마음이 덜 아팠을 것이다. 현대 영어 사용자들은 명사 a broadcast를 'an act of broadcasting'으로 해석하기보다는 동사 to broadcast를 'to do a broadcast'로 해석한다. 현대 영어에서 그 명사는 동사보다 훨씬 더 자주 출현하고, 그래서 더 기본적으로 느껴지는 것이다.[37]

다른 분개한 비평가들 역시, 게을러 보이는 사람들이 사용하는 규칙화된 동사의 기초에 명사가 잠복해 있지 않은지에 주의를 기울이지 않는다. 《보스턴 글로브》의 옴부즈맨은 한 동료에 관한 독자의 불평에 줏대 없이 동의했다.

한 여성이 다음과 같은 글을 보내왔다. "다른 독자들처럼 저 역시 올바른 글쓰기, 철자, 문법에 관심을 기울이지 않는 세태를 개탄합니다." 그녀가 지적한 한 기사에는 필수적인 쉼표가 누락되어 있고 "he may of been"이라는 구가 있다. 또 다른 기사에는 "Martyny subletted a Kenmore square apartment."라는 문장이 들어 있다. subletted가 아니라 sublet이다.[38]

반드시 그렇지는 않다! 미국 영어에서 그 누구도 to let을 '임대하다.'라는 의미의 동사로 사용하지 않는다. 또 많은 화자들이 sublet을 명사로 사용한다. 그들은 sublet을 접두사 sub-가 붙은 동사 to let으로 분석하기보다는 명사에서 파생된 동사(to arrange a sublet)로 분석하는 것 같다. 그리고 이 때문에 규칙 과거 시제형이 나온 것이다. 이와 똑같이 유감스러운 일로 《사이언티픽 아메리칸》에는 "Nobody's Perfekt"라는 제목의 편지가 실렸다.

> 당신은 어떤 동사의 과거 시제형으로 'inputted'를 사용한 적이 없습니까? 있을 겁니다. 1월호 150쪽에 실린 그림 설명에서입니다. 나는 당황하고 섬뜩했습니다. 두렵고 기분이 나빴습니다(I am out putted).[39]

명사 input과 output은 동사인 to input과 to output보다 약 60배 많이 사용된다. 만일 그림 설명을 작성한 사람이 to output을 'to produce output'으로 해석했다면, 해가 지고 밤이 오듯이 자연스럽게 규칙 과거 시제형이 나올 것이다.

수많은 부류와 변덕을 설명한 공로로 단어 구조 이론을 축하하기에 앞서, 우리는 그것이 설명하지 못하는 사례들을 걱정해야 한다. 나는 앞에서 Timberwolves를 언급했고, Bigfeet과 Saberteeth를 좋아하는 파벌들을 소개했으며, 솔직히 말해 나 자신도 flew out과 flown out을 여러 번 들었다. 회의론자는 규칙화가 정말로 그렇게 체계적이냐고 반문할 수도 있다. 어쩌면 사람들은 지난 수백 년 동안 간단한 동사들에서 실수를 저질러 온 것처럼(chid → chided, holp → helped 등등), 단지 부주의 때문에 불규칙형을 규칙형으로 바꾸는 것일 수 있다. 어쩌면 나는 불필요한 가설에 들어맞는 몇 개의 예를 체리 따듯이 선별적으로 골라낸 것일 수도 있다.

그 효과가 화자의 마음에 살아 있다는 것을 어떻게 증명할 수 있을까? 화자들을 실험실로 끌어들여 핵어 및 어근 없는 새 동사들을 제시하고, 그들이 과연 순수한 동사 어근을 규칙화하는 것보다 그 동사들을 더 많이 규칙화하는지를 알아보는 방법이 있다. 존 킴, 앨런 프린스, 샌디프 프라사다, 그리고 나는 사람들에게 불규칙형인 것처럼 들리는 동사 36개가 적힌 설문지를 돌렸다.[40] 절반의 문장들이 그 동사 어근을 은유적으로 사용한 것이다.

When guests come, if they arrive with slides my hopes for a lively evening quickly sink(손님들이 올 때 슬라이드 필름을 갖고 오면 활기찬 저녁에 대한 내 희망은 순식간에 가라앉는다.).

When I saw Bob and Margaret carrying six boxes, my hopes sinked instantly(밥과 마거릿이 상자 6개를 운반하고 있는 것을 보았을 때 내 희망은 즉시 가라앉았다.).

나쁘게 들림 └─┴─┴─┴─┴─┴─┘ 좋게 들림
　　　　　　　1　2　3　4　5　6　7

When I saw Bob and Margaret carrying six boxes, my hopes sank instantly(위와 동일한 뜻. ─옮긴이).

나쁘게 들림 └─┴─┴─┴─┴─┴─┘ 좋게 들림
　　　　　　　1　2　3　4　5　6　7

이 문장들은 일종의 대조군(동일 실험에서 실험 요건을 가하지 않은 그룹—옮긴이)이었다. 그 속에는 비유적 의미나 확대된 의미로 사용된 동사가 들어 있고, 그래서 의미 확장 이론으로 보면 사람들은 그것들을 불규칙형으로 볼 엄두가 나지 않을 것이라고 예측하게 된다. 그러나 그것들은 표준적인 불규칙 동사들과 동일한 어근을 갖고 있기 때문에, 우리는 사람들이 불규칙형을 고수할 것이라고 확신했다. 우리는 그 항목들의 평점을, 다양한 불규칙 과거 시제형에 대한 호감도의 기준으로 이용했다.

설문지에서 위의 대조군과 비교되는 것으로서 우리가 실제로 관심을 기울인 문장들은 명사에 기초한 동사가 포함된 것들이었다.

When guests come, I hide the dirty dishes by putting them in boxes or in the empty sink(손님들이 올 때 나는 지저분한 접시들을 상자나 빈 싱크대에 넣어 숨긴다.).

Bob and Margaret were early so I quickly boxed the plates and sinked the glasses(밥과 마거릿이 일찍 와서 나는 재빨리 접시들을 상자에 넣고 잔들을 싱크대에 넣었다.).

나쁘게 들림 └─┴─┴─┴─┴─┴─┴─┘ 좋게 들림
　　　　　　1　2　3　4　5　6　7

Bob and Margaret were early so I quickly boxed the plates and sank the glasses(위와 동일한 뜻——옮긴이).

나쁘게 들림 └─┴─┴─┴─┴─┴─┴─┘ 좋게 들림
　　　　　　1　2　3　4　5　6　7

만일 단어 구조 이론이 옳고 사람들이 핵어 및 어근 없는 단어를 자연스럽게 규칙화한다면, 이 명사 출신 동사들은 대조군과 다른 평점이 나와야 한다. 즉 사람들은 sink를 규칙형인 sinked로 전환하거나, 최소한 불규칙형인 sank에 낮은 호감을 가져야 한다. 우리는 각각의 의미 확대된 동사에 대해 그와 똑같은 소리를 가진 명사 출신 동사를 제시하거나 그 반대로 제시해 모든 항목이 짝을 갖게 했다. 그리고 짝이 있는 그 문장들을 실험 전반에 걸쳐 동일한 횟수로 제시해, 특정한 불규칙형 동사에 대한 호감도나 혐오도가 조금이라도 실험 결과에 영향을 미치지 않게 했다. 또 한편으로 우리는 피실험자들이 예를 들어 sink 같은 구체적인 동사를 확대된 동사로만 보거나 명사 출신 동사로만 보게 했고, 그래서 그 확대된 동사와 명사 출신 동사를 나란히 비교해 우리의 연구 과제에 대한 자신만의 이론을 꾸미지 않도록 했다. 우리는 또한 영어 화자들이 이미 사용하고 있는 몇 개의 명사 출신 동사들도 시험했다(flied out, grandstanded, ringed the city 등).

결과는 만족스러웠다. 각각의 모든 동사에 대해 피실험자들은 규칙 과거 시제형(sinked)이 확장된 동사로 제시되었을 때(my hoped sinked)보다 명사 출신 동사로 제시되었을 때(sinked the dishes) 더 높은 호감도를 보였다. 그들은 무려 90퍼센트의 동사에 대해 불규칙형보다 규칙형에 더 높은 점수를 줄 정도로 규칙형을 좋아했고, 천만다행으로 flied out이라는 항목도 여기에 포함되었다. 우리는 또한 의미 확장 이론을 시험할 목적으로, 또 다른 피실험자 집단에게 동사의 의미가 확장된 정도를 평가하라고 요구했다(예를 들어 our hopes sank 에서 동사 to sink 는 얼마나 확장되었는가?). 만일 의미 확장 이론이 옳다면 그 평점은 최초 피실험자 집단이 규칙형과 불규칙형에 대해 보였던 호감도를 예측하게 해 줄 것이다. 우리는 표준적인 통계 절차를 이용해 의미 확장과 단어 구조를 비교함으로써, 규칙성 또는 불규칙성에 대한 호감도를 설명하기 위해 어느 것이 필요한지 또는 둘 다 필요한지를 보고자 했다. 결론적으로 그 호감도를 설명하는 데에는 단어 구조가 필요했고, 의미 확장은 불필요했다.

우리는 또한 그 효과가 대도시에 살고, 지적인 체하고, 볼보 자동차를 몰고, 꽃상추를 긁아먹고, 고급 와인을 홀짝거리는 젊은 전문인들의 잘난 척에서 비롯된 것은 아닐까도 생각했다. 언어의 달인들도 대부분 그 원리를 파악하지 못하고 있다는 점으로 미루어 볼 때 그럴 가능성은 없었지만, 그래도 젊은이들의 가능성을 확인해 볼 가치는 있었다. 그래서 우리는 지방의 타블로이드판 신문에 광고를 내고 젊은 전문가들이라는 가능성을 제외시키기 위해 고등 교육을 받지 못한 사람들을 새로 선발했다. 결과는 똑같았다.

그렇다면 왜 ESPN의 크리스 버먼(Chris Berman)은 "Jose Offerman flew out to center field in the ninth inning?(호세 오퍼만은 9회에 중견수 플라이 아웃되었다.)"라고 말했을까?[41] 하필이면 왜 다른 사람도 아닌 윌리엄 새파이어가 대통령의 보도 대책 보좌관들을 가리켜 "the bigfeet of the Opinion Mafia(오피니언 마피아의 권력자들)"라고 표현했을까?[42] 왜 아메리카 원주민 중 어떤 부족은 The Blackfeet이라고 불리고, 거위의 한 종은 pinkfeet이라 불리며, 사람들은 언제 Proudfoots와 flatfoots처럼 행동할까? 그리고 Timberwolves 팀은 또 무엇인가?

이제 우리는 실험 결과를 보았으므로 현상 자체에 대해서는 걱정할 필요가 없다. 사람들은 실제로 어근 및 핵어 없는 단어들을 규칙화하기 때문이다. 최악의 경우라도 그 예외들이 우리에게 강요하는 사실은, 규칙화는 실질적인 결과지만 단지 통계적 결과라는 것뿐이다. 그것은 사람들이 항상 규칙형을 사용한다고 보게 해 줄 정도로 호감도를 완전히 역전시키지는 않지만, 일상 언어에서 flied와 foots와 wolfs를 피하려는 폭넓은 경향에 현혹되지 않게 해 준다.

그러나 단어 구조 이론은 그 이상의 의미가 있다. 자신의 부모인 단어-규칙 이론처럼, 단어 구조 이론도 철학으로부터 최고의 어원론을 제공받는 학자가 아니라 현실적으로 존재하는 화자들의 심리에 의존한다. 사람들은 어떤 단어를 핵어 없는 것이라고 지각할 때에만 핵어 없는 형태로 규칙화한다. 사람들은 어떤 단어의 어원을 의식하거나 그것을 다른 사람들에게 설명하지는 못하지만, 그 단어가 다른 단어에서 유래했다는 것은 느낀다(예를 들어 to fly out 이 a fly 에서 유래했다는 것.). 그렇지 않으면, 즉 명사 출신 동사 속에 잠복해 있는 명사를 알아차리지 못하고 그것이 단지 확장된 동사 어근이라고 상상하면 단어-규칙 이론은 그들이 불규칙형을 고수할 것이라고 예측해야 한다. 먼저 사람들이 핵어 없는 단어를 잘못 분석할 수도 있는 몇몇 경우를 생각해 보자. 그런 다음 나는, 그럴 때마다 사람들은 불규칙형을 고수한다는 증거를 제시할 것이다.

때때로 사람들은 매개자인 명사를 건너뛰고 어떤 행동을 직접 가리키기 위해 동사 어근을 확장한다. 스포츠 중계에서는 공을 인격화해, 그 공에 공과 운명을 같이 하고 있는 선수의 이름을 붙이고는 한다. 농구 해설자는 종종 "Jordan got blocked." 나 "Larry is rejected." 라고 말하지만 사실 블로킹당하거나 골에 못 들어가고 튕겨나간 것은 사람이 아니라 공이다. 이와 마찬가지로 어떤 아나운서가 야구의 플라이 볼을 타자로 인격화한다면, 그 타자가 flown out되었다고 말할 수 있고, 명사 fly는 마음속에 떠오를 필요가 없었을 것이다.

바후브리히 명사 역시 오분석을 유도한다. 사람들은 최우측 단어의 소유자가 아니라 최우측 단어 자체를 생각할 수 있기 때문이다. 대유법이라는 수사학적 방법에서는 부분이 전체를 나타낸다. "The Celtics need fresh legs(보스턴 셀틱스에는 젊은 피가 필요하다.).", "She got a new set of wheels(그녀는 새 차를 구입했다.).", "I counted heads(나는 머릿수를 셌다.).", "He is chasing skirts(그는 여자들 뒤꽁무니를 쫓아다닌다.)."가 그런 예이다. 아마도 Blackfeet과 pinkfeet 그리고 이따금씩 출현하는 bigfeet과 tenderfeet는 lowlife 같은 바후브리히 복합어로 사용되기보다는 fresh leg 같은 일반적인 복합어가 대유법으로 사용된 경우일 것이다.

스포츠 팀들에 이름을 붙일 때(또는 그 이름을 이해할 때)에는, 대개 그 팀 선수들이 어떤 지시 대상과 은유적으로 동일시되고(a Lion, a Tiger, a Bear), 그런 다음 그 지시 대상의 이름이 복수화된다(The Lions, The Tigers, The Bears). Childs(차일드 씨 부부), Manns(토마스 만 같은 문호들), Mickey Mouses(얼간이들)에서도 보았듯이, 이름이 불규칙화되면 불규칙성을 잃어버린다. 그래서 Maple Leaf 팀의 선수 한 명이 아이스링크로 나가 동료들과 합류하면, 그들은 Maple Leafs가 된다.

그러나 팀 이름을 짓는 다른 방법들도 있다. 선수에 은유적인 이름을 붙인 후 그 이름을 복수화하는 방법 대신, 팀 전체를 한꺼번에 명명할 수 있다. 그렇게 하면 다음처럼 촌스러운 물질 명사 이름들이 나온다. 유타 재즈(Utah Jazz), 마이애미 히트(Miami Heat), 올랜도 매직(Orlando Magic), 콜로라도 애벌란시(Colorado Avalanche), 탬파베이 라이트닝(Tempa Bay Lightning), 댈라스 번(Dallas Burn), 샌어제이 클래시(San Jose Clash), 캔자스시티 위즈(Kansas City Wiz). 또한 팀 전체에 다음과 같은 x등급 복수 이름이 붙기도 한다. 보스턴 레드 삭스(Boston Red Sox), 시카고 화이트 삭스(Chicago White Sox), 에버렛 아쿠아삭스(Everett Aquasox), 웨스트 텐 다이애먼드 잭스(West Tenn Diamond Jaxx, Sox=Socks, Jaxx=Jacks—옮긴이). 단수형이 복수화된 적은 한번도 없었다. 즉 어떤 선수도 자기 자신을 'Red Sock'이라고 부르지 않는다.

만일 팀 전체가 물질이나 복수로 이루어진 지시 대상과 동일시될 수 있다면, 우리는 호수의 고장인 미네소타 주의 농구 팀

Timberwolves이 한 무리의 이리와 동일시되고 있는 것을 쉽게 이해할 수 있다. 어쨌든 이리는 무리를 이루어 속공을 감행한다. 애초부터 timberwolves라는 복수형 이름이 팀 전체에 붙여졌기 때문에 어느 누구도 a Timberwolf의 복수형이 무엇인지를 고민할 필요가 없었다. (일단 팀 이름이 정해지면 선수 한 명인 Timberwolf로 되돌아가는 일은 어렵지 않다.) 북쪽 국경 밖에서는 다른 상황이 전개되어, 토론토 아이스하키 팀은 애초부터 캐나다의 자랑스러운 상징인 단풍나무 잎의 단수형 Maple Leaf로 출발했다.

이처럼 사람들이 파생을 가로지를 수 있는 많은 방법이 있다. 그러나 사람들이 규칙화를 할 수 없을 때 정말로 지름길을 이용한다는 독립적인 증거가 없다면, 그런 설명들은 단지 단어 구조 이론을 위한 탈출용 비상구에 불과할 것이다. 그래서 킴, 프린스, 프라사다, 그리고 나는 순환 논법의 사슬을 깨기 위해 실험실로 돌아갔다. 우리는 사람들이 파생을 가로지르는 경향을 측정하거나, 파생을 가로지르도록 자극한 다음 그로 인해 불규칙형의 매력이 증가하는지를 보고자 했다.[43]

먼저 우리는 이전 실험의 자료를 가져와, 새로운 피실험자 집단에게 명사가 그와 비슷한 소리를 가진 어근 동사와 의미상 얼마나 비슷한지 1부터 7까지 점수를 매기라고 요구했다. 우리는 피실험자들에게 다음과 같이 물었다. "fly ball 속의 fly 는 birds fly south 속의 fly 와 얼마나 비슷한가? kitchen sink 속의 sink 는 sink the ship 속의 sink 와 얼마나 비슷한가?" 등. 피실험자들의 반응은 각각의 명사 출신 동사가 얼마나 오분석되기 쉬운가를 구체적으로 보여 주었다. 즉 같은 소리의 동사와 비슷하다고 느껴지는 명사에 대해 사람들은 그 명사 출신 동사를 명사 출신이 아닌 동사의 단순한 한 형태로 오분석하는 경향을 더 높게 보일 것이다. (예를 들어 만일 a fly ball이 새들의 행동과 비슷하다고 지각되면 사람들은 fly out 을 a fly 에서 전환된 것이라기보다는 to fly를 의미하는 한 형태라고 오분석할 것이다.) 그리고 그 결과로 flew 와 flown 처럼 난처한 불규칙형들이 생겨날 것이다. 의미 확장 이론과의 차이에 주목할 필요가 있다. 즉 우리는 은유적 해석이 불규칙형의 매력을 감소시키는 것이 아니라 그것을 더 매력적으로 만들 것이라고 예측하기 때문이다.

평점을 손에 넣은 우리는 원래의 실험에 기초해 그 데이터를 분석했다. 예측했던 것처럼 가로지를 수 있는 가능성이 가장 높게 나온 명사 출신 동사들은 이전 실험의 피실험자들이 예를 들어 flied out 같은 규칙형에 가장 적게 이끌렸던 동사들이었다.

또 다른 실험에서 우리는 사람들에게 서로 분명하게 관련되어 있는 불규칙형 소리의 동사와 명사를 제시하고, 동사가 명사에 기초해 있다고 지각되는지 아니면 명사가 동사에 기초해 있다고 지각되는지를 조사했다. 아래의 두 kleed 를 비교해 보자.

Mary got a brand new kleed for her birthday.

She liked it so much, she kleeded/kled for a week.

It has been a long time since I have had a nice, long kleed.

I kleeded/kled quite often in the old days.

두 경우 모두에서 사람들은 명사를 본 다음 그와 관련된 동사를 본다. 첫 번째 경우에서 명사는 물리적 대상을 가리키고 동사는 그것에 기초해 있다. 즉 to kleed 는 'to use a kleed'를 의미한다. 두 번째 경우에서 동사는 어떤 행위이고 명사는 그것에 기초해 있다. 즉 a kleed 는 한동안의 kleeding이다. 자극은 동일했지만 동사에 대한 사람들의 분석(명사 출신 동사인가, 어근 동사인가?)은 달랐다. 우리가 예측한 대로 그 차이는 과거 시제형에 대한 사람들의 평점에 영향을 미쳤다. 명사 출신 동사의 경우(to use a kleed), 규칙형 kleeded는 불규칙형 kled과 동일하게 받아들여졌다. 반면에 동사 출신 명사가 수반된 단순한 동사의 경우(have a long kleed), 규칙형은 불규칙형보다 훨씬 적게 받아들여졌다.[44]

두 실험(파생 관련 실험과 kleed 실험) 모두 규칙화 효과의 예외들은 오히려 규칙화 규칙을 입증하는 반례임을 보여 준다. 즉 사람들은 어떤 단어를 핵어 없는 단어로 지각하지 않을 때에는 기억으로부터 불규칙형을 끌어오는 경로를 접속시키지 않는다. 이로부터 단어 구조 이론이 입증되고 그것의 부모인 단어-규칙 이론을 입증하는 중요한 증거가 확보된다. 불규칙형은 기억에 저장된 단어 어근이고, 규칙형은 기억이 어떤 이유로든 적당한 형태를 뱉어내지 못할 때 계산된다. 이것은 규칙이 특정한 단어와 그 소리 패턴의 구체적인 기억들을 연합시킨다기보다는 '동사'나 '명사' 같은 변수들을 조작하는 마음 연산임을 보여 준다. 또한 사람들은 단어 주변에 추상적인 마음의 발판을 세운다는 것을 보여 준다. 이 장의 사례들에서 본 기억 봉쇄는 '마음 발판(mental scaffolding)'의 성격으로부터 발생한다. 즉 사람들은 어떤 단어가 어근으로 저장되어 있는지 아닌지, 그리고 어떤 단어가 그 어근에 관한 정보를 기억으로부터 삼투시켜 올리는 구조를 갖고 있는지 아닌지를 느낌으로 아는 것이다.

∽

내가 언어의 규칙성과 불규칙성에 대해 강의할 때 가장 많이 듣는 질문은, "컴퓨터 마우스(mouse)의 복수형은 어떻게 되는가?"다. 내가 사심 없이 최선을 다해 추측하는 바는 아래와 같다.

mouse를 '위치 지정 도구'로 사용한 것은 1965년으로 거슬러 올라간다.[45] 최초의 마우스는 사용자 쪽으로 전선이 삐죽 나와 있었다. 그것은 마우스를 발명한 컴퓨터 과학자 더글러스 엥겔하르트(Douglas Engelbardt)에게 꼭 생쥐(Mus musculus)처럼 보였다. 몇십 년 후에 도입된 무선 마우스는 이따금 햄스터(hamster)라고 불린다.

많은 사람들이 둘 이상의 마우스를 mice로 부르는 것에 신경질적인 반응을 보인다. 1992년에 나는 수십 종의 우편 판매 광고를 조사해, 다수의 제목들이 다음의 예처럼 마우스를 제외한 모든 품목을 복수형으로 쓰고 있다는 것을 발견했다. Desktops-Notebooks-Monitors-Printers-Keyboards-Mouse. 그밖의 몇몇 광고에서는 안전한 방법으로서 Pointing Devices(위치 지시 장치들)이나 Input Devices(입력 장치들)로 표기했다. 절반 이상이 mice

를 사용했고, mouses를 사용한 광고는 하나도 없었다. 이제는 mice 공포증이 수그러들고 있으며, 가게, 잡지, 웹 페이지에서도 일반적으로 mice를 사용한다(한 예로 내가 사는 지역의 CompUSA(미국 최대의 컴퓨터 소매 체인 ── 옮긴이)에는 "KEYBOARDS/MICE"라는 안내판이 붙은 통로가 있다.). 그러나 아직도 많은 사람들이 mice에 움찔 놀란다. 그렇다고 해서 mouses를 사용할 정도는 아니며, 원어민들 사이에서 그것은 여전히 드문 단어로 남아 있다.

나는 mice 기피증을 단어 구조 이론으로 설명할 수 있는 또 하나의 예로 기록하고 싶지만, 이 경우에 단어 구조 이론은 전혀 도움이 되지 않는다. 위치 지시 장치인 mouse의 어근은 설치류인 생쥐(mouse)가 분명하고, 마우스는 투명한 은유에 기초해 있으므로 불규칙 복수형이 온전하게 올라올 수 있다. 그러나 고맙게도 우리 주변의 사실들은 그렇게 강력한 기계의 산물이 아니다. 사람들은 mice에 움찔하지만, 그러면서 그것을 완전히 피하거나 mouses로 넘어가지 않는다. 여기에는 다른 종류의 설명이 필요하다.

그 설명은 두 부분으로 나뉜다. 첫째는 익숙한 이야기로, 불규칙형들은 기억에 저장되어 있고 규칙형들은 그럴 필요가 없다는 것이다. 둘째는 '복수' 개념의 성격과 관련이 있다. 이 개념은 우리가 생각하는 것만큼 간단하지 않다. 복수는 '둘 이상'을 의미하지만, 사물이 군집으로 존재할 수 있는 방법은 여러 가지다.

여러 개의 사물이 있고 각각의 사물이 개체로 이해될 수 있다.

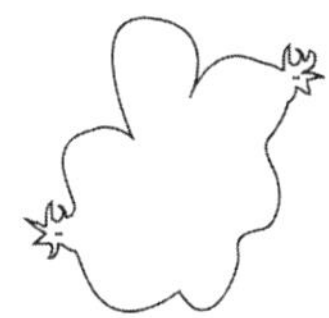

여러 개의 사물이 더 큰 한 사물의 부분일 수 있다.

각각의 사물이 더 큰 사물의 부분이고, 여러 개의 큰 사물들이 고려될 수 있다.

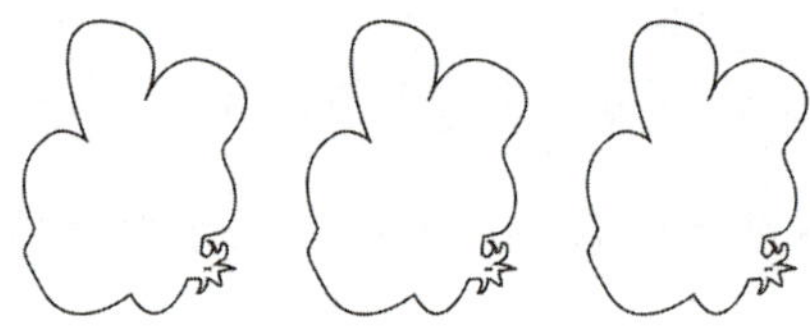

사물들이 모여 무정형의 무리나 집단을 이루고 있을 수 있다.

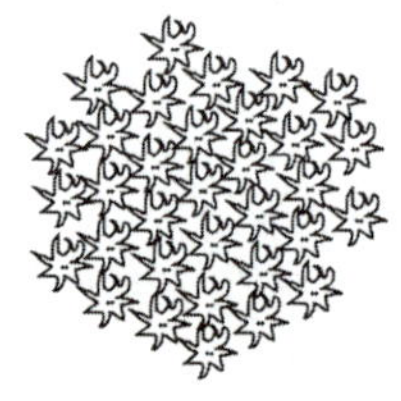

사물들이 주변 환경에 띄엄띄엄 또는 무작위로 흩어져 있을 수 있다.

많은 언어들이 둘 이상의 모든 경우를 동일하게 취급하는 통일된 복수 표지를 아예 갖고 있지 않으며, 쌍, 무리, 떼, 집합 등에 서로

다른 구문들을 사용한다.[46]

규칙 복수 접미사 -s가 '둘 이상의'를 의미하고 그래서 hands = 'more than one' + 'hand'이고, rats = 'more than one' + 'rat'을 의미한다고 가정해 보자. 그와 동시에 모든 불규칙 복수 형들은 그 어떤 복수성 개념도 공유하지 않는다고 가정해 보자. 그 것들은 어쨌든 특유의 소리 때문에 기억에 따로따로 저장되는데, 이것은 각각의 복수형에는 둘 이상의 그런 종류의 것을 나타내는 특 수하고 구체적인 표상이 들어갈 수 있는 자체적인 의미 슬롯이 있 을 수 있음을 의미한다. 그것은 a committee of men or women, a flock of geese, a pair of feet, a set of teeth, a brood of children, a team of oxen, an infestation of lice처럼, 그런 종류의 것들로 구 성된 대표적인 군집을 나타내는 심상일 수도 있다.

이제 당신이 둘 이상의 위치 지시 장치를 가리킬 때 어떤 일이 벌어지는지를 생각해 보자. 위치 지시 장치는 컴퓨터에 하나씩 연 결되어 있으므로, 여러 개의 위치 지시 장치는 여러 대의 컴퓨터를 의미할 것이다. 그러나 여러 마리의 작은 설치류는 어디에도 연결 되어 있지 않은 채로 집이나 들판이나 숲속을 재빨리 돌아다닌다. 이제 우리가 'mice: 여기저기 흩어진 유해 동물'이 'mice: 여러 대의 컴퓨터에 저마다 달려 있는 부속 장치'의 보조 관념이라고 생각하는 순간, 'mouse: 한 마리의 설치류'와 'mouse: 한 대의 위치 지시 장치' 간의 은유적 적절성은 증발해 버린다. 그래서 사람들은 그 위치 지시 장치들을 mice 라고 부르는 것에 불편함을 느낀다는 것이 나의 생각이다.

어떤 증거가 있을까? 첫째, 이와 똑같은 일이 다른 명사에서도 벌어진다. 불규칙 복수형들이 sawteeth, God's children, chessmen, oil mice 같은 은유에도 순조롭게 사용된다는 사실을 기억하라. 그러나 그런 일이 벌어지는 것은 원단어의 복수 종류(small set, swarm, pair, attachment 등등)가 은유의 복수 종류와 일치할 때에 한해서다. 그렇지 않으면 우리는 컴퓨터의 mice 에서 풍기는 불편함을 느끼게 된다. 예를 들어 foot 은 종종 아래쪽 끝을 가리키는 은유로 사용된다.

There **was** a cottage at the foot of every mountain(모든 산의 기슭에는 오두막이 있었다.).

An ambassador **was** seated at the foot of each table(각 테이블의 말석에 대사가 앉았다.).

The page number **is** printed at the foot of each page(각 페이지의 밑부분에 쪽수가 인쇄되어 있다.).

그러나 feet은 한 몸에 2개씩 달려 있어서, 한 물체에 달려 있는 1개의 은유적인 발의 복수형은 오염되고 만다.

There **were** cottages at the feet of the mountains.

Ambassadors **were** seated at the feet of the tables.

Page numbers **are** printed at the feet of the pages.

위치 지시 장치의 경우처럼, 불규칙형 feet에서 풍기는 냄새는 사람들을 규칙형인 foots로 쫓아 버릴 정도로 지독하지는 않지만, 때로는 불가피하게 어색한 단수형을 쓰게 만든다. 『브리태니커 백과사전(*Encyclopedia Britannica*)』에 따르면, 화가인 파울 클레는 유년의 교육을 "mountains immeasurably high but with no **foot**(끝없이 높기만 하고 기슭이 없는 산들)"이라고 묘사했다("mountains with no feet"가 더 정확하겠지만 옳게 들리지는 않는다.). "Parish and McHale had excellent first **halves**(패리시와 맥헤일은 전반전에 훌륭한 경기를 했다. 패리시와 맥헤일은 NBA 농구 선수—옮긴이)."가 약간 이상하게 들리는 것도 그와 비슷한 '부적합(mismatch)' 때문이다(사실 각 선수는 전반전에 맹활약했다(each player had an excellent first half).). 클래식 음악에 대한 취향을 다룬《뉴욕 타임스》의 한 기사 제목은 "Classical Radio Plays Only to Sweet **Tooths**(라디오의 클래식 프로에서는 단지 달콤한 취향에 맞춰 음악을 튼다.)."였다. 이렇게 제목을 붙인 것은 아마도 각각의 청취자는 sweet tooth를 하나씩 가지고 있으며, sweet teeth에는 한 사람의 입 속에 배열된 치아들이라는 의미가 내포되어 있기 때문일 것이다. 복수 부적합 효과는 Toronto Maple Leafs에도 기여했을 가능성이 있는데, 개인들이 모여 구성된 팀은 무성한 나뭇잎과는 매우 다르다.

우리는 맘에 안 드는 사람을 때때로 천한 동물에 비유한다.

Silly goose!

Clumsy ox!

Filthy louse!

그러나 이 동물들이 무리, 집단, 떼를 이루면, 맘에 안 드는 몇몇 사람을 복수형으로 가리키는 것은 아무래도 이상해진다.

Silly geese!

Clumsy oxen!

Filthy lice!

영화 「신사는 금발을 좋아한다(Gentlemen Prefer Blondes)」에 아래
와 같은 가사가 나오는 것도 그 때문이다.

He's your guy when stocks are high

But beware when they start to descend.

'Cause that's when those **louses**

Go back to their spouses.

Diamonds are a girl's best friend.

(주가가 높을 땐 당신의 연인이지만

하락하기 시작할 땐 조심하세요.

그때가 되면 기생충들은

자기 짝에게 돌아가기 때문이죠.

여자의 가장 친한 친구는 다이아몬드.)[47]

그러므로 복수형 선택은 마음이 군집을 어떻게 해석하느냐에 달려 있다. 인간의 인지 장치 중 그 부분은 우리가 현재 언어를 어떻게 사용하는가에만 영향을 미치는 것이 아니라, 수백 년에 걸쳐 언어의 모습을 바꿀 수도 있다.

"나무를 보고 숲을 보지 못한다."와 "전체는 부분의 합 이상이다."와 같은 표현들에서 볼 수 있듯이, 하나의 군집이 하나의 큰 대상으로 지각되는지 아니면 다수의 작은 것들로 지각되는지가 불확실한 경우가 많다. 개별적인 사물들의 집합이 하나의 게슈탈트(Gestalt)로 재개념화되면, 그때마다 그 집단을 가리키는 복수형은 더 이상 복수형처럼 느껴지지 않을 수 있고, 그로 인해 언어에 변화가 올 수 있다.

코미디언 앨런 셔먼(Alan Sherman)은 "One Hippopotami"라는 제목의 노래에서 "'절반(half)'의 복수형은 '전체(whole)'이고, '밍크 두 마리(two minks)'의 복수형은 'one mink stole(밍크 목도리)'"라고 노래했다. 그것은 빈틈없는 관찰의 결과다. 언어학자 피터 티어스마(Peter Tiersma)는 단일한 집합체로 쉽게 해석될 수 있는 사물에서는 규칙 복수형이 물질 명사나 불규칙 복수형에게 밀려날 위험에 처한다는 것을 발견했다.[48] 오늘날 명사 data에도 그런 일이 벌어지고 있다. 그것은 종종 다량의 정보를 가리키고, 흔히 다수의 사물보다는 물질(stuff)로 인식된다. 그 단어는 복수형(many data)에서 물질 명사(much data)로 바뀌고 있다. 이 효과는 광범위하게 발견된다. 모든 언어에서 아이들, 군거성 동물들, 쌍을 이루거나 군을 이루는 신체 기관들처럼 집단을 이루는 사물들은 결국 표지가 없어지거나, 불규칙형이 되거나, 단수형으로 전환되고, 그 후 다음 세대의 화자들에 의해 다시 복수화되고는 한다. 비표준 방언들에는 oxens, dices, lices, feets 같은 이중 복수형이 가득한데, 사실 표준 영어에서 가장 이상한 복수형인 children도 그렇게 해서 생겨났다. 오래전에 그것은 childer였다. 오래전의 복수 접미사 -er는 그에 해당하는 독일어 Kinder에서도 볼 수 있다. 그러나 사람들은 더 이상 그것을 복수형으로 듣지 않았고, 둘 이상의 아이를 가리켜야 했을 때에는 또 다른 복수 표지인 -en을 첨가했다. 오늘날 시골과 외국의 많은 화자들이 children을 복수형으로 생각하지 않고 세 번째 접미사를 첨가해 3중 복수형인 childrens를 만들어 쓰고 있다.

규칙형 규칙은 희귀하고 낯설고 기묘한 온갖 단어들을 위해서도 굴절형을 만들어 내는 강력한 수단이다. 그렇다면 그 규칙이 효력을 미치지 못하는 곳이 있을까? 실제로 그런 곳이 있는데, 그것은 규칙적 굴절과 불규칙 굴절의 본질적 차이를 입증하는 나의 마지막 증거가 될 것이다.

규칙 복수형은 복합어 안에 들어 있는 것처럼 보이는 것을 좋아하지 않는다. 사람들은 anteaters, bird-watchers, Beatle records, Yankee fans, two-pound bags, three-week vacations, all-season tires 라고 말하지만, 실제로 먹히는 것은 개미들(ants)이고, 관찰되는 것은 새들(birds)이고, 「페퍼 상사(Sgt. Pepper's)」 앨범과 화이트 앨범(1968년에 출시된 앨범으로 자켓에 'The Beatles'라는 글자 외에는 어떤 글도 인쇄되지 않아 '화이트 앨범'이라고 불린다.—옮긴이)을 연주한 것은 네 명의 비틀스 멤버라는 것을 잘 안다.[49] 그러나 규칙형과 불규칙형이 나란히 연결된 복합어에서 볼 수 있듯이, 불규칙 복수형들은 그런 불편함을 모른다. mice가 들끓는 아파트는 mice-infested지만, rats가 들끓는 아파트는 rats-infested가 아니다. 정의상 한 마리의 쥐(rat)로는 들끓는다고 할

수 없지만, 그 아파트는 rat-infested 하다고 말한다. mice와 rats
는 비슷한 동물이어서 그 효과는 의미상 차이 때문에 발생하는 것
이 아니라 순전히 불규칙성 때문에 발생한다. 또한 teethmarks 는
있지만 clawsmarks 는 없고, men-bashing 는 있지만 guys-
bashing 는 없으며, purple-people-eater 라는 제목은 가능하지
만, purple-babies-eater 라는 제목은 불가능하다.[50]

　아래에는 rats(또는 트랙볼들(track-balls, 공을 손가락으로 회전시켜 커
서를 이동시키는 위치 지시 장치 ─ 옮긴이))가 사람들에게 밟힐 것을 두려
워할 때 mice 가 몰려오는 몇 개의 실례들이다.

　　Mice Bait(시골 잡화점 밖에 붙은 광고문)

　　Mice Cube(개선된 쥐덫)

　　mice-drivers(마이크로소프트사의 소프트웨어)

　　I felt mice-feet of apprehension scurrying over my skin.(마거릿 애트우
　　　드(Magaret Atwood)의 『케익을 굽는 여자(*The Edible Woman*)』 중에서)

　　Bad maps, mice-infested lodgings, and strict rules.(《뉴욕 타임스 서
　　　평》애팔래치아 등산로에 대한 묘사)

　　Frozen Mice Sperm(표제)[51]

Cells Implanted in Mice Brains ; Hope Is Voiced for Mental Ills(표제)[52]

Mobile Phone Radiation Mice Tumor Link Much Stronger Than Expected(표제)[53]

Mice Accessories(컴퓨터 가게의 광고문)

내가 일하는 곳에서 그리 멀지 않은 곳에 거위 한 떼가 자리를 잡자, 시에서는 메모리얼 도로의 그 지역에 GEESE CROSSING(거위들 지나감.)이라는 사려 깊은 표지판을 세웠다. 만일 오리 떼였다면 DUCKS CROSSING(오리들 지나감.)이라는 표지판이 세워졌을지 의심스럽다. 이국풍의 가죽 패션 액세서리를 파는 플로리다의 한 가게에서는 "**Chicken Feet** wallets."(feet은 불규칙 복수형)과 "**Turkey Leg** wallets."(Leg는 규칙 단수형)이라는 광고문을 나란히 붙여 놓았다. 《시골의 유산(*Rural Heritage*)》이라는 정기 간행물은 "a bimonthly journal for small farmers and loggers who use draft horse, mule, and oxen power(짐말, 노새, 소를 이용하는 소농과 벌목꾼을 위한 격월지)"라고 광고한다.

산스크리트 어의 문법학자들이 "드반드바(dvandva, two and

two라는 뜻)"라 불렀던 연계 복합어에서도 많은 예를 볼 수 있다. 핵어가 둘인 연계 복합어에서는 2개의 명사가 키메라 같은 개인이나 두 번 묘사되는 개인에게 동등하게 적용된다.[54] 그 예로는 man-child(사내 아이), manfish(인간 물고기), man Friday(충실한 하인, 심복, 『로빈슨 크루소』에 나오는 하인 이름에서——옮긴이), manservant(남자 하인), man-woman(남자 같은 여자), woman-doctor(여의사), girlfriend(여자 친구), boyfriend(남자 친구), boy-king(소년 왕), player-coach(선수 겸 코치), singer-songwriter(가수 겸 작곡가)가 있다. 연계 복합어는 이중으로 복수화될 수도 있지만, 첫째 명사가 불규칙일 때에만 가능하다. 따라서 men-children, menfish, menservants, gemtlemen-farmers, women writers, women-doctors는 가능하고, boys-kings, girlsfriends, players-coaches는 불가능하다.

이 효과의 기초에는 복합어 내부에 접미사 -s가 있으면 발음이 웃기기 때문이라는 식의 따분한 이유가 있는 것일까? 그럴 가능성을 확실히 배제시켜 주는 단어들이 있다. 리처드 레더러는 다음과 같이 묻는다. "우리가 보상(amends)을 할 수는 있지만 하나만 보상(one amend)하는 것은 절대로 불가능하고, 역사적 기록(annals)을 아무리 신중하게 정리해도 하나의 기록(one annal)만 파헤치는 것은 불가능하고, 하나의 허튼소리(a shenanigan), 한 번의 우울(a doldrum), 한 번의 신경 과민(a jitter), 한 번의 오싹함(a willy), 한 번의 신경질(a jimjam), 한 번의 초조함(a heebie-jeebie)을 경험하는 것이 불가능하다는 것은 좀 우습지 않는가?"[55] 레더러는 '플루랄리아 탄툼(pluralia tantum)', 즉 복수만 존재하는 명사를 말하고 있다. 그것들은 단수를 복수화한 것이 아니기 때문에, -s를 포함한 완전한 복수형이 기억에 저장되어야 한다. 어떤 의미에서 그것들은 불규칙 규칙형이고, 실제로 복합어 내부에도 기분 좋게 등장한다. a almsgiver(almgiver가 아니다, 시주), arms race(arm race가 아니다, 군비 경쟁), blues rocker(blue rocker가 아니다. 블루스 록 음악가), clothesbrush(옷솔), Humanities department(인문학과), jeans maker(청바지 제조 회사), newsmaker(기삿거리가 되는 사람 또는 물건), oddsmaker(내기, 선거, 경기 등에서 승률을 측정하는 사람), painstaking (수고를 아끼지 않는)이 그런 예들이다.[56]

(첨언하자면 영어에서 복합어들은 철자에 일관성이 없다. 즉 때로는 한 단어로 표기되고(teethmarks), 때로는 하이픈으로 연결되고(mice-infested), 때로는 두 단어로 표기된다(geese crossing). 그러나 이 때문에 곤란을 느낄 필요는 없다. 복합어를 알아보는 방법으로는 그것의 구조(두 명사가 나란히 배열된 구조)와 강세

패턴을 살펴보는 방법이 있다. 즉 복합어는 대개 첫째 음절에 강세가 오고, 구는 둘째 음절에 강세가 온다. bláckboard와 blàck bóard, dárkroom과 dàrk roóm을 비교해 보라.)

언어학자 파울 키파르스키는 어느 유력한 이론에 따라 이 효과를 설명했다.[57] 조립 라인에서 제품이 생산되는 것처럼, 단어는 몇 단계를 통해 조립된다. 첫째, 기억된 어근들로 구성된 마음 사전이 있는데, 여기에는 물론 불규칙형들이 포함된다(사실 4장에서 논의했던 촘스키와 할레의 규칙 만능 이론에서처럼 키파르스키는 불규칙형을 생성하는 규칙들이 이 상자에 있다고 제안했지만, 그의 설명은 불규칙형이 온전한 상태로 저장된다는 가정에서도 효력을 잃지 않는다.). 그 마음 사전은 규칙형 파생 형태론 상자, 즉 learn+-able, dance+-er, black+top처럼 단일어와 형태소로부터 복합어를 만들어 내는 규칙들로 정보를 제공한다. 규칙형 파생 형태론 상자에서 출력된 복합어나 어간은 세 번째 상자인 규칙적 굴절 속으로 입력되고, 여기에서 문장 내의 통사적 역할(과거 또는 현재, 단수 또는 복수)에 맞게 수정된다. 그 형태론적 도식은 다음과 같을 것이다.

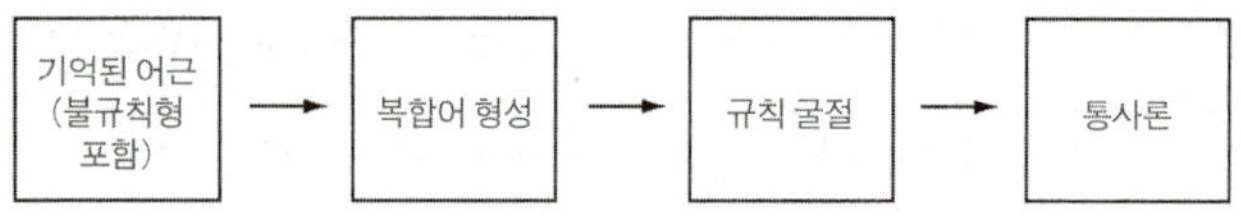

mice라는 단어는, 첫 번째 상자에 저장되어 있고, 두 번째 상자인 복합어 형성 규칙에 입력될 수 있으며, 그곳에서 infested와 결합해 mice-infested로 태어날 수 있다. 그러나 rats는 첫 번째 상자에 저장된 기억된 어근이 아니라, 세 번째 상자인 규칙적 굴절 규칙에 따라 rat로부터 형성된 것이므로, 두 번째 상자인 복합어 형성 규칙에 공급되기에는 너무 늦다. 따라서 rats-infested가 아니라 rat-infested라고 말한다.

키파르스키의 설명은 이해하기 쉬울 뿐만 아니라, 불규칙형과 규칙형의 양적인 차이를 강조한다. 즉 불규칙형은 어근인 동시에 단어 형성 과정에 들어가는 입력물일 수 있고, 규칙형은 규칙의 산물인 동시에 단어 형성 과정에서 나온 출력물이다. 그러나 우리는 그 이론을 곧이곧대로 받아들여, 단어들은 항상 컨베이어 벨트로부터 형성된다거나 기억에 저장된 것은 무엇이든 복합어 속에 삽입될 수 있다고 믿어서는 안 된다. 어떤 규칙 복수형들은 그럴 필요가 없는데도 기억에 저장되어 있다는 5장의 내용을 기억하

라. 어쨌든 기억에 저장되어 있다는 것이 복합어 속으로 들어가는 입장권은 아니다. cats 는 너무나 흔해 기억 속에 존재할 것으로 추정되지만, 그럼에도 cats-infested 는 나쁘게 들린다. 대신에 우리는 키파르스키의 모형을 단어 형성의 논리를 보여 주는 모형으로 해석해야 한다. 즉 어떤 종류의 단어들이 어떤 방식으로 결합해 더 큰 단어를 만들 수 있는가를 설명하는 모형인 것이다. 이를 위해서는 기억에 저장되어야 하는 단어의 종류, 즉 어근이 복합어 형성의 입력물이 될 수 있다는 제한을 두면 된다. 불규칙형 mice 는 duck 이나 rat 같은 평범한 명사들과 똑같고 그래서 복합어에 들어갈 수 있는 반면, cats 와 rats 는 어근이 아니라 통사론 단계의 단어이므로 복합어로 들어갈 수 있는 종류에 속하지 못한다.

언어학에서 항상 볼 수 있는 것처럼 여기에도 반례들이 있다.[58] 애니 센가스와 나는 한동안 반례들을 가능한 한 많이 찾아 목록을 만들었다. 아래 목록은 지금까지 내가 언급해 온 모든 내용과 반대로, 규칙 복수형을 포함하고 있는 복합어들이다.

admissions committee(입학 위원회)

MIT Innovative Structures Program(MIT 구조 개혁 프로그램)

Boston Antiques Show(보스턴 고가구 전시회)

morphemes project(형태소 연구 계획)

Celtics fan(셀릭스의 팬)

personals ad(개인 광고란)

chemical weapons attack(화학 무기 공격)

publications catalogue(출판 목록)

claims applications(지급 청구서)

ratings data(등급 데이터)

comics syndicate(만화 배급 자조합)

records department(기록 관리부)

cuts package(이발 패키지)

repeated measures design(반복 측정 설계)

enemies list(정적 리스트)

singles bar(독신자 술집)

faces lab(얼굴 인식 연구소)

skills gap(기술 격차)

gimmicks war(눈속임 전략)

top videos list(인기 비디오 리스트)

grades meeting(학년 모임)

twins project(쌍둥이 연구 계획)

injuries report(부상자 기록)

unemployment benefits cut(실업 보험금 삭감)

landmarks commission(문화재 보존 위원회)

이게 무슨 일일까? 우리는 지금까지 그릇된 이론에 들어맞는 사례들만 쳐다보고 그것과 모순되는 예들을 무시하면서 착각 속을 헤매고 다녔던 것일까? mice-infested 와 rats-infested, teethmarks 와 clawsmarks 처럼 자연스러움과 부자연스러움이 분명히 대조되는 예들을 봤을 때, 그럴 것 같지는 않다. 그러나 진실을 알 수 있는 유일한 방법은 사람들이 새로운 예들을 어떻게 다루는지를 지켜보는 것이다. 센가스, 킴, 그리고 나는 아래와 같은 문장들이 담긴 설문지를 새로 만들었다.[59]

Hordes of rabid rats are swarming out of the Callahan Tunnel since construction began there. The governor has given a <u>rats-alert</u> advising people to stay in their homes(캘러핸 터널 공사가 시작된 이후

로 공수병에 걸린 쥐떼들이 터널 밖으로 몰려나오고 있다. 주지사는 쥐 경보를 발령하고 사람들에게 외출을 삼가라고 충고했다.).

My cat Muffin left three dead mice on my doorstep this morning. She's a pretty good <u>mice-hunter</u>(오늘 아침 나의 고양이 머핀은 죽은 쥐 세 마리를 현관 계단에 갖다 놓았다. 그녀는 쥐 사냥을 아주 잘 한다.).

 The senior fraternity brothers just bought an awful contraption for hazing week. One by one, each pledge will put one of his feet into the small box while the fraternity president cranks the <u>feet-crusher</u> tight(사교 클럽의 선배들은 신고식 주간에 쓸 무시무시한 기구를 구입했다. 신입생들이 한 명씩 작은 상자에 발 하나를 넣으면 클럽 회장이 발 압착기를 가동할 것이다.).

At the ski lodge they have a huge central fireplace with a wooden rail around it that all the people rest their hands on when they get cold. It's the best <u>hands-warmer</u> I know(스키장 숙소에서는 커다란 장작불을 피우고 그 주변에 나무 목책을 둘러 추위를 느끼는 사람은 누구나 그 목책에 손을 올려놓을 수 있게 했다. 손을 녹이는 장치로는 내가 본 것 중에 최고였다.).

사람들은 복수형이 들어 있는 이 복합어들의 자연스러움에 점수를 매겼고, rat-alert, mouse-hunter, foot-crusher, hand-warmer처럼 단수형이 담겨 있는 똑같은 복합어들에도 점수를 매겼다. 설문지는 두 종류로 나뉘었고, 한 종류에는 rats-alert와 mice-hunter가 담기고 다른 한 종류에는 mice-alert와 rats-hunter가 담겼다. 이것은 규칙 복수형과 불규칙 복수형의 평균 점수를 비교할 때 항목들 자체가 가진 타당성의 차이를 완전히 배제하기 위해서였다.

결과는 분명했다. 사람들은 hands-crusher처럼 규칙 복수형을 가진 복합어들보다, feet-crusher처럼 불규칙 복수형을 가진 복합어들을 월등히 좋아했다. 무엇보다 가장 좋아하는 것은 foot-crusher, hand-crusher처럼 단수형들이 포함된 복합어였지만, 불가피하게 복수형들을 생각해야 할 때에는 불규칙형 쪽을 훨씬 더 좋아했다.

우리는 안심했지만 아직도 수수께끼 하나를 더 해결해야 한다고 생각했다. 규칙 복수형이 복합어 안에 있으면 불규칙 복수형만큼 좋게 들리지 않고, 그래서 대개는 단수형으로 변한다. 그러나 injuries list와 landmarks commission은 사람들이 때때로 사용할 정도로 좋게 들린다. 왜 rats-hunter 는 나쁘고 injuries list 는 좋을까? 왜 어떤 팀의 응원단은 Jets Fans 라 불리고, 또 다른 팀의 응원단은 Raider Rooters 라고 불릴까?[60] 우리는 다양한 설명들을 시험하기 위한 설문지들을 고안했지만 어느 것도 효과가 없었다.

이 수수께끼는 심리학자 마리아 알레그레(Maria Alegre)와 피터 고든(Peter Gordon)이 해결했는데, 해답은 언어의 첫 번째 규칙, 즉 '소리 열은 중요하지 않고, 나무가 중요하다.' 에서 나왔다.[61] 알레그레와 고든은 우리가 2장에서 mother-in-laws 를 고찰할 때 만났던 잘 알려진 현상, 영어 단어는 다른 단어를 품을 뿐만 아니라 때로는 구 전체를 품는다는 것에서 연구를 시작했다. 아래는 언어학자 로셸 리버(Rochelle Lieber)의 연구에서 인용한 예들이다.[62]

the Charles-and-Di syndrome

a pipe-and-slipper husband

over-the-fence gossip

off-the-rack dresses

God-is-dead theology

a seat-of-the-pants executive

a who's-the-boss wink

a floor-of-the-birdcage taste

이 복합어들은 필시 단어 구성을 위한 컨베이어벨트 모형에서 나오지 않았을 것이다. off the rack 같은 구나 God is dead 같은 문장은 단어를 구성하는 형태론 규칙이 아니라 통사론 규칙에 따라 조립되기 때문이다. 그렇다면 구가 완성된 후에 단어 형성 상자로 반송되고, 그곳에서 dress 나 theology 와 결합해 복합어로 태어나야 한다.

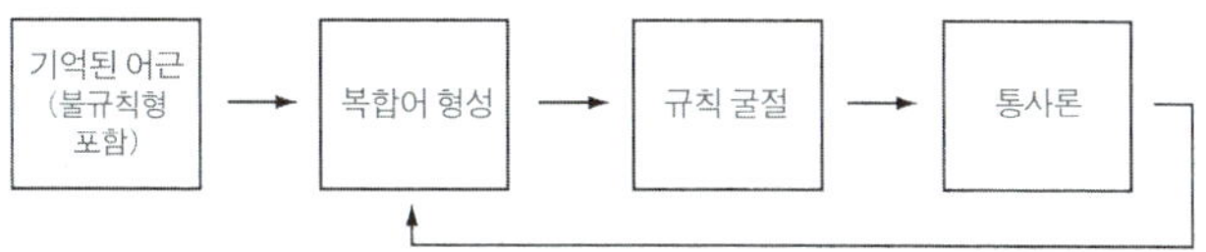

위의 그림이 제공하는 좋은 소식은, 그 고리에서 규칙 복수형들이 복합어 안에 출현할 수 있는 경로가 나온다는 것이다. 규칙적 굴절 규칙에 따라 만들어진 구가, 통사론 상자에서 1단어 구(NP)로 성장하고, 그런 다음 단어 형성 상자로 되돌아가 복합어 안에 삽입될 수 있다. 그 결과 아래와 같은 재귀적 나무가 생겨난다.[63]

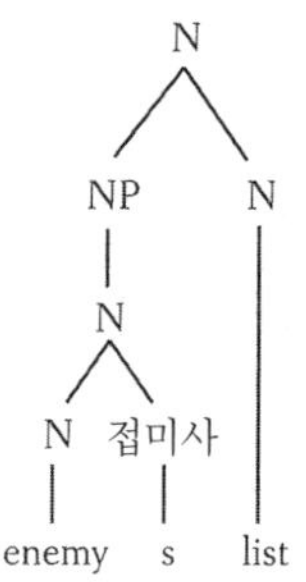

이제 문제는, 이 이론이 "앞면이 나오면 내가 이기고, 뒷면이 나오면 네가 진다."라고 말할 위험에 처했다는 것이다. 우리는 복합어 안에 불규칙형이 있으면 그것을 단어라 부르고, 불규칙형이 있으면 그것을 한 단어짜리 구라고 부를 수 있게 되었다. 복합어 안의 단어와 복합어 안의 구를 구별할 방법이 없다면, 우리는 mice-infested 와 rats-infested 의 차이를 해결했던 원래의 설명을 희생시켜야 하고, 그 이론은 무용지물이 된다. 그러나 알레그레와 고든은 단어와 구를 구별하는 두 방법이 있음을 알고 있었다. 하나는 나무 구조에 의존하는 방법이고, 또 하나는 의미에 의존하는 방법이다.

　red rat eater 는 무엇일까? 그것은 빨간색의 쥐 포식자(rateater)일 수 있다.

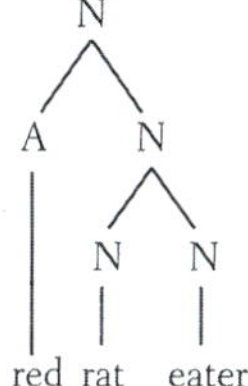

또는 빨간 쥐를 먹는 포식자일 수 있다.

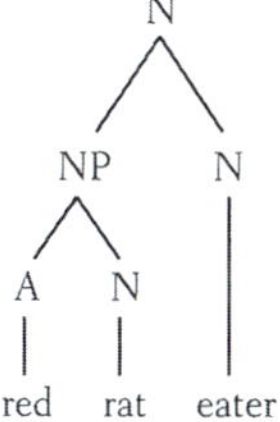

두 번째 나무에서는 구를 허용하는(이 경우에는 red rat 을 허용하는) 재귀적 고리 덕분에 복합어 안에 들어가는 것이 가능해졌다.

그렇다면 red rats eater 는 무엇일까? 알레그레와 고든의 이론에 따르면 그것은 (첫 번째 나무처럼) 빨간색의 쥐 포식자가 아니라, (두 번째 나무에서처럼) 빨간 쥐를 먹는 포식자일 것이다. 왜냐하면 구 안에는 분명히 rat＋s 이라는 조합물이 있기 때문이다. 그것은 세 번째 상자에서 태어난 것으로, 복합어 안에 직접 숨어 들어오기에는 너무 늦고, 통사론 상자를 거친 다음 단어 형성 상자로 반송되는 긴 고리를 통해서만 복합어 안에 들어갈 수 있었을 것이다. 일단 통사론에서 복수형을 포함한 구를 만들어야 그곳에서 red 같은 형용사도 그 구에 들어갈 수 있다.

그렇다면 당신은 red rats eater가 무엇이라고 생각하는가? 단지 빨간 쥐를 먹는 어떤 동물을 상상했다면 당신은 위의 설명을 확인한 셈이 된다. 그러나 여러분은 스스로에게 물을 필요가 없다. 센가스와 내가 이미 성인 집단에게 물었고, 알레그레와 고든 역시 미취학 아동 집단에게 물어봤기 때문이다.[64] 센가스와 나는 성인들에게 torn receipts envelope 같은 세 단어 복합어를, 때로는 단수 명사(receipt)로 때로는 복수 명사(receipts)로 제시했다. 그리고 그들에게 한 쌍의 서술, 즉 'the envelope for torn receipts(찢어진 영수증들을 담는 봉투)'와 'the torn envelope for receipts(영수증을 담는 찢어진 봉투)' 중 하나를 선택하라고 요구했다. 아이들은 갈색 거미를 먹는 초록색 괴물 그림과 초록색 거미를 먹는 갈색 괴물 그림을 묶은 한 쌍의 그림 중에서 'green spiders eater(또는 green spider eater)'를 골라야 했다. 모든 피실험자가 알레그레와 고든이 예상한 것처럼 복합어를 해석했다. 즉 어른들은 torn receipts envelope을 찢어진 영수증을 담는 봉투로 해석했고, 아이들은 green spiders eater를 초록색 거미를 먹는 괴물로 해석했다.

이제 우리는 마지막 문제에 다다랐다. 왜 사람들은 때로는 그 고리를 이용해 enemies list라고 말하고, 때로는 그것을 피해 rat-infested라고 말할까? 아마도 거기에는 미묘한 의미상 차이가 있을 것이고, 만약 알레그레와 고든의 이론이 옳다면, 우리는 그 차이를 구와 단어의 의미상 차이로부터 예측할 수 있어야 한다.

단어는 총칭적이다. 즉 dog 자체는 개의 일반적인 성질을 가진 모든 것을 가리킨다. dog hater(개를 싫어하는 사람)는 특정한 개를 싫어할 필요가 없고, 심지어는 개를 만난 적이 없어도 된다. 그러나 구는 구체적이다. 즉 the dog, my dog, a big dog은 구체적인 개를 지칭한다.[65] 우리의 반례 목록에 포함된 대부분의 항목에서 복수 명사는 이질적인 개체들의 집합을 가리키는데 각각의 개체는 별개의 실체로 취급된다. enemies list(정적 명단)의 목적은 특정한 사람들을 감시하는 것이고, publications catalogue는 독자가 주문할 수 있는 모든 출판물들을 가리킨다. 그러나 당신의 아파트가 rat-infested 하다면(아파트에 쥐가 들끓는다면) 어떤 쥐가 다른 쥐보다 더 좋거나 나쁘지 않을 것이고, a set of clawmarks(발톱자국들)를 이해할 때 어떤 사람도 각각의 자국을 남긴 각각의 발톱을 따로따로 고려하지 않을 것이다.

여느 경우와 마찬가지로, 편리한 이야기를 진정한 설명으로 끌어올리기 위해서는 실험이 필요하다. 알레그레와 고든은 한 피실험자 집단에게는 복합어에 포함된 첫 번째 명사가 지시하는 것들의 이질성을 점수로 매길 것을 요구했고, 또 다른 피실험자 집단에게는 첫 번째 명사가 복수형일 때 그 복합어의 자연스러움을 점수로 매길 것을 요구했다. 그들이 예상한 대로, 이질성이 높게 매겨진 명사들은 복수형이 포함된 복합어들이었다.

과학에서 한가한 호기심을 뒤쫓다 보면 종종 더 깊은 이해에 도달하고는 한다. flied out, talismans, sabertooths, still lifes, outputted, rat-infested를 비롯한 의외의 형태들에 대한 사람들의 탐구심은 규칙성과 불규칙성에 대한 우리의 이해를 높여 주었고, 단어-규칙 이론을 뒷받침하는 완전히 새로운 종류의 증거를 제공했다.

앞의 예들은 그 자체로, 규칙형과 불규칙형은 단지 예측 가능한 연속체상에 놓인 두 끝점이 아니라 질적으로 다른 것들임을 보여 준다. fly out, still life 같은 특수한 단어에는 규칙 패턴은 적용될 수 있는 반면에, 불규칙 패턴은 적용되지 못한다. teethmarks, mice-infested 같은 복합어 안에는 불규칙 복수형은 쉽게 들어갈 수 있는 반면에, 규칙 복수형은 들어가지 못한다.

이 예들은 또한 사람들이 신조어를 만들 때 소리 이상의 것을 고려한다는 것을 보여 준다. 즉 fly라는 소리가 입력되면, 단어 전체에 대한 개인의 분석에 따라 그 출력물은 flew일 수도 있고 flied일 수도 있다. 그러나 사람들은 의미 이상의 것을 고려한다. threw up이나 cut a deal에서처럼, 단어의 의미는 아주 멀리까지 확장될 수 있고, 그렇게 확장되어도 사람들은 마치 아무 일도 없었던 것처럼 그것을 굴절시키기 때문이다.

사람은 모든 단어에 구조를 부여하는 본능적인 언어학자다. 사람은 어떤 단어가 규범 어근인지 아니면 다른 종류의 소리인지를 암암리에 판단하고, 그 단어가 어떻게 다른 단어들로부터 구성되었는지를 분석한다. 규칙형과 불규칙형에 대한 선택의 이면에 놓인 그 분석들은 단어와 규칙의 본질에 대한 우리의 이해를 심화시켜 주었다. 가장 기본적인 종류의 단어는 하나의 의미와 하나의 품사가 자의적으로 묶여 쌍을 이룬 규범적 소리인 어근이다. 규칙의 가장 기본 기능은 부분들의 특성과 그 배열 방식으로부터 복합적인 형태의 특성을 계산하는 것으로, 그 배열의 한 위치에는 핵어라는 특별한 역할이 주어진다.

많은 심리 언어학자들처럼 나도 항상 규칙과 구조의 측면에서 언어를 생각해 왔지만, 내가 완고한 회의론자에 반대하는 태도를 옹호할 수 있다고는 한번도 확신하지 못했다. 나는 이 장에 소개한 현상을 알게 되었을 때에야 비로소 규칙이 사람들의 마음속에 살아 있다고 확신하기 시작했다. 규칙이 언어의 주요 성분이라는 이론은 우리가 신조어, 희귀한 단어, 특이한 단어를 어떻게 굴절시키는가에 대한 충분히 합리적인 설명을 제공한다. 또한 왜 lowlives가 아니라 lowlifes라고 말하는지, 왜 치아는 teethmarks를 남기고 발톱은 clawmarks를 남기는지, 그리고 그 밖의 열 가지 수수께끼에 대한 번득이는 통찰을 제공할 때, 그것은 옳은 이론으로 인정받을 수 있다. 그리고 위험한 반례들의 맹공을 이기고 살아남을 때에는 더욱 확고한 이론이 된다.

지금까지 조사한 현상들은 또한 우리가 다음 장들에서 단어-규칙 이론을 위한 세 가지 문제에 도전할 때 사람들의 마음속에 존재하는 단어 표상들을 탐사할 수 있는 도구들을 제공한다. 우리는 모국어를 습득하는 아이들에게서 규칙을 학습하는 행동을 포착해 낼 수 있을까? 세계의 모든 언어에서 규칙은 영어에서 작동하는 것과 똑같이 작동할까? 그리고 우리는 인간의 뇌에서 단어와 규칙을 구별할 수 있을까?

7
터무니없는 말을
하는 아이들

해파리의 투명한 몸이 선창 아래 그늘진 바닷물을 헤치고

(지금은 가물거리는 기억 속의) 선창을 지나 느릿느릿 표류하는 동안

우리(당시 세 살이던 딸아이와 나)는 이리저리 뛰어다니며

매 순간 흐느적거리는 연분홍 해파리처럼

보이는 물체를 목을 빼고 지켜보았다.

"우산해파리야!" 딸아이가 잔뜩 기대하는 눈빛으로

나를 바라보고 소리쳤다. 나는 잠재 의식을 억누르며

아무 말 없이 서 있었다.

순간 모든 것은 짧은 비명으로 끝이 나고, 해파리가

불쑥 미끄러져 나왔다. 몇 달이 지났건만 지금도 놀랍다!

"해파리가 보였어!" 캐롤라인이 깊은 꿈 속

심연과 수면(水面)의 중간에 붙들린 채 외친다.

"피를 흘렸고 노래를 했어." (원문 "It **bleeded** and it **singed**.")

머지않아 아이의 활용은 간단한 불규칙형들을 섭렵할 것이고,

시제를 잡는 것은 동사가 아니라, 나를 향해 손짓하며

아이의 낙하산을 풀어 주는 시간의 촉수들일 것이다.[1]

—수전 킨솔빙(Susan Kinsolving),

「해파리(The Jellyfish)」, 1999년

bleeded와 singed 같은 문법 실수는 오래전부터 아이들의 마음이 순수하고 싱싱하다는 것을 보여 주는 대표적인 증거였다(bled, sang이 옳은 표현). 문법 실수는, 아이들이 어른들의 세계에서는 그것들을 자의적인 예외로 취급한다는 사실을 모른 채, 짧은 경험으로부터 어떤 패턴을 찾아내 완벽한 논리로 그것을 새 단어에 적용하는, 일종의 창조 행위다. 소설가 바바라 바인(Barbara Vine)은 『어둠에 적응한 눈(*A Dark-Adapted Eye*)』에서 호감이 가지 않는 어느 아이를

다음과 같이 묘사한다. "그 아이는 'grownups'가 아니라 'adults'라고 말하고, 모든 과거 시제를 정확히 사용한다. 절대로 'rode' 대신 'rided'라고 말하거나, 'ate' 대신 'eated'라고 말하는 법이 없었다."[2]

불규칙 동사에서 발생하는 아이들의 실수는 언어와 마음의 본질에 대한 논쟁에서도 중요하게 다루어졌다. 신경 과학자 에릭 레니버그는 놈 촘스키와 함께 언어는 선천적이라고 주장하면서 아이들의 문법 실수를 지적했고, 심리학자 데이비드 러멜하트와 제임스 매클레랜드는 언어는 일반 신경망(general neural network)을 통해 습득될 수 있다고 최초로 주장하면서 아이들의 실수를 기준으로 삼았다. 심리학 교과서들은 아이들이 인지적으로 깔끔하고 단순한 것을 좋아한다는 것을 열광적으로 주장하기 위해 문법 실수를 인용하고, 성인의 학습을 연구하는 과학자들은, 규칙을 과도하게 일반화해 예외적인 경우에 적용하는 인간 습관의 패러다임 사례로 문법 실수를 인용한다.[3]

단어-규칙 이론에는 아이들이 어떻게 규칙을 습득하고 그것을 단어에 적용(실은 과도하게 적용)하는가에 대한 설명보다 더 중요한 것은 없다. 문법 실수의 단순함은 우리를 현혹시킨다. 뒤에서 보겠지만 왜 아이들이 그런 실수를 시작하는지를 설명하는 것은 쉽지 않고, 왜 그런 실수를 중단하는지를 설명하는 것은 훨씬 더 어렵다.

과잉 일반화 오류는 언어의 무한한 생산성에서 나오는 한 증상이다. 아이들은 단어를 조립하는 시기에 들어서면 곧바로 그런 증상을 보인다. 18개월경에 아이들은 "See baby." 나 "More cereal." 같은 아주 짧은 문장을 말하기 시작한다.[4] 어떤 것들은 부모의 말을 그대로 따라 한 문장이지만, 많은 것들이 독창적인 생산물이다. 공원에서 더 놀고 싶은 꼬마는 "More outside." 라고 말하고, 또 다른 꼬마는 어머니가 손에 묻은 잼을 닦아 주자, "All gone sticky!(끈적거리는 게 다 사라졌다!)" 라고 말한다. 나의 실험 데이터 중 내가 좋아하는 예는, 누군가 전축을 끄자 아이가 "Small loud." 라고 말한 것과, 자기가 베이글을 먹고 싶어 한다는 것을 알아차리지 못하는 부모에게 "Circle toast!" 라고 여러 번 되풀이한 것이다.[5]

두 살이 되면 아이들은 더 길고 더 복잡한 문장을 생산하고, -ing, -ed, -s, 조동사 같은 문법 형태소를 사용하기 시작한다.[6] 두 살 말과 세 살 말 사이의 어느 시기에 아이들은 -ed를 과도하게 일반화해 불규칙 동사에 적용하기 시작한다. 모든 부모가 눈치 채는 것은 아니지만, 모든 아이가 그런 행동을 한다. 나의 누이는 나에게 자신의 아들인 칼은 절대로 이런 종류의 실수를 저지르지 않는다고 말했지만, 그 말에 반박이라도 하듯이 1분 후에 칼은 내가 있는 자리에서 sticked 라고 말했다(stuck이 옳은 표현). 실험실에 얌전히 앉아 있을 정도로 나이가 들면 아이들은 wug 테스트를 통과한다. 즉 어떤 사람이 rick 하거나 bing 하는 법을 알고 있다는 이야기를 들은 후, 아이들은 그가 어제는 ricked 했거나 binged 했다고 말한다.[7]

아이들은 가능한 거의 모든 것을 규칙화한다. 아이들은 breaked 와 eated 에서처럼 -ed를 불규칙 어간에 붙일 뿐만 아니라, broked 와 ated 처럼 불규칙 과거 시제형에도 붙인다. 아이들은 poonked, lightninged, spidered 에서처럼 자신들이 만든 신조어에도 ed를 붙인다. 또한 sweepened, presseded 그리고 "My brother got sick and punkeded ." 에서처럼 (sweepen, pressed, punked가 옳은 표현) 이미 접미사가 붙은 과거 시제형에도 -ed를 붙인다.[8]

영어에서 과거 시제는 불규칙성의 유일한 원천이 아니고, 어린 아이들이 과도하게 일반화하는 유일한 규칙 패턴도 아니다. breaked 와 putted 같은 과거 시제형 실수와 더불어, mans, foots, tooths, mouses(men, feet, teeth, mice가 옳은 표현) 같은 복수형 실수도 발견된다.[2] 영어의 세 동사 have, do, be는 3인칭 단수 현재 시제에서 두드러진 불규칙성을 보이는데, 아이들은 세 동사 모두를 과도하게 일반화해 -s를 붙인다.

He just **haves** a cold.

She **do's** what her mother tells her.

No, she **be's** bad, then she **be's** good, OK?[10]

접미사 -er과 -est는 많은 형용사들을 비교급과 최상급으로 전환시킨다. 이 규칙에 예외가 있다는 사실은 아이들이 그 예외에도 접미사를 붙이는 것을 귀로 확인하기 전까지는 쉽게 기억나지 않는다. 아이들은 그 접미사들을 과도하게 일반화해 specialer 나 powerfullest 에서처럼 다음절(多音節) 형용사에 붙이고, 또 몇 안 되는 보충형 불규칙 형용사에 붙인다.[11]

아이들은 종종 fourth, fifth, sixth 를 일반화해 oneth, twoth,

"Wow! I must've been *gooder* than I thought!"
"와! 내가 생각보다 착했었나 봐!"

threeth 를 만들거나, 때로는 firstth, secondth, thridth 를 만든다. 아이들은 myself, yourself, herself 로부터 hisself 로 건너뛰고, ourselves, yourselves 로부터 theirselves 로 비약한다. 나는 대명사 it 의 복수형으로 them 이 아니라 its 를 쓰는 아이와, rectangles(사각형), triangles(삼각형), cirtangles(원) 그리기를 좋아하는 아이에 대해 들었다.[12]

아이들은 자신의 말에 굴절을 적용할 때뿐만 아니라 다른 사람들의 말에서 굴절을 분석할 때에도 과도한 열정을 지닌 문법학

"엘리자베스, 이것 좀 봐. 주간 캠프에서 세 종류의 나뭇잎을 그렸거든."

"이건 단풍 잎, 이건 참나무 잎, 이건 gra 잎이야." "gra 잎?"

"에이프릴, gra 잎 같은 건 없어." "왜 없어! 여럿이면 grass니까 하나만 있으면 gra인 거야."

"쯧쯧, 어떤 애들은 모든 걸 다 설명해 줘야 한다니까!"

자처럼 행동한다. 아이들에게는 선택의 여지가 거의 없다. 아이들은 -ed나 -s와 함께 활용이나 곡용에 들어갈 어간 목록을 가르치는 문법 수업을 받은 적이 없고, 그래서 대화 중에 들은 완전한 굴절 형태로부터 마음속으로 그 접미사들을 잘라 와야 한다. 그것을 이해하는 도중에 아이들은 이따금씩 너무 열심히 가위를 휘둘러 이상한 역성어(逆成語, back-formation, 기존어를 파생어로 잘못 알고 원말로 여겨지는 신어를 만듦.—옮긴이)들을 만들어 낸다.

나는 아이의 말실수를 보여 주는 만화는 대개 만화가가 알고 있는 실생활의 예에서 나온 것이라고 생각한다. 지금까지 내가 만화에서 본 거의 모든 예들과 비슷한 실수들이 과학 문헌에 기록되어 있기 때문이다. 앨런 프린스는 만화 속의 에이프릴처럼 eat와 cats가 사실은 eat+-s와 cat+-s라는 것을 발견하고 기뻐하는 아이를 연구한 적이 있다. 그 여자 아이는 새로 얻은 접미사 가위를 이용해, mik(mix), upstair, downstair, clo(clothes), len(lens), sentent(sentence), bok(box), brefek(breakfast를 가리키는 아이 자신의 단어인 brefeks에서), trappy(trapeze), 심지어 Santa Claw를 만들어 냈다.[13] 또 다른 아이는 사람들이 집에서 booze(많은 술)을 마셨다는 어머니의 말을 엿듣고는 'boo'가 뭐냐고 물었다. 어느 일곱 살 아이는 스포츠 경기에 대해 "the Red Sox versus the Yankees"라는 표현을 듣고는, "I don't care who they're going to verse(아이의 의도는 "레드 삭스 팀이 누구와 붙든 상관없어."였을 것이다.—옮긴이)."라고 말했다.[14]

아이의 실수를 보며 웃지만 실은 어른들도 그런 실수를 하고, 최소한 우리 조상들이 그랬던 것은 분명하다. cherry는 cerise의 역성어이고, Pease porridge hot, pease porridge cold라는 자장가에서처럼 pea는 pease라는 물질 명사에서 지어 낸 단수형이다(언젠가는 '쌀 한 톨'을 뜻하는 a grain of rice를 a rouse라고 할지 모른다.). 많은 사람들이 a kudo 같은 건 없다는 것을 알아야 한다. 명사 kudos는 명성을 뜻하는 그리스 어에서 유래한 단수 명사다.

아이들의 과거 시제 실수에서 볼 수 있는 놀라운 특징은 아이들이 한동안 정확한 과거 시제를 사용하다가 어느 날부터 느닷없이 실수를 저지른다는 점이다. 아이들은 몇 달 동안 sang, went, heard라고 말하다가 singed, goed, heared를 지어낸다.[15] 어떤 의미에서 아이들은 나빠졌다가 다시 좋아진다고 볼 수 있다. 올바른 불규칙 과거 시제형의 비율을 시간에 따라 좌표로 나타내면 U자 형태의 그래프가 나온다. 측정할 수 있는 거의 모든 것에서 아이들은 나이가 들수록 좋아지기 때문에 'U자형 발달'은 아동 심리학자들을 매혹시킨다.[16] 누구도 유년기를 퇴보의 시기로 여기지 않고 (그런 시기는 나중에 온다.), 그래서 느닷없이 출현하는 실수는 아이의 마음에서 재조직화가 일어난다는 것을 보여 주는 증거로 간주된다. 단절된 세부 항목들이 패턴을 가진 것처럼 보이면 아이들은 그 패턴을 추출해 전면적으로 적용한다.

과거 시제의 경우에 아이들은 불규칙형에서 최초의 실수를 저지르기 전에 먼저 played와 used 같은 규칙형들을 대충 습득하고, 그것을 이용해 과거에 일어난 사건을 정확히 표현한다.[17] 아이들은 규칙형들을 소화되지 않는 토막들로 기억하고, 그것을 다른 단어들처럼 사용하는 것 같다. 이때 '과거성'은 의미의 일부로 취급된다.

어느 시점에 이르면 아이들은 walk와 walked, use와 used, play와 played, push와 pushed를 비롯해 많은 단어들이 약간씩 다른 형태를 띠고 등장한다는 것을 (물론 무의식적으로) 알아차린다. 논리적으로 볼 때 이것들은 의미와는 무관한 발음이나 어투상의 변형물로 해석될 수도 있지만, 그래도 아이들은 그 변화 뒤에 감춰진 원리를 찾아야 한다고 생각한다. 아이들은 walked로부터

walk 를, pushed로부터 push 를 추출함으로써 -ed 를 고립시킨다. 아이들은 그 용도를 의미와 결부지음으로써, 즉 엄마와 아빠가 지나간 사건들을 묘사할 때 -ed 를 사용한다는 것을 알아차림으로써, -ed가 '과거 시제'를 의미한다는 것을 추론할 수 있다. 이 시놉시스는 아이들이 어떻게 '뜨겁다-차다', '실내-실외', '좋은 기분-나쁜 기분'을 비롯해 수백 가지의 흥미로운 차이들 뿐만 아니라 '현재-과거'에 주목하는가를 비롯한 여러 가지 복잡한 문제들을 단숨에 해결한다. 그것은 또한 아이들이 어떻게 그 규칙이 의무적이라는 것, 즉 의미가 분명해도 "I already **eat** breakfast this morning."(have eaten이 옳은 표현)이라고 말해서는 안 된다는 것을 추론하는가 하는 문제도 간단히 해결한다. 아이들은 성공적으로 해 내고, 일단 규칙을 발견하면 규칙 동사든 불규칙 동사든 모든 동사를 그 속에 들이민다. 이제 아이들은 얼마 전이었다면 went, heard, bled, sang이라고 말했을 상황에서 goed, heared, bleeded, singed 라고 말한다.[18]

෴

애석하게도 규칙 출현 이론만으로는 왜 아이들이 bleeded 와 singed 같은 실수를 저지르는지를 설명하지 못한다. 나는 아이들이 bleeded 와 singed 라고 말하기 시작하는 것은 '-ed를 첨가하라.'는 규칙을 습득했기 때문이라고 설명했다. 그러나 어른들도 '-ed를 첨가하라.'는 규칙을 알지만, 그들은 singed 라고 말하지 않는다(만약 우리가 그렇게 한다면 아이들이 그렇게 하는 것을 실수라고 말하지 않을 것이다.). 무언가 중요한 것이 빠져 있다. 그것은 바로, 아이와 어른의 차이, 그리고 아이들이 자라면서 그 차이를 어떻게 극복하는가이다.

첫 번째 추측은, 아이들이 성장하면서 원하는 바를 더욱 효과적으로 전달해 주는 방향으로 언어를 개선한다는 것이다. 이것은 틀린 추측이다. bleeded 나 singed 의 의미는 조금도 불분명하지 않다. 오히려 이런 실수를 저지르는 한 아이들의 언어는 어른들보다 더 전달력이 높다. 영어에는 cut, set, put 처럼 과거 시제에서도 형태 변화가 없는 25개의 불규칙 동사가 있다. 그 동사들은 과거와 비과거가 애매하다. 예를 들어 "On Tuesday I put the trash out ." 은 지난 주 화요일을 의미할 수도 있고, 다음 주 화요일을 의미할 수도 있고, 모든 화요일을 의미할 수도 있다. 아이들처럼 "On Tuesday I putted the trash out ." 이라고 말하면 단지 지난 주 화요일만을 의미할 수 있다. 언어는 분명 의사 전달의 강력한 수단이지만, 아이들은 어느 방법이 의사 전달에 도움이 되는지를 세부적으로 습득한다기보다는, 어쩔 수 없이 언어 전체와 함께 모든 장단점을 학습한다고 생각된다.

두 번째 추측은, 성인들이 bleeded 나 singed 라고 말하지 않는 것은 다른 성인들이 그렇게 말하는 것을 어디에서도 듣지 않기 때문이라는 것이다. 이것도 틀린 추측이다. 성인들은 다른 성인들로부터 들어본 적이 없는 말들을 많이 한다. 새로운 동사들이 끊임없이 출현하는 상황에서(to diss, to snarf, to fax, to mung, to wild, to flame, to mosh, 최신 조어들이다. ─옮긴이), diss를 현재 시제형으로 학습한 성인은 다른 사람이 dissed 라고 말하는 것을 듣지 않았어도 그것을 과거 시제형으로 쓸 줄 안다. 만일 성인들이 결코 들어본 적이 없는 dissed 를 말한다면, 그들은 누군가로부터 singed 를 듣지 않아도 기꺼이 그것을 말할 것이다.

성인들이 규칙화 오류를 피하는 이유는 그런 오류를 들어본 적이 없기 때문이 아니라, 그에 대응하는 불규칙형을 들어본 적이 있기 때문이다. 성인의 심리에는 sang 같은 불규칙형을 들어본 경험을 바탕으로 그 항목에 -ed 규칙을 적용하려는 것을 억제하는 성분이 있는 것이 분명하다. 5장에서 언급했듯이 그 성분을 '봉쇄'라고 한다. 마음 사전에 저장된 특수한 형태가 그와 동일한 문법적 개념(과거 시제, 복수 등등)을 표현할 수 있는 일반 규칙의 적용을 봉쇄하는데, 이것은 마음 사전과 그 규칙을 연결하는 억제 링크를 통해 이루어지는 것으로 보인다.[19] 이와 같이 sing의 과거 시제형으로 기재된 sang은 과거 시제 규칙을 봉쇄해 singed를 막고, goose의 복수형으로 기재된 geese는 gooses를 봉쇄하고, good의 비교급으로 기재된 better는 gooder를 봉쇄한다.

그렇다면 아직 봉쇄 규칙을 갖추지 못한 아이들은 그것을 학습해야 할 것이다. 그러나 어떻게 학습할까? 봉쇄 규칙을 학습하기 위해 아이들은 먼저 singed 같은 형태들이 비문법적이라는 것을 알아야 한다. 다른 사람들로부터 singed를 듣지 않는 것만으로는 충분하지 않다는 것을 기억하자. 다른 사람들이 wugged나 munged나 flamed를 말하지 않아도 사람들은 난생 처음 듣는 그 과거 시제형을 용케 사용하기 때문이다.

singed가 비문법적이라는 것을 아이들이 알아내는 유일한 방법은 그것을 사용한 후에 부모로부터 정정, 찡그린 얼굴, 당혹스러운 표정, 또는 불합리한 엉뚱한 반응과 같은 부정적인 되먹임 신호를 받는 것이다. 무엇이 언어에 포함될 수 없는가를 알려 주는 정보를 부정적 증거라고 부르는데, 부정적 증거는 언어학자들이 '언어 습득의 논리 문제'라고 하는 것, 즉 아이들이 원칙상 어떻게 화자들의 유한한 행동 표본으로부터 무한한 언어 전체를 학습할 수 있는가를 해결하는 한 열쇠다.[20]

그러나 아이들이 부모의 부정적 되먹임에 의존해 언어 습득 문제를 해결한다는 것은 거의 불가능한 일이다. 우선 부모는 어린 자녀들이 실수를 저지를 때마다 그것을 정정하거나 반대하지 않는다. 걸음마 아기들의 문장은 어떤 면에서 대부분 비문법적이므로, 그것에 부정적 되먹임을 보내려면 부모는 하루 종일 아기를 꾸짖어야 할 것이다. 부모는 아이들의 문장에 담긴 내용에 초점을 맞추지, 형식에는 신경을 쓰지 않고 대부분의 실수를 눈감아 버린다.

아버지: Where is that big piece of paper I gave you yesterday(어제 내가 준 큰 종이가 어디에 있니?)?

에이브: Remember? I **writed** on it(기억 안 나? 내가 그 위에 글씨를 썼잖아.).

아버지: Oh that's right don't you have any paper down here buddy(아 그렇구나. 애야, 여기에 종이 한 장 없니?)?[21]

부모가 아이의 말을 정정할 때 어떤 일이 벌어질까? 만화가 빌 킨은 두 가지 결과를 다음 만화에서 잘 보여 준다.

킨은 아이들의 언어를 섬세하게 듣는 능력의 소유자이며, 이 만화의 대화는 지어낸 것이 아니다. 아래는 심리학자 코트니 캐즈던(Courtney Cazden)이 녹취한 실제 대화다.[22]

아이: My teacher **holded** the baby rabbits and we patted them(선생님이 아기 토끼를 잡고 있었고 우리는 토끼를 쓰다듬었어.).

어른: Did you say your teacher **held** the baby rabbits(선생님이 아기 토끼를 잡고 있었다는 말이지?)?

아이: Yes(응.).

어른: What did you say she did(선생님이 어떻게 하고 있었다고 말했지?)?

아이: Whe **holded** the baby rabbits and we patted them(선생님이 아기 토끼를 잡고 있었고 우리는 토끼를 쓰다듬었어.).

어른: Did you say she **held** them tightly(선생님이 토끼를 꼭 잡고 있었다는 말이지?)?

아이: No, she **holded** them loosely(아니, 선생님은 토끼를 살살 잡고 있었어.).

"Mommy, Dolly *hitted* me."
"Dolly *HIT* me."
"You too! Boy, She's in trowble!"
"엄마, 돌리가 나를 때렸어(hitted)."
"돌리가 나를 때렸어(hit)라고 해야 하는 거야."
"엄마도 때렸다구? 이런, 돌리는 문제아야."

"할머니 집에 가는 건 학교 가는 것보다 훨씬 더 재미있어(funner)!"

"빌리야, funner가 아니란다. 네 말은, 할머니 댁에 가는 건 학교 가는 것보다 훨씬 더 재미있어(more fun)라는 뜻이지? 자, 똑바로 이야기해 보렴."

"할머니 집에 가는 게 훨씬 더 재미있었지만(was a lot funner), 이젠 학교 가는 거랑 똑같아진 거 같아."

체계적인 연구에서도 그런 종류의 일화들을 볼 수 있다. 언어학자 아널드 츠위키는 분사 어미에 대한 딸아이의 과잉 일반화를 관찰하면서 "부모가 그로부터 6개월 동안 수시로 정정해 주었으나 눈에 띄는 효과가 전혀 없었다."라고 보고했다.[23] 심리학자 제임스 모건(James Morgan)과 리사 트래비스(Lisa Travis)는 몇 년에 걸쳐 격주로 얻은 세 아이와 그 부모들의 녹취록을 살펴보았다. 그들은 아이들의 실수가 부모로부터 명백한 정정 외에 어떤 일관된 패턴, 즉 부분적이거나 완전한 반복, 명확한 표현에 대한 요구, 질문, 대화를 계속하려는 시도, 침묵을 이끌어 내는지를 보고자 했다. 어떤 일관된 패턴도 발견되지 않았다. 후속 연구에서 모건과 트래비스는 다른 종류의 문법 실수와 함께, 아이들이 그런 실수를 저지르면 부모들이 이따금씩 아이의 문장을 올바른 영어로 개작한다는 것을 발견했다. 그러나 부모의 개작은 아이의 문법 개선에 효과가 없었고, 오히려 역효과를 낳았다.[24]

심리학자 카린 스트롬스월드(Karin Stromswold)는 부모의 되먹임이 결정적이지 않다는 사실을 입증하는 매우 극적인 증거를 제시했다. 그녀는 밝혀지지 않은 신경학적 이유 때문에 말을 하지 못하지만 다른 사람들의 말을 탐욕스럽게 잘 듣고 복잡한 문장을 이해하는 한 아이를 연구했다. 소년이 네 살이 되었을 때 스트롬스월드는 과거 시제형에 대한 아이의 지식을 테스트하기 위해 소년에게 강아지 인형에게 말을 가르치라고 시켰다. 그녀는 소년에게, 강아지가 정확하게 말하면 뼈를 주고 실수를 하면 돌을 주게 했다. 소년은 heated, baked, showed, sewed에 대해서는 뼈를 주고, eated, taked, knowed에 대해서는 돌을 주었다. 소년은 goed에 대해 뼈를 주는 단 한 번의 실수를 저질렀는데, 그것은 정상적인 아이들의 수행 결과와 비슷했다. 그 소년을 비롯해 대부분의 아이들은 본인의 실수와 부모의 반응을 겪지 않아도 과도하게 일반화된 형태들이 비문법적이라는 것을 어떻게든 인식하는 것 같다.[25]

아이들은 언어 습득의 논리 문제를 다른 방식으로 해결하는 것이 분명하다. 아이들은 singed는 영어가 아니라는 증거로부터 봉쇄 규칙을 학습한다기보다는, 애초부터 봉쇄 규칙을 이용해 singed는 영어가 아니라는 것을 추론하는 듯하다. 즉 봉쇄는 언어 습득을 이끄는 회로, 촘스키가 '보편 문법'이라고 하고, 내가 '언어 본능'이라고 하는 것에 내장되어 있을지 모른다. 그러나 선천적인 구조에 대한 모든 분별 있는 제안들처럼, 그런 본능은 학습을 대신한다기보다는, 학습이 어떻게 이루어지는지를 설명해 준다.

이 경우에 아이들은 일상적인 대화에서 부모가 sang이라고 말하는 것을 듣기 때문에 sang을 기억에 담으며, 봉쇄 메커니즘이 singed라고 말하는 경향을 억제함으로써 아이를 어른으로 만드는 것이다.[26]

이 이론이 효력을 발휘하게 하려면 한 가지 가정이 더 필요하다. 아이들이 이미 봉쇄 규칙을 갖고 있고 다른 모든 조건이 똑같다면, 아이들은 애초에 singed라고 말해서는 안 된다! 부모가 sang이라고 말하는 것을 한 번만 들어도 규칙이 적용되는 것을 봉쇄하기에 충분할 것이다. 다행스럽게도 이 가정은 매우 단순해 아동 심리를 잘 설명하지 못한다. 아이들이 애초부터 봉쇄 규칙을 갖고 있을 것이라는 이론은 옳지 않다.

아이들이 어른들과 어떻게 다른가에 대한 가장 간단한 가설은 무엇일까? 아이들은 오래 살지 않았다는 것이다. 그래서 아이가 아닌가? 그런데 우리가 살아가면서 축적하는 경험들 중에는 불규칙 동사의 과거 시제형을 듣는 경험이 포함되어 있다. 인간의 기억은 반복의 덕을 본다. 만일 아이들이 성인들보다 sang을 더 적게 들었다면, 그에 대한 아이들의 기억은 더 약할 것이고, 그것을 검색하는 능력도 더 불안정할 것이다. 때때로 아이들은 '과거에 노래 부르기'라는 생각을 표현하려 할 때 sang이 마음에 떠오르지 않을 것이다(최소한 문장에 집어넣을 만큼 빨리 떠오르지 않을 수 있다.). ed 규칙을 습득하기 전까지 아이들은 sang을 검색하지 못하면 과거에 일어난 사건에 대해서도 아무것도 붙지 않은 어간 sing을 사용할 수밖에 없다. 그러나 일단 규칙을 습득하면 아이들은 그것을 sing에 적용해 singed를 만들어 내고, 그럼으로써 모든 문장에는 시제가 표시되어야 한다는 통사 제약을 충족시킨다.

이 간단명료한 이론에는 언어학의 단순 개념(봉쇄)과 심리학의 단순 개념(기억은 반복을 통해 향상된다.)이 결합되어 있다. 그것은 왜 아이들의 언어 사용이 나빠졌다가 좋아지는지를 설명하고, 아이들이 어떻게 부모의 되먹임 없이 자신의 실수를 몰아내는가 하는 논리적 문제를 해결한다. 아이들이 일단 그 규칙을 습득해도 초기에 사용했던 sang 같은 올바른 형태들은 기억에서 사라지지 않고, 실수를 봉쇄하는 능력도 잃지 않는다. 다만 봉쇄를 수행하려면 그것이 기억으로부터 인출해야 하는데, 항상 인출되지는 않을 뿐이다. 과잉 일반화를 치료하는 방법은 오래 사는 것, 불규칙형들을 더 많이 듣는 것, 그것들을 기억에 깊이 새겨 두는 것, 그것들의 인출 가능성을 높이는 것이다.

　　사실 아이의 마음과 어른의 마음이 똑같은 방식으로 작동한다고 가정하는 이 설명은 불규칙성의 논리 자체로부터 추론될 수 있는데, 불규칙성의 논리는 기억은 틀릴 수 있다는 사실과 정확히 일치한다. 예를 들어 동사 to shend의 과거 시제형은 무엇일까? 만일 shended라고 대답하면 당신은 과잉 일반화에 빠진 것이다. 올바른 형태는 shent다. 물론 이 '실수'는 예견된 것이다. 불규칙형은 본래 예측이 불가능하므로, shent를 생산할 수 있는 방법은 미리 듣고 기억하는 것뿐이다. 그러나 당신은 그것을 한 번도 들어보지 못했고 따라서 그것을 기억할 수 없었다. 만일 2년 후에 당신이 똑같은 질문을 받고 똑같은 실수를 저지른다 해도 놀라운 일은 아니다. 당신은 그것을 한 번밖에 듣지 못했기 때문이다. 이제 아이의 입장에 서 보자. 많은 동사들이 shent처럼 한 번도 들어보지 못했거나 필요할 때 인출될 정도로 여러 번 들어보지 못한 것들일 것이다. 이로써 아이들이 왜 singed나 bleeded라고 말하는지 그 수수께끼가 해결되었다.

☙

　　singed라고 말하는 아이들은 단지 나쁜 기억력을 가진 작은 성인에 불과할까? 게리 마커스(Gary Marcus)와 나는 아이들 83명의 자연스러운 말을 녹취한 컴퓨터 파일을 샅샅이 뒤져 불규칙 과거 시제형이 담긴 1만 1500개의 문장을 뽑아냈다. 우리는 아이들이 언제 그리고 왜 실수를 시작하는지, 얼마나 자주 실수하는지, 어느 동사에서 실수하는지를 알아내고자 했다. 우리가 발견한 대부분의 사실이 앞의 단순한 이론과 부합했다.[27]

　　우선 우리는 실수의 비율을 살펴보았다. 만약 아이의 언어 체계가 기본적으로 어른과 똑같다면, 그것은 아이가 불규칙형이라고 기억하는 동사들의 규칙화를 억제하도록 설계되어 있을 것이다. 기억은 완벽하지 않기 때문에 그 억제도 완벽할 수는 없겠지만, 아이들의 단어 기억은 상당히 좋아야 한다. 어쨌든 아이도 수천 개의 단어를 사용하고, 평균 2시간마다 새 단어를 하나씩 습득한다. 과잉 일반화의 오류는 규칙의 산물이 아니라 그런 오류를 방지하기 위해 내장된 시스템이 이따금 작동하지 않아서 생기는 예외일 것이다. 실제로 평균적인 오류 비율은 모든 아이들을 통틀어 4퍼센트에 불과했다. 불규칙 동사의 과거 시제형을 말하는 경우의 95퍼센트 이상에서 아이들은 singed 같은 실수를 범하지 않고 sang 같은 올바른 형태를 말한다. (어른들이 아이들의 실수는 마치 아픈 손가락처럼 날카롭게 기억하고 지루할 정도로 많은 올바른 형태에는 주목하지 않기 때문에 실수 비율을 과대평가하는 경향이 있다.) 아이들은 세 살에 실수를 시작하면 취학 연령에 접어들 때까지 낮은 비율로 실수를 계속한다.

모든 동사가 실수의 그물에 걸려드는데, 아이가 실수를 시작하기 전에 올바르게 사용했던 동사들도 마찬가지다. 또한 어떤 동사도 시종일관 계속 실수에 걸려들지는 않는다. 아이들은 어렸을 때 felt 를 사용하다가 약간 나이가 들면 felt 와 feeled 를 모두 사용한다. 실수는 우연적이다. 아이들은 때때로 다음과 같이 옳은 형태와 틀린 형태를 연속해서 사용한다. "Daddy **comed** and said 'hey, what are you doing laying down?' And then a doctor **came** ……"[28] 우연한 실수는 아이들이 올바른 형태를 모르지 않는다는 것을 암시한다. 다만 그것을 검색할 때 실수를 할 뿐이다. 어떤 동사들은 실수에 더 자주 걸리는데, 단순 이론의 관점에서 예측하자면 그것들은 아이가 드물게 들어본 동사들일 것이다. 그래서 우리는 아이들의 부모가 각각의 불규칙 동사를 과거 시제로 얼마나 자주 사용하는지를 계산했다. 만일 부모가 froze 와 won 보다 told 와 brought 를 더 자주 사용하면, 아이는 froze 와 won 보다 told 와 brought 를 더 강하게 기억할 것이고, 그 결과 freezed 와 winned 보다 telled 와 bringed 를 더 드물게 말해야 한다. 우리는

90개의 불규칙 동사를 조사해, 부모가 어떤 동사를 과거 시제형으로 더 많이 사용하면 할수록 아이가 그것을 규칙화하는 횟수가 적다는 사실을 발견했다.

어느 단계에 이르면 아이들은 정말로 자신의 실수가 실수라는 것을 알게 될까? 때로는 그렇다. 심리 언어학자 댄 슬로빈(Dan Slobin)과 톰 베버(Tom Bever)는 단지 재미로 아이들의 실수를 그들 자신의 말에 사용해 보았다.[29] 아이들은 재미있어 하지 않았다.

톰: Where's Mommy(엄마는 어디 있니?)?

아이: Mommy goed to the store(가게에 갔어.).

톰: Mommy goed to the store(가게에 갔어?)?

아이: NO! (*annoyed*) Daddy, I say it that way, not you(아니!(짜증을 내며) 아빠가 아니라 내가 그렇게 말하는 거잖아.).

아이: You readed some of it too ······ she readed all the rest(아빠도 그걸 조금 읽어 줬고 ······ 엄마가 나머지를 다 읽어 줬어.).

댄: She read the whole thing to you, huh(엄마가 전부 다 읽어 줬지, 응?)?

아이: Nu-uh, you read some(아니, 아빠가 조금 읽어 줬어.).

댄: Oh, that's right, yeah. I readed the beginning of it(아, 그렇구나. 내가 처음 부분을 읽어 줬지.).

아이: Readed? (*annoyed surprise*) Read!(readed라고? (짜증을 내고 놀라며) read야! ([rĕd]로 발음한다.))

댄: Oh, yeah, read(아, 그래, read.).

아이: Will you stop that, Papa(이제 그만 해, 아빠.)?

보다 엄격하게 통제된 연구에서 아이들은 언어가 손상된 인형의 과거 시제형을 평가하라는 과제를 요구받았다. 아이들은 많은 실수를 지나쳤지만 올바른 형태보다는 실수에 더 자주 이의를 제기했다.[30] 이 모든 것이 아이들은 실제로 went 와 read 같은 불규칙 과거 시제형을 알고 있음을 시사한다. 아이들의 실수는 불규칙형을 실시간에 바로 문장에 투입하지 못하여 발생하는 것이 분명하다.

만일 과도하게 일반화하는 아이들이 어른들과 질적으로 다르지 않다면, 우리는 어른들도 그런 실수를 저지르는 것을 봐야 하는데, 실제로 어른들은 불규칙 과거 시제형이 들어간 2만 5000개의 문장에 1개꼴로 그런 실수를 저지른다.[31] 이 수치는 아이들의 실수보다 약 1,000배 낮지만, 그중에는 우리의 머릿속에 수만 번 내지 수십만 번이나 파고들었을 came, went, told 같은 흔한 동사들도 포함되어 있다. 그보다 덜 흔한 불규칙형에 대해서는 더 자주 '실수'를 저지른다. 구체적인 빈도수를 말하기 어려운 이유는, 어른들이 말하는 것은 대개 '옳다'고 간주되므로 만일 어떤 불규칙형을 자주 규칙화하면 그것은 실수가 아니라고 선언할 수 있기 때문이다. dreamed 와 dreamt, pleaded 와 pled, leaped 와 leapt, strided 와 strode와 같은 애매한 동사들은 went 와 came 같은 순수한 불규칙 동사들보다 빈도수가 낮다. 이것은 아이들의 실수가 winned처럼 자주 듣지 않는 동사에서 더 많이 발생하는 것과 같은 원리다. 심지어 순수한 불규칙 동사들 중에서도 slew와 strove처럼 빈도수가 낮은 것들은 다소 부자연스럽다고 평가되고, 따라서 그 동사의 규칙형 대응물들은 상대적으로 덜 못마땅한 것으로 평가된다.[32]

　　결국 이 심리가 언어의 구성을 변화시킨다. 당신이 태어나서 지금까지 strode 를 단지 몇 번만 들었다고 가정해 보자. shent 보다는 많이 들었지만 held 보다는 훨씬 적게 들은 것이다. 당신은

strode에 대해 약한 기억을 갖고 있을 것이고, 그 기억은 당신이 그것을 알아볼 수 있고 작은 목소리가 마음의 귀에 "strode!"라고 속삭일 정도로는 강하지만, 규칙형 규칙이 적용되는 것을 봉쇄할 만큼 강하지는 않을 것이다. 아이들이 hided라고 말하는 것처럼 당신은 충분히 strided라고 말할 수 있다. 만일 당신의 이웃들이 당신처럼 양면적이라면, 언어 공동체는 strided라고 말하는 사람들, strode라고 말하는 사람들, 그리고 두 형태를 모두 기억하고 바꿔 가면서 사용하는 사람들로 나뉠 것이다.

　　보다 드문 동사의 경우 성인들의 '실수'는 악순환을 만들어 낸다. 즉 성인들이 불규칙형을 점점 드물게 사용하고 그래서 아이들과 이웃들이 그것을 조금씩 드물게 듣게 되면, 그들의 기억 흔적은 갈수록 약해지고 그에 따라 그것을 더 드물게 사용하게 될 것이고 (그것을 더 많이 규칙화할 것이고), 다시 그들의 아이들과 이웃들은 그것을 더 드물게 들을 것이다. 임계 빈도수에 못 미치는 불규칙형은 몇 세대 후에는 흔적도 없이 사라질 것이다. 3장에서 보았듯이, 실제로 영어의 역사에서도 그런 일이 일어났다. chide-chid, cleave-clove, geld-gelt처럼 비교적 드문 동사의 불규칙형들은 결국 소멸하고 말았다.[33] 문화의 모든 단면들처럼 동사 역시 인기의 부침을 겪으므로, 우리는 to geld라는 동사가 기억으로부터 아주 사라져 대다수의 성인들이 죽을 때까지 gelt를 듣지 못하게 되는 과거의 시대를 상상해 볼 수 있다. 어쩔 수 없는 상황이 닥치면 그들은 gelded를 사용했을 것이다. 그렇게 해서 그 동사는 그들에게 그리고 다음 세대들에게 규칙 동사가 되었을 것이다. 바로 이것이 불규칙 동사들이 높은 빈도수로 자주 사용되는 이유다. 그 목록은 아이들과 어른들의 마음을 여러 번 통과하면서 여과된 것들이고, 그 정도로 흔하지 않은 불규칙 동사들은 곧 규칙화된다.

❧

　무엇이 아이들로 하여금 옳은 형태들을 쏟아내다가 갑자기 틀린 형태들을 말하게 만드는 것일까? 왜 아이들은 어느 날 아침부터 bleeded와 singed라고 말하기 시작할까?

　가장 단순한 이론은, 464~466쪽에 설명한 과정의 결과로서, 아이가 바로 그 시점에 과거 시제 규칙을 습득했다고 보는 것이다. 과거 시제 규칙은 선천적이라기보다는 특정한 시점에 습득되는 것이다. 몇몇 언어들은 동사에 시제를 표시하지 않으며, 시제를 표현하는 언어들도 영어처럼 -ed를 사용하지 않기 때문이다. 규칙을 학습하기에 앞서 불규칙형이 혀끝에서만 뱅뱅 도는 경우에 아이는 기껏해야 아무것도 붙지 않은 어간 sing 을 말할 것이고, 규칙을 습득한 후에는 그 공백을 singed 로 채울 것이다.

이 이론을 증명하는 한 방법은 아이가 불규칙형에서 최초의 실수를 범할 때 규칙 동사들에는 무슨 일이 일어나는지를 지켜보는 것이다. 최초의 실수 이전에 아이들은 거의 항상 규칙 동사에 표지를 붙이지 않고, "Yesterday we **walk**."와 같이 말한다. 그런 과정을 거치고 나면 이번에는 아이들은 거의 항상 동사에 표지를 붙이기 시작해 "Yesterday we **walked**."와 같이 말한다. 바로 이 과도기에 singed 나 heared 같은 불규칙형에 대한 최초의 실수가 출현한다. 우리는 walked 와 singed 의 직렬식 발달을, -ed 규칙의 습득이라는 하나의 기초 과정에서 발생하는 두 가지 징후를 통해 해석할 수 있다. 즉 규칙이 필요한 경우에 나온 올바른 수행과, 그렇지 않은 경우에 나온 실수다.[34]

아이들이 단어 목록 위에 규칙 하나를 추가한다는 이 생각은, 아이들이 자신의 언어를 근본적으로 재조직하면서 독재적인 규칙 체계를 위해 그 목록을 버린 다음 천천히 단어 목록을 재습득한다는 제안보다 간단하다. 이 간단한 생각은 또한 객관적 사실에도 더 잘 들어맞는다. 아이들이 이런 실수를 시작할 때, 그 4퍼센트의 실수는 어디에서 나오는 것일까? 아이가 그 이전이라면 sang 같은 올바른 형태를 생산할 수도 있었을 상황에서 실수가 나올까? 아니면 sing 같은 순수한 어간을 생산했을 상황에서 나올까? 다시 말해, 그 실수들은 올바른 형태를 몰아낸 결과, 즉 성인 언어에 도달하는 과정에서 발생하는 신비한 일보 후퇴인가, 아니면 한 종류의 실수를 몰아내는 다른 종류의 실수인가? 데이터를 살펴보면, 그 작위의 실수(singed)는 올바른 형태(sang)가 아니라 또 다른 종류의 실수인 부작위(마땅히 해야 할 일을 일부러 하지 아니한 것)의 실수(sing)를 몰아낸다는 것을 알 수 있다. 예를 들어 우리가 연구했던 한 남자 아이는 최초의 명백한 실수를 저지르기 전에, 74퍼센트의 경우에 올바른 형태를 사용하고 26퍼센트의 경우에 동사 어간을 사용했다. 실수가 2퍼센트의 비율로 출현했을 때, 그 실수들은 올바른 74퍼센트의 동사 사용으로부터 발생해 그 비율을 72퍼센트로 떨어뜨렸을까? 아니다. 올바른 형태는 89퍼센트로 증가했다. 새로운 2퍼센트의 실수는 생략의 실수를 메운 것이었고, 생략의 실수는 9퍼센트로 떨어졌다. 아이들은 퇴보하는 것이 아니다. sang을 singed로 보충할 때 아이들은 일보 전진한다. 과거 시제형을 필요로 하는 그 문장의 통사론을 더 자주 충족시키기 때문이다.[35]

아이들이 맨 처음 규칙을 발견하는 그 "유레카!"의 순간을 자극하는 것은 무엇일까? 왜 어떤 아이들에게는 그 순간이 한 살 말에 찾아오고, 어떤 아이들에게는 두 살 말에야 찾아오는 것일까? 나는 그 최초의 실수를 촉발하는 것이 무엇인지 결코 이해할 수 없다고 생각한다. 우리가 연구한 두 명의 아이는 7~8개월 동안 단 한 번도 실수를 저지르지 않다가, 세 살이 되기 직전에 꼭 한 번 실수를 저질렀고(feeled와 heared), 그런 다음 5개월 후에 다시 실수를 저질렀다. 왜 그런 의외의 출발이 나타났을까? 돌연히 직관을 따르지 않았던 그 몇 달 동안 두 아이는 무엇을 생각하고 있었을까? 첫 번째 가능성으로는, 그 간극이 표본 추출의 착각이 아닌지를 생각해 볼 수 있다. 갓 태어난 -ed 규칙은 미약하고 불안정하다. 결국 횟수가 그렇게 적었던 것은, 테이프가 돌아가는 동안에 아이가 불규칙 동사를 과거 시제로 사용할 욕구를 느꼈지만 저장된 형태를 검색하지 못하고, 미약하고 불안정한 그 규칙을 적용한 횟수가 단지 그 정도에 불과했다는 것이다. 아이의 녹취록에서 빠른 말이 시작될 때에야 아이의 마음에는 낮고 꾸준한 확률이 표면에 떠오를 것이다.

또 다른 가능성은 아이는 변하고 있는 뇌를 가지고 언어를 이해하려고 노력하기 때문에 언어 발달이 때때로 혼란에 빠진다는 것이다. 뇌 세포들이 만나는 부위인 시냅스는 생후 몇 년 동안 대량으로 발생하고 소멸한다. 그 와중에 최초로 자리 잡은 규칙의 흔적이 일시적으로 물에 잠기거나 쓸려 갈 수 있다. 또한 무수히 발생하는 무작위의 사건들이 성장하는 뇌의 미세 구조에 영향을 미친다. 인간의 유전체(genome)에는 뇌의 모든 배선을 낱낱이 지정할 만큼 충분한 정보가 담겨 있지 않다. 우리는 이것을 일란성 쌍둥이에게서 볼 수 있다. 일란성 쌍둥이들은 모든 유전자와 대부분의 경험을 공유하지만, 뇌와 지능과 성격이 완전히 동일하지는 않다.[36]

제니퍼 갱어(Jennifer Ganger)와 나는, 과거 시제 규칙을 포함해 최소한 언어 발달의 몇몇 시기는 성장 과정을 조절하는 시계를 통해 제어된다고 생각했다. 특정한 나이에 머리나 이가 나고 가슴이 커지는 것과 똑같은 이유로 아이들은 특정한 나이에 규칙을 습득하기 시작할 것이다. 만일 그 시계가 부분적으로 유전자의 제어를 받는다면, 일란성 쌍둥이들은 절반의 유전자만 공유하는 이란성 쌍둥이들보다 언어 발달에서 더 높은 동시성을 보여야 할 것이다. 우리는 쌍둥이를 기르는 수백 명의 어머니들로부터 아이들의 새 단어와 단어 조합에 대한 목록을 매일 입수하고 있다. 그 목록을 대조해 보면, 어휘 발달, 첫 단어 조합, 과거 시제 실수의 비율이 이란성 쌍둥이들보다 일란성 쌍둥이들에게서 더 비슷한 시기에 나타나는 것을 볼 수 있다. 그 결과는 아이로 하여금 singed를 말하게 하는 마음의 사건들 중 적어도 일부는 유전적이라는 것을 우리에게 말해 준다. 그러나 최초의 과거 시제형 실수 자체는 유전적이 아니다. 쌍둥이 중 한 명이 최초로 singed 같은 실수를 범할 때, 일란성 쌍둥이라고 이란성 쌍둥이보다 더 빨리 그 형제의 실수를 따라 하지는 않는다. 동일한 말에 노출된 동일한 유전자의 두 아이가 최초로 과거 시제형 실수를 저지르는 평균 34일의 간격은 아동 발달에서 순수한 우연이 얼마나 중요한지를 일깨워 준다.[37]

✎

지금까지 나는 아이들의 창조적인 실수를 규칙의 적용으로 설명했지만, 다른 설명도 가능함을 알고 있다. 즉 아이들은 이미 알고 있는 단어로부터 유추할 수 있다는 것이다. 아이들이 holded라고 말하는 것은, hold의 발음이 fold, mold, scold와 비슷하고 그 과거 시제형들이 folded, molded, scolded이기 때문일 수 있다. 심지어 어떤 흔한 규칙 동사와도 각운이 정확히 맞지 않는 sing

과 ring에 대해서도 아이들은 sipped, banged, rimmed, rigged 처럼 비슷한 동사들의 부분과 조각들을 기억해 그와 비슷한 singed와 ringed를 짜 맞출지 모른다.

물론 이것은 러멜하트와 매클레랜드를 비롯한 연결주의자들이 제기한 패턴 연상망 기억의 기초다. 러멜하트와 멕클런드의 모형은 수백 개의 규칙 및 불규칙 동사를 습득하고 그것을 일반화해 수십 개의 새 단어에 적용했는데, 처음에는 불규칙 동사의 올바른 과거 시제형을 생산하다가 나중에는 −ed를 붙임으로써 놀랍게도 U자형 발달을 거치는 것처럼 보였다. 그러나 그 모형에는 단어나 규칙 또는 규칙 체계와 불규칙 체계 간의 구별처럼 보이는 것이 전혀 없었다. 그들은 어떻게 기억 모형이, 모든 사람이 언제나 규칙의 현저한 특징이라고 간주하는 특별한 방식으로 학습하도록 만들었을까?[38]

그들은 독창적인 아이디어를 고안했다. 러멜하트와 매클레랜드는 아이들이 흔한 동사를 먼저 습득하고 드문 동사를 나중에 습득한다고 생각했다. 흔한 동사는 주로 불규칙 동사이고 드문 동사는 규칙 동사이므로, 아이들의 어휘에서 불규칙 동사와 규칙 동사의 비율은 어휘의 발달과 함께 아이들이 불규칙형들을 다 소비하고 규칙형들을 점점 더 자주 접함에 따라 규칙형 쪽으로 이동할 것이다. 게다가 아이들의 어휘 발달은 최초의 단어를 학습한 이후 몇 달 동안 급등세를 보인다. 이 급등세가 규칙 동사의 갑작스러운 유입을 야기할 수 있다.

패턴 연상망 기억은 입력물의 통계 수치에 변화가 발생하는 것에 대단히 민감하다. 몇 개의 유별난 항목들이 주어지면 패턴 연상망 기억은 그것들의 패턴을 개별적으로 암기한다. 한 패턴을 공유하는 항목들이 우르르 쏟아지면 패턴 연상망 기억은 수적 우위를 인정하고, 패턴을 추출하고, 여러 번의 후속 훈련을 통해 서서히 그것들을 재습득한다. 이것은 아이들의 발달 과정과 매우 유사하게 들린다.

러멜하트와 매클레랜드는 극단적인 경우를 상상했다. 한 아이가 처음에 몇 개의 흔한 동사를 학습하는데 대부분 불규칙 동사이고, 그 다음 수백 개의 동사를 학습하는데 대부분 규칙 동사인 경우다. 두 사람은 영어 단어의 빈도수에 대한 목록을 참조했고, 규칙 동사와 불규칙 동사의 비율을 확실하게 가르는 선을 발견했으며, 그에 따라 그들의 망을 두 단계로 훈련시켰다. 먼저 그들은 연상망 모형에 빈도수가 가장 높은 동사 10개를 각각 10번씩 공급했는데, 80퍼센트가 불규칙 동사였다. 다음으로 그들은 410개의 동사를 각각 190번씩 입력했는데, 80퍼센트가 규칙 동사였다. 연상망은 처음 10개의 동사를 쉽게 학습했다. 그런 다음 규칙 동사들의 폭격 세례를 받자 그것은 수천 개의 –ed와의 연결을 강화했고, 그 연결들이 불규칙 과거형과의 연결을 압도하자 모형은 breaked 같은 실수를 범했다. 그들의 예를 본받은 연결주의 모형 설계자들은 더욱 정교한 망들을 사용했지만, 한편으로는 망에 공급하는 규칙 동사와 불규칙 동사의 양을 시간에 따라 변화시키는 방법을 통해 아이들과 같은 행동을 유도하기도 했다.[39]

　　표제에서 말한 것처럼 그 컴퓨터는 정말로 '뇌를 흉내' 냈을까? 그것은 전적으로, 아이들이 과연 규칙 동사의 유입에 대한 반응으로 breaked를 말하기 시작하는지에 달려 있다. 미셸 홀랜더(Michelle Hollander)와 나는 세 아이의 말을 수년 동안 녹취한 기록을 조사해, 부모들이 아이들과 말을 할 때 어느 시점부터 규칙 동사를 더 많이 사용하는지를 살펴보았다. 부모들은 그러지 않았다. 부모의 말에서 규칙 동사의 비율은 25~30퍼센트로 아이가 두 살 때나 다섯 살 때나 차이가 없다. 언뜻 보아서는 이상할 수도 있다. 즉 아이들이 어릴 때 부모는 make와 do처럼 흔한 불규칙 동사를 더 많이 사용하고, 아이들이 더 큰 후에는 abate, abbreviate, abhor 처럼 빈도수가 낮은 규칙 동사를 사용할 것이다. 그러나 이 시나리오가 통계 수치에 반영되지 않는 이유는, make, do, hold 처럼 흔한 불규칙 동사들은 모든 연령의 사람들이 모든 대화에서 사용하는 필수적인 다목적 동사라는 데 있다. abate, abbreviate 등은 실시간에 서로 경쟁하고, 그래서 대화 속에 들어오고 나가면서 교체되는 다양한 규칙 동사의 수가 증가할 때에도 규칙 동사가 차지하는 비율은 일정하게 유지된다.

그렇다면 우리는 동사가 사용되는 횟수가 아니라 아이의 어휘에 포함된 동사의 수를 따져봐야 할 것이다. 그러면 동사의 수가 틀림없이 증가할 것이다. 영어에는 불규칙 동사가 조금밖에 없으므로 불규칙 동사가 소진될 때부터 아이는 규칙 동사를 점점 더 많이 습득할 것이다. 이것이 바로 러멜하트와 매클레랜드의 예측이었다. 그러나 언어 습득을 구성하는 실제 사건들을 생각해 볼 때, 어휘 항목을 세는 것은 다소 이상하다. 아이들은 자신의 마음 사전을 펼쳐보면서 각 동사를 하나씩 망에 공급하는 것이 아니라 부모의 입에서 나오는 말을 들으면서 학습하기 때문이다. 그러나 우리는 다소 이상한 것을 이해하는 관대한 시각에서 아이들이 -ed를 과잉 적용하기 시작할 때 정말로 어휘가 급증하고 그와 함께 규칙 동사의 비율이 높아지는지를 보기 위해 녹취록을 조사했다.

그런 일은 없었다. 아이들의 어휘는 한 살 중반과 한 살 말 사이에 급증하는데, 과거 시제 실수가 시작되기에는 약 1년 빠른 시기다. 과거 시제 실수는 두 살 중반과 두 살 말 사이에 시작되기 때문이다. 아이들이 과거 시제 실수를 범하는 기간에, 규칙 동사는 아이들이 불규칙 동사를 정확하게 사용하던 그 이전보다 낮은 비율로 출현한다. 결국 타이밍은 패턴 연상망이 동사를 올바르게 사용하는 초기 단계 이후에 과잉 일반화를 시작하도록 하는 데에 필요한 요소가 아닌 것이다.

러멜하트-매클레랜드 모형의 기본적인 문제는, 그들이 아이에게 입력되는 말의 통계 수치에 대한 불확실한 전제 위에 연상망 모형을 아슬아슬하게 올려놓았다는 것이다. 그러나 언어 습득은 부모의 말과 관련된 통계 수치의 작은 차이에 따라 생사가 결정될 정도로 부실한 과정이 아니다. 다음 장에서 보겠지만, 전 세계 문화에서 아이들은 언어의 조합성 도구들을 학습한다. 미국 내로 눈을 돌리면, 영어의 복수형조차도 과거 시제형과는 다른 통계 수치를 보인다. 아이들이 습득한 몇 개의 불규칙 명사(men, children, feet, teeth)는 결코 아이들의 명사 어휘를 지배하지 못하는 반면, 불규칙 동사는 적어도 이론상으로는 아이들의 동사 어휘를 지배한다. 그러나 아이들은 과거 시제형에 대해서처럼 복수형에 대해서도 U자형 발달을 보인다. 말을 시작할 때 아이들은 모든 복수형을 정확하게 말하고, 그런 다음 몇 년 동안 낮고 꾸준한 비율로 과잉 일반화를 보인다.[40]

마이클 얼먼과 나는 패턴 연상망 모형에 인간의 뇌를 흉내 낼 수 있는 두 번의 기회를 더 주었다. 만일 아이들이 연상망 모형처럼 유추를 통해 학습한다면, 아이들의 불규칙 동사는 비슷한 소리를 가진 규칙 동사에 의해서는 실수 쪽으로 이끌릴 것이고, 비슷한 소리를 가진 불규칙 동사에 의해서는 실수로부터 보호를 받을 것이다. 만일 holded가 그와 비슷한 소리를 가진 folded로부터 유추된 것이라고 해 보자. 패턴 연상망 모형이 맞다면 규칙형들과 소리가 더 비슷할수록, 그리고 그 규칙형들이 더 자주 출현하는 것일수록 그 동사는 규칙화될 가능성이 더 높아야 할 것이다. holded는 자주 출현하는 folded에 강하게 이끌리고 그만큼 강하지는 않지만 scolded와 molded에도 이끌린다. 그러나 singed는 빈도수가 낮은 blinked에 약하게 이끌리고 그밖에는 거의 어떤 것에도 이끌리지 않는다. 따라서 holded는 singed 보다 더 흔해야 할 것이다. 그러나 어느 한 동사를 유혹할 수 있는 잠재적 유혹물의 수와, 아이의 말에서 나타나는 그 동사의 실수 비율에서 우리는 어떤 상관성도 발견할 수 없었다.[41]

연상망 모형은 한 가지 측면에서 뇌를 흉내 냈다. 만일 drank가 sank 와 rang 같은 기억 속의 비슷한 불규칙형 때문에 생존한다면, 더 많은 불규칙 동사들 그리고 더 흔한 동사들과 동맹을 맺고 있는 동사들은 실수에 빠지는 횟수가 더 적어야 할 것이다. 이것은 사실이었다. 불규칙형들은 비슷한 불규칙형들을 필요로 하지만, 규칙형들은 비슷한 규칙형들을 필요로 하지 않는다는 차이는, 이전의 장들에서 다뤘던 성인들로부터 발견한 결과들과도 일치한다. 이것은 패턴 연상망은 불규칙형들과 그것들이 저장된 기억에 대해서는 어떤 진실을 보여 주지만, 규칙형들과 그것들을 계산하는 체계의 본질을 보여 주지는 못한다는 절충적인 결론에 힘을 실어 준다.

보통 아이들이 과거 시제 규칙을 습득했다고 말할 때, 아이들은 실제로 무엇을 습득한 것일까? 그것은 단지 아이들이 낼 수 있는 또 하나의 소리일까, 아니면 문법의 나머지 부분들과 협력해 언어의 폭넓은 표현력을 만들어 내고 언어의 온갖 변덕 뒤에 감춰진 훌륭한 논리를 발생시키는 강력한 조합성 도구일까?

아이들의 과거 시제 규칙과 복수형 규칙은 사실 어떤 동사나 명사라도 척척 굴절시키는 강력한 힘을 가진 어른 규칙의 미숙한 형태처럼 보인다. 아이들은 불규칙 과거 시제형을 강하게 연상시키는 경우에도 거의 모든 불규칙 동사에 과거 시제 규칙을 적용한다. 아이들은 자기 스스로 창조해 낸 동사들에도 그것을 적용해 lightninged, smunched, poonked 같은 이상한 소리의 형태를 만들어 낸다. 아이들은 eat lunched, cut-upped egg, There is two Empire Strikes Backs 처럼 구로 이루어진 단어들에도 그 규칙들을 적용한다. 두 나라 말을 하는 아이들은 때때로 한쪽 언어의 규칙을 다른 언어의 단어에 적용해, perachs 와 sefers(히브리 어로 꽃과 책을 의미한다.)를 만들어 낸다.[42]

아이들은 또한 그 규칙을 어근 및 핵어 없는 단어들에도 적용해, 앞 장에서 소개한 lowlifes 와 flied out 처럼 우리의 호기심을 자극하는 형태들을 만들어 낸다. 킴, 마커스, 그리고 나는 변형된 wug 테스트를 아이들에게 제시했다. 새 동사들 중 절반은 '종이

한 장을 파리들로 덮다.'를 의미하는 to fly나 '~위에 반지를 놓다.'를 의미하는 to ring처럼 불규칙형과 소리가 동일하지만 분명히 명사에서 유래한 것들이었다. 이런 상황에서 성인들은 불규칙형처럼 소리가 나는 동사들을 규칙형(flied out to right field, high-sticked the goalie, ringed the city with artillery)으로 전환시킨다. 명사에 기초한 동사는 어근이나 핵어가 없고, 따라서 기억에 저장된 불규칙 어근들의 체계와 연결되지 않기 때문이다. 네 살 된 아이들은 어른들과 똑같이 행동했다. 그들은 동사 어근을 가진 동사들을 규칙화하는 것보다(예를 들어 "They are flying down the road."), 명사에 기초한 동사들을 더 자주 규칙화했다(예를 들어 "She flied the paper.").[43]

이와 비슷한 한 실험에서는 아이들에게 불규칙 명사가 들어간 꼬리표를 붙인 물건들을 보여 주었다. 일부는 fuzzy mouse와 little goose처럼 단순히 명사 어근을 가진 것들이었고, 일부는 Micky Mouse와 Mother Goose처럼 이름에서 유래한 것들이었고, 일부는 snaggletooth(해마처럼 생긴 동물)와 bigfoot 같은 바후브리히 복합어였다. 이 장난감들의 집합들을 묘사하라고 요구하자 아이들은 단순한 어근에 대해서보다(fuzzy mouses, little gooses), 이름과 핵어 없는 복합어에 대해(Mickey Mouses, Mother Gooses, snaggletooths, bigfoots) 더 자주 규칙 복수형을 적용했다. 성인들처럼 아이들도 굴절을 계산할 때 단어의 소리만 듣는 것이 아니라 문법 구조를 분석하는 것이다.

아이들은 또한 앞 장에서 논의한 불규칙 명사들의 또 다른 흥미로운 측면에도 민감하다. mice-infested(불규칙형이 다른 단어들처럼 복합어 안에 삽입된 경우)와, rat-infested(규칙 복수형인 rats가 복합어 안에 삽입되기에는 너무 늦은 경우)의 대조가 그것이다. 나는 어떤 아이가 자기 아버지에게 쥐들(mice)이 있는 건물은 mice building이라고 주장한 사례와, 또 한 아이가 "이건 handcuffs(수갑)도 되지만 feetcuffs도 될 수 있어."라고 말한 사례를 알고 있다. 나는 아이들이 rats building이나 handscuffs처럼 말하는 것을 들어본 적이 없다. 물론 그 차이가 사실인지를 입증하기 위해서는 실험이 필요할 것이다.

피터 고든은 세 살과 다섯 살 사이의 아이들에게 쿠키 몬스터를 보여 주고는 "여기 X를 잘 먹는 괴물이 있다. 그를 뭐라고 불러야 할까?"라고 물으면서 X를 여러 가지 물건으로 교체했다. 먼저 그는 복수형이 없는 mud 같은 물질 명사를 가지고 아이들을 훈련시켜 아이들에게서 mud-eater와 같은 대답을 이끌어 냈다. 이 과정을 통해 아이들은 그다음의 대답들과 무관하게 복합어 구조를 습득할 수 있었다. 그런 다음 그는 아이들에게 rats를 잘 먹는 괴물을 뭐라고 부르고 싶은지를 물었다. 아이들은 실험자가 rats라고 말하는 것을 방금 들었음에도, 거의 항상 rats-eater가 아니라 rat-eater라고 대답했다. 이와 대조적으로 아이들은 mice를 잘 먹는 괴물을 종종 mice-eater라고 불렀고, 때때로 mouses라고 말하는 아이들조차도 복합어에서는 결코 mouses-eater라고 말하지 않았다. 규칙 복수형을 피하는 것은 단지 복합어 안에 -s가 들어가는 것을 싫어하는 경향 때문만은 아니다. 성인들처럼 아이들도 규칙형처럼 소리가 나지만 불규칙형처럼 저장되어야 하는 pants와 clothes 같은 플루랄리아 탄툼(항상 복수인 명사)에 대한 질문을 받으면, 기꺼이 그 괴물을 pants-eater나 clothes-eater라고 불렀다.[44]

그런 다음 피터 고든은, 아이들이 부모의 말 중에 teethmarks처럼 불규칙 복수형이 포함된 복합어들에 주목하는 동시에 clawsmarks처럼 규칙 복수형이 포함된 복합어는 없다는 사실에 주목함으로써 과연 그 차이를 학습할 수 있는지를 시험했다. 그는 모든 복합어의 표준 빈도수를 조사해, 규칙이든 불규칙이든 복수형을 포함한 복합어가 흔하지 않다는 것을 발견했다. 흔하게 사용되는 거의 모든 복합어가 toothbrush와 mousetrap처럼 첫 번째 명사가 단수형이었다. 대부분의 아이들은 일상 생활에서 복수형이 포함된 복합어를 한번도 들어보지 못했으며, 실험실에 와서야 처음으로 불규칙 복수형을 사용하고 규칙 복수형을 피하는 유혹에 직면했던 것이다. 결국 고든은, mice-infested와 rats-infested의 차이에 대한 아이들의 민감성은 부모의 말에 포함된 형태들을 도표화한 결과가 아니라, 아이들의 언어 체계에 고유하게 존재하는 구조의 산물이라고 결론지었다.

킴과 나는 '파리들로 덮어 씌웠다.'를 의미하는 flied와 '날았다.'를 의미하는 flew를 구별하는 아이들의 능력에 대해서도 같은 질문을 던졌다. 아이들은 to fish, to plug, to rain, to screw in 같은 명사 출신 동사들을 많이 듣는다. 그러나 우리는 아이들이 flied out이나 high-sticked 같이 불규칙 동사처럼 소리 나는 명사 출신 동사를 전혀 듣지 못한다는 것을 발견했다.[45] 이것은 동사의 소리가 하나의 과거 시제형을 요구하고 동사의 구조가 다른 과거 시제형을 요구할 때, 즉 소리는 규칙 과거형처럼 나는데 구조는 불규칙 과거형을 요구할 때 아이들에게 어떻게 해야 하는지를 우리 어른들이 미리 말해 주지 않았을 것임을 의미한다. 그런데도 아이들은 스스로 올바른 대답에 이끌리는 경향을 보인다.

물론 아이들이 듣는 말에는 굴절이 원래 규칙적이라는 것을 알려 주는 정보가 포함되어 있는 것이 분명하다. 무엇이 그 정보일까? 그것은 몇몇 단어에 첨가된 재료의 존재는 아니다. 그것으로는 pat-patted의 규칙형 접미사 -ed와 shake-shaken의 불규칙 접미사 -en이 구별되지 않기 때문이다. 또한 그것은 첨가된 재료를 품고 있는 단어의 순수한 숫자도 아닐 것이다. 우리는 아이들의 규칙 사용이 부모의 말이나 아이들 자신의 어휘에 포함된 규칙 동사의 비율과 아무 관계가 없다는 것을 보았기 때문이다.

아이들은 어떻게 규칙적 굴절을 듣고 그것을 알아볼까? 아이들의 언어 체계가 단어를 위해, 그리고 규칙을 위해 준비되어 있고, 항상 부모의 말에서 각각의 사례들을 찾고 있다고 가정해 보자. 아이들은 모국어 단어의 규범 패턴에 들어맞는 동시에 하나의 의미와 자의적으로 짝지어진 소리들에 귀를 기울인다. 단어 체계가 그 소리들을 포획해 어근으로 저장한다. 아이들은 또한 다른 단어에 규칙이 적용되어 생긴 수정된 형태라고 여겨지는 단어들에도 귀를 기울인다. 그런 단어들은 싹둑 잘려 어간과 접미사로 나뉘고, 접미사는 규칙을 위한 재료로서 개별적으로 저장된다. 그렇다면 단어와 규칙을 구분하기 위해 아이들은 하나의 자모음 패턴이 한 단어의 부분이 아니라 그 단어에 첨가된 것이라는 사실의 증거를 찾아내는 더듬이를 갖고 있어야 한다.

무엇이 아이들이 언어적 더듬이를 갖고 있다는 것의 증거가 될 수 있을까? 어떤 굴절이 규칙형인지 아닌지를 결정하기 위해 언어학자들이 사용하는 몇몇 종류의 정보가 그런 것들일 수 있는데, 우리는 앞의 두 장에서 그런 종류의 증거를 탐구했다. 만일 아이들이 접미사가 첨가된 동사의 형태(예를 들어 blinked 와 showed)를 들었는데 그 동사가 어느 불규칙 동사 집단과 비슷하면(두 동사는 drink-shrink-sink 집단과 blow-grow-throw 집단에 속해야 할 것처럼 들린다.), 아이들은 그 단어들이 집단의 인력을 무용지물로 만들 만큼 아주 강력한 어떤 것으로 인해 수정되었다고 추론할 줄 안다. combed 와 fished 처럼 명사 출신 동사에 접미사가 첨가된 형태나 cracked 와 squeaked 처럼 의성어에 접미사가 첨가된 형태를 들은 아이들은, 단어에 포함된 명사나 그 주변 소리를 듣고, 그 나머지 소리가 동사 어근이 아닌 단어에 자유롭게 적용될 수 있는 어떤 규칙에 따라 첨가된 것이 분명하다고 추정할 줄 안다. 만일

attached와 exercised처럼 접미사가 붙은 비(非)기초적인 소리(다음절이다.)를 들으면, 아이들은 그 형태들이 기억 속에서 다른 어근과 연계되어 있는 어근이 아닐 것이고, 추가된 조각은 소리에 신경을 쓰지 않는 어떤 규칙에 따라 첨가되었을 것이라고 추측할 줄 안다. 아이들이 과연 이런 증거들에 의존하는지를 우리는 정확히 알지 못하지만, 만일 아이들이 무엇에 귀를 기울여야 하는지를 안다면 그 증거들은 아이들에게 유용할 것임을 우리는 확신한다. 위의 네 종류의 동사는 모두, 규칙을 적용해 signed 같은 실수를 만들어 내는 단계에 도달하지 못한 아이들의 어휘에서 발견된다.[46] 따라서 만일 아이들이 귀에 들리는 것을 해석할 수 있는 단어와 규칙의 마음 장치를 갖고 있다면, 그들은 그 증거들을 통해 단어의 본질과 규칙의 본질을 볼 수 있을 것이다. 일단 어떤 접미사가 귀로 들을 수 있는 단서들을 사용하는 규칙의 산물임이 확인되면, 그것은 새로운 동사들과의 조합에도 생산적으로 사용될 것이다.

❧

아이들의 말실수는 부모들을 위한 시, 소설, 방송 프로그램, 웹사이트에서 흥미로운 일화들을 만들어 내는 동시에, 과학에서 가장 어려운 난제들 중 하나인 본성과 양육의 문제를 풀 수 있게 도와준다. 아이가 "It bleeded and it singed."라고 말할 때, 그 문장에는 온통 학습의 지문들이 찍혀 있다. 모든 단어의 모든 조각이 학습된 것이고, 과거 시제 접미사 -ed도 예외가 아니다. 그 실수의 존재 자체가 아직 불완전한 학습의 과정, 즉 bled와 sang 같은 불규칙형들을 습득하는 과정에서 발생한다.

그러나 학습을 수행할 수 있는 회로가 선천적으로 조직되어 있지 않으면 학습은 불가능하다. 그리고 아이들의 말실수는 그 회로가 어떻게 작동하는지에 대한 단서들을 보여 준다. 아이들은 태어나면서부터 발음의 작은 차이(예를 들어 walk와 walked)에 주목한다. 아이들은 그것을 어투의 우연한 변주로 취급하기보다는, 문장의 의미상, 형태상의 차이를 불러오는 체계적인 기초가 무엇인지를 찾는다. 아이들은 시간을 과거와 비과거로 이분화하고, 그 기준선의 절반을 섬세한 어미와 관련시킨다. 아이들의 마음에는 기억에서 라이벌 형태를 발견하면 규칙을 봉쇄하려는 경향이 깊이 새겨져 있는 것이 분명하다. 그렇지 않으면 부모의 되먹임이 없는 상황에서 봉쇄 규칙을 학습할 방법이 없기 때문이다. 아이들의 규칙 사용은 (비록 최초로 사용하는 순간은 아닐지라도) 부분적으로 유전자의 안내를 받는다. 아이들은 자발적으로 새 규칙을 실험자나 그들 자신이 만들어 낸 다양한 단어에 적용하고, 불규칙형이 너무 희미해서 검색이 되지 않는 동사에 적용한다. 아이들은 자신이 가진 문법 체계의 논리에 따라 그 규칙을 적절한 장소에 끼워 맞추고, 특정한 단어 구조에는 규칙형을, 그렇지 않은 단어 구조에는 불규칙형을 적용한다.

나는 인간 심리의 다른 부분들에서도 본성과 양육의 상호 작용이 그와 비슷한 색깔을 띤다고 생각한다. 즉 모든 내용물은 학습되지만, 그 학습을 수행하는 체계는 선천적으로 지정된 논리에 따라 작동한다. 찰스 다윈(Charles R. Darwin)은 인간의 언어를 "기술을 습득하려는 본능적 성향"이라고 묘사함으로써 그 상호 작용을 표현했다. 그는 다음과 같이 말했다. "확실히 그것은 진정한 본능은 아니다. 모든 언어는 학습되어야 하기 때문이다. 그러나 그것은 모든 평범한 기술들과는 크게 다르다. 어린 아기의 옹알이에서 볼 수 있듯이 인간에게는 말을 하려는 본능적 성향이 있기 때문이다. 반면에 어떤 아이도 술을 빚거나, 빵을 굽거나, 글을 쓰려는 본능적 성향을 보이지는 않는다."[47]

8

독일어에 대한 공포

미국인들이 쉽게 망각하는 사실이지만, 이 세계에는 영어만 존재하지 않는다. 인간은 30여 어족에 속하는 약 6,000종의 언어를 사용한다. 다양한 이유로 그 모국어들은 언어와 마음을 이해하는 데 필요한 주요 원천이다.

첫째, 어떤 사람도 특정한 언어를 말하려는 성향을 생물학적으로 타고나지는 않는다. 이주와 정복이라 불리는 많은 실험들이 오래전에 그 문제를 해결했다. 아이들은 조상들이 몰랐던 언어를 자유자재로 구사한다. 따라서 만일 어떤 언어적 특징이 인간 언어 능력의 기본 메커니즘에 따라 만들어진다면, 그것은 라플란드에서 레소토, 페루에서 파푸아 뉴기니에 이르는 모든 곳에 존재해야 할 것이다.

또한 언어를 이해하기 위해서는 원인과 결과에 대한 가설들을 시험해야 하지만, 언어학자들은 시험관에서 언어를 합성해 그것이 어떻게 사용되고, 학습되고, 변화되는지를 살펴보는 호사를 누리지 못한다. 언어학자가 하나의 요인에 변화를 주고 그것이 다른 요인에 어떤 영향을 미치는지를 살펴볼 수 있는 유일한 실험 기구는 이미 존재하는 언어 사이의 차이뿐이다.

마지막으로 어떤 사람도 언어가 6,000번 진화했을 것이라고 생각하지 않는다. 다양한 언어가 발견되는 것은 사람들이 멀리 이동해 접촉이 끊어지거나, 서로 반목하는 파벌로 쪼개지기 때문이다. 사람들은 항상 말하는 방식을 조작한다. 강이나 산맥이나 불모지 건너편에서 그런 조작들이 누적되면 원래의 언어는 서서히 둘로 쪼개지게 마련이다. 두 언어를 비교한다는 것은 두 민족의 역사, 즉 그들의 이주, 정복, 혁신, 소통을 위한 일상의 투쟁을 보는 것이다.

이 모든 언어에는 어떤 공통점과 차이점이 있을까?[1] 모든 언어에는 형태소들(단어의 부분들)과, 그 형태소들을 조립해 복합어, 구, 문장 같은 유의미한 조합물을 만들어 내는 일련의 규약들이 있

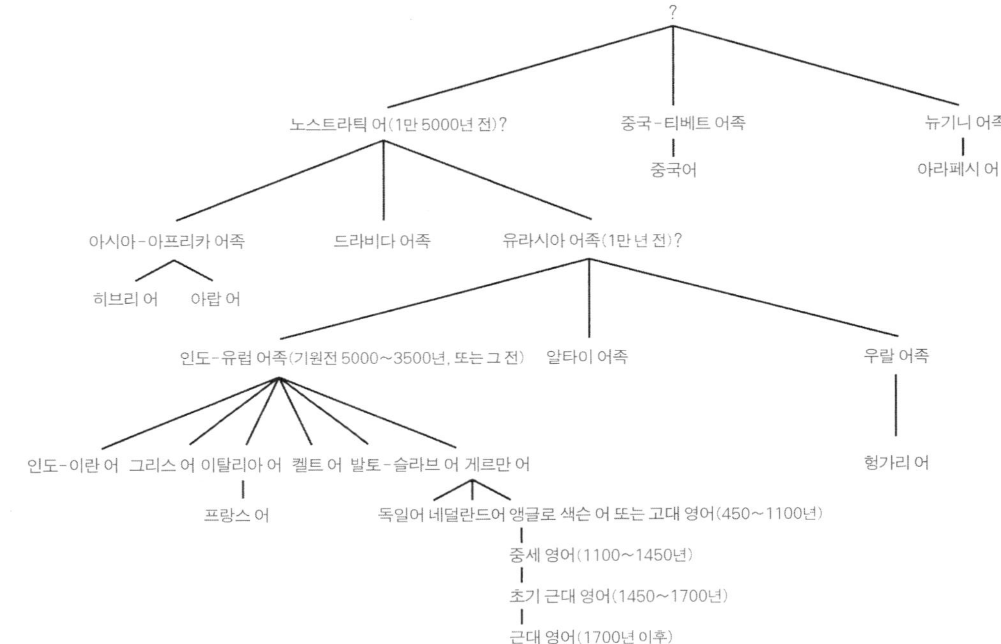

?
노스트라틱 어(1만 5000년 전)?
중국-티베트 어족
뉴기니 어족
중국어
아라페시 어
아시아-아프리카 어족
드라비다 어족
유라시아 어족(1만 년 전)?
히브리 어
아랍 어
인도-유럽 어족(기원전 5000~3500년, 또는 그 전)
알타이 어족
우랄 어족
인도-이란 어
그리스 어
이탈리아 어
켈트 어
발토-슬라브 어
게르만 어
헝가리 어
프랑스 어
독일어
네덜란드어
앵글로 색슨 어 또는 고대 영어(450~1100년)
중세 영어(1100~1450년)
초기 근대 영어(1450~1700년)
근대 영어(1700년 이후)

다. 단어가 조립되면 그것은 접미사, 접두사, 삽입사를 받아들이거나, 모음 및 자음의 변화를 겪거나, 중복이 될 수 있다. 중복이 된다는 것은 말레이 어에서 '사람'을 뜻하는 orang의 복수형이 orang-orang이 되는 경우를 말한다. 단어들은 시제와 수를 위해 형태를 바꿀 뿐만 아니라 인칭, 격(명사의 문장 내에서의 역할), 상(사건이 시간상 어떻게 전개되는가), 한정성(the와 a의 차이), 성(종류), 태(능동태 또는 수동태), 법(직설법, 명령법, 가정법), 양극성(참 또는 거짓), 그리고 그 밖의 몇몇 구별을 위해서도 형태를 바꾼다. 영어에서 그렇듯이 불규칙형은 자주 사용되는 단어에 한정되는 경향이 있다.

그러나 이것은 규칙 단어와 불규칙 단어가 모든 언어의 모든 굴절에 모두 복종한다는 뜻은 아니다. 심지어 영어에서도 우리는 모든 가능성을 발견할 수 있다. 복수형과 과거 시제형에는 규칙 단어와 불규칙 단어가 두루 적용되지만, 진행형은 완전히 규칙적이다. 심지어 아주 제멋대로 구는 be, do, have도 군말 없이 접미사 -ing를 받아들여 being, doing, having으로 변한다. 이와 대조적으로 도시나 주에 거주하는 사람을 가리키는 영어 단어는 완전히 불규칙적이다. 런던에 사는 사람은 Londoner지만, 보스턴에 사는 사람은 (Bostoner가 아니라) Bostonian이고, 루이지애나에 사는 사람은 Lousianan이지만 인디애나에 사는 사람은 Hoosier이며, 매사추세츠, 노스웨스트, 연합 왕국(United Kingdom, 잉글랜드, 웨일즈, 스코틀랜드, 북아일랜드 연합—옮긴이)에 사는 사람을 어떻게 불러야 하는지는 아무도 모른다. 이보다 훨씬 더 극단적인 언어들도 있다. 터키 어 동사 굴절은 완전히 예측 가능한 수백만 개의 형태를 만들어 내는 꿈같은 조합을 보여 준다. 러시아 어 명사 굴절은 함정 투성이인 격 변화 때문에 악몽 같은 암기를 요구한다. 러시아의 재담가인 미하일 조셴코(Mikhail Zoshchenko)가 쓴 이야기에는, 포커의 복수 소유격을 몰라서 전화로 포커 한 벌을 갖다 달라고 주문하지 못해 쩔쩔 매는 야간 경비원이 나온다.[2]

중국어를 비롯한 몇몇 언어는 단어를 굴절시키지 않는다. 형태론이 복합어 형성과 몇 안 되는 파생어 형성으로 이루어져 있기 때문이다. 반투 어와 아메리카 원주민 어족에 속하는 몇몇 언어들은 단어를 층층으로 조립한다. 단어들이 몇 단계에 걸쳐 만들어질 때 각 단계마다 규칙성이나 불규칙성이 가미될 수 있다. 예를 들어 프랑스어 동사는 세 종류로 나뉘는데, -er 군은 수가 가장 많고 또 프랑스 어로 들어오는 새 단어들의 대부분을 흡수하기 때문에 '규칙' 동사라고 불린다. 그러나 aller(가다.)를 비롯한 몇몇 -er 단어들은 많은 불규칙성을 갖고 있다(aller, envoyer(보내다.), renvoyer(돌려보내다.)는 불규칙 동사인 3군 동사에 속한다. ─옮긴이). 반면에 나머지 두 유형에 속하는 동사에 대해서는 어떤 유형에 속하는지를 알기만 한다면 (모든 동사는 아니지만) 많은 동사들에 규칙적인 활용 패턴을 적용할 수 있다. 그러므로 단어를 단계적으로 조성하는 언어에서는, 한 단어가 '규칙적'이라거나 '불규칙적'이라고 단정적으로 말하는 것은 의미가 없다. 단어의 부분이 일반 규칙에 따라 지정되었는가 아니면 그 단어의 어근과 함께 저장되었는가에 따라 어떤 부분은 규칙적일 수 있고 또 어떤 부분은 불규칙적일 수 있기 때문이다.[3]

　　외국어를 공부해 본 사람치고 불규칙성을 모르는 사람은 없을 것이다. 모든 사람이 참고서에 적힌 다음과 같은 경고문을 두려워한다. "주의: -re로 끝나는 모든 동사가 규칙 동사는 아니다. 여러분은 어느 동사가 정말로 규칙적인 -re 동사이고 어느 동사가 불규칙 활용 패턴을 따르는 동사인지를 반드시 공부해야 한다." 또한 우리는 외국어에서 어느 명사와 동사가 규칙적이고 어느 것이 불규칙적인가를 쉽게 잊는다. 예를 들어 어느 홍콩 영화에 나오는 중국어 대화의 한 부분은 다음과 같은 영어 자막으로 번역되었다. "Greetings, large black person. Let us not forget to form a team up together and go into the country to inflict the pain of our karate **feets** on some ass of the giant lizard person(안녕하시오, 덩치 큰 흑인 양반. 우리 꼭 한 팀이 되어 그 나라로 들어가 괴물 같은 그 놈 엉덩이에 우리 가라데 발차기들의 매운 맛을 보여 줍시다.)."[4]

비록 모든 언어 교과서가 '규칙형'과 '불규칙형'을 다루고 있지만, 교과서에서 생각하는 규칙성 개념은 우리가 이 책에서 논의하고 있는 개념과는 다를 수 있다. '규칙형'은 거의 항상 대다수의 단어들이 따르는 패턴이나 신조어들이 따르는 패턴과 동일시된다. 그러나 이 책에서 나는 그것을 다른 의미로, 즉 사전에 나오는 수와 인용보다는 화자들의 심리 과정과 관련된 의미로 사용하고 있다. 이 책에서 '규칙형'이란 화자들이 초깃값으로 간주하는 규칙, 즉 특정한 굴절 패턴과 함께 기억에 저장된 적이 없는 단어라도 한 범주에 속하는 것이라면 어느 단어에든 화자들이 적용할 수 있는 굴절 패턴을 가리킨다.

이 이론에 따르자면 규칙형 패턴은 원칙상 한 언어의 소수파 단어들에도 적용될 수 있고, 다수파 단어들이 하나씩 학습되어야 할 수도 있다. (제임스 터버(James Thurber, 《뉴요커》를 중심으로 활동한 작가 겸 만화가——옮긴이)는 "수적 우세가 안전을 보장하지는 않는다."라고 말했다.) 그리고 만약 어떤 신조어가 기억 속의 불규칙 단어들과 너무나 비슷해서 유추를 피할 수 없다면 그 단어에는 규칙이 적용되지 않을 수도 있다(예를 들어 대부분의 사람들은 spling을 splang이나 splung으로 굴절시킨다.). 하나의 굴절이 심리학적 의미에서 규칙적인지 아닌지를 알아볼 수 있는 유일한 방법은, 기억이 봉쇄되었을 때 사람들이 그것을 적용하는지 아닌지를 보는 것이다. 사람들이 그 굴절을 적용하면 그 단어는 새롭거나, 드물거나, 특이하거나, 외래어이거나, 어근이 없거나, 핵어가 없다(5장과 6장에서 마주친 상황들이다.). 규칙형의 두 의미, 즉 '대다수의 단어' 대 '초깃값으로 적용됨'의 차이는 언어 심리 및 언어사와 관련된 흥미로운 측면들을 드러내 주고, 하나가 다른 하나에 어떻게 영향을 미칠 수 있는지를 보여 준다.

연결주의 패턴 연상망은 빈번한 패턴을 좋아한다. 패턴 연상망이 성공할 수 있었던 것은 규칙형 과거 시제 접미사 -ed는, 그것이 대다수의 동사에 적용된다는 교과서적인 의미에서 '규칙적'이라는 사실 덕분이었다. 패턴 연상망은 하나의 패턴이 훈련 목록에 포함된 다양한 항목들을 통해 다수의 연결들 위에 퍼져 있을수록 쉽게 일반화된다. 사람들이 -ed를 일반화화는 것과 영어에서 대부분의 동사들이 -ed를 취하는 것은 우연의 일치가 아니라고 연결주의자들은 말한다. 패턴 연상망처럼 사람들도 수적 우위를 중시하기 때문이다.[5]

앞의 두 장에서 보았듯이 이 주장에는 몇 가지 문제가 있다. 아이들의 학습은, 단지 단어가 존재한다는 사실 때문이 아니라, 단어가 사용되는 것을 들음으로써 이루어진다. did, made, took 같은 불규칙 동사는 규칙 동사들보다 더 자주 귀에 들어온다. 불규칙 동사의 높은 사용 빈도는 그것들이 수적으로 열세라는 사실을 벌충한다. 아이들은 습득한 명사 어휘가 거의 전부 규칙형인 동안에는 복수 규칙을 좀처럼 사용하지 못하고(영어에는 불규칙 명사가 워낙 적기 때문에), 규칙 동사의 비율이 급격히 올라가는 어휘 급증 이후에는 과거 시제 규칙을 열광적으로 사용한다. 그리고 어휘의 수는 동음 이의어, 핵어 없는 단어, 어근 없는 단어의 규칙화와 관련된 패턴 연상망의 문제를 해결하는 데에 전혀 도움이 되지 않는다. 연상망 모형들은 그 차이들을 등록조차 하지 못하고 그래서 그런 단어들에 대해서는 색맹을 보이기 때문이다.

그럼에도 규칙형 접미사가 가장 흔한 형태인 동시에 가장 일반화가 쉬운 형태인 한에서, 우리는 결코 그것들을 무시할 수 없고, 사람들은 통계 수치에 이끌려 행동한다는 연결주의자들의 주장을 전적으로 배제할 수도 없다. 그렇다면 소수파 단어들에서 규칙적 패턴을 보임으로써 혼란을 불식시켜 줄 언어가 필요하다. 만일 화자들이 기억 속에 연합물이 없는 단어들에도 그 패턴을 적용한다면, 다시 말해 화자들이 드물고, 새롭고, 특이하고, 어근이 없고, 핵어가 없는 단어들에 대해 그 패턴을 초깃값으로 사용한다면 규칙적 패턴을 특별하게 만드는 것은 그 패턴의 수적 우위가 아니라, 그 패턴을 실행하는 마음 연산의 종류라는 것을 확신할 수 있다.

'규칙성'을 다수의 패턴으로 규정하는 교과서적 정의를 따른다면, 소수파 단어에서 규칙적 패턴이 발견되는 언어를 찾겠다는 소망은 모순 어법이 되고 만다. 그러나 규칙성을 어떤 마음 규칙의 산물로 규정하는 심리학적 정의를 따른다면 그것은 평범한 소망이 될 것이다. 심리학적 정의에서는 수적 우위는 조금도 중요하지 않다고 말하기 때문이다. 문제는 그런 언어가 과연 존재하는가 하는 것이다. 대다수의 경우에 화자들에게 불규칙형을 부과하는 심술궂고, 괴팍하고, 가학적인 언어가 있을까?

마크 트웨인(Mark Twain)의 수필, 「독일어에 대한 공포(Die

Schrecken der Deutschen Sprache)」에서 한 구절을 인용하고자 한다.

독일어를 공부해 보지 않은 사람은 까다로운 언어라는 게 무엇인지 상상조차 못할 것이다. 분명 그렇게 혼란스럽고, 제멋대로이고, 파악하기 어렵고, 이해하기 어려운 언어는 또 다시 없을 것이다. 그 속에 빠지면 속수무책으로 이리저리 휩쓸려 다니게 된다. 이제야 확고한 기초를 제공하는 규칙 하나를 습득했다고 생각하고 10개의 품사가 일으키는 소용돌이 속에서 잠깐 숨이라도 돌릴라치면, 다음 페이지에는 어김없이 "학생들은 아래의 예외들에 주의하라."라는 말이 나온다. 그리고 더 아래로 눈을 돌리면 다음과 같은 글을 발견하게 된다. 이 규칙에는 예보다 예외가 더 많다.[6]

완벽하다!

물론 트웨인은 "무시무시한 독일어"(트웨인의 제목은 대개 이렇게 번역된다.)가 그것을 모국어로 습득하는 아이들에게는 다른 어떤 언어보다 무섭지 않다는 것을 알고 있었다. 그러나 외국인들은 "독일어 형용사 하나를 격변화하기보다는 차라리 술 두 잔을 사양할 것"이라고 말했다.

표준 독일어(고지(高地) 독일어)에서, 동사는 세 가지 형태를 띤다. to buy-bought-(has) bought에 해당하는 kaufen-kaufte-gekauft에서처럼, 부정사, 과거 시제 또는 단순 과거, 분사가 그것이다(신의 은총으로 단순 과거는 일상적인 말에 거의 사용되지 않는다.). 분사는 접두사(대개 ge-), 동사 어간, 접미사(-t나 -en)로 이루어져 있다. 동사 자체는 세 가지 유형으로 나뉜다. kaufen 같은 약변화 동사들은 규칙적인데, 영어의 규칙 동사들(예를 들어 play-played)과 비슷하다. 강변화 동사들은 불규칙적이다. 즉 to go-went-(has) gone에 해당하는 gehen-ging-gegangen에서 볼 수 있는 것처럼 대개 어간이 예측할 수 없게 변하고 접미사 -en을 취한다. 강변화 동사는 영어의 강변화 불규칙 동사(예를 들어 sing-sang-sung)와 비슷하다. 혼합 변화 동사도 불규칙적이다. to run-ran-(has) run에 해당하는 rennen-rannte-gerannt에서처럼, 그것들은 접미사 -t를 취하지만 어간이 예측할 수 없게 변한다. 그것들은 영어의 약변화 불규칙 동사들(예를 들어 sleep-slept)과 비슷하다.

앞의 유사성들은 우연의 일치가 아니다. 영어와 독일어는 모두 3,000년 전에 사용되었던 공통 조상어인 원시 게르만 어에서 진화했다. 영어에서 -ed로 표기되는 접미사와 독일어의 -t 접미사는 원시 게르만 어의 치경 접미사(혀와 치아 뒤의 잇몸 사이에서 발음되었기 때문에 그렇게 불린다.)에서 태어난 후손들이다. 모음 전환, 즉 아블라우트(ablaut)는 훨씬 더 이전의 조상어인 원시 인도-유럽 어에서 나왔는데, 원시 인도-유럽 어의 활용법들은 그 후 소멸되어 오랫동안 불규칙성을 띠게 되었다. 영어와 독일어의 유사성은 singen-sang-gesungen과 sing-sang-sung처럼 불규칙형이 서로 비슷한 동일 어원의 동사에서 확실히 드러난다.

영어에서처럼 독일어에서도 불규칙 동사들은 사용 빈도수가 높다.[2] 1,000개의 가장 흔한 독일어 동사들(방대한 언어 자료에 사용된 동사의 약 96퍼센트를 차지한다.) 중, 불규칙형은 100만 단어당 640회 사용되고, 규칙형은 77회 사용된다(영어에서의 수치는 684 대 73이다.). 영어에서처럼 독일어 불규칙 동사도 몇 개의 집단으로 나뉜다. 예를 들어 singen-sang-gesungen 은 sinken-sank-gesunken 및 trinken-trank-getrunken과 비슷하고, sehen-sah-gesehen 은 lesen-las-gelesen 및 geben-gab-gegeben과 비슷하다. 그러나 집단의 구성원들은 하나의 규칙으로 결집하지 않는다. 예를 들어 singen 집단에는 beginnen-begann-begonnen 같은 예외들이 있으며, sehen 집단에는 gehen-ging-gegangen 같은 예외가 있다. 게다가 독일어 화자들은 때때로 그들의 동사에 대해 애매한 판단을 내린다. 즉 backen의 과거형은 buk와 backte를 넘나들고, 분사형은 gebacken과 gebackt를 넘나든다.[8] 이것으로 보아, 영어에서처럼 독일어에서도 불규칙형들은 연상망 기억에 저장되고, 그것이 불규칙형들의 패턴을 일반화해 그와 비슷한 새 형태에 적용하는 경우를 유도한다는 것을 알 수 있다.

그러나 독일어 동사와 영어 동사에는 한 가지 차이가 있다. 독일어에는 불규칙 동사가 더 많다는 점이다. 영어에서는 1,000개의 가장 흔한 동사 중 86퍼센트가 규칙 동사지만, 독일어에서는 소수파인 45퍼센트만이 규칙 동사다. 많은 연결주의자들이 독일어를 규칙과 관련된 어떤 이론에도 들어맞지 않는 골치 아픈 사례라고 불렀다. 적어도 '규칙성'을 다수(과반수)의 패턴이라고 정의하는 전통적인 관점에서는 과연 독일어에 규칙적 유형이 존재하는지조차도 불확실하기 때문이다.[9]

그러나 '규칙성'을 초깃값으로 정의하는 심리학적 관점에서는 독일어의 약변화 접미사는 보무도 당당하게 사열대를 통과한다. 언어학자 리하르트 비제(Richard Wiese), 하랄트 클라센(Harald Clahsen), 디터 분더리히(Dieter Wunderlich)는 독일어의 -t가 영어의 -ed와 똑같이 행동한다는 것을 보여 주었다. -t는 기억 속의 불규칙 어근과 연합되지 않은 어떤 동사에도 붙을 수 있다.[10]

- 영어 화자들은 ablate-ablated 같은 드문 동사에 -ed를 붙이고, 독일어 화자들은 löten-gelötet(용접하다.) 같은 드문 동사에 -t를 붙인다.

- 영어 화자들은 wug-wugged 같은 새로운 동사에 -ed를 붙이고, 독일어 화자들은 faben-gefabt 같은 새로운 동사에 -t를 붙인다.

- 영어 화자들은 to ploamph와 to krilg처럼 이상한 소리를 가진 동사에 -ed를 붙이고, 독일어 화자들은 quossen과 rilken처럼 이상한 소리를 가진 동사에 -t를 붙인다.

- 영어에서 -ed는 lie-lied와 lie-lay, hang-hanged와 hang-hung처럼 불규칙 동음 이의어를 가진 단어에 붙을 수 있다. 독일어에서 -t는 malen-gemalt(그리다.)와 mahlen-gemahlen(타다.), schaffen-geschafft(일하다.)와 schaffen-geschaffen(창조하다.)처럼 불규칙 동음 이의어를 가진 단어에 붙을 수 있다.

- 영어에서 -ed는 winked와 blinked에서처럼, 불규칙형 소리들의 영토에 침범할 수 있다. 독일어에서 -t도 마찬가지다. 약변화 동사

인 fehlen-gefehlt(빗맞히다.)는 강변화 동사인 stehlen-gestohlen (훔치다.)과 각운이 맞고, 약변화 동사인 kaufen-gekauft(사다.)는 강변화 동사인 saufen-gesoffen(벌컥벌컥 마시다.)과 각운이 맞는다.

- 영어 화자들은 ping-pinged, ding-dinged, peep-peeped에서처럼 의성어에 -ed를 사용한다. 독일어 화자들은 brummen-gebrummt(으르렁), flüstern-geflüstert(속삭속삭), klatschen-geklatscht(철썩)에서처럼 의성어에 -t를 사용한다.

- 영어의 out-Sally Rided와 high-sticked처럼, 독일어에서도 다른 범주에서 파생되어 기억에 등재된 특별한 과거 시제 어근을 사용할 수 없는 동사들에는 -t를 사용한다. 여기에는 Frühstück(아침 식사)에서 나온 frühstücken-gefrühstückt, Bagger(굴 파는 사람)에서 나온 baggern-gebaggert(준설하다.), Haus(집)에서 나온 hausen-gehaust(거처할 곳을 주다.)처럼 명사에서 파생한 동사들이 포함된다. 또한 kurz(짧다.)에서 나온 kürzen-gekürzt와 sauber(깨끗하다.)에서 나온 säubern-gesäubert(치우다.)처럼 형용사에서 파생한 동사들도 포함된다. -t는 기존의 동사들뿐만 아니라 즉석에서 조성된 새 동사에도 사용된다. 만일 누군가가 gorbatschowen(고르바초프하다.)라는 동사를 만들어 낸다면, 모든 사람이 그것의 분사형

으로 gegorbatschowt 를 사용할 것이다.

- 두 언어 모두에서 약변화 접미사는 명사 출신 동사(어근 없는 동사)뿐만 아니라, flied out 처럼 불규칙 어근이 있기는 하지만 그 어근이 기억으로부터 삼투해 올라올 수 있는 핵어 위치에 있지 않은 동사-출신-명사-출신-동사들에도 적용된다. 예를 들어 불규칙 동사인 halten-hielt-gehalten(갖고 있다.)는 명사인 Halt(움켜쥠)로 전환될 수 있고, 이 명사는 복합어인 Haushalt(가족)에 사용될 수 있다. 이 복합어는 다시 '가정을 갖다.'라는 뜻을 가진 동사로 전환될 수 있지만, 그 불규칙형들은 사용이 불가능하고 규칙 접미사가 적용되어 haushalten-gehaushaltet가 나온다.

- 영어 화자들처럼 독일어 화자들도 약변화 접미사 -t를 불규칙 동사에 과잉 적용해, gesungen 대신 gesingt 를 쓰는 등의 실수들을 범한다. 성인들은 이따금씩 이런 실수를 범하고, 아이들은 더 자주 범하는데 실수의 비율은 영어를 말하는 아이들과 거의 비슷하다. 독일어 분사에는 모음 전환과 -en이 광범위하게 존재하지만, 독일어를 말하는 아이들은 좀처럼 그것을 과잉 적용하지 않는다. 즉 거의 모든 실수는 -t를 과잉 적용하는 데서 나온다.[11]

사전과 언어학자들뿐만 아니라 현실 속의 독일어 화자들이 핵어 없는 동사와 어근 없는 동사에 –t를 붙인다는 것을 입증하기 위해 마커스, 클라센, 어슐러 브린크만과 나는 미국에서 했던 실험을 독일에서 똑같이 했다.[12] 우리는 독일어 화자들에게 새로운 동사의 분사형에 점수를 매길 것을 요구하는 설문지를 제시했다. 그중 절반은 명사에서 유래한 동사였다.

Die kleinen dreieckigen Pfeifen für Yuppies sind bei der Kundschaft gut angekommen. Täglich muß Tabakhandler Meier die Regale auffüllen, auf denen die Pfeifen ausgestellt werden. Morgens ist daher immer seine erste Sorge(여피족을 위한 작은 삼각형 담배 파이프가 손님들 사이에서 히트하고 있다. 담배 장수인 마이어 씨는 파이프가 전시된 진열장을 매일 채워야 한다. 따라서 매일 아침 그의 첫 번째 관심사는 다음과 같다.)：

Sind die Regale auch schon <u>bepfiffen</u>(진열장에 파이프가 채워져 있는가?)?

나쁘게 들림 └──┴──┴──┴──┴──┴──┘ 좋게 들림
　　　　　　1　2　3　4　5　6　7

Sind die Regale auch schon <u>bepfeift</u>(진열장에 파이프가 채워져 있는 가?)?

나쁘게 들림 └──┴──┴──┴──┴──┴──┘ 좋게 들림
　　　　　　1　2　3　4　5　6　7

나머지 절반은 확대된 의미를 지닌 기존의 불규칙 동사들이었다.

Die schöne Ilse glaubt, mit ihrem Pfeifen Karriere beim Film machen zu können. Wenn sie beim Vorstellungsgespräch gefragt wird, was sie kann, fängt sie keineswegs an, aus Goethes Faust zu zitieren. Nein, nein, Ilse befinnt zu pfeifen(예쁜 일제는 휘파람 부는 기술로 영화계에 취직하겠다고 생각한다. 오디션에 참석한 그녀는 잘하는 것을 해 보라는 요구에 괴테의 파우스트를 암송하지 않고 휘파람을 불기 시작한다.).

Mittlerweile hat sie schon sieben fassungslose Regisseure <u>bepfiffen</u>(어느덧 그녀는 말을 잃은 일곱 명의 감독들에게 휘파람 불기를 선보였다.).

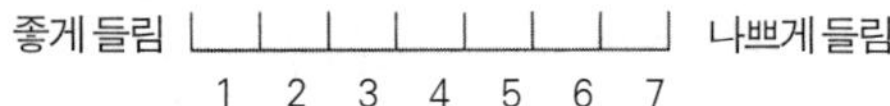

Mittlerweile hat sie schon sieben fassungslose Regisseure bepfeift(어느덧 그녀는 말을 잃은 일곱 명의 감독들에게 휘파람 불기를 선보였다.).

이 항목들은 불규칙형의 인기를 가늠할 수 있는 하나의 기준선을 제공했다. 그리고 그 단어들은 의미가 확장되었기 때문에 실험을 우리의 기대가 아닌 의미 확장 이론 쪽으로 유리하게 이끌 수 있다(의미 확장 이론에 따르면, 모든 의미 확대는 화자에게 불규칙형에 대한 거부감을 불어 넣는다.).

우리가 예측한 대로, 피실험자들은 동사가 명사에서 유래한 것이면 불규칙형보다 규칙형을 더 좋아했고, 동사가 단지 의미만 확장된 것이면 불규칙형을 더 좋아했다. 따라서 영어처럼 독일어에서도 불규칙 굴절은 마음 사전에 저장된 어근과 연계될 수 있는 단어에만 국한된다. 규칙적 굴절은 '동사'에만 적용되고, 그 동사의 기억 상태에는 주의를 기울이지 않는다. 즉 규칙적 굴절은 어근이 없는 단어와, 문법 구조에 삼투 경로가 없어서 어근이 기억에 갇혀 버린 단어를 향해 돌진한다.

이렇게 영어에서 -ed가 과거 시제의 초깃값임을 입증하는 아홉 가지 시험 기준에 따라, 독일어의 -t 는 소수파 동사에 적용된다는 사실에도 불구하고 분사의 초깃값으로 간주되어야 한다. 규칙형 규칙의 막강한 힘은 화자가 사전에 수많은 규칙형들 속에 흠뻑 빠져야 한다는 조건에 달려 있지 않는 것으로 보인다.

내가 "달려 있지 않은 것으로 보인다."라고 말하는 이유는, 그 경우가 빈틈없이 완벽하지는 않기 때문이다. 그것은 두 언어에 포함된 단어를 세는 일에 달려 있고, 단어를 센다는 것은 까다롭기 그지없는 일이다. 어느 것들을 단어로 간주해야 하는지 또는 몇 번이나 세어야 하는지가 불분명하다.

무엇보다 왜 가장 흔한 1000단어에서 멈추는가? 왜 모든 단어를 세지 않는가? 그것은 발화된 적이 있는 모든 단어를 조사하면 극소수의 사람들만이 알고 있는 방대한 수의 단어들이 포함되기 때문이다. 분명 모든 단어를 아는 사람은 없을 것이다. 해부학 저널에 인쇄된 불가해한 용어는 낚시 월간지를 읽는 독자에게는 아무런 영향을 미치지 못하고, 그 반대도 마찬가지이다. 그러나 만일 당신이 독일어 목록을 계속해서 늘린다면, 어느 순간부터 규칙형 단어가 불규칙 단어를 압도할 것이다. 불규칙형은 수가 한정되어 있어 곧 드물어지다가 끝내는 완전히 소진될 것이다. 만일 당신이 (수백만 개의 단어가 적힌 텍스트와 대사전들로부터 끌어온 데이터베이스를 검색해) 최후의 독일어 동사까지 포함시킨다면, 결국에는 규칙 동사가 78퍼센트의 다수파로 올라설 것이다. 그것은 영어로 된 대규모 데이터베이스에서 나온 비율(95퍼센트)보다 훨씬 낮지만, 두 언어의 차이는 더 이상 뚜렷하지 않게 된다.

단어 세기와 관련된 또 다른 고질적인 문제는, 하나의 어근을 공유하지만 의미가 다른 단어들을 어떻게 처리해야 하는가 하는 것이다. 독일어에는 ankommen(도착하다.), aufkommen(파열, 폭발, 바람 또는 폭풍의 음절 두음), bekommen(받다.) 같은 동사 집단이 많이 있다. 우리는 영어에서 stand, withstand, understand 와 part, depart, impart 를 따로따로 세었듯이, 그것들도 개별적으로 계산했다. 그러나 이것은 논란의 여지가 있다. 독일어에서 접두사는 때때로 동사와 분리되어 문장의 다른 곳에 놓일 수 있기 때문이다. 트웨인은 다음과 같이 설명한다.

독일어 문법은 쪼개지는 동사들 때문에 정신이 없다. 그리고 한 단어의 두 부분이 멀리 떨어질수록, 사악한 저자는 자신의 범죄에 더 큰 즐거움을 느낀다. 많이 쓰는 것들 중에 'departed(출발했다)'를 의미하는 reiste ab이 있다. 아래의 예문은 내가 어느 소설에서 인용해 영어로 옮긴 것이다.

The trunks being now ready, he **DE‑** after kissing his mother and sisters, and once more pressing to his bosom his adored Gretchen, who, dressed in simple white muslin, with a single tuberose in the ample folds of her rich brown hair, had tottered feebly down the stairs, still pale from the terror and excitement of the past evening, but longing to lay her poor aching head yet once again upon the breast of him whom she loved more dearly than life itself, **PARTED**(트렁크가 꾸려지자 그는 어머니와 누이들에게 입을 맞추고 다시 한 번 사랑하는 그레첸을 가슴에 꼭 그러안았다. 그녀는 흰색의 간소한 모슬린 옷을 걸치고 여러 겹이 진 풍성한 갈색 머리에 튜베로즈 꽃을 한 송이 꽂은 채 힘없이 비틀거리며 계단을 내려온 터였고, 간밤의 공포와 흥분으로 여전히 창백했지만,

자신의 목숨보다 더 깊이 사랑하는 그의 가슴에 아픈 머리를 기대기를 간절히 바라고 있었다. 그레첸을 포옹한 후 그는 그곳을 출발했다.).[13]

만일 의미 차이를 무시하고 한 어근을 공유하는 동사들을 하나로 묶는다면, 두 언어의 규칙성 격차는 급격히 줄어든다. 즉 독일어에서 규칙형 어근이 83퍼센트로 올라가, 영어의 91퍼센트에 훨씬 근접하게 된다.[14]

우리에게 필요한 것은, 단어를 계산하는 방법에 상관없이 소수파 단어에게 적용되는 패턴이다. 이때 독일어는 그것을 공부하는 학생들에게는 잔인하지만, 독일어 학자들에게는 유용해진다.

독일어에는 5개의 복수 접미사가 있다. -en, -s, -e, -er, Ø(제로, 즉 접미사 없음.)이 그것이다. 배우는 학생들에겐 신경 쓰이는 일이지만 3개의 접미사는 때때로 해당 명사에 포함된 모음의 어떤 변화, 즉 우리가 3장에서 만났던 움라우트라는 과정을 수반한다. 아래에 8개의 변형이 있다.

Ø :	der Daumen	die Daumen	thumbs
Ø + 움라우트 :	die Mutter	die Mütter	mothers

-e :	der Hund	die Hunde	dogs
-e + 움라우트 :	die Kuh	die Kühe	cows
-er :	das Kind	die Kinder	children
-er + 움라우트 :	der Wald	die Wälder	forests
-en :	die Straβe	die Straβen	streets
-s :	das Auto	die Autos	cars

독일어 교과서의 저자들은 이 혼란에 질서를 부여하기 위해 초인적인 노력을 기울여 왔지만, 트웨인이 지적한 대로 어렵게 만들어 낸 질서에는 예보다 반례가 더 많다. 한 언어학자는 10개의 규칙을 만들었지만 여기에 17개의 예외 목록들을 보탰다. 예를 들어 -er과 -el로 끝나는 남성 명사와 중성 명사는 대개 제로를 취한다는 식의 몇 가지 가능성이 있지만, 어느 것도 믿음직스럽지 않다.[15] 비제와 분더리히는 8종의 복수 유형들 중 일곱 유형이 단순히 불규칙적이라고 주장한다. 특정한 소리를 가진 명사들이 특정한 복수형을 취하는 이유는 규칙 때문이 아니라, 불규칙형들이 연합성 기억에 저장되어 있고, 그 기억이 비슷한 형태의 집단들을 더 쉽게 기억하게 만들고, 사람들에게 비슷한 소리를 가진 명사로부

터 복수형을 유추하도록 조장하기 때문이다.

여덟 번째 복수 접미사인 -s 는 다르다. -s 는 단어를 세는 방법에 상관없이 복수 접미사 중에 가장 드물다.[16] 200개의 가장 흔한 명사들 중에 단 1퍼센트만이 Autos 와 Hobbys 처럼 -s 를 취한다. 규모가 가장 큰 데이터베이스에 포함된 2만 5000개의 명사들 중에서도 단 4퍼센트만이 -s 를 취한다. 만약 동일한 어근을 가진 명사들을 적극적으로 묶고, 쓰는 사람이 거의 없는 어려운 명사들을 배제한다면, 그 비율은 아마 9퍼센트까지 올라갈 것이다. 그렇게 관대한 추정치도 영어에서 -s 를 취하는 명사에 대한 보수적인 추정치, 98퍼센트에는 턱없이 못 미친다. 단어 세기를 어떻게 조작해도 -s 를 취하는 명사가 영어에서는 다수파이고 독일어에서는 소수파라는 결론은 변하지 않는다.

복수 접미사 -s 는 또 다른 이유로 특별하다. 그것은 규칙적이라는 점에서다.[17] 수십 년 전에 한 독일 언어학자는 그것을 '비상(시에 대비한) 복수 어미'라는 뜻의 'Notpluralendung'라고 명명했다. 이 용어는 심리학적 의미에서 규칙성의 주요 특성을 잘 포착하고 있다. 즉 그것은 기억 검색이 빈손으로 돌아올 때마다 초깃값의 역할을 수행한다.[18] (-t와 -ed의 관계와는 달리) 고지 독일어의 -s 는 역사적으로 영어의 -s와 사촌간이 아니지만, 영어 -s와의 유사성은 거의 놀라울 정도다.

- 영어의 -s는 특이한 소리를 가진 단어와 다른 언어에서 차용한 단어에 붙는다. 독일어 -s도 마찬가지다. 프랑스 어에서 차용한 Café의 강세 패턴은 독일어 어근들과 다르고, 터키 어에서 프랑스 어를 경유해 들어온 Kiosk는 훨씬 더 이상하다. 두 단어는 도저히 독일어 단어로 들리지 않지만, 복수형이 필요할 때에는 -s가 뛰어들어 Cafés와 Kiosks를 만들어 낸다.

- 독일어의 -s는 또한 다른 복수 어미들과 긴밀하게 연관되어 있는 음운론적 영토에 들어가 캠프를 치기도 한다. 그것은 불규칙 동사와 각운이 맞는 명사에 붙는다. 즉 Fleck의 복수형은 Flecken(점들)이지만 Scheck의 복수형은 Schecks(수표들)이고, Kabel의 복수형은 Kabel(케이블들)이지만 Label의 복수형은 Labels(라벨들)이고, Ring의 복수형은 Ringe(종들)지만 Reling의 복수형은 Relings(난간들)이다. 다시 말해 -s는 소리에 상관없이 어떤 명사에도 붙을 수 있는 유일한 복수어미다.

- 영어에서는 줄리아 차일드(Julia Child)와 그녀의 남편을 the

Children이 아니라 the Childs(차일드 씨 부부)라고 부른다. 독일어 화자들은 토마스 만(Thomas Mann)과 그의 아내를 die Manns라고 부른다(die Männ이나 die Männer가 아님.).

● 우리는 르노 사의 Elfs(Elves가 아니다.)를 수입하고, 독일 사람들은 오펠 사의 Kadetts(Kadetten이 아니다.)를 수출한다.

● 이름에서 나온 제목들도 마찬가지다. 우리는 망토를 걸친 영웅에 관한 세 편의 영화 시리즈, Batmans(Batmen이 아니다.)를 감상하고, 독일 사람들은 박식한 연금술사에 관한 연극들, Fausts(Fäuste 'fists'가 아니다.)를 감상한다.

● 두 접미사 모두 인용구를 복수화하는 데에도 개입한다. "While scanning for sexist writing, I found three **man's** on page 1."(men이 아니다.) "Nach Korrekturlesung für sexistische Wortwahl fand ich drei **Mann's** auf Seite 1."(Männer가 아니다.) (성 차별적인 글을 검색하는 중에 나는 한 쪽에서 3개의 'man'을 발견했다.)

● 영어에서는 다른 품사로부터 전환된 명사에 –s를 사용한다. 예를 들어 언어학자 조지 컴(George Curme)은 직장에서 빈둥거리는 노동자들에 대한 불만을 인용한다. "to obtain surreptitious smokes and loafs(은밀한 흡연과 빈둥거림이 횡행하고 있다.)."(loaves가 아니

다.)[19] 독일어 화자들 역시 다른 품사에서 전환된 명사에 –s를 사용한다. Wenns und Abers(ifs and buts)가 그 예이다. 그들은 동사구 전체로부터 전환된 명사에도 –s를 사용한다.

Rührmichnichtans	touch me not ats	touch-me-nots (봉선화)
Tunichtguts	do no goods	ne'er-do-wells (변변치 못한 사람)
Dreikäsehochs	three chesses highs	youngsters, squirts (젊은이, 풋내기)

- 영어에서는 sysmans와 OXes에서처럼, 두문자어(약어)와 절단된 단어에 –s를 사용한다(lipsynched에서처럼, 절단된 동사에 –ed를 붙이는 것과 비슷하다.). 다음의 예에서 알 수 있듯이, 독일어의 용법도 그와 비슷하다. GmbHs(법인들), Westdeutsche(서독)에서 파생한 Wessis(서독인들), Sozialist(사회주의자)에서 파생한 Sozis(사회주의자들)와 Nazis(국가 사회주의자들)

- 영어를 말하는 아이들은 mans라고 말하고, 독일어를 말하는 아이

들은 Manns라고 말한다. 어린 아이들은 -s보다 -en을 더 자주 과잉 일반화하지만, -s가 붙는 명사가 극소수라는 점을 감안하면 아이들이 그것을 과잉 일반화한다는 것이 놀랍기만 하다.[20]

● -s의 특별한 지위를 입증하는 가장 확실한 증거는 그것이 도저히 출현할 수 없을 것 같은 상황에서 나온다는 것이다. 바로 복합어 안이다. 영어는 규칙형을 포함하지 않는 한에서 복합어 만들기를 좋아한다는 사실을 기억하라. 그래서 rats-infested가 아닌 mice-infested, clawsmarks가 아닌 teethmarks가 나온다. 독일어는 훨씬 더 방탕하게 복합어를 만드는 것으로 유명하다. 인터넷에 떠도는 그럴듯한 '독일어 수업'에서 몇 개의 예를 인용해 보자(영어 단어들을 독일어처럼 변형시킨 사례들이다. —옮긴이).

Dog : Barkenpantensniffer

Dog Catcher : Barkenpantensniffersnatcher

Dog Catcher's Truck : Barkenpantensniffersnatcherwagen

Garage for Truck : Barkenpantensniffersnatcherwagenhaus

Truck Repairman : Barkenpantensniffersnatcherwagen-

mechanikerwerker

Mechanic's Union : Barkenpantensniffersnatcherwagenme-
chanikerwerkerfeatherbeddengefixengruppe

Piano : Plinkenplankenplunkenbox

Pianist : Plinkenplankenplunkenboxgepounder

Piano Stool : Plinkenplankenplunkenboxgepounderspinnenseat

Piano Recital : Plinkenplankenplunkenboxgepounderoffenge-
showenspelle

Fathers at the Recital : Plinkenplankenplunkenboxgepo-
underoffengeshowenspellensnoozengruppe

Mothers at the Recital : Plinkenplankenplunkenboxgepoun-
deroffengeshowenspellensnoozenggruppenuppenwakers

복합어에 점점이 흩어져 있는 -en 소리와 -er 소리가 전적으로 가
상적인 것은 아니다. 영어에서처럼 독일어에서도 복합어 안에 불
규칙 복수형이 쉽게 들어가기 때문이다.

Professor**en**kränzchen(교수 친목회)

Frau**en**laden(여성 센터)

Schwein**e**stall(돼지 우리)

Gäns**e**braten(거위 구이)

Büch**er**regal(서가)

Sozialist**en**treffen(사회주의자 회의)

그러나 이렇게 쉽고 자유로운 복합어 만들기가 −s 복수형에까지 적용되지는 않는다. Sozistreffen(사회주의자 회의)과 Autosberg(폐차 더미)는 우리의 rats-infested 와 clawsmarks 처럼 어색하게 들리고, 아이들 역시 자동차들을 먹는 괴물을 Autosfresser 라고 부르지 않는다.[21]

−s의 규칙성은 완벽하지 않다. 핵어가 없고 '가지고 있다.'를 의미하는 복합어(바후브리히 복합어)는 규칙화되어야 하지만 독일어에서는 불규칙으로 남는다. 문자 그대로 'bigmouths'를 의미하는 Großmaul−Großmäuler(허풍선이들)과, 문자 그대로 'thrift necks'를 의미하는 Geizhals−Geizhälse(구두쇠들)이 그 예이다. 심지어 규칙화를 하는 구조들 중에서도 반례가 산발적으로 눈에 띈다. 그럴듯한 설명들이 있기는 하지만, 비상 복수 어미가 정말로 존재하는가에 대한 걱정을 완전히 누그러뜨리기 위해 우리는 그것이 살아

있는 독일어 화자들의 마음속에서 작용한다는 것을 입증하고자 했다.[22]

우리는 인위적으로 만든 몇 종류의 명사들에 대해 8개의 가능한 복수형들을 만든 후에 독일어 화자들에게 제시하고 점수를 매겨 보라고 했다. 그중 절반은 기존의 독일어 불규칙 명사와 각운이 맞았기 때문에 유추를 자극할 수 있었다. 예컨대 Pund는 Hund-Hunde(개들), Pfund-Pfunde(파운드들), Grund-Gründe(토지들)와 각운이 맞았기 때문에, 사람들은 쉽게 그것을 Punde나 Pünde로 복수화할 수 있었다. 나머지 절반은 예를 들어 Fnöhk, Pröng, Plaupf처럼 소리가 어떤 독일어 단어와도 달랐다(Plaupf는 영어의 ploamph에 해당하는 독일어다.).

그런 다음 이 소리들은 우리가 제시한 문장을 통해 피실험자들이 그 구조를 명확히 알 수 있는 세 종류의 명사로 전환되었다. 그 소리들 중 3분의 1은 어근, 즉 평범한 독일어 단어처럼 제시되었다. 아래가 그 예이다.

Ich habe einen grünen <u>KACH</u> gegen meine Erkältung genommen

(나는 감기 때문에 초록색 카흐를 먹었다.).

Aber die weißen <u>KACH</u> sind oft billiger und helfen auch besser.

Aber die weißen <u>KÄCH</u> sind oft billiger und helfen auch besser.

Aber die weißen <u>KACHE</u> sind oft billiger und helfen auch besser.

Aber die weißen <u>KÄCHE</u> sind oft billiger und helfen auch besser.

Aber die weißen <u>KACHEN</u> sind oft billiger und helfen auch besser.

Aber die weißen <u>KACHER</u> sind oft billiger und helfen auch besser.

Aber die weißen <u>KÄCHER</u> sind oft billiger und helfen auch besser.

Aber die weißen <u>KACHS</u> sind oft billiger und helfen auch besser.

(그러나 하얀색 카흐들이 종종 더 싸고 효과가 더 좋다.)

우리는 이 명사들이 규칙 활용 또는 불규칙 활용을 거칠 자격이 있고, 그 선택은 소리의 유사성에 달려 있을 것이라고 예측했다. 즉 기존의 불규칙 명사와 각운이 맞는 명사들은 불규칙 복수형을 취하는 경향이 있어야 한다.

그 소리들 중 또 다른 3분의 1은 이름처럼 제시되었으므로 규칙 복수 어미 −s를 유도할 것으로 기대되었다.

Mein Freund Hans <u>KACH</u> und seine Frau Helga <u>KACH</u> sind ein

biβchen komisch(내 친구 한스 카흐와 그의 아내 헬가 카흐는 조금 이상
하다.).

Die <u>KACH</u> versuchen immer, ihre Schuhe anzuziehen, bevor sie
die Socken anhaben.

Die <u>KÄCH</u> versuchen immer, ihre Schuhe anzuziehen, bevor sie
die Socken anhaben.

[······]

(카흐 부부는 항상 신발을 신은 다음에 양말을 신으려고 한다.)

나머지 3분의 1은 외국어에서 차용한 단어처럼 제시되었다.

Die französische '<u>KACH</u>' sieht schwarz am besten aus(프랑스 '카흐'
는 검은색이 제일 좋아 보인다.).

Aber eigentlich sehen <u>KACH</u> in jeder Farbe gut aus(그러나 사실 카흐
들은 어느 색이든 좋아 보인다.).

이 명사들에도 -s가 붙어야 하지만, 기존의 독일어 단어와 각운이 맞을 때에는 독일어에 더 쉽게 동화되므로 -s가 붙는 경향은 희석되어야 한다(quit과 cost를 비롯하여 영어처럼 소리 나는 외래어들이 때때로 불규칙형이 되는 것과 같다.).

실험은 어떻게 되었을까? 우리가 예측한 대로 피실험자들은 어근에 대해서는 불규칙 복수형을 더 좋아했고, 제시된 어근이 기존의 불규칙 명사와 각운이 맞지 않으면 그러한 경향은 축소되었다. 유사성에 의한 일반화라는 이 전형적인 연합주의적 경향을 우리는 5장에서 영어를 통해 보았다. 그러나 이름에서는 정반대 경향이 나타났다. 즉 제시된 이름이 불규칙 명사와 각운이 맞는지 아닌지에 상관없이 -s 복수형이 전반적으로 더 좋게 들렸다. 그리고 외국어 차용어에서는 -s 복수형이 어근에 비해 현저히 높은 점수를 획득했다. 독일어 명사와 각운이 맞아 쉽게 동화될 수 있는 단어에서 피실험자들은 불규칙형에 약간 더 높은 점수를 주었고, 각운이 맞지 않는 명사에서는 -s를 약간 더 좋아했다.

이와 같이 -s는 나머지 7개의 복수 어미와 분명히 다르다. 나머지 7개의 복수 어미는 불규칙적이고, 어근으로부터 유추해야만 일반화될 수 있다. 반면에 -s는 규칙적이고, 기억 검색과 유추가 실패하는 모든 '비상 단어(특이한 어근, 동화될 수 없는 차용어, 이름, 두문자어, 절단된 단어, 구, 인용어구)'에서 초깃값으로 사용된다. 이 비상 단어들은 색다른 구조들을 모은 잡다한 집합처럼 느껴질 수도 있지만, 바로 그것이 핵심이다. 그 구조들의 이질성 그리고 최초의 선택에 직면했을 때부터 그것에 규칙형 접미사를 적용하는 인간의 능력은, 그 접미사를 각각의 구조와 연관시키기 위해 따로 훈련받을 필요가 없음을 보여 준다. 그 구조들은 '명사'라는 마음 표지만 부여받으면 된다. 그리고 비록 드문 단어들에 대해서지만 초깃값 역할을 하는 –s의 힘은, 규칙성이라는 특정한 패턴이 수많은 규칙 단어에 노출됨으로써 개인의 마음속에 각인되는 것이 아님을 보여 준다. 대신에 규칙성은 상징적 규칙들, 즉 한 범주에 속하는 모든 사례에 똑같이 적용되는 연산들을 획득하는 마음의 능력에서 발생한다.

✑

한 유형의 단어들이 규칙적인 동시에 소수파라는 생각은 모든 언어 교과서에 수록된 전통적인 규칙성 개념을 뒤집는다. 그런 상식적인 개념이 어떻게 틀릴 수 있을까? 그 개념은 상관성에 기초해 있다는 것이 그 이유다. 영어에서 가장 일반화되기 쉬운 굴절은 다수파에서 발견된다. 전통적인 견해에서는 인과 관계를 가정한다. 즉 빈번한 경험이 더 큰 일반화 경향으로 이어진다는 것이다. 그러나 수많은 상관 관계에서처럼 그 인과의 화살도 거꾸로 역전될 수 있다. 아이에게 입력되는 '영어'는 하늘에서 뚝 떨어진 것이 아니다. 하나의 언어는 학습하는 세대들이 만들어 낸 산물로, 그들의 취향과 성향을 형성한다기보다는 반영할 수 있다. 영어 단어들이 대체로 규칙적인 것은 그것이 규칙의 산물이기 때문이지, 영어 단어들로부터 규칙이 나오기 때문은 아니다.

영어와 독일어의 조상인 원시 게르만 어에서 대다수의 동사는 강변화 동사였다. 그것은 오늘날 존재하는 불규칙 동사들의 선조였다. 원시 게르만 어에는 또한 -ed/-t의 선조도 있었는데, 동사 do의 축소형이었을 것으로 추측된다. 통사론 규칙에 따라 이리저리 돌아다니는 독립된 단어에서 출발한 덕분에 그 접미사는 단어의 소리나 구성에 상관없이 다른 단어에 난잡하게 들러붙는 습관을 유지했다. 그것은 기존의 강변화 유형들과 쉽게 연관되지 않는 새 단어들, 즉 다른 언어에서 차용한 단어들과 다른 범주에서 파생한 단어들을 위한 접미사로 선택되었다.[23]

우연히 그 후 몇 세기에 걸쳐 영어에서는 바로 그런 종류의 단어들이 크게 증가했다. 1066년에 정복왕 윌리엄이 영국을 침략했다. 풍자적인 역사서 『1066과 그 모든 것(*1066 and All That*)』에 언급되어 있듯이, "노르만 정복은 좋은 일이었다. 이때부터 영국은 더 이상 정복당하지 않았고 그래서 일류 국가가 될 수 있었던 것이다."[24] 노르만 정복은 또 하나의 중요한 결과를 낳았다. 노르만 프랑스 어는 그 후 150년 동안 정부와 귀족의 언어가 되었는데, 이 기간에 영어에 프랑스 어 단어가 홍수처럼 쏟아져 들어왔다. 그중에는 수많은 동사도 포함되어 있었다. 그리고 다음 몇 세기 동안 영어는 교회의 영향과 르네상스의 영향 때문에 라틴 어로부터 수많은 동사를 흡수했다. 어느 전자 사전에서 표본 추출해 보았더니 프랑스 어나 라틴 어에서 온 동사 어근이 약 60퍼센트로 추산되었다. 영어는 또한 명사를 동사화하는 것으로 악명이 높다. 우리의 동사 중 20퍼센트는 명사 범주에서 전환된 것들이다. 프랑스 어와 라틴 어에서 온 동사, 그리고 동사화한 명사, 이 두 종류의 동사는 모두, 일단 동사로 채택되면 어근이 없거나 핵어가 없다는 문법적인 이유로 반드시 규칙성을 띠어야 한다.

이렇게 게으른 방법들로 새 단어를 형성하는 것은 별반 놀라운 일이 아니다. 연재 만화 「캘빈과 홉스」에서 캘빈은 시험을 보던 중 "뉴턴의 제1운동 법칙을 자신의 말로 설명하라."라는 문제를 보고, "Yakka foob mog. Grug pubbawup zink wattoom gazork. Chumble spuzz."라고 적는다. 그러나 대부분의 사람들은 새 어근을 그렇게 금방 생각해 내지 못한다. 새로운 개념에 이름이 필요하면 우리는 알고 있는 다른 언어로부터 이름을 차용하거나, 다른 단어로부터 파생시켜 만들거나, 의성어나 절단된 단어나 두문자어를 사용하는데, 이 모두가 공교롭게도 규칙 굴절을 필요로 하는 어근 또는 핵어 없는 단어를 낳는다. 캘빈의 단어들처럼 느닷없이 생겨난 새 어근들은 기존의 불규칙형과 충분히 비슷한 소리를 갖고 있으면 불규칙 굴절을 취할 수도 있다. 예를 들어 캘빈의 zink 는 충분히 zank 와 has zunk 로 굴절될 수도 있다. 그러나 무로부터 꿈을 꾸듯 만들어진 그런 어근은 매우 드물다. 극소수의 어근을 제외하고 모든 영어 어근은 몇백 년 또는 몇천 년 전으로 거슬러 올라간다.[25]

이와 같이 규칙성에 대한 전통적인 정의 그리고 그에 기초한 연결주의적 설명은 본말이 전도되어 있다. 영어 동사의 대다수가 규칙적이고, 그것이 영어 화자들이 규칙 접미사를 사용하도록 훈련시킨다는 것은 사실이 아니다. 그보다는 영어 화자들과 그들의 언어학적 조상들은 수천 년 동안 규칙 접미사를 초깃값으로 사용해 왔고, 그래서 오늘날 존재하는 영어 동사의 대다수가 규칙형이 된 것이라고 할 수 있다. 규칙 동사가 소수파에서 다수파로 성장하는 동안 화자들의 마음에는 아무런 변화도 일어나지 않았다.

독일어 역시 라틴 어와 프랑스 어에서 단어를 빌려 왔고 명사에서 많은 동사들을 파생시켰지만, 영어만큼은 아니었다. 독일어를 사용하는 지역들은 프랑스와 긴 경계를 두고 맞닿아 있지만, 1066년 이후의 영국과는 달리 단 한번도 프랑스 어를 사용하는 지배 계층으로부터 수세기에 걸친 지배를 받지 않았다. 또한 독일어는 영어만큼 명사의 동사화에 의존할 필요가 없었다. 독일어에는 동사 목록을 늘리는 다른 방법이 있기 때문인데, 바로 트웨인이 투덜거렸던 접두사 붙이기가 그것이다. 따라서 오늘날의 독일어 화자들은 영어 화자들에 비해 낮은 비율의 규칙 동사를 상속받았다. 통계 수치의 차이는 순전히 역사의 우연으로, 헤이스팅스 전투에서 누가 승리했는가에서 나온 결과에 불과하다.

역사는 아주 다르지만 –s의 심리학도 마찬가지다. 고대 영어는 독일어보다 훨씬 더 무시무시했다. 오늘날 사용되는 규칙형 복수 어미의 조상격인 접미사 –as를 포함해 규칙형을 만드는 방법이 최소한 9개였으니 말이다. 중세 영어에서 단어 말미의 모음이 약한 슈와(악센트가 없는 모음)로 쇠퇴할 때, -es와 -en을 제외한 모든 복수형 어미가 시들어 버렸다. -s 접미사는 자음 뒤에서나 모음 뒤에서나 발음이 될 수 있어 귀로 들을 수 있었기 때문에 널리 유행했다. 그것은 또한 노르만 프랑스어로부터 차용한 수많은 복수 명사와 함께 들어왔는데, 노르만 프랑스어에서는 우연히 -s를 함유한 복수 접미사를 사용했다. 중세 영어의 화자들은 마음속으로 프랑스어와 영어의 -s를 융합했고, 외국어처럼 소리 나는 그 모든 단어에서 그것을 듣고는, 그것을 어근이 없는 단어에 일반적으로 적용할 수 있는 만능의 규칙형 접미사로 재분석했다.[26]

고지 독일어(독일 남부와 중부에서 사용하는 표준 방언)가 영어와 다른 통계 수치를 보이는 이유는, -s가 초깃값 규칙의 지위로 격상된 것이 역사적으로 훨씬 나중이었기 때문이다.[27] 고대 및 중세 고지 독일어에는 -s가 전혀 없었다. s가 처음 출현한 것은 18세기에 (북부와 동부에서 사용했던) 저지 독일어, 네덜란드어, 영어, 프랑스어로부터 복수 명사들이 대량으로 들어오면서였다. 19세기가 되자 화자들은 -s를 일반화해 모든 차용어와 그밖의 '불변화사'에 적용하기 시작했다. 이것을 불쾌하게 여긴 당대의 규범 문법학자들은

-s를 '이상'하고 '무식'한 접미사라고 부르고, 사람들에게 가까이 하지 말 것을 촉구했다. 그러나 사람들은 오히려 그들을 무시했고, 오늘날 -s는 규칙형 초깃값으로 강세를 띠고 있다. 영어와 독일어에 포함된 규칙 복수형의 수적 차이는 단지 두 언어에서 -s가 얼마나 오래 존재하면서 핵어 및 어근 없는 새 명사들을 낚아챘는가의 차이에 불과하다. -ed와 -t처럼 그것들의 심리학은 동일하다.

심리학적 통찰과 역사적 통찰의 이러한 결합으로 우리는 왜 언어들(실은 각 언어의 굴절들)은 저마다 규칙형과 불규칙형의 혼합이 다른가를 이해할 수 있다. 정복, 이주, 무역, 어투상의 유행 같은 독특한 역사적 사건들이 빈도 및 유사성을 좋아하는 연합성 기억과 무차별한 조합성 문법을 담고 있는 불변의 마음 도구 상자에 의해 처리될 때 그런 혼합이 발생한다.

일반적으로 사람들은 고대 영어에는 지금보다 불규칙 동사가 더 많았기 때문에 언어는 항상 불규칙성에서 규칙성으로 진화한다는 그릇된 생각을 품고는 한다. 언어는 어느 방향으로든 일관되게 진화하지 않는다. 다양한 심리 언어학적 과정들이 끊임없이 두 종류의 단어들을 창조하고 파괴하거나, 한쪽에서 다른 쪽으로 전환시키기 때문이다. 그 과정들은 이 책 전체에 흩어져 있으므로, 이제 그것들을 2개의 목록으로 정리해 보자.

새로운 불규칙형은 다음과 같은 경우에 발생한다.

- 새로 만들어진 어근이 어느 불규칙형 집단과 소리가 비슷해 그로부터 유추가 이루어질 때. spling-splang-splung이 그 예이다.

- 기존의 규칙 동사가 어느 불규칙 집단과 소리가 비슷해 그로부터 유추가 이루어질 때. kneel-knelt 와 sneak-snuck이 그 예이다.

- 규칙이 발음 습관의 변화 때문에 불투명해지거나 소멸되고, 그에 따라 과거의 출력물이 불규칙형으로 기억될 때. foot-feet이 그 예이다(애초에 복수 접미사 때문에 촉발된 규칙에 따라 oo 발음에 변화가 일어났고, 그 후 복수 접미사는 사라진다.).

- 규칙형이 똑똑치 않은 발음으로 바뀌어 그 해부학적 구조가 불분명해질 때. maked 와 haved 가 made 와 had 로 바뀐 것이 그 예이다.

- 두 단어가 합병되면서 의자빼앗기 놀이를 해, 한 단어의 굴절형이 다른 단어를 보충하게 되었을 때. 예를 들어 go-went 는 go 와 wend가 합병된 후 뒤섞인 결과다.

- 불규칙 어근을 핵어로 해 복합어가 조립될 때. became, overate,

chessmen, oilmice가 그 예이다.

새로운 규칙형은 아래와 같은 경우에 발생한다.

- 새로 조성된 어근이 기존의 어떤 단어와도 비슷하지 않을 때. snarfed와 moshed가 그 예이다.

- 불규칙형의 빈도가 하락하여 결국 사람들이 더 이상 그것을 불러내 지 않게 되었을 때. chide-chid와 geld-gelt가 그 예이다.

- 어떤 단어가 의성어(pinged), 에포님(the Childs), 또는 다른 언어로부 터 차용한 단어(talismans, succumbed)를 통해 어근 없이 들어올 때.

- 단어가 다른 품사로부터 전환되어 굴절을 위한 적절한 어근이 없을 때. high-sticked와 braked가 그 예이다.

- 복합어가 핵어 없이 조립되고, 그로 인해 삼투 경로가 없을 때. 바후 브리히 복합어(lowlifes, sabertooths)와 이중 전환어(flied-out, grandtanded)가 그 예이다.

- 규칙형 어근을 핵어로 하여 복합어가 조립될 때. outwalked와 carseats가 그 예이다.

　　두 목록은 언어의 단 한 모서리를 조각하는 일에 얼마나 많은 종류의 뇌가 가동되는지를 보여 준다.

　　독일어와 영어는 자매어이므로, 두 언어의 굴절이 똑같은 방식으로 이루어지는 것은 당연한 일이다. 우리가 아는 한, 우리가 방금 탐구했던 미묘한 문법적 현상들은 인간 언어 능력의 설계상 특징이라기보다는 어느 게르만 부족이 만들어 낸 변덕일 수도 있다. 그렇다면 다른 언어들도 규칙의 징후를 보여 주는가? 영어를 중심으로 원을 확대시켜 그 안에 포함되는 언어들을 차례로 살펴보자.[28]

　　영어와 가장 가까운 언어는 네덜란드 어다. 독일어처럼 네덜란드 어도 앵글 족, 색슨 족, 주트 족이 북부 독일을 떠나 영국으로 건너간 5세기 무렵 영어에서 갈라진 서부 게르만 어다. 독일어와 영어처럼 네덜란드 어에도 강변화 불규칙 동사와 약변화 규칙 동사가 있다. 불규칙 동사들은 집단을 이룬다. 예를 들어 ij를 가진 대부분의 동사는 모음을 e로 바꾸고 접미사 -en을 취한다.[29] 그러나 불규칙형은 기억으로 가고, 영어에서 살펴본 것과 똑같이 단어 구조 때문에 기억이 봉쇄되면 규칙형 접미사가 적용된다. 즉 명사 출신 동사는 소리가 불규칙 유형과 비슷해도, 규칙형 어미 –den에게 넘어간다.

언어학자 크리스 콜린스(Chris Collins)는 몇 개의 새로운 네덜란드 어 동사를 만들었다. 그중에는 pijlen(to draw arrows, de pijl (arrow)로부터)와 vijven(to throw five in dice, de vijf(five)로부터)가 있었다. 네덜란드 어 화자들은 그것들의 과거 시제형은 불규칙형인 pelen과 veven이 아니라 반드시 pijden과 vijfden이 되어야 한다고 말했다.[30]

네덜란드 어에는 규칙성에 대한 우리의 엄중한 기준을 통과하는 두 종류의 복수형, –s와 –en이 있다. 두 접미사는 명사 어근의 영토를 소리에 따라 분할하는데, –s는 강세 없는 모음이나 모음 같은 자음(l, n, r)으로 끝나는 어근들을 차지하고, –en은 나머지 어근들을 차지한다. 자신의 영지 안에서 각 접미사는 초깃값 역할을 한다. 몇몇 명사는 불규칙으로 분류된다. 접미사 –eren을 취하거나, 모음 변화를 겪거나, 단어의 소리가 –en을 요구할 때 –s를 취하거나 반대로 –s를 요구할 때 –en을 취하기 때문이다. 그러나 이름이나 인용구로 변신했을 때에는 모두 정상적인 규칙형 접미사로 되돌아간다. 예를 들어 불규칙 명사인 rund–runderen(cows), kok-koks(cooks), engel-engelen(angels)는 규칙 명사인 Rund-Runden(the Runds), Kok-Kokken(the Koks), Engel-Engels(Engels)가 된다.[31]

이제 게르만 어의 울타리를 벗어나 보자. 프랑스 어는 로마 제국의 '통속 라틴 어' 또는 구어 라틴 어의 후손이고, 인도-유럽 어족 중 이탈리아 어계에 속한다. 이탈리아 어와 게르만 어는 기원전 2000년과 1000년 사이에 갈라졌다. 프랑스 어의 규칙형 복수 접미사는 -s지만, 현재는 대부분 묵음이다. 프랑스 어 구어에서 복수성은 일반적으로 명사가 아니라 관사를 통해 전달된다. 그러나 일부 명사들은 귀에 들리는 복수형을 갖고 있다. 즉 -al 이나 -ail 로 끝나는 명사들은 불규칙 어미 -aux(o로 발음된다.)를 취하는데, journal-journaux(신문들), hŏpital-hŏpitaux(병원들), cheval-chevaux(말들), travail-travaux(일들)가 그 예이다.

사이러스 샤울(Cyrus Shaoul)은 MIT 학생 시절에 프랑스 어 화자들에게 -al과 -ail로 끝나는 다양한 명사의 규칙 복수형과 불규칙 복수형에 점수를 매겨 보라는 실험을 했다. 프랑스 어 화자들은 익숙한 불규칙 명사에 대해서는 물론 -aux를 좋아했고, 다른 불규칙 명사들 같은 소리가 나는 낯선 명사(예를 들어 알기 어려운 단어인

sénéchal (집사)와 무의미 단어인 greval)에 대해서도 -aux를 좋아했다. 그러나 놀라울 정도로 많은 수의 초깃값 환경에서 화자들의 선호 성향은 규칙형 -als로 완전히 바뀌었다.[32]

낯선 소리의 명사	sluzjal - sluzjals (미확인된 신기한 물체들)
이름	Segal - Segals (스티븐 시걸과 같은 배우들)
의성어	spral - sprals (코끼리가 오토바이에 앉는 소리)
인용어	'hôpital' - 'hôpitals' ('병원'이라고 인쇄된 단어의 사례들)
성(姓)	Cheval - Chevals (슈발 씨와 그의 딸 브리짓)
제품명	Capital - Capitals (가와사키 사의 '캐피탈' 오토바이들)
에포님	Arsenal - Arsenals (DJ Arsenal 같은 랩 아티스트들)
두문자어	Original - Originals (L'Ordre Revolutionaire Iconoclaste Gaulois pour l'INdependance des ALsaciens (알자스 독립을 위한 프랑스의 혁명적 우상 파괴 결사단))

plus ça change, plus c'est la même chose. 즉 변하면 변할수록 더 비슷해지는 것이다.

프랑스 어는 인도-유럽 어족에 속하므로, 회의론자들은 체계적인 규칙화가 그 어족을 낳았던 고대 부족의 발명품은 아닌지 의심할 수도 있다. 헝가리 어는 인도-유럽 어족에 속하지 않는 몇 개의 유럽 언어 중 하나다. 이 사실과 헝가리 수학자와 과학자의 비율이 높다는 사실을 엮어 어느 물리학자는, 헝가리 인은 선진적인 외계인 종족이라고 주장했지만, 지금은 아무도 그 이론을 믿지 않는다.[33] 헝가리 어는 우랄 어족에 속하는데, 여기에는 핀란드 어, 에스토니아 어, 라플란드 어(현재는 사미 어로 불린다.), 그리고 러시아의 광대한 북극 지방에서 사용됐던 사모예드 언어들이 포함된다. 우랄 어족은 7,000여 년 전 우랄 산맥 북쪽에서 사용됐던 언어의 자손이다. 헝가리 어 자체는 기원후 9세기에 중부 유럽을 침략한 유라시아 초원 출신의 마자르 족 유목민들의 유물이다.

언어학자 에디트 모라브시크(Edith Moravcsik)는 헝가리 어의 불규칙성에서 흥미로운 사실을 관찰했다.[34] 몇몇 헝가리 어 명사에는 독특한 접미사들이 있고, 종종 단모음화를 수반한다.

	복수형: -ak + 단모음화	소유격: -a + 단모음화	대격: -ak + 단모음화
arany (금)	aranyak (금 조각들)	aranya (그의 금)	aranyat (직접 목적어)
madár (새)	madarak (새들)	madara (그의 새)	madarat (직접 목적어)
ló (말)	lovak (말들)	lova (그의 말)	lovat (직접 목적어)

그러나 이것들이 이름으로 전환되면 곡용에 변화가 발생한다.

	복수형: -ok	소유격: -ja	대격: -t
Mr. Arany	Aranyok (아라니 가(家))	Aranyja (아라니의 책)	Aranyt (직접 목적어)
Mr. Madar	Madárok (마다르 가)	Madárja (마다르의 책)	Madárt (직접 목적어)
Mr. Ló	Lók (로 가)	Lója (로의 책)	Lót (직접 목적어)

새로운 접미사들(-ok, -ja, -t)과 불변하는 모음은 헝가리 어의 규칙

적 곡용 중의 하나로, 화자들은 그것을 차용어에도 적용한다. telefonok-telefonja-telefont가 그 예이다. 이런 현상이 얼마나 널리 존재하는지는 알 수 없지만, 우리가 지금까지 조사한 언어들과 아주 다른 언어에서도 그것을 볼 수 있다는 것은 놀라운 일이다.

대부분의 언어학자들은 인도-유럽 어족이나 우랄 어족 같은 거대한 어족들의 공통 조상이 남긴 흔적들은 모두 시간의 안개 속으로 사라졌다고 생각한다. 그러나 몇몇 학자들은 인도-유럽 어족, 우랄 어족, 알타이 어족(터키 어, 몽골 어, 아제르바이잔 어가 여기에 속한다.)이 유라시아 어라는 상위 어족에 속한다고 주장해 왔다. 유라시아 어는 마지막 빙하가 말기인 1만 년 전에 유라시아 대륙에 살았던 가상의 집단이 남긴 유산이다.

유라시아 어 외에는 무엇이 있을까? 공식적으로는 함-셈 어족(Hamito-Semitic)이라 불리는 아시아-아프리카 어족은 기원전 일곱 번째 밀레니엄에 사용되던 언어의 후손이고, 오늘날 아프리카와 중동 지방을 지배하고 있다. 그중 가장 유명한 두 언어인 아랍 어와 히브리 어는 규칙화의 광범위함을 보여 주는 증거뿐만 아니라, 규칙적인 초깃값이 어휘적 통계 수치의 부산물이 아니라는 새로운 증거도 제공해 준다.

아랍 어는 예수의 시대를 중심으로 몇 세기 동안 아라비아 북서부와 중부에서 살던 유목 부족들의 언어에서 생겨났다. 아랍 어에서 가장 흔한 복수인 '규칙 복수(broken plural)'는 단수형에 준(準)체계적인 변화를 부과해, kitābun-kutubun(책들)과 madrasatun-madārisu(학교들) 같은 사례들을 만들어 낸다. 이 복수 어미는 규범적인 자모음 패턴을 가진 명사 집단들에 적용된다. 반면에 '불규칙 복수(sound plural)'는 표준적 어근에서 생겨나지 않은 잡다한 명사 집단에 붙는 한 쌍의 접미사다(남성 접미사는 -uun이고 여성 접미사는 -aat다.). 그 집단에는 고유한 이름, 동사에서 파생한 명사, 지소어(指小語, 어떤 사물의 작거나 귀여운 형태를 이르는 말. 예를 들어 doggie나 duckling), 다른 언어 출신의 동화되지 않은 차용어, 알파벳 철자 이름이 있는데, 대부분 비규범적인 소리를 가진 것들이다. Othman-Othmanuun(남자의 이름), Ramadaan-Ramadaanaat(라마단 달, 9월—옮긴이), tilifuun-tilifuunaat(전화기들)가 구체적인 예이다. 불규칙 복수는 규칙형 규칙의 기준에 들어맞고, 독일어에서처럼 극소수의 예들이 학습자의 귀를 간질여도 초깃값으로 적용된다.[35] 뿐만 아니라 아랍 어를 사용하는 아이들은 불규칙 복수형의 희소성에도 불구하고 그것을 종종 일반화한다.[36]

기원전 두 번째 밀레니엄으로 그 기원이 거슬러 올라가는 히브리 어는 유대 인의 두 번째 왕국이 로마 제국의 손에 멸망한 후로도 거의 2000년 동안 유대 교 경전과 제사의 언어로 보존되었다. 20세기 초에 히브리 어는, 게토(ghetto)와 슈테틀(Shtetl, 동유럽, 러시아 등지의 작은 유대 인 마을—옮긴이)의 모든 악몽과 함께 부모들의 이디시 어(Yiddish, 중부 및 동부 유럽에서 유대 인이 사용하는 언어—옮긴이)마저 떨쳐버리기를 원했던 팔레스타인 정착민들을 통해 살아 있는 언어로 부활했다.[37]

심리학자 아이리스 베런트(Iris Berent)가 입증한 바에 따르면, 현대 히브리 어는 규칙적 패턴의 일반화 가능성이 한 언어에 포함된 규칙 단어의 통계 수치에서 비롯된다고 보는 연결주의 이론의 마지막 탈출구를 완전히 틀어막는다고 한다. 몇몇 연결주의 설계자들은 독일어와 아랍 어에 대한 우리의 주장에 대해, 규칙 단어의 수는 음운론의 공간에 규칙 단어들이 흩어져 있는 것만큼 중요하지는 않은 것 같다고 말한다. 불규칙형들이 유사한 형태로 구성된 엄격한 집단들(sing, ring, spring과 grow, throw, blow 등등)로 분류되는 반면, 규칙형들은 그 집단들 밖에 존재하지만 무인 지대에 골고루 흩어져 있다고(rhumba'd, out-Gorbachev'd, oinked 등등) 가정해 보자.

그렇다면 사람들은 일부 단위와 연결을 그 무인 지대에 전담시키는 패턴 연상망을 설계할 수 있고, 그 연상망은 이후에 낯선 소리를 가진 어떤 단어가 들어오더라도 적절하게 처리할 것이다.[38] 그러나 그 모형들은 각각의 굴절에 대해 출력 모드가 하나씩 배정되는 식으로 언어마다 각기 다르게 선천적으로 배선된 굴절들을 갖고 있으며, 단지 그로부터 선택하는 법을 학습하는 것이기 때문에, 인간 아이에 대한 진정한 이론으로 볼 수 없다. 그리고 다른 경우처럼 어근이나 핵어 없는 단어들의 문제는 무시된다. 그럼에도 불구하고 사람들이 규칙적 굴절을 자유롭게 일반화하기 위해서는 규칙적 소리들과 불규칙적 소리들을 무리 짓는 특정한 패턴들이 필요하다는 일반적인 개념을 시험하는 것은 매우 흥미로운 일이다.

히브리 어에서 대부분의 남성 명사는 bulbulim(도장들)에서처럼 -im으로 복수화되고, 대부분의 여성 명사는 mora-morot(선생들)에서처럼 -ot로 복수화된다. 그러나 약 200개의 명사는 불규칙 명사로, 남성 명사인 kir-kirot(벽들)과 여성 명사인 dvora-dvorim(벌들)에서처럼 다른 성의 복수 접미사를 취한다. 이제 당신은 이스라엘 사람들에게 불규칙형처럼 소리 나는 명사에 가장 적합한 복수형을 선택하라고 요구하면 어떤 일이 벌어질지를 예

측할 수 있을 것이다.[39]

In my friend's room, the <u>kirot/kirim</u> are covered with paintings(내 친구의 방에서 kirot/kirim은 그림들로 덮여 있다.).

The kir is a French drink. To prepare two <u>kirot/kirim</u>, mix two glasses of champagne and a quarter glass of Cassis liquor(kir는 프랑스 술이다. 두 잔의 kirot/kirim을 준비하려면 샴페인 두 잔과 카시스 술 4분의 1 잔을 섞어라.).

My French friends Brigitte and Jean Kir arrived for a two-week visit(나의 프랑스인 친구 브리지트와 장 Kir가 2주간의 방문을 위해 도착했다.).

The <u>Kirot/Kirim</u> will stay at my house during the first week(Kirot/Kirim 부부는 2주 동안 내 집에 묵을 것이다.).

화자들은 '벽'을 의미하는 기본 단어의 경우에는 불규칙형 kirot가 옳다고 생각하지만, 외국 단어와 이름일 때에는 규칙형

kirim으로 전환한다. 화자들은 또한 tcharlak, krazastriyan, gogof 처럼 낯선 소리가 나는 명사에도 규칙형 접미사 -im을 적용한다. 사실 그들은 기존의 규칙 명사와 소리가 비슷한 명사에 -im을 붙일 때처럼 낯선 명사에도 쉽게 그것을 붙인다. 히브리 어의 규칙 복수형들은 초깃값 규칙을 입증하는 완벽한 예이다.

핵심을 요약하면 다음과 같다. 규칙 명사와 불규칙 명사는 음운론상으로 한동네에 나란히 산다. 영어의 sing-sang, sink-sank, drink-drank나 독일어의 singen-gesungen, sinken-gesunken, trinken-getrunken에서처럼 불규칙 명사들은 자기 자신만의 독특한 소리들을 만들어 내지 않는다. 대부분의 불규칙 명사들은 규칙 명사들과 비슷한 소리를 갖고 있다. 예를 들어 불규칙 명사인 kir-kirot(벽들)는 kis-kisim(주머니들), min-minim(성별들), pil-pilim(코끼리들), shir-shirim(노래들)를 포함해 31개의 규칙 명사들이 모여 사는 동네에 무단으로 거주한다. 이와 마찬가지로 zanav-znavot(꼬리들)와 valad-vladot(신생아들)를 포함한 다섯 개의 불규칙 명사도 barak-brakim(조명들)과 marak-mrakim(수프들)를 비롯한 43개의 규칙 명사들이 차지하고 있는 공간에 널리 흩어져 존재한다. 불규칙 명사들은 이웃들과 아주 잘 뒤섞여 있어서 어느 누구도 그들과 이웃들을 따로 나누고 중간에 선을 그을 수 없다. 그리고 그것은 규칙의 지배를 받는 일반화를 입력의 통계 수치에서 나온 부산물로 설명하려는 연결주의의 마지막 희망을 결정적으로 꺾는다.

믿기 어렵겠지만, 히브리 어와 영어는 공통 조상을 가진 두 어족에 속할 수도 있다. 몇 명의 용감한 언어학자들은 유라시아 어족, 아시아-아프리카 어족, 드라비다 어족(남인도의 언어들), 남코카서스 어족이 노스트라틱 어(Nostratic)라는 상위 어족을 형성한다고 생각한다. 노스트라틱 어의 화자들은 약 1만 5000년 전에 중동에서 출발해 유럽, 북아프리카, 그리고 동부를 제외한 아시아 전역으로 퍼져나간 수렵 채집 종족이었을 것이다.[40] 이 상위 어족의 바깥쪽을 살펴보면서 단어-규칙 이론을 한 번 더 되새겨 보면, 중국어가 눈에 들어온다.

중국어는 중국-티베트 어족에 속하는 다수의 언어들(우리는 근시안적으로 이 언어들을 방언이라고 부른다.)로 구성되어 있고, 중국-티베트 어족에는 중국어 외에 티베트 어와 미얀마 어가 있다. 중국어는 굴절이 전혀 없는 것으로 유명하다. 단어들은 어떻게 쓰이건 항상 똑같은 소리를 유지한다. 어떤 사람들은 중국어의 이러한 현상을, 굴절은 언어의 보편 설계 중 일부라고 보는 모든 이론을 반박하는 증거로 해석한다. 아동 언어 연구자들을 위한 인터넷 토론 그룹에 도착한 어느 메시지에서, 단어-규칙 이론을 비판하는 한 사람은 중국어에 굴절이 없다는 점을 지적한 다음 빈정거리는 투로 다음과 같은 질문을 던졌다. "중국어 화자들은 부모에게서 물려받은 형태론 문법 유전자 또는 규칙성 대 불규칙성을 전담하는 신경 메커니즘을 가지고 도대체 무슨 짓을 하는가?" 이 수사학적 질문은 단어-규칙 이론을 잘못 설명하고 있다. 생물학적으로 두드러진 것은 규칙 굴절과 불규칙 굴절 자체가 아니라, 보다 일반적인 조합과 찾아보기다. 형태소들을 결합해 단어를 만드는 것은 형태론이고, 단어들을 결합해 문장을 만드는 것은 통사론이다. 중국어에는 약간의 형태론이 있고(복합어 형성과 몇몇 파생의 형식으로 형태론이 존재한다.) 물론 통사론도 있으며, 그래서 단어와 규칙도 있다. 뿐만 아니라 몇몇 규칙은 지구 반대편에 있는 인도-유럽 어족, 우랄 어족, 아시아-아프리카 어족의 규칙들처럼 초깃값 역할을 한다.

표준 중국어에서는 "a pen"이나 "some dogs"라고 말할 수 없고, 척도의 단어인 분류사를 사용해 "이찌 강비(펜 한 자루)"나 "이

춘 거우(개 한 무리)"라고 말해야 한다. 영어 화자들도 종종 그런 식으로 말해야 한다. a blade of grass(a grass가 아니라), a piece of fruit, a strand of hair, a slice of bread, a stick of wood, a sheet of paper, thirty head of cattle이 그 예이다. 중국어 화자들은 어떤 것의 수나 양을 가리키고자 할 때에는 항상 분류사를 선택해야 한다.

중국어에서 각각의 분류사는 사물의 한 종류와 어울리는 경향이 있다. 사람, 동물, 납작한 사물, 길고 구부러지는 사물, 작은 사물, 쌍의 하나 등을 위한 분류사들이 저마다 존재한다. 그러나 분류사와 사물 종류의 연합은 불완전하기 때문에 기억에 저장되어야 한다. 다시 말해 규칙이 연합을 완벽하게 처리하지 못하는 것이다. 티아오(tiao)는 종종 길고 구부러지는 사물들, 예를 들어 물고기, 긴 종이, 바지 등에 사용되지만, 또한 짧은 사물들과 새로운 사물들(길지도 구부러지지도 않는 것들)에도 사용되는 반면, 머리카락(길고 구부러진다.)에는 사용되지 않는다. 중국어 화자들은 어떤 사물에 대한 분류사가 기억에 없으면, 그와 비슷한 사물에 대한 분류사를 사용한다. 우리는 불규칙 동사에서 그런 경우를 보았는데, 이것은 사람들이 각각의 분류사와 어울리는 명사들을 연합성 기억에 저장한다는 것을 시사한다.

언어학자 제임스 마이어스(James Myers)는 한 분류사는 다르다고 지적했다.[41] ge는 화자가 기억에 의존하거나 기억 속의 어떤 것으로부터 유추하지 못하는 것을 제외하고 공통점이 전혀 없는 여러 상황에 사용된다. 그것은 시구아(xigua, 수박)처럼 크기와 형태가 어떤 분류사와도 맞아떨어지지 않는 사물에 사용된다. 또 시아오터우(xiaotou, 도둑)와 포즈(pozi, 말괄량이)처럼 인간으로서 존경받을 만한 어투로 언급할 가치가 없는 사람에 사용된다. 뿐만 아니라 시왕(xiwang, 소망)과 구오지아(guojia, 나라) 같은 추상적인 것에 사용되며, 종리아오(zhongliao, 종료)와 티옌(tiyan, 체험)처럼 동사로부터 전환된 명사에 사용된다. ge는 또한 "당신이 나에게 친절하고, 내가 당신에게 친절하면, 이 ge-'친절'은 생명력을 갖게 된다."라는 실생활의 예에서처럼, 인용어에 사용된다. ge-와 명사의 조합은 다른 분류사들과 그 명사들의 조합보다 빈도수가 상대적으로 낮다. 사람들은 명사가 기억나지 않거나 분류사가 기억나지 않을 때 ge를 사용하고, 아이들은 그것을 과잉 일반화해 부적절한 명사에 적용한다.

중국어에는 굴절이 전혀 없지만, ge는 규칙 굴절의 모든 능력을 보여 준다. '명사'라고 생각되는 어떤 것에 분류사가 없으면, 분명 어떤 규칙이 그것에 ge를 할당하는 것으로 보인다. 마이어스의 중국어 분석은 언어들 간의 복잡한 차이가 단지 오해일 수 있음을 보여 준다. 그 차이의 이면에는 마음 연산의 본질에 뿌리를 내린 심층적인 보편성들이 놓여 있다.

영어로부터 얼마나 먼 곳까지 나아가야 규칙의 지문이 존재하지 않을까? 뉴기니 어는 약 4만 년 전에 광활한 대양을 80킬로미터나 가로질러 그곳에 도착한 특별한 집단과 함께 정착했다. 수백 세기에 걸쳐 그들은 고지대의 고립된 계곡들로 퍼져나갔고, 그러면서 지구상의 어떤 언어와도 관계가 없는 800여 개의 언어를 사용하는 부족들로 갈라졌다. 대부분의 뉴기니 부족은 바깥 세상과 전혀 접촉하지 않다가, 1920년대와 1930년대에 들어서야 광산 시굴자, 상인, 인류학자를 만나기 시작했다.

이 무렵 마거릿 미드(Margret Mead)와 그녀의 두 번째 남편이자 인류학자인 리오 포천(Reo Fotrune)은 아라페시(Arapesh)라는 한 부족을 연구했다. 미드는 성 차별의 관점에서 성(性, gender)에 초점을 맞췄고, 포천은 굴절 형태론의 관점에서 성에 초점을 맞췄다. 미드의 연구는 좋은 평가를 받지 못했다. 그녀는 그 부족을 "친절한 아라페시 족"이라고 불렀지만, 그들은 사람을 사냥하는 부족으로 밝혀졌다. 포천의 연구는 긍정적인 평가를 받았으며, 최근에 언어학자 마크 아로노프(Mark Aronoff)는 아라페시 족을 다시 방문해 현대 언어학의 이론적 수단들을 적용했다.[42]

아라페시 어에는 13개의 성이 있다. 얼핏 들으면 괴팍할 수도 있지만 실은 그렇지 않다. 언어학의 성(gender)은 그와 관련된 단어인 genus(종류), generic(일반적인), genre(유형)에서 알 수 있듯이 '종류'를 의미한다. 아라페시 어에서 대부분의 성은 음운론적이다. 한 성에 속한 명사들은 가령 ag나 r 같은 특유의 음절이나 음소로 끝난다. 그러나 한 성은 다르다. 아로노프는 그것을 "초깃값 성"이라고 명명하고, 화자가 명사구의 성을 "어떤 이유로든 결정할 수 없을" 때마다 그것을 사용한다고 지적한다. 꽤 익숙한 설명이다.

아라페시 어 화자가 명사구의 성을 결정할 수 없는 첫 번째 경우는, 명사가 생략되어 구 안에 핵어가 없는 경우다. 이것은 영어의 "This is nice."나 "Which do you want."와 다소 비슷하다. 두 번째 경우는, 명사구가 서로 다른 성을 가진 두 명사의 결합으로 이루어진 경우다(the girl and the boy와 다소 비슷하다.). 결합된 구는 핵어가 없으므로, 두 명사의 성이 다르면 종종 (어떤 언어에서든) 어느 명사의 성을 구 전체의 성으로 올릴 것인지가 불분명해진다. 세 번째 경우는, 명사가 낯선 소리 패턴을 포함한 경우다. 아라페시 어의 모든 명사 중 단 2개가 b로 끝난다. 두 명사는 다른 어떤 성과도 어울리지 못하고 초깃값 성으로 밀려난다. 네 번째 경우는 성(sex)과 관련된 두 성(gender)으로부터 발생한다. 한 성은 인간 여성을 가리키는 명사들로 구성되어 있고(예를 들어 barahoku (손녀)), 나머지 한 성은 인간 남성을 가리키는 명사들로 구성되어 있다(예를 들어 araman(남자)). 인간을 중성적으로 지시하는 단어들(예를 들어 arapeñ(친구), ašukeñ(손위 동기), batauiñ(아이))은 어느 성과도 어울리지 못하고 초깃값 성으로 밀려난다. 다섯 번째 경우는, '나' 또는 '너' 같은 무성의 대명사가 구를 이끄는 경우다. 즉 구 전체로 삼투되어 올라갈 성이 없는 것이다. 여기에서도 우리는 규칙의 운용을 보게 된다.

❧

1장에서 7장에 걸쳐 우리는 규칙이 작동하는 궤적과 흔적을 탐구했지만, 그 대상은 한 언어의 두 접미사(-ed, -s)뿐이었다. 이 장에서 우리는 영어의 가장 가까운 자매들에서부터 영어로부터 가장 먼 언어에 이르기까지 모두 8개의 언어에서 동일한 징후들을 목격했다.

나는 모든 언어가 영어와 똑같다거나 모든 언어를 단어–규칙 이론으로 간단히 설명할 수 있다고 주장하려는 것이 아니다. 모든 언어의 모든 구조에는 각각의 구조에 책 한 권이 필요할 정도로 복잡한 예들과 반례들이 넘쳐난다. 그러나 역사적으로 무관한 많은 언어에서 동일한 거주지, 드문 단어, 낯선 단어, 핵어 없는 구조, 전환된 단어, 아이들의 말실수에 포함된 규칙들을 목격하는 것은 멋진 일이다. 프랑스 인과 독일인, 아랍 인과 이스라엘 인, 동양과 서양, 인터넷 시대에 사는 사람들과 석기 시대에 사는 사람들의 언어에서 그런 심층적인 공통점을 본다는 것은 인간 마음의 통일성을 엿보는 것이다.

9

**뇌라는 이름의
블랙박스**

공학도들은 때때로 한 상자의 입력과 출력 목록으로부터 그 상자에 담긴 회로의 설계를 추론하라는 문제에 부딪치고는 한다. 수십 년 동안 이것은 매우 훌륭한 심리학적 정의였다. 우리의 생각과 감정이 뇌의 활동에서 비롯된다는 것은 분명한 사실이지만, 살아 있는 동안 자신의 뇌를 과학자에게 넘겨주려는 사람은 좀처럼 없기 때문에 뇌의 활동은 예나 지금이나 연구하기가 무척이나 어렵다. 우리는 개인이 그림이나 단어나 지시 사항 같은 것을 제시받았을 때 어떻게 행동하는지를 봄으로써 뇌의 부분들이 무엇을 하는지를 추론한다. 1장에서 8장까지 나는 뇌에 단어와 규칙을 위한 별개의 하부 조직이 있다고 주장했지만, 그것을 뒷받침하기 위해 두개골 안쪽을 들여다보지는 않았다. 그 대신 사람들이 어떻게 단어와 문장을 말하고, 이해하고, 학습하고, 그에 반응하는가에 대한 최적의 설명을 추구했다.

이제 뇌라는 블랙 박스가 열리고 있는데, 그 도구는 해부용 메스가 아니라 살아 있는 뇌를 손상시키지 않고 들여다볼 수 있는 신기술이다. 신경 심리학자들은 오래전부터 뇌 손상을 입은 환자들을 연구해 왔고, 환자들이 할 수 없게 된 것들을 기록해 왔다. 엑스선 체축 단층 촬영(CT 또는 CAT)이 개발되기 전에는 환자가 사망할 때까지 기다렸다 시체를 해부한 후에야 뇌의 어느 부위가 손상되었는지를 알아낼 수 있었다. 그 후 양전자 방사 단층 촬영법(PET), 기능성 자기 공명 영상법(fMRI) 같은 새로운 기술들이 등장해 뇌의 해부 구조뿐만 아니라 그 작동 방식을 그림으로 보여 주고 있다. DNA 검사는 유전성 심리 질환들을 일으키는 유전자들을 정확히 지적하기 시작했고, 언젠가는 그 유전자들이 발달하는 뇌에 어떤 영향을 미치는지가 밝혀질 것이다. 이러한 혁명은 인지 신경 과학이라는 새로운 분야와, 1990년대는 "뇌의 10년(Decade of the Brain)"으로 알려지게 될 것이라는 조지 부시 대통령의 선언을 낳았다.

만일 단어와 규칙이 언어의 두 구성 요소라면, 우리는 뇌에서도 그것들을 구분할 수 있어야 한다. 단어 기억을 처리하는 뇌의 부위들은 불규칙형의 사용에 관여해야 하고, 규칙을 처리하는 부위들은 규칙형의 사용에 관여해야 한다. 이로부터 우리는 기억이 적절한 단어를 꺼낼 수 없을 때 규칙이 개입한다는 이론을 테스트하는 또 하나의 방법을 얻게 된다. 기억 체계에 직접적으로 가해진 신경학적 손상은, 드문 단어, 낯선 단어, 핵어 없음, 어근 없음, 유년기의 미숙함 같은 여러 종류의 기억 실패들을 야기해, 규칙을 적용해야 하는 상황을 발생시킨다. 게다가 규칙형과 불규칙형은 동일한 의미(과거성), 동일한 문법(시제), 동일한 복잡성(한 단어 길이) 등의 측면에서 아주 비슷하기 때문에, 뇌가 그것들을 다르게 처리하는 방식을 알아내는 것은 언어학적 뇌의 지도를 보다 자세히 파악하는 데 도움이 될 것이다.

지난 몇 년 동안 규칙 굴절과 불규칙 굴절에 대한 논쟁에는 인지 신경 과학의 모든 주요 기술이 적용되어 왔다. 이 장에서는 그 기술들을 둘러보고, 그것들이 단어와 규칙의 신경학적 위치에 대해 무엇을 보여 주는지를 살펴보고자 한다.

　　　　　　　　　　　⌘

만일 우리가 규칙을 전담하는 뇌 부위와 단어를 전담하는 뇌 부위를 정확히 지적할 수 있다면 정말 좋겠지만, 그것은 결코 실현될 수 없는 공상에 불과하다. 뇌는 분명한 형태를 지닌 한 토막의 세포 조직이 하나의 기능을 수행하는 그런 기관이 아니다. 슬개골은 특정한 3차원 형태를 유지해야 좋은 슬개골이지만, 방향 감각이나 정서적 기능이나 언어 본능에는 그런 형태가 없다. 뇌는 연산 기관이고, 연산 체계는 공간을 어떻게 차지하느냐가 아니라 정보가 내부에서 어떻게 흐르는가에 신경을 쓴다. 컴퓨터에서 하나의 프로그램이나 파일을 두 기계에 올리거나 한 기계에 두 번 올리면 그것은 메모리(기억 장치)나 디스크의 각기 다른 부분에 저장되고, 멀리 떨어진 여러 구역에 조각조각 저장되기도 한다. 정보가 보존되고 구역들이 적절하게 연결되는 한 프로그램은 완벽하게 가동한다. 우리는 그 프로그램을 담고 있는 메모리나 디스크상의 부분을 동그라미로 표시할 수 없다.

물론 뇌는 디지털 컴퓨터가 아니지만, 오히려 그것이 요점을 더욱 분명하게 만든다. 뇌의 회로들은 기판에 난 슬롯에 쏙쏙 들어가는 것이 아니라 뇌가 성장하는 동안 대뇌 피질 안에서 적당한 집을 찾는다. 하나의 마음 처리 과정은 수백만 개의 시냅스로 구성된 복잡한 신경망에서 이루어지는 일련의 연산이다. 하나의 망은 뇌의 표면에서 줄무늬, 물방울 무늬, 구불구불한 선 같은 다양한 모양을 가질 수 있지만, 신경 세포들이 적절히 연결되기만 하면 항상 같은 일을 수행한다.

규칙 중추와 단어 중추를 발견하기 힘들 것이라고 생각하는 두 번째 이유는, 단어든 규칙이든 자신의 생산물을 대기 중에 쏟아 놓지 않는다는 것이다. 단어와 규칙은 복잡한 체계의 일부로, 서로 간의 연결은 물론이고 뇌의 다른 수많은 체계들과의 연결에 의존한다. 최근에 개인용 컴퓨터에 소프트웨어 패키지를 설치해 본 사람이라면 아무리 간단한 프로그램이라도 메모리, 입력, 출력, 그리고 다른 프로그램들과 통합을 이루기 위해서는 수백 개의 파일을 곳곳에 흩뿌려야 한다는 사실을 알 것이다. 그런데 언어에는 소프트웨어 산업에서 자랑스럽게 내놓은 최신작보다 훨씬 더 많은 특성이 있다. 뇌의 규칙 체계는 다리를 여럿 가진 문어처럼, 입, 인후, 횡경막(말할 수 있게 해 준다.), 귀(알아들을 수 있게 해 준다.), 단기 기억(문장의 시작 부분을 염두에 두고 종지 부분을 생각해 낼 수 있게 해 준다.), 모든 종류의 개념들(유의미한 단어들을 문장에 접속할 수 있게 해 준다.), 추론과 계획을 위한 체계들(무엇을, 어떻게 말해야 할지를 결정할 수 있게 해 준다.)에 촉수를 뻗어야 한다. 인간이 만든 장치에서 각 구성 요소들은 각각의 상자에 담기고 케이블을 통해 다른 상자들과 연결되어야 하지만, 뇌에서 그 체계는 넓은 피질 위에 깍지를 낀 것처럼 맞물린 얼룩들의 망을 이룬다.

또한 그 얼룩들 중 하나를 본다는 것은 무슨 의미일지 생각해 보라. 가상의 세계에서는 어떤 사람이 선(禪)과 같은 몽환의 경지에 들어가 다른 뇌의 활동은 정지하고 오로지 순수한 과거 시제만을 생각하면서 그 규칙 회로만 밝게 빛내는 것을 상상해 볼 수 있다. 그러나 현실에서는 그 사람에게 어떤 질문에 대답하거나 어떤 신호에 반응해 단어를 생산하는 등의 행동을 하라고 요구해야 한다. 심지어 walk를 walked로 전환하는 것처럼 단순한 과제를 위해서도 개인은 지시 사항을 기억해야 하고, 각 어근을 읽거나 들어야 하고, 그것을 단기 기억에 저장해야 하고, '과거 시제' 요구를 규칙 체계와 마음 사전에 보내야 하고, 규칙을 활성화해야 하고, 비슷한 불규칙형이 있으면 기억의 틀린 검색물을 억제하고 올바른 접미사를 찾아야 하고, 그것을 어간에 붙이고, 접합 부위의 소리를 매끄럽게 하고, 말하기 위해 소리 열을 준비하고, 근육을 운동시켜야 하고, 그러는 동안 각각의 모든 단계에서 실수를 체크해야 한다. 신경학적으로 이 능력들 중 어느 것이라도 손상을 입으면 환자는 과거 시제형을 만들어 내지 못할 것이다. 모든 체계가 정상적으로 작동하는 건강한 뇌를 스캔하면 크리스마스트리처럼 빛날 것이다.

그러나 언어 처리 단계들을 뇌의 회로들과 연관짓는 우리의 능력은 초보 수준에 머물러 있다. 지금 우리는 그보다 더 단순한 문제에 주목해야 한다. 즉 규칙 단어와 불규칙 단어가 (공통적인 뇌 체계들은 물론이고) 서로 다른 뇌 체계들에 의존한다는 것을 보여 주는 단서들, 그리고 불규칙형은 단어 기억을 위한 체계에 더 많이 의존하고 규칙형은 규칙을 위한 체계에 더 많이 의존한다는 것을 보여 주는 단서들 말이다.

인간의 뇌는 광대한 영토와 같다. 수십억 개의 뉴런이 수조 개의 시냅스로 연결되어 수많은 덩어리, 판, 가닥을 이루고, 모든 구조들이 하나로 뒤엉켜 3차원 회로를 이룬다. 그러나 대뇌를 구성하는 3개의 주요 협곡을 살펴보면 단어와 규칙이 거주할 만한 장소들을 발견할 수 있다.

첫째, 뇌에는 2개의 반구가 있는데 오른손잡이의 경우 언어, 특히 문법 관련 회로는 대부분 왼쪽에 있다.[1]

둘째, 각 반구는 중심 고랑(열구)에 따라 둘로 세분된다. 중심 고랑의 앞쪽 비탈에는 운동을 통제하는 운동 신경대가 있다. 운동 신경대는 종종 심리학 교과서에 축소 또는 확대된 신체 부위들의 그림과 함께 등장한다. 이러한 그림은 신경대의 어느 부위가 신체의 어느 부위를 통제하는지를 보여 준다. 운동 신경대 앞쪽에 놓여 있는 전두엽의 나머지 부분은 행동의 선행 조건들, 즉 행동을 계획하고 조직하기, 결정하기, 단기 기억의 항목들을 조작하기, 주목하기, 연쇄적인 추론을 실행하기, 감정의 영향 아래에서 목표를

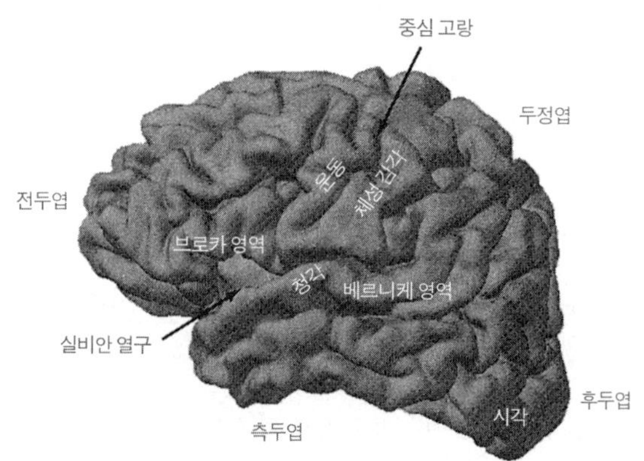

추구하기 등을 수행한다.

중심 고랑의 뒤쪽 비탈에는 촉각을 등록하는 체성 감각 신경대가 있다. 체성 감각 신경대 역시 신체 부위들과 짝지어져, 뇌의 어느 부위가 피부의 어느 부위를 감시하는지를 보여 준다. 체성 감각 신경대 뒤쪽으로 급격한 곡선을 이루며 두정엽, 후두엽, 측두엽으로 이어지는 곳에는 또 다른 주요 감각인 시각과 청각을 전담하는 영역들이 있다. 여기에는 피질에서 감각을 최초로 받아들이는 1차 영역들뿐만 아니라, 그 감각들을 통일성 있게 조작해 시공간상의 사건을 만들고, 그 사건의 성분들을 얼굴, 사람, 소리, 장소, 도구, 생물 등의 개념과 연관짓는 많은 영역이 있다.

세 번째 협곡은 측두엽과 뇌의 나머지 부분을 나누는 실비안 열구(Sylvian fissure)다. 실비안 열구의 양쪽 비탈에는 주요 언어 영역들이 자리 잡고 있다. 열구의 앞쪽 위에는 말의 계획, 언어적 단기 기억, 복잡한 문장의 이해에 관여하는 것으로 보이는 브로카 영역(Broca's area, 실은 여러 영역들의 묶음)이 자리 잡고 있다. 열구의 뒤쪽 아래에는 단어의 소리와 의미를 연결하는 것으로 보이는 베르니케 영역(Wernicke's area)이 자리 잡고 있다. 두정엽 하부의 피질 부위에서부터 측두엽의 많은 부분을 포함하는 부분까지에는 단어들과 그 의미들이 담겨 있는 것으로 보이는데, 각기 다른 범주의 의미(색, 동물, 도구 등등)는 각기 다른 부위에 집중되어 있다. 문법과 말하기 계획을 담당하는 앞쪽 부분과 단어와 말 이해를 담당하는 뒤쪽 부분으로 양분하는 것은 지나치게 간단한 방법이다. 예를 들어 어떤 동사 의미들은 전두엽과 연계되어 있고, 난해한 통사 구조를 가진 문장의 이해는 측두엽의 전상부(前上部)와 관계가 있다. 그럼에도 위와 같은 양분은 1차적인 구분으로 적절하다.[2]

세 협곡은 규칙 굴절과 불규칙 굴절의 신경 생물학을 위해 어느 곳을 살펴봐야 할지를 알려 주는 범위를 형성한다. 만일 드물고 새로운 규칙형들이 규칙에 따라 즉석에서 처리된다면, 그것은 좌뇌 실비안 피질의 앞쪽에서 계산될 것이다. 만약 불규칙형들이 단어로서 저장된다면, 그것은 좌뇌 실비안 피질의 두정엽과 측두엽 부위에서 검색될 것이다.

인간 뇌는 종양, 감염, 영양 실조, 동맥 폐색이나 파열, 그리고 낙상, 탄알, 교통 사고 등으로 인한 부상 때문에 손상을 입을 수 있다. 이런 비극을 겪은 많은 사람들이, 그들이 할 수 있는 것과 할 수 없는 것을 평가하는 실험에 참여한다. 어떤 사람들은 돈을 위해 참여하고, 어떤 사람들은 자신에게 어느 부분이 사라지고 어느 부분이 남아 있는지를 알고 싶어 참여하고, 또 어떤 사람들은 과학에 기여하려는 이타적인 마음에서 참여한다.

뇌 손상을 입은 환자가 더 이상 어떤 일을 못하게 되면, 뇌에서 손상을 입은 부위가 그 능력을 전담하는 신경 중추라고 결론을 내리게 된다. 그러나 그런 추론은 불합리하다. X 부위에 손상을 입은 환자가 과일의 이름은 말하지 못하지만 채소의 이름은 말한다고 가정해 보자. 그것은 X가 과일을 위한 뇌 중추라는 것을 의미하지 않는다. 어쩌면 어떤 이유에서건 과일의 이름을 말하는 것이 채소의 이름을 말하는 것보다 더 힘든 일인데, 최대 성능을 발휘하지 못하게 된 뇌가 그 어려운 과제를 만난 것일 수 있다. 수십 년 전에 신경 심리학자 한스루카스 튜버(Hans-Lukas Teuber)는 뇌와 마음의 연계는 두 종류의 환자와 두 종류의 과제를 포함하는 이중 해리(double dissociation)에 기초해야 한다고 지적했다. 그렇다면 앞의 예에서 우리는 최소한, X 영역에 손상을 입은 환자들은 채소 이름보다 과일 이름을 말하는 데에 더 어려움을 겪는 동시에 Y 영역에 손상을 입은 환자들은 과일 이름보다 채소 이름을 말하는 데에 더 어려움을 겪는다는 것을 보여야 할 것이다.[3] 그렇다고 해서 X는 과일을 위한 영역이고 Y는 채소를 위한 영역이라는 것이 입증되는 것은 아니지만, 두 영역이 단지 일의 양이 다른 것이 아니라 서로 다른 종류의 일을 한다는 것과, 종류의 차이는 과일과 채소의 차이와 어느 정도 관계가 있다는 것을 시사한다.

언어에서 유명한 이중 해리 중 하나는 인쇄된 단어의 규칙형 및 불규칙형 철자와 관계가 있다. 어떤 환자들은 yacht(요트)와 aisle(통로) 같은 불규칙 단어를 잘못 발음하는 반면에(두 단어의 운을 matched와 basil처럼 발음한다.), 규칙적인 철자 규칙으로부터 발음을 추론할 수 있는 wug와 dax 같은 비어(非語)에서는 정상적인 능력을 발휘한다. 뇌의 다른 부위에 손상을 입은 환자들은 정반대의 문제를 보인다. 즉 그들은 yacht와 aisle은 잘 발음하는 반면에 wug와 dax는 전혀 발음하지 못한다. 뇌에는 인쇄물로부터 소리에 이르는 경로가 둘이라는 것이 자연스러운 해석일 것이다. 한 경로는 '철자 쌍 ee를 소리 ē로 발음하라.' 같은 규칙들을 이용할 것이고, 기억에서 찾을 수 없는 새롭고 드문 단어에 사용될 것이다. 다른 경로는 '철자 열 aisle는 aisle이라는 단어를 나타내고, īl로 발음된다.'처럼, 단어 전체와 그 발음을 기억하고 규칙을 무시하는 불규칙 철자 단어에 사용될 것이다. 표층 난독증(surface dyslexia)에 빠진 첫 번째 종류의 환자는 전체-단어 경로에 손상을 입은 것이고, 음운론적 난독증(phonological dyslexia)에 빠진 두 번째 종류의 환자는 규칙 경로에 손상을 입은 것이다.[4]

이중 해리는 우리가 순수한 연산에 기초해 추측해 냈을 법한 (규칙형과 불규칙형의) 차이에 중립적인 진실을 제공하고, 과거 시제의 경우에서처럼 하나의 패턴 연상망 기억으로 규칙형과 불규칙형을 모두 해결하려는 연결주의 모형에 의문을 던진다. 물론 철자 규칙은 문법 규칙과 다르다. 철자 규칙은 의식적인 교육과 학습에 의존하며, 우리가 6장에서 탐구했던 추상적인 문법 논리를 거의 보여 주지 않는다. 그러나 연결주의 이론에서는 그것들을 같은 것으로 취급하고, 그 결과 낭독에 대한 모형에서 겪는 문제들이 고스란히 문법에 대한 모형에 전가된다.

패턴 연상망을 선전하는 글에서는 규칙 연상물과 불규칙 연상물이 일련의 연결 가중치들과 나란히 연결되고, 따라서 규칙과 예외를 위한 상자가 별도로 존재할 필요가 없다고 자랑한다. 그렇다면 더 이상 새로운 단어를 읽지 못하는 환자와 더 이상 불규칙 철자를 가진 단어를 읽지 못하는 환자 간의 이중 해리를 어떻게 해결해야 하는가의 문제가 발생한다. 일반적으로 모형 설계자들은 연결들을 무작위로 제거하거나 약화시킴으로써 뇌 손상을 모방하는데, 이때 해당 모형은 더 이상 불규칙 단어를 처리하지 못하는 단일 해리를 보여 준다.[5] 이런 일이 발생하는 것은, 각각의 불규칙형은 특수한 입력과 특수한 출력 간의 몇 안 되는 강한 연결에 의존하고 그로 인해 손상에 취약한 반면, 규칙형은 다수의 광범위하고 약한 연결을 통해 계산되고 그로 인해 과잉과 손상에 대한 저항성을 보이기 때문이다. 이중 해리를 통해 우리는 단일한 메커니즘의 미학적 호소력은 허상일 수 있음을 보게 된다. 뇌에는 둘 이상의 부분이 있는 것 같다.

연결주의자들은 패턴 연상망의 연결이 이따금씩 자연 발생적으로 규칙 연합물에 편중되거나 불규칙 연합물에 편중된다고 대답한다. 그렇다면 뇌 손상을 모방하기 위해 고의적으로 무작위 손상을 가했을 때 연상망 모형은 어떤 시뮬레이션에서는 규칙 연합물에 더 큰 어려움을 보이고 또 어떤 시뮬레이션에서는 불규칙 연합물에 더 큰 어려움을 보일 것이다. 그러나 모형 설계자인 존 벌리나랴(John Bullinaria)와 닉 체이터(Nick Chater)가 입증한 바에 따르면, 이중 해리는, 규칙형 연합물이 널리 퍼질 만큼 연결이 많지 않아서 소량의 손상이 불규칙형 연합물과 규칙형 연합물에 똑같은 피해를 입힐 수 있는, 인위적으로 작게 만든 축소 모형에서만 발생한다고 한다. 보다 현실의 뇌에 가까운 모든 모형들에서는 규칙형 연합물이 연결 전체에 보다 균등하게 분포하고, 모방된 손상은 항상 불규칙형 연합물에 더 큰 피해를 입힌다는 것이다. 벌리나랴와 체이터는 튜버의 이중 해리 논리가 여전히 유효하다고 결론짓는다.[6] 사실 뇌의 각 부분이 하는 일을 이해함으로써 사전에 해리를 예측할 수 있을 때 그 논리는 훨씬 더 유효해진다. 그것은 이중 해리가, 사방팔방으로 흩어지는 무작위 데이터로부터 사후에 골라낸 요행수가 아님을 확실히 보여 준다.

마이클 얼먼, 그레그 히콕(Greg Hickok), 마리 코폴라(Marie Coppola), 그리고 나는 신경 심리학자 수전 코킨(Suzanne Corkin), 다양한 신경병 환자들을 연구하고 있는 신경 과학자 존 그로던(John Growdon), 월터 코로세츠(Walter Koroshetz)와 팀을 이뤘다.[7] 우리는 먼저 다양한 실어증 환자들의 규칙 굴절과 불규칙 굴절에서 이중 해리를 찾았다. 실어증은 뇌 손상에 따른 언어 장애로, 언어 영역들의 체계에 대해 우리가 알고 있는 많은 지식이 다양한 유형의 실어증들을 비교한 데서 나왔다.[8]

실문법증(agrammatism)은 환자가 단어를 조립해 구와 문장을 만들지 못하거나, 어간에 올바른 접미사를 붙이지 못하거나, 복잡한 문장을 이해하지 못하는 등의 실어증이다. 실문법증은 종종 실비안 열구 주변의 언어 영역들 중 브로카 영역을 포함한 전부(앞쪽)에 넓은 손상을 입었을 때 발생한다. 실문법증 환자들은 대개 단어에도 어려움을 겪지만, 구와 문장에 대한 어려움은 그보다 더하다. 실문법증 환자는 종종 다음과 같이 말한다. "Son …… university …… smart …… boy …… good …… good(아들 …… 대학 …… 똑똑해 …… 아이 …… 착해 …… 착해 ……)" 또는 "Lower Falls …… Maine …… Paper. Four hundred tons a day!(로어 펄스 …… 메인 …… 제지 회사 …… 하루에 400톤!)" 실문법증 환자들은 "fit as a fiddle and ready for love(원기 왕성해 언제든 사랑할 수 있는)"처럼 종종 리스팀(listem, 기억된 토막으로 한 단어보다 더 길 수 있다.)을 '단어'처럼 기억한다.[2]

실문법증 환자들은 문법적인 접미사에 큰 어려움을 겪는데, 대개 접미사를 완전히 생략하거나(특히 아무것도 붙지 않은 어간이 부정사나 현재 시제에 사용되는 영어 같은 언어에서) 엉뚱한 접미사를 사용한다. 예를 들어 단어들을 모아놓은 목록을 읽을 때 그들은 smiled를 "smile"로 읽고, wanted를 "wanting"으로 읽는다. 과거에 두 번의 연구, 즉 오스카 마린(Oscar Marin), 엘리너 사프란(Eleanor

Safran), 미르나 슈와츠(Myrna Schwartz)의 연구와 윌리엄 바데커 (William Badecker)와 알폰소 카라마자(Alfonso Caramazza)의 연구로 입증된 바에 따르면, 문법 처리 기능이 손상된 환자들은 불규칙 과거 시제형과 복수형을 읽을 때에는 그런 실수를 상대적으로 적게 한다고 한다. 우리 팀은 다섯 명의 실문법증 환자를 새로운 표본으로 구성해 그 효과를 재현했다. 불규칙 과거 시제형과 복수형에서 접미사 실수를 상대적으로 적게 하는 현상에 대한 설명은, 보통 사람은 규칙적으로 굴절하는 단어들을 읽을 때 그것을 규칙에 따라 분석하는 데 반해 실문법증 환자는 그 분석을 수행하는 기계 장치에 손상을 입어 그러한 능력을 수행하지 못한다는 것이다. 반면에 불규칙 동사들은 통째로 저장된 기억과 연관지어지는데, 환자들은 여전히 이 연관짓기를 수행할 줄 안다.

뇌 손상을 입은 환자는 단어의 규칙성이 아닌 다른 이유들로 규칙형에 어려움을 겪는 것일지도 몰랐다. 실문법증 환자들이 단어 말미에 있는 -s나 -ed를 단지 발음하는 데에 어려움을 겪는 것이 아님을 입증하기 위해, 마틴과 그의 동료들은 규칙 복수형들을 항상 복수 접미사 -s가 붙어 있지만 불규칙형으로 기억되어야 하는 복수 형태들과 비교했다. 그들은 clues와 news, buds와 suds, misers와 trousers를 비교했다. 또한 실문법증 환자들이 인식 가능한 단어의 끝에 도달하면 그 지점에서 중단하는 것(그렇다면 환자들은 smiled에서 smile까지만 읽을 것이다.)이 아님을 입증하기 위해, 바데커와 카라마자는 환자들에게 yearn(year를 포함), dogma(dog를 포함), pierce(pier를 포함)처럼 흔한 단어를 포함하고 있는 드문 단어를 제시했다. 그리고 환자들이 단지 덜 흔하거나 발음하기 어려운 과거 시제형에서 어려움을 겪는 것이 아님을 입증하기 위해, 우리 팀은 각각의 불규칙형을 어미와 빈도수가 그와 비슷한 규칙형과 연관지었다. 예를 들어 우리는 slid와 tied, swept와 slipped, bought와 stayed를 연관지었다. 이 모든 통제에도 실문법증 환자들은 규칙형을 읽을 때 더 큰 어려움을 보였다.

굴절된 단어를 읽는 것은 그것을 직접 생성하는 것과는 다르므로, 과거 시제형을 생성하는 환자들의 능력을 시험하기 위해 얼먼은 다음과 같은 일련의 과거 시제형 문항들을 지어냈다. "Every day I dig a hole; Yesterday I _____ a hole." 환자들은 문항들을 읽거나 듣고 공란을 채워야 했다. 제시된 동사는 규칙 동사, 불규칙 동사, 그리고 spuff와 plam 같은 무의미 단어(즉 wug 테스트)로 구성되어 있었다. 우리는 '브로카 실어증'이라는 진단을 받은 포괄적인 환자 그룹(종종 넓고 깊은 손상으로 인해 다양한 증상을 보이는 환자들을 그렇게 묶는다.)을 테스트하기보다는, 뇌의 앞부분과 기저핵에만 손상을 입은 환자 한 명을 대상으로 사례 연구를 실시했다. 그의 증상은 실문법증이 분명했다. 사물의 이름을 말하는 그의 능력은 비록 대조군의 피실험자들보다는 떨어졌지만 꽤 훌륭한 편이었다. 이것은 그의 마음 문법이 마음 사전보다 더 많이 손상되었음을 의미한다. 우리의 예측처럼 그는 불규칙 동사보다 규칙 동사를 굴절시키는 것을 훨씬 더 어려워했고, plam 같은 낯선 동사는 거의 굴절시키지 못했으며, 규칙을 일반화해 불규칙 동사에 적용하는 일(digged 같은 실수가 나올 것이다.)은 아예 하지 못했다.

이중 해리의 나머지 절반은 명칭 실어증(anomia) 환자, 즉 말은 대체로 유창하게 하지만 단어를 검색하고 인식하는 데에 어려움을 보이는 환자들에게서 나온다. 명칭 실어증 환자들은 종종 단어를 수월하게 내뱉지 못하고, 에둘러 말하기, 대명사, something과 stuff 같은 총칭적 단어에 의존한다. 아래는 사물들의 이름을 말하려고 애쓰는 한 명칭 실어증 환자의 녹취록이다.

〔A clock:〕 Of course, I know that. It's the thing you use, for counting, for telling the time, you know, one of those, it's a ······ [But doesn't it have a name?] Why, of course it does. I just can't think of it. Let me look in my notebook([시계:] 물론, 나도 알죠. 그건 시간을 계산하고, 시간을 볼 때 쓰는 거예요. 그런 것들 중 하나인 거죠. 그것은 ······ [혹시 이름이 없는 것 아닌가요?] 웬걸요, 당연히 이름이 있어요. 생각이 안 날 뿐이죠. 잠깐 노트 좀 볼게요.).

[His elbow:] That's the part of my body where, my hands and shoulders, no, that's not it. No, doctor, I just can't get it, isn't that terrible([그의 팔꿈치:] 그건 내 몸의 일부고, 내 손과 어깨, 아니, 그건 그게 아니에요. 아니죠, 의사 선생님, 그냥 생각이 안 나요, 정말 엉망이죠?)?

[A wallet:] This is a kind of bag you use to hold something; you may hold materials in it and keep it in your pocket([지갑:] 그건 뭔가를 담아둘 때 쓰는 가방 같은 거예요. 그 안에 재료를 담을 수 있고, 호주머니에 넣을 수 있어요.).[10]

명칭 실어증은 뇌의 후배엽 부위, 특히 두정엽과 측두엽이 만나는 부위에 광범위한 손상을 입었을 때 발생하고, 또한 측두엽 부위가 넓게 손상되었을 때에도 발생한다.[11] 후배엽 손상을 입은 환자들은 때때로 그들만의 신조어(예를 들어 phone call을 뜻하는 nose cone 또는 아무도 알아듣지 못하는 단어들)를 말하는 착어성 실어증(jargon aphasia)에 빠진다. 흥미롭게도 그들은 마치 자진해서 wug 테스트를 하듯이 종종 자신의 착어에 규칙 접미사를 붙인다. 한 환자는 성냥갑을 말하려고 애쓰면서 다음과 같이 말했다. "**Waitresses**. Waitrixies. A backland and another bank. For **bandicks** er **bandicks** I think they are, I believe they're **zandicks**, I'm sorry, but they're called flitters **landocks**." 그는 명사뿐만 아니라 동사에도 규칙 접미사를 붙여 다음과 같이 말했다. "She **wikses** a zen from me.", "He **mivs** in a love-beautiful home."[12] 이것은 규칙 굴절이 단어를 처리하는 뇌 부위와는 다른 부위에서 계산된다는 것을 시사한다.

우리는 명칭 실어증 환자 여섯 명을 시험했지만, 손상이 뇌의 후배엽에 한정된 한 명에게 집중했다. 다음 그림은 명칭 실어증 환자와 앞에서 논의했던 실문법증 환자의 손상 크기와 형태를 비교하고 있다.

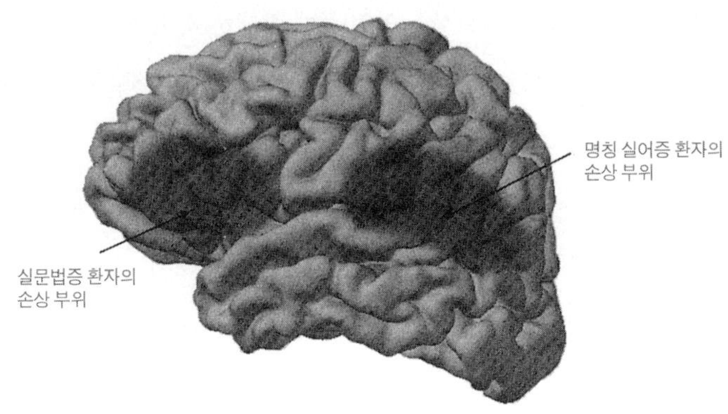

명칭 실어증 환자들이 마음 문법보다 마음 사전에 더 큰 손상을 입었다는 가정으로부터 예측할 수 있는 것처럼, 환자들은 규칙 동사보다는 불규칙 동사를 굴절시키는 것을 더 어려워했고, plam 같은 새로운 동사를 굴절시키는 데에는 상대적으로 뛰어났으며, 흥미롭게도 어린 아이들처럼 digged 같은 과잉 일반화의 오류를 범했다. 예를 들어 제한된 부위에 손상을 입은 그 환자는 25퍼센트의 오류를 범했다. 이상의 세 증상에서 명칭 실어증 환자는 실문법증 환자의 거울상처럼 정반대 양상을 보인다.

심리학자 윌리엄 마슬린윌슨과 로레인 타일러는 단어와 규칙이 뇌에서 서로 다르게 이중으로 해리된 단어들을 연구했다. 5장에서 살펴보았듯이 정상적인 사람들은 어떤 단어를 들으면 그와 관련된 단어들을 쉽게 인식할 수 있는 상태가 된다는 사실을 기억하자. 예를 들어 swan을 들은 사람들은 goose를 더 빨리 인식하는데, 이것은 아마 마음 사전의 기재항들이 부분적으로 겹치거나 서로 연계되어 있기 때문일 것이다. 패턴 연상망 이론과 단어-규칙 이론에 따르면, find와 found 같은 불규칙 단어 쌍도 그와 비슷하게 서로 연관되어 있고, 따라서 아주 당연한 일이지만 그 단어들을 말하는 실험에서 swan이 goose를 촉발하듯이 found는 find를 촉발한다. 규칙형 walked 역시 어간인 walk를 촉발하지만, 단어-규칙 이론에 따르면 그 이유는 다르다. 즉 뇌는 무의식적으로 walked를 walk와 -ed로 분석하고, 어간 walk는 자기 자신으로 인해 촉발된다. 우리는 그 촉발이 단지 소리의 중복이 아니라 문법적 관련성 때문에 일어난다는 것을 안다. 예를 들어 gravy와 grave처럼 소리의 중복이 있지만 문법적으로 무관한 단어들은 서로를 촉발시키지 않기 때문이다.

규칙 촉발과 불규칙 촉발이 뇌에서 서로 다르게 일어난다면, 신경 환자들은 규칙형으로 인한 촉발이나 불규칙형으로 인한 촉발을 배타적으로 보여 줄 수 있다. 그 기술은 환자들에게 소리 내

어 말할 것을 요구하지 않기 때문에(단어 항목이 나오면 버튼을 누른다.),
불규칙형은 규칙형보다 발음하기가 더 쉽다는 우려를 제거할 수
있다.

마슬린윌슨과 타일러는 walked가 walk를 촉발(규칙 굴절)하
지 않는 반면 found가 find를 촉발하고(불규칙 굴절), swan이
goose(의미론상으로 유관한 단어들)를 촉발하는 두 명의 실문법증 환자
를 발견했다. 아마 그 환자들은 문법 분석 회로가 손상되었고 그래
서 walked와 walk가 gravy와 grave처럼 아무 관계가 없는 것으로
여겨지는 것 같았다. 그러나 마음 사전의 연합물인 swan과 goose
는 손상되지 않았고, 마찬가지로 found와 find의 연합도 손상되
지 않았다. 세 번째 환자의 해리는 정반대 양상을 보여, walked가
walk를 촉발한 반면 swan은 goose를 촉발하지 않았고, 우리의
예측대로 found 역시 find를 촉발하지 않았다.

환자들의 뇌 손상 패턴은 산만하게 퍼져 있고 손상 부위의 윤
곽을 파악하기가 어려우므로, 이중 해리를 이용해 규칙형 촉발과
불규칙형 촉발을 전담하는 뇌 영역을 확인하기는 어렵다. 규칙 동
사의 촉발을 잃어버린 처음 두 환자는 좌반구에 큰 손상을 입었지
만 우반구에는 손상을 입지 않았다. 아마 그들은 문법 처리를 담당

하는 좌반구의 영역들을 잃어버렸지만 단어 및 단어들의 관계에 관한 지식의 일부는 우반구에 그대로 가지고 있었을 것이다. (건강한 사람의 경우 우반구에 제시된 단어는 종종 같은 범주에 속한 다른 단어를 촉발하는데, 이것으로 보아 단어 및 단어들의 관계는 좌반구뿐만 아니라 우반구에도 저장된다는 것을 알 수 있다.[13]) 불규칙 단어와 의미상 유관한 단어들의 촉발을 잃어버린 세 번째 환자는 우반구에 넓은 손상을 입고 좌반구에는 군데군데 손상을 입었다. 그는 마음 사전의 두 사본은 모두 손상되었지만, 좌반구의 문법 장치는 충분히 살아남아 규칙형을 분석할 수 있었을 것이다. 이 분석이 옳든 그르든, 규칙 동사와 불규칙 동사가 서로 다른 뇌 영역에 의존하는 것만은 분명하다.

모든 뇌 손상이 뇌졸중 때문에 오는 것은 아니다. 퇴행성 신경 질환, 유전자, 노화, 바이러스, 자기 면역 질환의 결과, 또는 알려지지 않은 원인들이 뇌의 이런저런 부위에 상대적으로 큰 영향을 미칠 수 있다. 가장 흔한 퇴행성 신경 질환은 65세 이상의 10분의 1과 85세 이상의 절반에게서 발병하는 알츠하이머병이다. 알츠하이머병은 뉴런 주변에 노인성 반(plaque)이라는 침전물이 쌓이고, 뉴런 안에 신경 섬유가 다발처럼 농축되는 병이다. 그로 인해 뉴런들이 죽고, 신경 전달 물질이 감소되고, 뇌 조직에 만성적인 염증이 발생한다. 환자는 기억력, 판단력, 그리고 자신이 누구이고 어디에 있는지에 대한 인식을 서서히 잃어버린다.[14]

알츠하이머병에 이르는 경로는 환자에 따라 다르지만, 빈번한 패턴 하나가 우리의 눈길을 끈다. 초기에 나타나는 두드러진 증상 중 하나가 기억 상실인데 여기에는 단어에 대한 기억이 포함된다. 환자들은 드문 단어의 검색, 사물의 이름 말하기, 정의에 어울리는 단어 대기를 어려워한다. 그러나 많은 환자들이 유창하고 문법적으로 말하고, 비교적 복잡한 통사론을 가진 문장을 잘 이해하고, 심지어 비문법적인 문장을 문법적인 문장으로 전환하기까지 한다.[15] 문법 처리보다 단어 검색에서 장애가 더 큰 것은 신경 섬유 다발의 분포 때문일 것이다. 대개 신경 섬유 다발은 전두엽보다는 측두엽 그리고 측두엽과 인접한 두정엽 부위에 더 많이 발생한다. 다음의 그림에서 음영 짙은 곳이 신경 섬유 다발이 더 많은 부분을 나타낸다.[16]

우리는 알츠하이머병 환자들 중 단어 검색을 특별히 어려워하는 환자들이 과거 시제형을 생성할 때에는 명칭 실어증 환자들처럼 보일 것이라고 예측했는데, 그것은 사실이었다. 그 환자들은

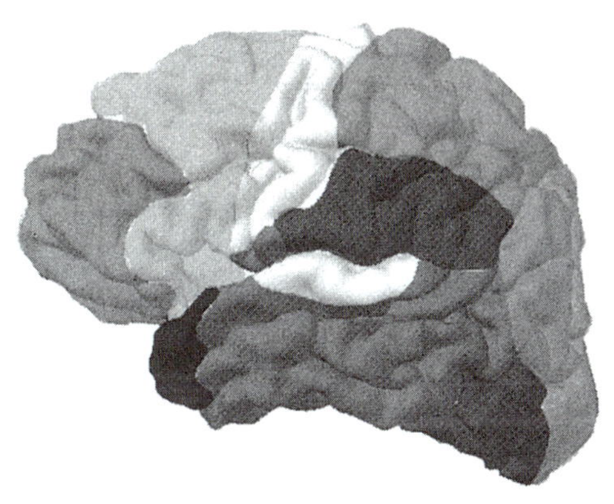

규칙 동사보다 불규칙 동사를 굴절시키는 것을 더 어려워했고, wug 테스트에서는 놀라울 정도로 뛰어났으며(정답률 84퍼센트), 종종 규칙 과거 접미사를 불규칙 동사에까지 과잉 일반화해 아이들이 저지르는 swimmed 같은 실수를 저질렀다(27퍼센트).[17] 심리학자 데이비드 발로타(David Balota)와 리처드 페라로(Richard Ferraro)는 소리 내어 읽는 경우에도 똑같은 상황이 발생한다는 것을 입증했다. 즉 알츠하이머병 환자들은 종종 불규칙 철자를 규칙화해, pint를 마치 mint와 운이 맞는 것처럼 발음했다.[18]

알츠하이머병에 대해 단어와 규칙을 정반대로 해리시키는 다른 퇴행성 신경 질환이 있을까? 얼먼은 한 가능성을 생각했다. 많은 신경 과학자들이 뇌에는 2개의 주요한 기억 체계, 즉 사실을 위한 기억 체계(사실을 아는 사실 체계)와 기술을 위한 기억 체계(방법을 아는 기술 체계)가 있다고 생각한다.[19] 서술적 기억이라고도 하는 사실 체계는 해마(측두엽 표면 안쪽에 자리 잡은 해마 형태의 기관)와 그에 인접한 구조들이 기억을 형성함으로써 이루어진다. 일단 형성된 기억은 피질 중 주로 측두엽과 두정엽에 영구히 저장된다. 이곳은 알츠하이머병으로부터 가장 먼저, 그리고 가장 강하게 영향을 받는 부위다. 절차적 기억이라고도 불리는 기술 체계는 손 뻗기, 걷기 같은 운동 기능의 기초지만, 또한 주시, 분류, 배열, 연합물 생성 같은 인지 및 지각 기능의 기초이기도 하다. 기술 체계에는 기저핵, 즉 대뇌 안쪽에 묻혀 있고, 피질로부터 들어오는 모든 정보를 받는 동시에 (뇌 중앙에 자리 잡은 중계소인 시상을 통해) 전두엽으로 일차적인 정보를 보내는 기관들이 필요하다. 전두엽에 있는 대부분의 영역들은 기저핵에 상대 영역을 가지고 있고, 뇌의 이 두 부분은 단일 체계의 두 부분처럼 협동해 기능한다.[20]

기저핵 뉴런의 대부분은 도파민이라는 화학 신경 전달 물질을 방출해 서로에게 신호를 보낸다. 파킨슨병은 도파민을 생산하는 세포들이 퇴화해 기저핵이 기능 부전에 빠지는 병이다. (파킨슨병을 앓고 있는 젊은 환자들 중 가장 유명한 사람은 권투 선수 무하마드 알리와 배우 마이클 J. 폭스인데, 폭스는 1998년 37세의 나이에 파킨슨병 진단을 받았다.) 파킨슨병 환자들은 진전(震顫, 무의식적으로 일어나는 근육의 불규칙한 운동 ─옮긴이)을 보이고, 운동의 시작을 어려워하고, 몸을 움직일 때에도 종종 느리고 경직된 운동을 보인다. 그들은 또한 계획 세우기, 순서 정하기, 집중하기처럼 전두엽 기능을 필요로 하는 테스트에서도 장애를 보인다. 흥미롭게도 그들의 말은 종종 문법적으로 단순화되어, 명사와 동사는 많고 전치사 같은 문법적 형태소는 적은 양상을 보인다. 그들은 "It was the boy that the girl tickled(그 여자아이가 간지럼을 태운 것은 그 남자 아이였다.)."와 "The eagle that the hawk chased was fast(그 매가 빠르게 추적한 것은 독수리였다.)."처럼 통사론을 통해 이해해야 하는 문장들은 잘 이해하지 못한다.[21] 그러나 그들의 어휘는 종종 문법보다 손상을 덜 입고 때로는 전혀 손상되지 않기도 한다.[22] 몇몇 측면에서 파킨슨병은 알츠하이머병의 거울상이다. 파킨슨병의 퇴행은 사실 체계보다는 기술 체계에 영향을 미치고, 측두엽과 두정엽보다는 전두엽에 더 큰 영향을 미치며, 단어 찾아보기보다는 문법 처리에 더 큰 손상을 입힌다.

　　모든 신경 질환의 경우처럼 파킨슨병 환자들도 증세가 다양하기 때문에, 우리는 신체의 우반신을 느리게 운동하는 표본 환자들에게 초점을 맞췄다. 우반신은 뇌의 좌반구가 통제하므로, 그 환자들은 필시 왼쪽 기저핵에 더 많은 기능 부전이 있고 그로 인해 왼쪽 전두엽의 언어 처리 영역들에 손상이 있을 것이라고 얼먼은 생각했다. 예측대로 그 환자들은 규칙 동사보다 불규칙 동사를 굴절시키는 데 조금 더 뛰어났고(예를 들어 passed와 lost처럼 발음의 난이도가 똑같은 동사일 경우에도), plam 같은 새 동사를 굴절시키는 데에 훨씬 더 서툴렀으며, 과거 시제 규칙을 불규칙 동사에 과잉 일반화해 swimmed 같은 실수를 만들어 내는 일은 전혀 하지 못했다.[23] 세 가지 결과 모두 알츠하이머병 환자들의 결과와 달랐고, 그로부터 실문법증 환자와 명칭 실어증 환자로부터 보았던 것과 똑같은 이중 해리가 완성되었다.

이 모든 증거는 뇌의 한 부위가 손상되면 단어를 검색하거나 규칙을 적용하는 데 어려움이 생긴다는 것을 보여 주는 동시에, 뇌의 그 부위들은 언어의 각 부분에 필수적일 것임을 암시한다. 그러나 뇌의 한 부위가 마음의 어떤 부분과 정말로 연계되어 있음을 확증하기 위해, 신경 과학자들은 정반대의 경우, 즉 특정한 뇌 부위의 활동에서 특수한 경험이나 행동이 발생한다는 것을 기꺼이 입증한다. 언어의 규칙을 실행하는 기술 체계의 역할에 대해서는 전혀 다른 신경 장애가 뇌 활동과 외적 행동의 연계 가능성을 보여 주었다.

헌팅턴병은 1967년에 죽은 포크송 가수, 우디 거스리(Woody Guthrie) 때문에 유명해진 유전성 퇴행성 신경 질환이다(그의 아들인 알로 거스리(Arlo Guthrie)의 노래를 바탕으로 제작한 영화 「앨리스의 레스토랑(Alice's Restaurant)」에 그의 말년이 묘사되었다.). 문제의 유전자를 지닌 사람은 기저핵의 뉴런들이 죽기 시작하는 40대에 증상을 보이기 시작한다. 파킨슨병의 퇴행과는 달리, 죽어 가는 뉴런들은 운동을 억제하는 회로, 즉 신체를 제어하는 회로들에 존재한다. 그 결과 헌팅턴병 환자들은 의도하지 않은 움직임을 하기 때문에, 과거에는 '춤'을 뜻하는 그리스 단어에서 나온 'Huntington's Chorea(헌팅턴 무도병)'이라고 불렀다. 그리스 단어는 '안무하다.'를 뜻하는 그리스 어 choreograph와 '무용의'를 뜻하는 terpsichorean에서도 볼 수 있다.[24]

얼먼은 헌팅턴병을 앓고 있는 몇 명의 환자를 조사해 놀라운 사실을 발견했다. 즉 그들은 과거 시제 규칙을 과잉 적용했는데, 마치 그 질병으로 인해 운동을 실행하는 회로뿐만 아니라 마음 규칙을 실행하는 회로가 과도하게 활동하는 것 같았다. 환자들은 종종 그 규칙을 불규칙 동사에 적용해 digged 같은 실수들을 저질렀다. 그러나 명칭 실어증 및 알츠하이머병 환자들과는 달리 헌팅턴병 환자들의 실수는 dug를 검색하는 어려움 때문이 아닐 수 있었다. 환자들은 일반적인 단어 검색을 거의 어려워하지 않았기 때문이다. 그들의 실수는 불규칙형을 검색하지 못해서가 아니라 규칙을 억제하지 못함으로써 발생한다. 게다가 환자들은 종종 과거 시제 접미사를 규칙 동사에 과잉 적용하거나 너무 열심히 적용해, 다른 모든 환자 집단에게서는 찾아보기 힘든 lookeded와 look-id 같은 실수를 저질렀다. 그런 실수들은 말을 더듬거나 혀와 입의 물리적 운동이 격화되어 생긴 결과가 아니었다. 왜냐하면 digged나 dugged 같은 실수에서는 올바른 형태에 −ed가 필요하지 않기 때문이다. 또한 환자들은 kept처럼 t나 d로 끝나는 불규칙형에는 절대로 접미사를 추가하지 않았다. 다시 말해 그들은 kepted나 kep-id 같은 실수를 사실상 한 번도 저지르지 않았다. 이것은 우리가 접미사 −ed를 첨가하려는 강박 충동을 보고 있었음을 의미한다.

이 모든 것으로 미루어볼 때, 불규칙 및 규칙 굴절, 그리고 보다 일반적으로 단어와 규칙은 서로 다른 뇌 체계에 의존한다는 것을 알 수 있다. 더 나아가 만일 얼만이 옳다면 그 두 체계는 정보를 기억하는 2개의 주요 체계에 해당할 것이다. 단어는 ‘사실을 아는’ 체계의 일부일 것이고, 규칙은 ‘방법을 아는’ 체계의 일부일 것이다.[25]

1990년대가 뇌의 10년이자 인지 신경 과학의 여명기로 기억된다면, 2000년대의 첫 10년은 유전자의 10년이자 인지 유전학의 여명기로 기억될 것이다. 인간 유전체를 분석하는 신기술들이, 특수한 방식으로 뇌를 형성해 학습과 느낌을 가능하게 만드는 유전자들을 확인하기 시작했다. 최근에 두 번에 걸쳐 언어와 사고에 깊이 관련된 유전자들을 발견한 것은 다음 만화에서처럼 놀라운 이야기로 이어지지는 않겠지만, 앞으로 다가올 수많은 발견을 예고한다.

1990년대 초에 KE라는 영국의 한 대가족을 발견했다는 기사가 신문에 보도되자, 언어에 유전적 기초가 있다는 놈 촘스키의 가설이 집중 조명을 받기 시작했다. KE 가족은 구성원 절반이 말과 언어에 선천적 장애를 갖고 있었다.[26] 그 증후군은 특수 언어 손상(Specific Language Impairment, SLI)이라고 불리고, 행동상의 문제를 지

"와, 올해는 토마토가 아주 빨리 열렸는 걸."
"아, 내가 유전 공학으로 기른 토마토라네."

"정말 잘 컸군 …… 너무 좋아 보여. "

"우린 벌써 익었답니다. 그리고 디종 드레싱을 위한 즐거운 요리법도 알고 있습니다." "헉!"

닌 아이들에게 붙는 대부분의 이름처럼 그것 역시 언어상의 문제들은 청각 손상, 자폐증, 발달 지체, 그밖의 확인 가능한 질병의 부작용이 아니라 그 자체로 하나의 질병임을 의미한다. 특수 언어 손상은 3~5퍼센트의 아이들에게서 발병하는 증후군이다. 그런 아이들은 말을 늦게 하고, 발음이 불분명하고, 읽기를 어렵게 배운다.[27] 나이가 들면 모든 증상이 개선되지만, 때로는 정상적인 사람들이 외국어로 고생하는 것처럼 평생 동안 언어로 고생한다. 그 아이들은 종종 말하기에서, 특히 문법적 형태소를 사용하는 데에서 실수를 범해, "Carol is **cry** in the church."처럼 말한다. 아는 사람 중에 만성적으로 혀 짧은 소리를 하거나 발음이 불분명한 사람이 있다면 그는 특수 언어 손상의 성인 형태일 가능성이 높다. 2개 국

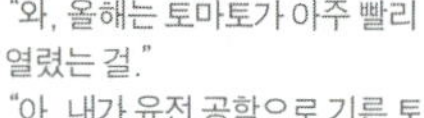

어(영어와 프랑스어)를 똑같이 망가뜨려 전 국민의 사랑을 골고루 받았던 캐나다 수상 장 크레티앙(Jean Chrétien)이 가장 확실한 용의자다.[28]

크레티앙의 아들과 형제 역시 언어 문제를 갖고 있으며, 언어 손상을 가진 사람들의 친족을 조사해 온 모든 연구들은 그 손상이 가계를 따라 흐른다는 사실을 발견했다.[29] KE 가족의 유전 패턴은 놀라웠다. 3대에 걸친 31명의 구성원 중 절반이 손상을 보였는데, 가계 내의 분포를 보면 어떤 유전학자라도 그 증후군이 하나의 단일 우성 유전자 또는 한 염색체상에 나란히 존재하는 유전자들의 한 배열에 의해 지배된다는 것을 예측할 수 있었다. 그 예측은 1998년에 확실히 입증되었다. 어느 유전학 연구팀이 그 가족 구성원 27명의 혈액 샘플을 채취해 7번 염색체의 장완부에서 그 손상과 완벽한 상관성을 보이는 작은 배열을 발견한 것이다.[30] 연구팀으로부터 *SPCH1*이라는 이름을 얻은 그 배열은 말 및 언어 장애와 구체적으로 연계된 최초의 유전자 부위였다. 그곳에는 몇 개의 유전자가 담겨 있고, 그 유전자의 산물들은 뇌에서 활성화되는데, 그 산물들 중에는 신경 경로들의 성장과 분화에서 어떤 역할을 하는 단백질, 뉴런을 다른 세포에 달라붙게 만드는 분자, 조직 발달의 신호로 사용되는 분자, 그리고 단백질의 기능을 변화시키는 여러 효소들 중 하나인 키나제(많은 키나제들이 신경 발달과 가소성에 관여하는 것으로 보인다.)가 있다. 유전학자들은 아직 그 장애의 원인이 이들 유전자들 중 하나의 돌연변이에 있는지 아니면 몇몇 유전자들의 결손에 있는지는 알지 못한다.

단일 유전자가 하나의 특성을 표적으로 삼는 경우는 좀처럼 없으며, *SPCH1*도 예외가 아니다. *SPCH1* 손상의 효과는 단일한 기관을 외과적으로 절제했다기보다는 약간의 뇌 손상을 입은 쪽에 더 가깝다. *SPCH1*를 가진 가족 구성원들의 뇌는 몇몇 영역들, 특히 전두엽과 기저핵이 비정상적이다. SLI 아이들은 언어적 결손 외에도, 입이나 얼굴의 연속적인 운동을 잘 수행하지 못하고, 손상이 없는 친족에 비해 비언어적 지능 검사에서 낮은 점수를 기록한다. 그러나 많은 환자들이 정상 범위의 지능 점수를 기록하고, 일부는 손상이 없는 친족들보다 더 높은 점수를 얻기도 한다. 이것으로 보아 SLI의 언어 손상은 단지 뇌의 전반적인 저하에서 비롯된 결과가 아니라, 유전적 결함으로 인해 능력이 손상되는 몇몇 경우 중 하나임을 알 수 있다. 또한 그 언어 결함을 손상이 있는 가족 구성원들이 어렸을 때 보이는 조음상의 문제로만 환원해서도 안 된다. 아이들은 단지 말하기에서만 실수를 범하는 것이 아니라 쓰기와 이해 그리고 문장의 문법성 이해에서도 실수를 범하기 때문이다.[31]

KE 가족 중 *SPCH1*를 가진 구성원들은 종종 굴절을 생략하거나 잘못 사용했지만(언어가 손상된 사람들의 일반적인 문제다.), 사물의 이름을 말하는 능력은 그리 많이 손상되지 않은 상태였다. 그렇다면 그들은 불규칙 명사와 동사보다는 규칙 명사와 동사를 더 어렵게 굴절시켜야 하고, 일종의 wug 테스트에서 새 단어들을 굴절시킬 때에도 어려움을 보여야 한다. 얼먼과 언어학자 미르나 고프닉(Myrna Gopnik)은 그 예측을 검증했고, 심리학자 파란네 바르가카뎀(Faraneh Vargha-Khadem)과 그녀의 동료들 역시 같은 실험을 수행했다. 새 단어들은 너무나 성가셨다. 손상을 가진 몇몇 구성원들은 당황해 어찌 해야 할지를 전혀 몰랐고, 대부분의 다른 구성원들도 10퍼센트 이하만을 굴절시켰다. 그러나 우리의 예측과는 반대로, 규칙 동사를 불규칙 동사보다 더 어려워한 것이 아니고, 둘 다 똑같이 꽤 어려워했다. 얼먼과 고프닉은 규칙 단어가 불규칙 단어보다 더 어렵지 않은 이유를 발견했다. 몇몇 구성원들이 학교에서 배웠던 규칙을 의식적으로 적용했던 것이다. 한 명은 혼자서 "s

를 붙여."라고 중얼거렸고, 다른 한 명은 선생님에게서 힘들게 배운 규칙을 사용하겠노라고 당당하게 선언했다.

그밖의 구성원들이 규칙 동사를 잘 처리한 데에는 또 다른 이유가 있을 것이라고 얼먼과 고프닉은 추측했다. 뇌졸중 환자와는 달리 SLI 환자들은 손상과 함께 성장하면서 다른 전략들을 통해 손상을 보충할 기회를 갖는다. 그들은 규칙 과거 시제형을 마치 불규칙형인 것처럼 암기했다가 필요할 때 기억에서 불러낼 수가 있다. 그런 이유로 그들은 wug 테스트에서는 고전한 반면 실제의 규칙 동사들은 그보다 잘 처리했던 것이다. 이 추측은 성공적인 예측으로 이어졌다. 즉 드문 규칙 동사와 흔한 규칙 동사를 똑같이 쉽게 굴절시키는 정상인들과는 달리, 손상을 가진 구성원들은 규칙 과거 시제형의 빈도에 매우 민감해야 하고 흔한 과거 시제형만을 잘 처리할 것이다.[32]

얼먼은 언어에 대한 그 이론들을 더욱 분명하게 과학적으로 검증할 수 있는 다른 언어 손상 집단의 아동들을 대상으로 똑같은 실험을 실시했다. KE 가족이 맨 처음 연구자들의 주목을 받은 것은 손상의 구체적 측면들 때문이 아니라 두드러진 유전 패턴 때문이었다. 심리학자 헤더 반 데르 렐리(Heather Van der Lely)는 여러 명

의 언어 손상 아동들을 조사해, 손상이 엄격하게 언어에만 국한된
(실은 언어의 기초를 이루는 문법 연산에만 국한된) 소수의 아이들을 선발했
다. 그 아이들은 비언어적 지능이 평균이거나 평균 이상이었고 말도
분명하고 똑똑하게 했다. 특수 언어 손상에 속하는 아이들 중 5분의
1 이하의 아이들이 그녀의 기준에 들어맞았다. 반 데르 렐리는 선
발된 아이들 중 78퍼센트에게 언어 손상의 역사를 가진 1급 친족
(부모 자식과 형제자매)이 있음을 알아냈다. 형제자매들 중 절반에게
손상이 있었고 형제와 자매에게 동일하게 손상이 있었으며, 종종
부모 중 한쪽에게 손상이 있었지만 부모 모두에게 손상이 있는 경
우는 전혀 없었다. 이 패턴으로 보아, 반 데르 렐리가 "문법적 SLI"
라 명명한 그 손상은 특정한 단일 우성 유전자로 인해 발생한다는
것을 추측할 수 있다.[33]

　　AZ라는 한 남자아이는 문법적 SLI의 특수성을 두드러지게 나
타냈다. 그의 비언어적 IQ는 119~131의 범위로서 전체 인구의
상위 10퍼센트에 속한다. 그러나 그가 열 살의 나이로 맨 처음 실
험을 경험했을 때, 문장을 완성하는 능력과 통사론에 의존해 문장
의 의미를 이해하는 능력(예를 들어 "The boy is tickled by the girl."을 이
해하는 능력)은 다섯 살 아동의 수준을 넘지 못했다. 그는 말을 할 때

75퍼센트의 굴절을 생략해, "My Dad **go** to work."처럼 말을 했다. 그리고 "The dog was poking in(실은 'poking his head in a jar'를 의도한 것이다.)."에서처럼, 종종 구 전체를 생략하기도 했다. 그리고 "Can you ask Mum if I can have an ice cream?"처럼 네 살 아동의 말에서 흔히 나타나는 재귀적 문장 구조도 회피했다.

AZ의 언어 문제는 문법에 집중되어 있었다. 그의 어휘력은 평균 이하였지만 문법 능력에 비해서는 훨씬 높았다. 그리고 그는 단어로 추리를 하거나 언어를 사회적으로 적절하게 사용하는 것에는 어떤 어려움도 겪지 않았다. 그는 추론 시험에서 정상적인 능력을 보여, "Mary has never flown."이라는 말을 들으면 메리는 (직접 하늘을 난 것이 아니라) 헬리콥터를 탄 적이 없는 것이라고 옳게 추론했다. 그리고 아이들에게서 전형적으로 나타나는 자기 중심적인 실수를 범하지도 않았다. 즉 듣는 사람은 그(he)나 그녀(she)가 누구를 가리키는지를 전혀 모른다는 것을 생각하지 못하고 he나 she로 대화를 시작하는 오류를 범하지 않았던 것이다.

얼먼과 반 데르 렐리는 아홉 살에서 열두 살에 속한 문법 SLI 아이들에게 일련의 동사를 제시하고 과거 시제로 바꾸게 한 다음, 그들의 점수를 정상적인 아이들로 구성된 대조군의 점수와 비교했다. 그 결과 문법 SLI 아이들의 문장 이해는 다섯 살에서 여섯 살 아이들과 일치했고, 어휘력은 일곱 살에서 여덟 살 아이들과 일치했다. 손상이 있는 아이들은 대조군 아이들에게 나이상으로 뒤처질 것이 분명한데, 어린 대조군들로 나이가 아닌 언어 능력을 비교한 것은 손상이 있는 아이들의 언어에 단지 시간 표상의 지연이 있는 것만이 아니라 질적인 차이가 있음을 강조하려는 의도에서였다.[34]

문법 SLI 아이들은 wug 테스트에 지독하게 서툴렀고, 제시된 동사들의 약 7퍼센트만을 굴절시켰다. 그리고 flap처럼 빈도가 낮은 규칙 동사들을 굴절시키는 과제에서도 거의 거의 똑같이 서툴러, 약 11퍼센트를 성공시켰다. 그들보다 훨씬 어린 대조군 아이들은 3~7배 높은 점수를 기록했다. 손상이 있는 아이들은 flap처럼 빈도가 낮은 규칙 동사보다는 rob처럼 빈도가 높은 규칙 동사를 더 잘 처리한 반면, 대조군 아이들은 흔한 규칙 동사와 드문 규칙 동사 간에 차이를 보이지 않았다.[35] 손상이 있는 아이들은 빈도가 낮은 불규칙 동사보다 빈도가 낮은 규칙 동사에서 더 나은 점수를 기록하지 않은 반면에, 대조군 아이들은 빈도가 낮은 규칙 동사에서 두 배나 높은 점수를 기록했다.

　　SLI 아이들은 규칙형들을 기억하고 있는 것이 분명했다. 반데르 렐리는 교묘한 후속 실험을 통해 위와 같은 결론을 확인할 방법을 발견했다. 성인들과 정상 아이들은 mice를 먹는 괴물은 mice-eater라고 말하지만, rats를 먹는 괴물은 rats-eater가 아니라 rat-eater라고 말한다는 사실을 기억하자. mice는 다른 단일어들처럼 저장된 어근이어서 복합어에 삽입될 수 있는 반면에, rats를 형성하는 규칙은 처리 과정상 복합어보다 나중에 적용되기 때문이다. 그러나 대조군 아이들과는 달리 SLI 아이들은 아무렇지 않게 rats-eater를 말했고, mice-eater 만큼이나 자주 말했다. 이것은 규칙형과 불규칙형에 대한 그들의 마음 표상이 똑같은 방식으로 기능한다는 것을 보여 준다.[36]

　　이 모든 것으로 미루어, 어떤 유전자들의 결손은 뇌에서 정상적인 문법 회로가 발달하는 것을 방해할 수 있으며 새롭고 드문 규칙 동사를 굴절시키는 능력 발달도 방해를 받을 수 있음을 알 수 있다. 그 유전자를 갖지 못한 아이들은 기억에 더 많이 의존함으로써 결손을 보충할 수 있다.

❦

　　이와는 정반대로 언어는 보존되고 지능은 손상되는 유전적 장애도 있을까? 그런 이중 해리가 있다면, 인간 유전체가 뇌의 유전 암호를 지정해 언어를 별개의 체계로 만든다는 것을 입증하는 좋은 증거가 될 것이다. 그러나 만일 언어가 다목적 지능의 한 성과에 불과하다면, 지능의 손상은 반드시 언어의 손상으로 이어질 것이다.

심리학자 어슐러 벨루기(Ursula Bellugi)와 그녀의 동료들은 최근의 한 논문에서 7년 동안 연구해 온 한 여자아이를 다루고 있다.

16세 소녀인 크리스털은 미래의 소망을 설명하면서 다음과 같이 말했다. "여러분은 전문 작가를 보고 있어요. 내 책들에는 드라마, 액션, 흥분이 가득할 거예요. 그래서 모두가 내 책을 읽고 싶어 할 거예요. 난 책을 쓸 거예요. 한 페이지 또 한 페이지, 한 권 또 한 권 …… 월요일부터 시작할 거예요." 크리스털은 예전의 식사를 "굉장한 뷔페(scrumptious buffet)"로, 어느 오랜 친구를 "아주 품위 있는(quite elegant)" 사람으로, 자신의 남자 친구를 "나의 다정한 피튜니아(my sweet petunia)"로 묘사했다. 그녀의 시계를 빌릴 수 있냐는 질문에 그녀는 "내 시계는 언제든 사용할 수 있어요(My watch is always available for service)."라고 대답했다. 크리스털은 독창적인 이야기들을 자연스럽게 꾸며냈다. 그녀는 초콜릿 세계가 녹아 없어지는 것을 막기 위해 태양의 색을 변화시키는 초콜릿 공주 이야기를 지어냈고, 다른 행성에서 온 외계인이 텔레비전에서 뛰쳐나오는 꿈을 자세히 이야기했다. 그녀는 음악에서도 창의성을 보여, 사랑의 노래를 위한 가사를 짓기도 했다.

언어적 능력, 화려한 말투, 묘사적인 용어, 드라마와 액션에 대한 집중에 비추어 볼 때 그녀의 소망은 그럴듯해 보이지만, 사실 크리스털의 IQ는 여덟 살 아동에 해당하는 49에 불과하다. 16세의 나이에도 그녀는 피아제의 서열화와 보존성(어떤 사물의 수, 양, 길이, 부피, 무게, 면적 등을 여러 가지 다른 방법으로 제시해도 그 속성은 동일하다는 것을 이해하는 능력—옮긴이) 과제를 전혀 수행하지 못했고(보통 일곱 살에서 아홉 살 정도에 획득하는 이정표 같은 능력이다.), 읽기, 쓰기, 수학 능력이 1~2학년 수준에 머물렀으며, 다섯 살 아동의 공간 시각적 능력을 보였고, 베이비시터의 보살핌을 필요로 했다.[37]

크리스털은 심장 및 순환계 결함을 수반하는 희귀한 발달 지체, 요정 같은 얼굴, 비정상적인 칼슘 대사가 특징인 윌리엄스 증후군(Williams syndrome)을 앓고 있다. 윌리엄스 증후군을 가진 사람들은 뛰어난 언어 능력 외에도 몇 가지 능력을 더 가지고 있다. 그들은 낯선 사람에게 호의적이고, 얼굴을 잘 인식하고, 다른 사람의 생각을 잘 읽는다.[38]

최근 윌리엄스 증후군 뒤에 숨어 있는 유전적 결손이 확인되었다. 7번 염색체의 장완부상에 있는 약 10개의 인접한 유전자들이 그 원인이다(위치는 다르지만 *SPCH1*과 동일한 염색체다.).[39] 그 증후군의 여러 양상들은 각기 다른 유전자의 결실과 연결된다. 엘라스틴이라는 단백질을 위한 유전자가 없으면 혈관 질환이 나타나고, 흥미롭게도 키나제 유전자인 LIM-키나제1이 없으면 공간 능력이 현저히 떨어진다. 엘라스틴 유전자와 LIM-키나제1 유전자만 없고 다른 유전자들은 모두 있는 사람들은 혈관 질환과 함께, 블록 배열, 장난감 조립, 단순한 형태 베끼기 같은 공간적 추리에 지독한 어려움을 보인다. 그러나 그들은 발달 지체가 아니며, 다른 모든 면에서는 손상된 흔적을 보이지 않는다. LIM-키나제1은 태아와 성인의 뇌에서 활성화되고, 성장하는 뉴런의 손가락 같은 돌기에서 발견되는 작은 섬유의 조절에 관여한다.[40] LIM-키나제1은 두 정엽에서 공간 추론을 담당하는 신경망이 발달하는 데에 중요한 역할을 하는 것으로 보인다. 그밖의 결실 유전자들은 언어나 얼굴 인식이 아닌 다른 뇌 부위 및 과정의 발달에 필요한 것으로 보인다. 뇌 영상 기술이 입증한 바에 따르면, 윌리엄스 증후군을 앓는 사람들의 뇌는 전체적으로 크기가 작고 여러 미세한 측면에서 다르다고 한다.

윌리엄스 증후군 아이들은 늦게 말을 시작하지만, 아동기와 사춘기 말이 되면 높이 날아오른다. 그들의 말은 문법이 복잡하고 실수가 거의 없다. 그들은 "The truck is pushed by the car나 Is every dancer pinching her?"처럼 문법 구조에 의존해 의미를 파악해야 하는 문장들을 곧잘 이해한다. 특수 언어 손상을 가진 아이들이 낮은 점수를 기록하는 모든 문법 시험에서, 윌리엄스 증후군 아이들은 썩 높은 점수를 기록한다.[41]

윌리엄스 증후군 아이들은 어휘력이 정신 연령에 비해 높은 편이며, 정상적인 소년 소녀들과 비슷한 시간에 단어 목록(예를 들어 동물들)을 만든다. 그러나 단어 사용에는 다소 비정상적인 면이 있다. 그들은 멋들어지고 약간 빗나간 단어, parrot(앵무새) 대신 toucan(큰부리새), empty the glass 대신 evacuate the glass(잔을 비우다.), ursher(수위) 대신 concierge(수위)를 선택해 듣는 사람을 놀라게 한다. 한 범주의 구성원들을 열거하라고 요구하면 그들은 특이한 예들을 떠올린다. 새로는 shrike(때까치)와 spearhawk(창매)를, 음식으로는 teriyaki(데리야키)와 chop suey(잡채)를 골라내는 것이다. 그들은 nut의 '죔쇠', club의 '무기'처럼, 양의적인 단어의 2차적 의미를 쉽게 생각해 낸다. 이것은 그들의 마음 사전이 완전히 무질서해서가 아니다. 다른 사람들처럼 그들도 hen(암탉)이란 단어를 보면 farm(농장)을 더 빨리 인식한다. 그러나 윌리엄스 증후군 아이들은 단어 선택을 지배하는 미세한 측면들이 보통 사람들과는 약간씩 어긋나 있으며, 단어를 학습하고 단어에 반응하는 방식에서도 특이한 양상을 보인다.[42]

벨루기로부터 윌리엄스 증후군에 대한 처음 이야기를 들었을 때였다. 그녀가 아무렇지 않게 그 아이들이 저지르는 명백한 문법적 실수는 catched와 sleeped 같은 과잉 일반화뿐이라고 말하는 순간 나는 의자에서 벌떡 일어났다. 나는 그것을 완벽하게 이해할 수 있었다. 그들의 문법은 순탄하게 작동하지만, 단어를 불러오는 장치에는, 빈번하게 사용되고 적절한 단어들을 신속하게 불러오는 정상적인 경향이 결핍되어 있었던 것이다. 불규칙 동사들은 그런 경향에 의존해 생존하는데, 이따금 불규칙형이 신속하게 떠오르지 않으면 대기하고 있던 규칙이 뛰어드는 것이다. 벨루기와 그녀의 동료 그리고 그녀의 남편이자 언어학자인 에드 클리마(Ed Klima)는 크리스털의 동사 사용에 관한 데이터를 내게 보내주었다. 실제로 그녀가 −ed를 과잉 일반화해 불규칙 동사에 적용한 비율은 미취학 정상 아동의 평균치보다 세 배 이상 높은 16퍼센트에 달했다. 이것은 한 아동으로부터 채취한 하나의 표본이었지만, 그 발견은 윌리엄스 증후군 아이들을 연구하는 두 연구진을 통해 재확인되고 확대되었다. 힐러리 브롬버그(Hilary Bromberg), 얼먼, 마커스, 그리고 보스턴 아동 병원의 카라 켈리(Kara Kelly)와 캐런 레빈(Karen Levine)이 함께 연구하는 팀, 그리고 하랄트 클라센과 영국의 마엘라 알마잔(Mayella Almazan)이 함께 연구하는 팀은, 윌리엄스 증후군을 가진 사람들은 규칙 명사와 동사를 아주 잘 굴절시키고, wug 테스트를 멋지게 수행하며, 자주 −s와 −ed를 과잉 일반화하여 규칙 명사와 규칙 동사에 적용한다는 것을 발견했다.[43]

불규칙형을 위한 기억 체계가 잘못 되었다는 증거는 무엇일까? 심리학자 아넷 카밀로프스미스(Annette Karmiloff-Smith)는 프랑스 어를 사용하는 윌리엄스 증후군 아이들이 무의미 프랑스 어 명사를 듣고 단어의 소리로부터 성을(예를 들어 bicron은 남성 명사이고 faldine은 여성 명사라는 것을) 잘 추측하지 못한다는 것을 보여 주었다.

프랑스어에서 새 단어의 성은 규칙에 따라 정해지는 것이 아니다. 사람들은 불규칙 단어를 처리할 때 하는 것처럼 소리가 가장 비슷한 기억의 단어들로부터 성을 유추해 낸다. 윌리엄스 증후군 아이들이 성을 제대로 추측하지 못한다는 것은, 그들의 기억에 저장된 단어 연합물의 패턴이 특이하다는 것을 암시하는 또 하나의 징후다.[44]

　이 설명은 완벽하지 않다. 윌리엄스 증후군 환자들의 마음 사전에 존재하는 이례적인 항목들은 아직 조금밖에 밝혀지지 않았고, 그들이 흔한 단어를 적절하게 검색하는 일에 부진하다는 것을 보여 주는 직접적인 증거가 아직은 없는데, 앞의 설명은 그런 증거가 있어야 완벽해진다. 그러나 전체적으로 분명하게 드러나는 유전적 이중 해리를 볼 때, 언어는 분화한 뇌의 능력이자 규칙형을 계산하는 능력에서 확실히 드러나는 생성 규칙에 의존한다는 것을 알 수 있다. 한 집단의 아이들이 가진 유전자는 문법을 망가뜨리는 동시에 지능을 보존하고, 다른 집단의 아이들이 가진 유전자는 지능을 망가뜨리는 동시에 문법을 보존한다. 첫 번째 집단의 아이들은 규칙 패턴을 좀처럼 일반화하지 못하고, 두 번째 집단의 아이들은 규칙 패턴을 마음껏 일반화한다.

신경 과학자들은 뇌의 여러 부위들이 각기 어떤 일을 하는가를 이해하기 위해 종종 뇌 손상과 유전자 제거(knockout) 기술에 의존한다. 그러나 그들은 뇌의 특정 부위로부터 활동 기록을 얻고, 예상했던 일을 수행하는 동안 그 부위가 실제로 활성화되는 것을 보는 방법으로부터 더 큰 확신을 얻는다. 그렇다면 우리는 건강한 사람의 뇌 부위들을 엿보면서 어느 부위들이 단어 혹은 규칙을 사용하는지를 볼 수 있을까?

인지 신경 과학에서는 두 종류의 기술을 널리 사용하는데, 뇌를 측정하는 두 기술의 능력은 시간적, 공간적으로 다르다. 뇌파도 기법(Electroencephalography)은 라디오 방송과 같아서, 그 작동 과정을 차례로 따라갈 수는 있지만 어떤 일이 어디에서 벌어지고 있는지는 알 수 없다. 기능성 뇌 영상(Functional neuroimaging)은 빅토리아 시대의 사진술 같아서, 그 사진들은 세부적인 그림들로 가득하지만 사진을 찍는 동안 피실험자가 정지 상태를 유지하지 않으면 알아볼 수 없을 정도로 흐릿하게 나온다. 두 기법 모두 최근 들어 규칙 굴절과 불규칙 굴절에 적용되었다.

뇌파도(electroencephalogram, EEG)는 일반인에게도 비교적 익숙한 이름이다. 두피 곳곳에 전극을 붙이면 뇌에서 발생하는 약한 전기 신호가 메두사 같이 엉클어진 전선을 따라 증폭기로 들어온다. 과거에는 펜으로까지 연결되어 그래프 용지 위에 미친 듯이 요동치는 선으로 출력되었다. 오늘날에는 그 신호를 디지털화해 컴퓨터에 저장한다. 전기 신호는 동시에 활성화된 뉴런들의 구역에서 발생한다. 활성화된 뉴런들이 전류를 생성하면, 그 전류는 뇌, 두개골, 두피의 조직을 통해 전도된다. 그 조직들은 아주 훌륭한 전도체이기 때문에, 두피의 어느 부분에서 신호를 측정해도 그 신호는 뇌 전체에서 각기 다른 리듬에 따라 비명을 지르는 수십억 뉴런들의 불협화음으로 나타난다. 그러나 만일 한 사람에게 한 단어를 수백 번 제시하고, 그 단어를 제시한 순간부터 신호를 측정해, 그 신호들의 평균값을 구하고, 그 단어에 의해 유도되지 않은 모든 비명을 빼면, 단어 자체에 대한 뇌의 전기 반응이 그림으로 나올 것이다. 그 반응을 '유발 전위(Evoked Potential)' 또는 '사건 관련 전위(Event-Related Potential)'라고 부르고, 줄여서 ERP라고도 부른다. 일반적으로 뇌파도 기술에서는 ERP가 발생하는 부위를 알 수 없지만, 다양한 부위의 활성이 각기 다른 전극을 통해 조금 더 강하거나 조금 더 약한 신호를 보내오기 때문에, 때로는 한 부위의 활동을 다른 부위의 활동과 구별할 수 있다.

ERP 신호는 뇌의 여러 간이역으로부터 들어오는 전압의 파동이다. 처음의 신호들은 있는 그대로의 장면과 소리를 처리하는 과정의 메아리지만, 나중의 신호들은 단어에 대한 인식과 분석을 반영하고, 개인이 그 단어에 주의를 기울일 때나 그것을 듣고 놀랄 때 위나 아래로 변할 수 있다. 과학자들은 지금까지 많은 영상 신호를 확인(인지 처리의 구체적 단계들과 연계)해 왔다. 예를 들어 N400은 단어를 제시받고 약 400밀리초가 지난 후 신호에 나타나는 음성(negative) 영상이다. N400을 나타내는 단어는 문맥상 아무 의미가 없다. 예를 들어 당신이 "He spread his warm bread with socks."라는 문장을 읽을 때, 당신의 눈이 socks에 정렬한 후 10분의 4초가 지나면 당신의 뇌는 N400을 방출한다. fep나 blicket 같은 비어nonword도 그와 비슷한 반응을 일으킨다.

'좌뇌 전부 음성(Left Anterior Negativity)' 또는 LAN이라고 불리는 또 다른 종류의 신호는 보다 점진적으로 누적되어 나중에 정점에 달하고, 머리의 좌측 전면에 붙인 전극들에서 강하게 포착된다. LAN을 자극하는 단어는 해당 문장을 비문법적으로 만드는 단어다. 예를 들어 당신이 "The teacher is being fallen."이라는 문장을 읽을 때, 당신의 눈이 fallen에 정렬한 후 10분의 3 내지 7초가

지나면 당신의 뇌는 LAN을 방출한다.[45]

하랄트 클라센과 LAN의 발견자 중 한 사람인 토마스 뮌테 (Thomas Münte)는, 이런 전기 신호들을 통해 뇌가 잘못 분석된 단어를 다루고 있다고 생각하는지 아니면 문법적 위반을 다루고 있다고 생각하는지를 알 수 있다고 추론했다. 두 사람과 그들의 동료들은 독일어를 사용하는 피실험자들에게 복수 접미사가 올바르게 붙은 단어와 틀리게 붙은 단어를 보여 주었다. 그들은 틀린 단어를 제시하면 피실험자의 뇌가 가만히 있지 않을 것이라 예측했다. 틀린 단어들은 Bauer-s('농부들'이라는 뜻, 원래 Bauer-n이 되어야 한다.)처럼 규칙 접미사를 가진 불규칙 명사이거나, Auto-n('자동차들'이라는 뜻, Auto-s가 되어야 한다.)처럼 불규칙 접미사를 가진 규칙 명사였다. 부당한 규칙 접미사를 제시하면, 마치 뇌가 잘못 적용된 문법 규칙을 보고 주춤하는 것처럼 LAN이 유발되었다. 그러나 부당한 불규칙 접미사를 제시했을 때에는, 마치 뇌가 기이한 단어를 보고 주춤하는 것처럼 N400이 유발되었다. 이것은 규칙 접미사는 규칙에 따라 적용되고 불규칙 접미사는 단어에 붙어 저장되는 경우에만 일어날 수 있는 일이었다. 연구팀은 두 번의 추가 연구에서도 비슷한 결과를 얻었다. 하나는 독일어 화자들에게 독일어 분사를 보여 주는 실험이었고, 다른 하나는 이탈리아 어 화자들에게 이탈리아 어 분사를 보여 주는 실험이었다. 얼먼은 아론 뉴먼(Aaron Newman), 헬렌 네빌(Helen Neville, LAN의 또 다른 발견자)과 함께 영어 화자들에게 과거 시제 표지가 빠진 동사들을 보여 주고 비슷한 결과를 얻었다. 이 연구들을 종합하면 단어와 규칙의 차이는 건강한 뇌의 전기적 신호에서도 읽을 수 있음을 알게 된다.[46]

⁓

생각을 할 때 우리는 생각이 공기처럼 가볍다고 느낀다. 하지만 생각은 살아 있는 몸을 필요로 하고, 살아 있는 몸은 에너지와 산소를 얻기 위해 혈액을 필요로 한다. 뇌 조직이 더 열심히 일할 때 그것은 더 많은 산소와 혈액을 요구한다. 이것은 기능성 뇌 영상이라는 놀라운 두 기술, 즉 양전자 방사 단층 촬영법(PET)과 기능성 자기 공명 영상법(fMRI)의 기초이다.[47]

양전자 방사 단층 촬영법으로 단어 읽기나 그림 보기 같은 특정한 과제에 몰두하고 있는 개인을 연구하는 경우를 살펴보자. 그에게는 소량의 약한 방사성 액체가 주입되고, 그 액체는 곧 뇌로 순환된다. 물 분자의 산소 원자가 붕괴해 양전자(양의 전하를 가진, 전자의 반물질)를 방출하면, 곧 근처의 전자와 충돌해 서로를 소멸시키고 정반대 방향들로 감마선을 쏘아 보낸다. 머리 주변에 둥글게 두른 감마선 탐지기들 중 2개의 탐지기에 감마선이 동시에 도달하면, 그것으로부터 소멸이 발생한 중간 지점이 드러난다. 약 40초 동안 다양한 지점들이 축적되면 탐지기들의 위치에 따라 나란히 정렬된 뇌의 횡단면상에 혈류 사진이 나타난다. 컬러 사진에서 활동 부위는 노랑과 빨강으로 나타나고 비활동 부위는 초록과 파랑으로 나타난다.

아쉽게도 그 그림은 40초 동안 활동했던 모든 뇌 영역들을 보여 주고, 그럼으로써 그 개인이 그동안 생각하고 느꼈던 가려움, 공상, 실험 목적에 대한 궁금증, 폐소 공포증, 매력적인 기술자에 대한 불순한 생각 등을 보여 준다. 그래서 읽기나 이해를 위한 뇌 영역의 얼룩들을 다른 모든 것을 위한 뇌 영역의 얼룩들과 구별할 수가 없다. 한 가지 해결책은 사람들의 뇌를 두 번 촬영하는 것으로, 한 번은 해당 과제를 수행하지 않을 때 촬영하고 또 한 번은 해당 과제를 수행할 때 촬영해 두번째 영상에서 첫 번째 영상을 빼는 것이다. 이보다 좋은 방법은, 어떤 단순한 과제를 수행하는 뇌 영상을 그보다 조금 더 복잡한 과제를 수행하는 뇌 영상에서 빼는 것이다. 예를 들어 bluck 같은 무의미 단어를 읽을 때의 영상을

black 같은 실제 단어를 읽을 때의 영상에서 빼면, 혈류의 차이는 단어의 모양과 소리를 제외하고 그 의미를 처리하는 뇌 부위들을 보여 줄 것이다. 물론 이 논리는, 어느 과제가 어느 마음 과정을 유발하는가에 대한 심리학자의 이론이 옳을 때에만 타당하다. 만일 한 과제가 다른 과제로 인해 활성화된 뇌 영역의 부분집합을 활성화시키는 것이 아니라, 두 과제가 똑같이 복잡해 부분적으로 겹치는 영역들을 활성화한다면 둘 사이의 차이는 해석할 수 없을 것이다.

자기 공명 영상법(MRI)에서는 강력한 자석 틀 안으로 천천히 머리를 집어넣는다. 그러면 자석은 뇌의 많은 원자들을 자기장에 따라 정렬시킨다. 이때 뇌에 전자파를 통과시키면 원자들이 기울어지고, 전자파를 끄면 원자들은 다시 자기장에 맞춰 정렬된다. 뇌의 분자들은 작은 무선 송신기가 되고 분자들은 종류에 따라 특징적인 주파수를 띠는데, 머리 주위의 수신기들이 그 무선 신호들을 포착한다. 기술자는 자기장의 형태와 무선 파동의 주파수를 조작해 그 분자들이 하는 일뿐만 아니라 그것들이 놓인 위치를 알아내고, 컴퓨터를 이용해 선명한 흑백 사진을 출력해 낸다. 컴퓨터는 산소와 결합한 헤모글로빈(산소를 조직으로 운반하는 혈액 속의 분자)의 흔적과 산소와 분리된 (사용된) 헤모글로빈의 흔적을 비교해, 산소를 함유한 혈액을 받아들이는 뇌 부위들을 채색한다. 이로부터 fMRI에 'f,' 즉 뇌의 해부 구조뿐만 아니라 뇌의 기능(function)을 보여 주는 그림이 나온다. 기능성 자기 공명 영상법은 방사성을 전혀 이용하지 않고 더 선명한 그림을 보여 줄 뿐만 아니라, 영상을 만드는 시간도 짧아 인지 뇌 영상 분야에서 서서히 PET를 대신하고 있다.

다음 단계는 불을 보듯 뻔하다. 사람들이 규칙 과거 시제형과 불규칙 과거 시제형을 생성하는 동안 그들의 뇌를 촬영하고, 단어-규칙 이론의 예측대로 각기 다른 영역이 밝아지는지를 보는 것이다. 나는 한 PET 연구 센터와 그런 실험을 하려고 계획했지만 나 같은 생각을 가진 사람들이 더 있었기 때문에 우리는 네 번의 실험이 끝난 후에야 실험을 할 수 있었다. 좋은 소식은 네 번의 모든 실험에서 규칙형과 불규칙형이 뇌의 다른 부위에서 계산된다는 사실을 발견했다는 것이고, 나쁜 소식은 어느 부위가 규칙형을 처리하고 어느 부위가 불규칙형을 처리하는지에 대해서는 서로 일치하지 않았다는 것이다.[48]

각각의 실험에서 규칙형 과제와 불규칙형 과제의 활성 부위와 비활성 부위가 다르게 나왔다. 그리고 종합한 데이터에서는 희망할 수 있는 가장 단순한 패턴, 즉 규칙 동사에서는 좌뇌 전두 영역이 더 활성화되고, 불규칙 동사에서는 좌뇌 두정 및 측두 영역이 더 활성화되는 것조차도 나오지 않았다. 어떤 연구들은 흥미로운 징후들과 함께 규칙 굴절에는 기저핵이 관여한다는 징후를 보여 주기도 했지만,[49] 모든 연구를 관통하는 일관된 패턴은 전혀 드러나지 않았다. 나는 그런 불일치의 이유들을 여러 가지로 상상할 수 있다. 그 실험들은 장단점이 서로 다른 뇌 영상 기법, 언어, 수행 과제, 빼기 방법, 실험 계획을 사용했다. 나는 또한 보다 흥미로운 이유를 상상할 수 있다. 즉 언어 처리에는 단순한 전후 구별로 알아낼 수 있는 것보다 더 많은 단계들과 영역들이 관여하는데, 실험의 영상들은 다양한 영역들을 포착해 한 장의 흐릿한 그림으로 합쳐버렸다. 예를 들어 전두엽의 한 영역은 어떤 사물에 어울리는 행동처럼, 주어진 기준에 맞는 단어를 생각하는 일에 관여하는 것으로 보인다.[50] 그것은 또한 어간과 어울리는 불규칙 과거 시제형을 찾는 일에도 관여하는 것으로 보이는데, 이것이 전두 영역과 규칙 굴절의 동일시를 혼란에 빠뜨린다. 종종 어떤 인지 과정이 스캐너에 최초로 포착되면 이전의 연구들이 서로 모순을 일으킨다. 그러나 그 모순들은 결국 해결되므로, 나는 규칙 및 불규칙 굴절에서도 그런 일이 일어날 것이라 생각한다. 최소한 단어-규칙 이론에게 일어날 수 있는 최악의 악몽(규칙 동사와 불규칙 동사가 동일한 뇌 영역들을 켜는 것)은 일어나지 않았다.

이 영상 결과를 다른 모든 기법의 영상 결과들과 일치시킬 수 있는 또 다른 기법이 인지 신경 과학자들을 흥분시키고 있다. '뇌 자도 기술(magnetoencephalography, MEG)'은 ERP의 순간적인 정밀성과 PET 및 fMRI의 공간 측정을 결합할 수 있다는 기대를 주고 있다. 이론상 MEG는 자극과 반응의 각 단계에서 대뇌 피질의 어느 부위가 가장 활동적인가를 영화처럼 보여 줄 수 있다.

MEG는 ERP 신호를 생성하는 것과 동일한 신경 사건, 즉 동시에 활성화되는 뉴런 집단의 수상돌기를 따라 흐르는 전류를 정보원으로 이용한다. 당신은 고등학교 과학 시간에, 전류는 그 주변에 자기장을 발생시키고 그 자기장은 엄지손가락을 내밀고 오른손을 말아 쥐었을 때 나머지 네 손가락처럼 형성된다는 것을 배웠을 것이다. 신경 활동으로 인해 형성되는 자기장은 전기장과는 달리 뇌와 두개골과 두피의 조직들을 통과할 때 심하게 왜곡되지 않기 때문에, 그것을 기록할 수만 있다면 그 장(場)의 발생원을 컴퓨터로 재구성할 수 있다. 이것은 종이 위에 퍼진 쇳가루의 둥근

선을 보고 종이 밑에 있는 자석의 위치를 추측하는 것과 비슷하다. 기술적인 문제는, 뇌의 자기장이 너무 약해서 지구의 자기장 같은 다른 장들에 묻혀 버린다는 것이다. 뇌의 자기장을 측정하는 것은 록 콘서트에서 개미의 발소리를 듣는 것에 비교되고는 한다. 그러나 센서 코일을 절대 0도에서 몇 도 범위까지 차갑게 냉동시키면 그 코일은 극소의 전류가 통과할 수 있는 초전도체가 되고, 여기에 상당한 마법을 가하면 그렇게 미약한 자기장도 탐지할 수 있는 장치가 탄생한다. 그 탐지기들을 액체 헬륨으로 목욕시킨 머리 모양의 플라스틱 틀에 나란히 부착하고 그 속에 머리를 넣으면 뇌의 자기 활동을 기록할 수 있다.[51]

MEG는 시간적으로 전개되는 언어를 지켜볼 수 있는 완벽한 기술인 것 같다. 이 기술을 이용한 우리의 첫 번째 실험에서 재민 리(Jaemin Rhee), 얼먼, 그리고 나는 흥미로운 궤적 하나를 발견했다. 사람들이 단어를 보고 그 과거 시제형을 생성하기 시작한 후로 약 4분의 1초가 지나면 좌뇌의 측두엽-두정엽 영역들이 활성화되는데, 아마도 그곳에서 단어의 어간이 인식되고 기억된 불규칙형이 검색되기 때문일 것이다. 단 규칙 동사의 경우 그 후로 약 10분의 1초가 더 지나면 활동은 좌뇌 전두엽으로 이동하는데, 그곳에서 접미사 붙이기 연산이 수행되기 때문이라는 것이 우리의 생각이다.[52] 이것은 우리가 신경 환자들과 ERP를 통한 앞선 실험들로부터 예측했던 바로 그 궤적이다. 그리고 그 결과는 뇌 영상 연구들을 이해하는 데에도 도움이 될 것이다. 과거에는 뇌 활동의 여러 신호들이 흐릿하게 겹친 영상으로 나타났지만 이제는 시간의 흐름과 함께 깨끗하게 분리된 상태로 나타나기 때문이다.

과거 시제 보물찾기의 결과가 어떻게 나오든 나는 그것이 새천년의 지식 분야에서 생물학자 에드워드 윌슨(Edward O. Willson)이 "통섭(consilience)"이라고 명명한 흐름, 즉 마음, 뇌, 인간 본성을 이해함으로써 예술과 과학을 통합하는 흐름의 상징이 되기를 희망한다.[53] 규칙 굴절과 불규칙 굴절은 많은 소설가와 시인, 사전 집필자와 편집자, 철학자와 언어학자가 오래전부터 숙고해 온 주제다. 이제 인문학에서 튀어나온 이 주제는 분자 유전학과 뇌 영상 분야의 첨단 기법을 통해 정밀하게 조사되고 있다. 어떤 사람들은 이런 발전 방향이 우둔한 '환원주의'에 빠져 인문학을 위기에 빠뜨리고 인문학의 비옥한 주제들을 갈아엎을 것이라고 걱정하지만, 결코 그렇지 않을 것이다. 심리학과 언어학을 비롯해 신경 과학이 접촉하는 모든 분야들이 제공하는 마음의 알맹이들에 대한 이해가 없으면, 신경 과학자들은 인간 뇌의 연구를 어디서부터 시작해야 할지 알지 못할 것이고 그들의 기술은 값비싼 장난감으로 전락할 것이다. 궁극적으로 모든 지식은 연결되어 있으므로, 한 현상에 대한 통찰은 헤이스팅스 전투의 결과로부터 키나제 유전자의 배열에 이르기까지 어떤 방향에서도 출현할 수 있다.

10
아날로그 세계와 디지털 마음

언어의 구성 요소는 단어와 규칙이다. 단어는 소리와 의미 사이의 기억된 연계를 의미하고, 규칙은 각 단어들의 의미와 배열 방식으로부터 전체의 의미가 계산될 수 있도록 단어들을 조합하는 연산을 의미한다. 지금까지 나는 이 간단한 개념을 확신시키고, 두 성분이 대조를 이루는 흥미로운 현상을 깊이 탐구해 언어의 경이로움을 설명하고자 했다.

영어의 규칙형과 불규칙형은 동일한 크기(한 단어 길이)에, 동일한 내용(과거 시제나 복수)을 표현한다. 그러나 인간의 마음은 그것들을 다르게 취급한다. 불규칙형들은 저절로 생겨나지 않고, 규칙 패턴은 기억 정보에 접근할 수 없다는 것 외에는 공통점이 전혀 없는 다양한 사례에서 언제든 필요에 응한다. 우리는 단어가 새롭거나, 드물거나, 특이하거나, 규범 어근이 없거나, 어근 속의 정보가 단어 전체에 적용될 수 있는 길이 없을 때 규칙형이 부상하는 것을 보았다. 또 우리는 아이들의 마음에서 단어에 대한 기억이 새로 형성될 때와, 어른들의 마음에서 단어에 대한 기억이 병으로 붕괴되었을 때 규칙형이 부상하는 것을 보았다.

이것은 이상하고 다소 특이한 상황 분류다. 분명 마음에 규칙형과 불규칙형을 만들도록 설계된 자질들이 구비되어 있지는 않을 것이다. 규칙 굴절은 기억의 내용물에 접근할 필요가 없는 마음 연산에 따라 계산된다는 것이 가장 간단한 설명이다. 그 마음 연산은 일종의 기호 처리 규칙으로, '동사'나 '명사'라는 마음 기호를 가진 모든 단어에 접미사를 붙인다.

우리는 또한 기억과 유추가 작동하지 않을 때 뛰어들어 초깃값 역할을 하는 규칙의 힘이 전 세계 모든 언어에서 발견된다는 것을 보았다. 규칙은 단어의 빈도나 독특한 소리에 좌우되지 않는다. 아이들은 규칙이 적용될 단어의 종류와 규칙이 적용되지 않을 단어의 종류를 감각적으로 안다. 이 모든 것으로 미루어, 규칙이 그런 힘을 갖는 것은 아이의 마음속에 억지로 심어져서가 아니라 아이의 마음에서 자연스럽게 우러나오는 본성 때문임을 알 수 있다.

나는 규칙형과 불규칙형이 언어의 두 원리 뒤에 놓인 마음 메커니즘들을 보여 준다고 생각한다. 기억 체계는 페르디낭 드 소쉬르의 '자의적 기호' 원리에 따라 단어를 저장하고 검색한다. 기호 연산 체계는 빌헬름 폰 훔볼트의 '무한 자료의 무한 사용' 원리에 따라 문법적인 단어 조합물들을 생성한다. 두 체계는 언어의 방대한 표현력, 즉 무한수의 새로운 개념을 전달하는 능력을 설명해 준다.

나는 규칙 굴절과 불규칙 굴절 간의 놀라운 유사성과 서로 완전히 다른 측면을 여러분에게 맡기고자 한다. 그 유사성은 분명 우연의 일치가 아니며, 규칙형과 불규칙형의 차이를 통해 마음의 본질과 마음이 세계를 어떻게 반영하는가에 대한 심오한 원리들이 드러날 수 있음을 암시한다.[1]

❧

사람들은 '가구', '채소', '할머니', '거북' 등과 같은 범주로 생각을 한다. 그 범주들은 우리가 가진 많은 어휘, 예를 들어 거북과 가구라는 단어의 기초가 되고, 우리가 행하는 많은 사고의 기초가 된다. 우리는 새로운 거북을 볼 때마다 꿀 먹은 벙어리가 되지 않고, 그것을 '거북'으로 범주화하고 그것이 토끼보다 느리거나 놀라면 껍데기 속으로 웅크리는 등의 몇 가지 특성을 보여 줄 거라고 예측한다. 이것은 사전에 우리가 비디오카메라처럼 눈으로 본 모든 거북을 무조건 기록하지 않고 있었음을 의미한다. 우리는 거북들의 공통점을 추상화한 것이 분명하다. 마음의 범주를 이해한다면 인간 사고의 많은 부분을 이해하게 된다.

마음속의 개념들은 세계 내의 범주들을 구분해 낸다. 간단히 설명하자면 개념이란, 범주에 속할 수 있는 자격 조건으로, 사전적 정의와 어느 정도 비슷하다. '홀수'는 2로 나누었을 때 나머지가 생기는 정수다. '독신남'은 결혼을 하지 않은 성인 남성이다. '할머니'는 부모의 어머니다. '거북'은 넓고 납작한 몸이 등갑과 배갑으로 이루어진 껍데기에 싸여 있는 파충류다.

정의의 힘은 그것이 경험의 구체적 측면들을 초월한다는 점이다. 사람들은 처음 보는 거북이라도 정의에 일치하면 그것을 알아본다. 심리학자들은 이 범주들을 '고전적 범주' 또는 지식의 기초로서 논리와 정의를 강조했던 그리스 철학자의 이름을 따서 '아리스토텔레스의 범주'라 부른다. 수십 년에 걸쳐 심리학자들은 인간이나 동물에게 색칠한 도형 그림들을 제시한 다음, 그중 어느 것이 '크고 빨간 사각형'의 범주에 속하는지를 가르쳐 주고, 피실험자가 '크고 빨간 사각형'이라는 범주를 추론하는 데에 어느 정도의 시간이 걸리는지를 측정하는 방법으로, 인간과 동물의 개념 학습을 연구했다.[2]

이 모든 것이 결정적인 도전에 직면한 것은 오스트리아 철학자 루트비히 비트겐슈타인(Ludwig Wittgenstein)의 『철학적 탐구(*Philosophical Investigations*)』(그가 사망한 1951년 이후에 출간된 유고)에 나오는 유명한 구절 때문이었다.[3]

66. 예를 들어 우리가 '게임'이라고 부르는 과정들을 고찰해 보자. 나는 보드 게임, 카드놀이, 공놀이, 올림픽 경기 등을 뜻하고 있다. 무엇이 이 모든 것들에 공통적인가? "그것들은 무엇인가가 **공통적이어야 한다.** 그렇지 않으면 그것들은 '게임'이라고 불리지 않을 것이다."라고 말하지 말고, 그것들 모두에 공통적인 어떤 것이 있는지 여부를 **살펴보라.** 왜냐하면 그것들을 살펴보면 당신은 그 모든 것에 공통적인 어떤 것을 보는 대신, 유사성들과 근친성들이 연속적으로 존재하는 것을 볼 것이기 때문이다. 이미 말했다시피, 생각하지 말고 보라! 예를 들어 보드 게임을 그 다종다양한 관련성들과 함께 주시하라. 이번에는 카드놀이를 보라. 여기서 당신은 첫 번째 부류들과 일치하는 많

은 것들을 발견하겠지만, 많은 공통적인 특징들이 탈락하고 다른 것들이 등장할 것이다. 이제 공놀이로 넘어가면, 어떤 공통적인 것들은 그대로 보존되지만 많은 것이 사라진다. 이 모든 것들이 '재미' 있는가? 체스와 삼목놓기(틱택토)를 비교해 보라. 놀이하는 사람들 사이에 언제나 승패나 경쟁이 존재하는가? 페이션스(patience, 혼자 하는 카드 놀이—옮긴이)를 생각해 보라. 공놀이에는 승리와 패배가 존재한다. 그러나 아이가 공을 벽에 던지고 다시 붙잡을 때 그런 특징은 사라진다. 기술과 운이 어떤 역할을 하는지를 보라. 그리고 체스에서의 기술과 테니스에서의 기술은 얼마나 다른가? 자, 이번에는 윤무 놀이(ring-a-ring-a-roses)를 생각해 보라. 여기에는 재미의 요소가 있다. 그러나 얼마나 많은 다른 특징들이 사라졌는가! 그리고 그밖의 많고 많은 다른 놀이 유형들을 이런 식으로 훑어볼 때, 우리는 많은 유사성들이 나타나고 사라지는지를 볼 수 있다.

그리고 이 고찰의 결과는, 우리는 서로 겹치고 교차하는 유사성들의 복잡한 망을 본다는 것이다. 그 망에는 때로는 전체적인 유사성들이 나타나고 때로는 세밀한 유사성들이 나타난다.

67. 나는 이러한 유사성들을 '가족 유사성'이라는 말 말고는 더 잘 특징지을 수 없다. 왜냐하면 한 가족에서도 구성원들 사이에 존재하는 다양한 유사성들, 즉 체격, 이목구비, 눈동자 색, 걸음걸이, 기질 등이 바로 그런 식으로 겹치고 교차하기 때문이다. 그래서 나는 '게임들'이 하나의 가족을 이룬다고 말한다.

그리고 비트겐슈타인이 살아 생전에 보지 못했던 둠(Doom), 프로 레슬링, 케빈 베이컨 게임(Six Degrees of Kevin Bacon, 직역하자면 '케빈 베이컨의 6단계'이다. 일반적으로 세상에 있는 두 사람은 6단계 이내에서 만나게 된다는 법칙에 근거한 게임으로 그 방식은 다음과 같다. 우선 친구들끼리 모여 앉는다. 그리고 진행자 한 사람이 한 명의 할리우드 배우나 감독(예를 들어 리처드 기어)을 생각해 내서 모든 친구들에게 알려 준다. 그러면 친구들은 각자 그 배우가 출연한 영화에서 시작해 그 영화에 출연한 또 다른 배우로 연결시키고 그러면 그 또 다른 배우가 출연한 또 다른 영화를 생각해 내는 방식으로 계속해서 결국 케빈 베이컨이 나오는 경로를 찾아내서 가장 짧은 길을 찾아낸 친구가 이기게 되는 것이다(네이버 '지식iN'에서 인용.). ─옮긴이)도 있다.[*] 그가 언급했듯이, 하나의 범주는 "섬유 가닥들을 꼬아 실을 자을 때처럼" 새로운 사례들을 끌어안으면서 확장될 수 있다. "실의 강도는 한 가닥의 섬유가 처음과 끝을 관통하는 데서 나오는 것이 아니라, 수많은 섬유들이 부분적으로 겹친다는 사실에서 나온다."

1970년대에 심리학자 엘리너 로슈(Eleanor Rosch)는 비트겐슈타인의 견해를 심리학으로 끌어들여, 인간의 많은 개념들은 고전적 범주가 아니라 가족 유사성 범주들을 가려낸다는 것을 보여 주었다.[5]

첫째, 대부분의 범주들은 그 자격 조건을 찾기가 거의 불가능하다. 만일 '거북'의 정의에 껍데기가 있음이 포함된다면, 장수거북(leatherback)을 비롯해 몸이 부드러운 거북들을 어떻게 해야 할까? '독신남(bachelor)'이 '결혼을 하지 않은 남자'라면, 그것은 교황도 독신남이라는 것을 의미할까? '의자'에는 다리나 앉는 부분이나 등받이가 없어도 된다. 1970년대 대표 상품인 빈백(beanbag) 의자(속을 콩 모양의 알갱이로 채워 넣은 바람 빠진 공같이 생긴 의자—옮긴이)를 생각해 보라. 그리고 의자는 앉은 사람을 지탱해 주지 않아도 된다. 할리우드 소품 중에 악당이 착한 주인공의 머리를 내려칠 때 산산조각으로 부서지는 의자를 생각해 보라. 다음 만화에서 펭귄 오푸스가 전체적인 요점을 설명하고 있다.

둘째, 한 범주의 구성원들은 평등하게 창조되지 않았다. 이것

"전부 다 공모한 거지! 불쌍한 기억 상실증 환자를 이용해 먹으려는 거야. 그래, 내가 새라고? 하! 내가 속아 넘어갈 줄 알아?"

"새는 몸이 미끈하고 공기 역학적인데 ……, 난 아니잖아! 새는 날 수 있어 ……. 근데 난 아니잖아! 새는 노래를 잘해 …… 근데 이걸 들어봐!"

"예스터데이 …… 지난날에는 모든 근심들이 멀게만 보였는데 지금은 바로 곁에 있는 것 같아. 그리운 지난 날이여. 켁켁…… 콜록 콜록……"

"진짜 같은데? 진짜로 내가 누구야? 불윈클 큰사슴이지?"

은 만일 그 일원들이 정의에 들어맞아 해당 범주에 들어갔다면 가능한 예측이다. 사람들은 누구나, 닭이나 펭귄보다 어치가 새의 예로 더 적합하고, 괘종 시계보다 안락 의자가 가구의 예로 더 적합하다고 생각한다. 예를 들어 ‘새’에서 참새와 ‘도구’에서 렌치처럼, 한 범주에서 최고의 구성원을 ‘전형’이라고 한다. 전형은 사람들의 마음에 해당 범주를 압축적으로 요약한다. 사전에는 종종 한 범주의 정의 옆에 그 범주의 전형을 보여 준다. 새에 대한 설명 옆

"자 여러분, 주목! 새로운 우리 가족을 소개하겠어요."

에는 칠면조나 키위 그림이 아니라 주로 참새나 울새의 그림이 있을 것이다.

셋째, 마음의 범주들은 경계가 모호하다. 사람들은 마늘, 파슬리, 해초, 식용 꽃 등을 채소로 간주해야 하는지 확신하지 못하고, 레이건 행정부는 학교 급식 지원에 대한 삭감을 정당화하기 위해 케첩을 채소로 분류하면서 한바탕 소동을 벌이기도 했다. 꺾쇠가 도구라면 실꾸리는 왜 도구가 아닌가? 전갈은 곤충인가? SUV(sport utility vehicle)는 승용차인가 트럭인가? 수중 발레는 스포츠인가?

넷째, 단지 게임뿐만 아니라 대부분의 일상적인 범주들은 비트겐슈타인의 가족 유사성 특성과, 겹치고 교차하는 특성들을 보인다. 많은 채소가 초록색이지만 당근은 그렇지 않고, 많은 채소가 날것일 때 쪼개면 우두둑 소리를 내지만 시금치는 그렇지 않다. 의자로 말하자면 《뉴요커》에서 발췌한 옆의 만화가 모든 것을 설명해 준다.

다섯째, 범주에는 전형화된 특징이 있으며, 그것은 자격 기준과 아무 상관이 없어도 모든 사람이 해당 범주와 함께 연상하는 특성이다. 할머니를 생각할 때 사람들은 가계도 속의 한마디가 아니라 하얗게 센 머리와 치킨 수프를 생각한다.

　　일상적인 개념들은 가족 유사성 범주와 같다는 사실은 지금까지 많은 실험을 통해 입증되었다.[6] 범주에는 더 적합한 구성원과 덜 적합한 구성원이 있다는 생각을 사람들은 자연스럽게 받아들인다. 즉 그들은 조금도 어려워하지 않고 한 범주에 속한 구성원들의 '적합성(goodness)'에 1(가장 적합)부터 7(가장 부적합)까지 점수를 매긴다. 예를 들어 사람들은 새의 범주에서 울새에는 평균 1.1의 점수를 주고 닭에는 평균 3.8의 점수를 주었다. 축구는 스포츠의 좋은 예로서 1.2의 평점을 얻고, 레슬링은 그저 그런 예로서 4.7의 평점을 얻었다. 당근은 최우수 채소(1.1)인 반면에 파슬리는 다소 애매한 예(3.8)이다. 살인은 1.0의 완벽한 범죄지만 부랑죄는 평점 5.3의 어설픈 범죄다. 사람들은 다양해도 평점은 비슷하게 나온다.

　　사물의 그림을 보여 주고 그 사물이 특정한 범주에 속할 때 버튼을 누르라고 요구하면 사람들은 수박 그림을 볼 때보다 사과 그림을 볼 때 더 빨리 '과일' 버튼을 누른다. 이것으로 보아 사람들의 마음에서 '과일'이라는 범주는 사과로 인해 더 쉽게 촉발된다는 것을 알 수 있다. 로슈는 사람들에게, '새' 범주에 속하는 단어들로 문장을 만들라고 요구했다. 대표적인 답은 "나는 창밖에서 새가

지저귀는 소리를 들었다."와 "나뭇가지 위에 새 세 마리가 앉아 있었다." 등이었다. 그런 다음 그녀는 '새'라는 단어를 참새, 펭귄, 독수리, 타조 같은 다양한 종으로 교체했다. "나는 창밖에서 펭귄이 지저귀는 소리를 들었다."와 "나뭇가지 위에 타조 세 마리가 앉아 있었다."가 터무니없다고 평가된 것은, 피실험자들의 마음에 떠올랐던 것이 전형적인 새였음을 보여 준다. 아이들에게도 그와 비슷한 직관이 있다. 아이들은 어떤 단어를 맨 처음 배우면 그것을 해당 범주의 전형적인 일원들에게 적용한다. 새는 참새에 사용하고, 채소는 당근이나 샐러리에 사용한다.

사람들이 경계선상에 있는 사례들을 불분명하게 생각한다는 사실도 실험실에서 쉽게 입증된다. 심리학자 마이클 맥클로스키(Michael McColskey)와 샘 글럭스버그(Sam Glucksberg)는 피실험자들에게, 범주 자격에 대한 참-거짓 판정을 내리게 했다. 암은 질병이고, 사과는 과일이고, 파리는 곤충이라는 것에 모든 피실험자가 동의했다. 그러나 뇌졸중이 질병인지 아닌지, 호박이 과일인지 아닌지, 거머리가 곤충인지 아닌지를 판단할 때가 되자 절반은 한쪽으로 판정하고 나머지 절반은 다른쪽으로 판정했다. 그리고 한 달 후에 다시 실험을 하자 많은 사람들이 마음을 바꾸었다.[Z]

그렇다면 사람들의 머리에는 불분명한 생각들이 가득하고 고전적 범주는 허구에 불과한 것일까? 물론 그렇지 않다. 사람들은 '홀수'처럼 정의가 명확하고, 경계선이 분명하고, 가족 유사성이 전혀 없는 범주들을 학습한다. 사람들은 돌고래는 비록 물고기와의 가족 유사성이 매우 강하지만 물고기가 아니고, 해마는 물고기보다 말과 더 비슷하게 생겼지만 물고기의 일종이라는 것을 학습한다. 사람들은 티나 터너는 할머니의 모든 일반적 특성을 갖지는 않았지만 그래도 할머니라는 것을 이해하고, 자식이 없는 나의 대고모 벨라는 비록 머리가 하얗게 셌고, 맛은 없지만 그래도 치킨 수프를 만들었지만, 그래도 할머니가 아니었다는 것을 이해한다. 사람들은 임신 3기의 여자를 'very pregnant(만삭)'이라고 표현하지만, 부모가 딸에게 "You can't be just a little bit pregnant(조금만 임신하는 건 불가능하다, 피임을 철저히 하라는 뜻. '방심은 금물'이라는 말과 통한다.)."라고 말할 때 그것이 무슨 뜻인지를 이해한다.[8]

심리학자 샤론 암스트롱(Sharon Armstrong), 헨리 글라이트만(Henry Gleitman)과 릴라 글라이트만(Lila Gleitman)은 그들이 가장 고전적이고 아리스토텔레스적인 범주라고 생각한 '홀수'와 '여자'를 이용해 로슈의 실험을 재연했다. 피실험자들은 '7'을 홀수의 훌륭한 예로 평가하고 '447'을 그다지 훌륭하지 않은 예로 평가했으며, '가정주부(housewife)'를 여자의 훌륭한 예로 평가하고 '여경(policewoman)'을 그다지 훌륭하지 않은 예로 평가했다. 그들은 실시간의 마음 과정에서도 똑같은 차등화를 보여 주었다. 즉 그들은 화면에 '2,643'이 뜰 때보다 '3'이 떴을 때 더 빨리 '홀수' 버튼을 눌렀다. 물론 홀수에 더 가까운 수가 있고 그렇지 않은 수가 있다고 생각했다면 그 학생들은 명문대인 펜실베이니아 대학교에 들어올 수 없었을 것이고, 실제로 한 설문지에서 그들은 하나의 수는 홀수이거나 짝수이며 중간은 없다고 단언했다. 그렇다면 그들은 자신의 불분명한 사고를 켜고 끌 수 있었던 것이 분명하다. 가족 유사성 범주는 실제로 존재하지만, 고전적 범주 또한 실제로 존재한다. 그것들은 세계를 해석하는 두 가지 방법으로서 사람들의 마음에 나란히 거주한다.[9]

～

그렇다면 이것은 규칙 및 불규칙 동사와 무슨 관계가 있을까? 심리학자 댄 슬로빈과 언어학자 존 바이비는 불규칙 동사 유형들 중에서 sing-sang, ring-rang, drink-drank와 bind-bound, find-found, grind-ground처럼 과거 시제형이 서로 비슷한 유형들은 비트겐슈타인의 가족 유사성 범주와 똑같다는 것을 처음으로 지적했다.[10] 우리는 불규칙 유형들에서 그것이 가족 유사성 범주와 똑같다는 것을 보여 주는 다섯 가지 특성을 모두 발견할 수 있다.

첫째, 수세기에 걸친 언어학자들의 왜곡에도 불구하고, 지금까지 단 한 사람도 불규칙 동사의 다양한 종류를 적절하게 가리는 규칙을 만들지 못했다. 마크 트웨인이 독일어 문법책에 대해 불평한 것처럼, 규칙에는 예보다 예외가 더 많다. 예를 들어 영어에서 가장 규모가 큰 불규칙 동사 가족은 아무 변화가 없는 rid-rid, cut-cut, set-set 유형이다. 그것들은 모두 t나 d로 끝나지만, t나 d로 끝나는 동사들은 그 유형에 속한다고 규정하는 규칙을 가지고 그 가족을 올가미로 묶기는 완전히 불가능하다. hit-hit, slit-slit, split-split, quit-quit 옆에서 우리는 규칙 동사인 flit-flitted, twit-twitted, pit-pitted를 보게 된다. let과 set 근처에는 fret, sweat, whet가 있고, cut과 shut 주변에는 butt, jut, strut이 있다. hurt는 blurt 및 spurt와 인접해 있고, burst는 bust와 인접해 있다. 5장에서 보았듯이, 불규칙 동사의 다른 모든 유형들도 규칙을 비웃는다.

둘째, 각각의 불규칙 가족 내에서 일부 구성원들은 다른 구성원들보다 더 적합하다. hit과 split은 완전히 성숙한 무변화 동사지만, 미국인의 마음에서 spit-spit과 forbid-forbid는 그렇고 그런 구성원이다. 다른 가족들도 마찬가지다.

좋은 예	안좋은 예
bleed-bled, feed-fed	plead-pled, speed-sped
burn-burnt, bend-bent	learn-learnt, lend-lent, rend-rent
deal-dealt, feel-felt, mean-meant	kneel-knelt, dream-dreamt
freeze-froze, speak-spoke	weave-wove, heave-hove
get-got, forget-forgot	beget-begot, tread-trod
write-wrote, drive-drove, ride-rode	smite-smote, strive-strove, stride-strode

많은 유형들이 전형 또는 가장 훌륭한 구성원을 갖고 있다. ing-ung 가족의 전형은 string처럼 s-자음-자음-ing 패턴을 가진 동사들이다. 바이비는 지어낸 동사가 전형과 일치할 때(예를 들어 spling-splung과 skring-skrung) 그것에 불규칙형을 부여하고 싶은

마음이 가장 강하게 든다는 것을 발견했다.

셋째, 불규칙 가족의 소원한 관계를 둘러싸고 있는 달무리 속에는 너무나 흐릿해서 아무도 그것이 그 가족의 일원인지를 모르는 동사가 있다.

He has *stridden* around the park three times.

They seem to have *striven* to baffle their readers.

I don't know how she *bore* the guy.

I *forwent* the pleasure of grading papers last night.

The mice *throw* in the compost.

넷째, 불규칙 가족의 구성원들은 어떤 특성을 공유하는 방식으로가 아니라 겹치고 교차하는 방식으로 서로 비슷하다. 두 번째로 큰 가족인 ring-rang-rung 가족을 예로 들어 보자. 여기에서는 ĭ가 ă나 ŭ로 바뀐다. 대부분의 구성원은 연구개음(연구개, 즉 부드러운 입천장 부분에서 발음되는 소리)이자 비음(코를 통해 발음되는 소리)인 자음 ng로 끝난다. shrink, sink, stink, cling, fling, sling, slink, sting, string, swing, wring이 그 예이다. 자음 ng로 끝난다는 사실은 'ing를 ung로 바꿔라.'라는 규칙을 강력하게 주장한다. 그러나 이 규칙은 4장에서 보았듯이 겹치고 교차하는 유사성들과 충돌한다. 몇몇 구성원들은 연구개음이지만 비음이 아닌 자음으로 끝난다. stick, dig, sneak, strike가 그것이다. 그 규칙은 모든 구성원에 해당하지 않는다.

다른 불규칙 가족들 역시 겹치고 교차한다. blow-blew, grow-grew, throw-threw는 자음군으로 시작하고 ō로 끝난다. draw, fly, slay에는 자음군은 있고 o 모음은 없는 반면, know에는 o 모음은 있고 자음군은 없다. 한마디 덧붙이자면, 과거의 발음을 반영하는 철자 know는, 영어 화자들이 knee, knife, knuckle 같은 단어에서 k를 발음하던 시절에는 그 단어에도 자음군이 있었음을 보여 준다. ow-ew 유형은 말쑥하게 여행을 시작한 후 텁수룩하게 변했는데, 우리는 뒤에서 이 사실을 다시 살펴볼 것이다.

다섯째, 불규칙 가족들은 가계를 따라 유전되지만 과거 시제형을 정의할 때에는 아무 역할도 하지 않는 전형화된 특징들을 갖고 있다. bend-bent처럼 d가 t로 바뀌는 동사들을 예로 들어보자. 원칙상으로 보자면 d로 끝나는 동사는 어느 것이든 어미가 t로 바뀔 수도 있다. 즉 영어는 우리에게 sled-slet, fold-folt 등을 줄 수도 있었을 것이다. 그러나 실제로 그 동사들 중 거의 대부분은 lend-lent, send-sent, spend-spent처럼 -end로 끝난다. 마찬가지로 우리는 어떤 ā라도 ŏo(foot처럼)가 될 수 있는 언어를 상상할 수 있지만, 영어에서 ā가 ŏo로 바뀌려면 take-took, shake-shook, forsake-forsook에서처럼 혀끝 자음이 앞에, k가 뒤에 있어야 한다.

불규칙 동사군은 비트겐슈타인의 가족 유사성 범주에 필요한 다섯 가지 기준을 모두 구비하고 있다. 언어학자 조지 레이코프(George Lakoff)는 『여자, 불, 그리고 위험한 것들(*Women, Fire, and Dangerous Things*)』(오스트레일리아 원주민 언어에서 동일한 가족 유사성 범주에 속한다.)이라는 저서에서, 규칙들의 전통 요새라 할 수 있는 문법의 심장부에는 애매함이 놓여 있다는 점에 주의를 불러일으켰다. 그는 서구 사상에서 눈에 보이는 모든 것에 대해 정밀한 정의를 추구하는 2000년 된 아리스토텔레스 전통이 파산했음을 보여 주는 결정적 증거로서 불규칙 동사를 인용했다.[11]

그러나 레이코프는 불규칙 동사들의 바로 옆집에 규칙 동사들이 살고 있으며, 그것들은 고전적 범주의 모든 기준에 들어맞는다는 사실에는 주목하지 않았다. 기억에 불규칙형이 저장되어 있는 동사들을 제외하고, 모든 동사는 '동사이다.'라는 기준에 들어맞기만 해도 평등한 자격으로 규칙 가족의 구성원이 된다. 앞에서 보았듯이, 규칙 동사들은 소리가 어떻든 상관없다. 그것은 ploamphed, oinked, out-Gorbachev'd처럼 영어에서 생소한 소리여도 괜찮고, high-sticked, flied out처럼 이미 불규칙 동사와 연관된 소리여도 괜찮고, Borked, anastomosed처럼 지금까지 거의 또는 전혀 들어보지 못한 소리여도 괜찮다. 사람들은 plipped가 plip의 과거형으로 괜찮은 것처럼 ploamphed도 ploamph의 과거형으로 괜찮다고 생각하고, walk 같은 흔한 동사의 과거형처럼 balk 같은 드문 동사의 과거형도 쉽게 만들고 승인한다. 규칙 동사들은 군으로 분류되지 않고, 전형이 없고, 가족 유사성이 없고, 이따금씩 불규칙 동사의 간섭을 받는 것을 제외하고는 애매한 예가 없다.

도대체 왜 불규칙 동사는 게임, 가구, 채소와 같고, 규칙 동사는 할머니, 홀수와 같을까? 우리는 어떤 깊고 일반적인 원인에서 비롯된 외적인 징후들을 보고 있는 것일까, 아니면 공모 이론의 팬들이나 관심을 기울일 만한 우연의 일치를 보고 있는 것일까? 나는 그 유사성들의 이면에는 어떤 것이 있으며, 규칙성과 불규칙성의 현상들은 우리에게 개념적 범주의 본질에 대한 순간적인 통찰을 제공한다고 믿는다.[12] 그 현상들은 우리의 개념적 범주를 계산하는 마음 장치를 보여 주고, 우리의 개념적 범주들이 능숙하게 가려내는 세계 내의 사물들을 보여 준다.

규칙형과 불규칙형은 공존하지만 서로 다른 계산 메커니즘을 필요로 한다. 즉 규칙형에는 기호 조합이 필요하고, 불규칙형에는 연합 기억이 필요하다. 이것은 고전적 범주와 가족 유사성 범주에도 똑같이 적용될 것이다.

러멜하트와 매클레랜드는 과거 시제를 위한 패턴 연상망 모형을 만들기 이전에 개념적 범주를 위한 패턴 연상망 모형을 만들었다. 그것은 공통적으로 발생하는 지각적 성질들(털가죽, 네 다리 등등)의 연합물에 의존해 '개', '고양이', '베이글' 같은 개념들을 학습했다.[13] 예를 들어 '고양이' 개념은 수염, 야옹 소리, 쫑긋한 귀 같은 고양이들의 전형적 특성을 대표하는 단위 사이의 강한 연결 패턴에 내재해 있었다. 그 패턴 연상망 모형은 로슈가 인간을 대상으로 입증했던 가족 유사성 범주들의 많은 징후들을 재생산했다. 예를 들어 그것은 비전형적인 고양이보다 전형적인 고양이에 더 강하게 반응했다. 그 후에 만들어진 많은 모형들도 그와 똑같은 성공을 거두었다.[14] 가족 유사성 범주는 교차하는 특성들에 따라 하나로 묶이는데, 패턴 연상망은 특성들이 어떻게 교차하는지를 학습하는 장치이기 때문이다.

그러나 과거 시제를 위한 패턴 연상망이 어떤 일에는 능하고 어떤 일에는 미숙한 것처럼, 개념을 위한 패턴 연상망도 동전의 양면을 보여 준다. 전형을 잘 골라내는 모형은 그 전형을 비전형적인 사물에도 투사하는 경향이 있다. 예를 들어 한 패턴 연상망 모형에 접시가 깨졌다는 것을 가르쳐 주었다. 훈련 목록에서 깨진 사물은 모두 창문이나 꽃병이었기 때문에, 그 모형은 선생님을 무시하고 그 물건이 창문이나 꽃병이라고 결론지었다.[15] 또 다른 모형은 사무실에 커튼이 쳐 있다고 말해 주었더니, 훈련 목록 속의 모든 사무실에는 커튼이 없었으므로, 그것은 사무실이 아니라고 결론지었다.[16] 게리 마커스는 일반적인 패턴 연상망들은 "스컹크는 새끼 스컹크를 낳는다.", "고양이는 새끼 고양이를 낳는다.", "곰은 새끼 곰을 낳는다."로부터 "그리블은 새끼 그리블을 낳는다."를 일반화하지 못한다는 것을 보여 주었다. 그것들에는 'X는 새끼 X를 낳는다.'를 학습하게 해 주는 변수 'X'가 없기 때문이다.[17] 이런 실패는 드물거나 특이한 단어를 입력하면 이상한 혼합물을 만들거나 아무것도 만들지 못하는 과거 시제 모형의 습관을 생각나게 한다.

동사에 관련된 사실들과 개념에 관련된 사실들을 종합하면, 인간의 마음은 일종의 혼성 시스템으로, 서로 다른 하부 시스템이 애매한 연합물과 분명한 규칙을 나눠서 학습한다는 것을 알 수 있다. 인지 심리학에서 인간의 범주화를 다루는 최근의 모형들은 대부분(실험실에서 인위적인 범주들을 학습할 때 사람들의 속도와 정확성을 따라잡기 위해 설계한 모형들) 두 부분, 즉 비슷한 실례들의 유형에 기초해 범주를 형성하는 패턴 연상망과, 규칙에 기초해 범주를 형성하는 규칙 선택 장치로 구성된다. 심리학자들이 이런 혼성형 모형에 주목할 수밖에 없었던 이유는, 피실험자들이 어떤 범주들에 대해서는 규칙을 금방 생각해 내는 반면에(예를 들어 '넓이보다 높이가 더 긴 직사각형'), 다른 범주들에 대해서는 직감에 의존해 사례들 중의 일부를 기억하고 새로운 사례를 만나면 그것이 기억된 것들과 얼마나 비슷한가에 따라 분류하기 때문이다. 한쪽 메커니즘만을 이용해 모든 종류의 범주를 다루는 인간의 행동을 포착하려는 모형은 어느 것도 혼성형 모형만큼 훌륭한 성과를 거두지 못했다.[18] 어떤 모형 설계자들은 우리가 앞 장에서 규칙과 단어에 대해 했던 것처럼, 규칙 체계는 전두 피질에 연결하고 사례 기반 체계는 측두 및 후부 피질에 연결한다.

왜 우리는 두 가지 방법으로 앎을 얻을까? 자연 선택이 우리에게 객관적인 세계와 완전히 어긋나는 마음 장치를 구비해 주지는 않았을 것이다. 그렇다면 고전적 범주와 가족 유사성 범주의 차이는 세계에 존재하는 두 종류의 사물을 반영하거나, 최소한 세계에 존재하는 사물들에 대한 두 종류의 추론을 반영하는 것은 아닐까? 과거 시제를 위한 체계의 경우 우리는 동사들의 계보와 논리를 아주 자세히 알고 있다. 그것은 우리에게 두 종류의 개념적 범주에 대한 진실을 가르쳐 줄지 모른다.

불규칙형은 역사의 유물이다. 불규칙형들이 몇몇 가족으로 나뉘는 것은 원래 규칙들에 걸맞는 집단들로 생성되었기 때문이지만, 오래전에 규칙들이 소멸한 이후로 가족들은 끊임없이 붕괴되어 왔다. 모음이 변하고, 자음이 없어지고, 단어가 인기를 잃고, 방언들이 갈라지거나 합쳐진다. 수세기 또는 수천 년이 지난 지금 불규칙형들은 더 이상 규칙의 질서정연한 산물이 아니게 되었다. 그렇다고 서로 무관한 소리들의 목록도 아니다. 불규칙형들은 하나의 가족 유사성 범주다. 분명한 예로서, 한때 동사 know-knew는 형제들인 grow-grew, blow-blew, throw-threw처럼 자음군을 갖고 있었지만 언제부턴가 첫 자음을 잃어버렸고 그 유형에 혼란이 발생했다.

아이들이 태어나는 세계는 그들에게 가족 유사성 범주의 구성원들을 던져 주는 언어학적 세계이고, 아이들은 그 속에서 아주 잘 대처한다. 패턴 친화적인 기억을 갖고 태어나는 아이들은 부모의 불규칙 동사를 대부분 재생해 낸다. 아이들은 때때로 chide-chid나 seem-sempt 같은 불규칙형을 놓치지만, 때로는 kneel-knelt나 sneak-snuck 같은 불규칙형을 더하기도 한다. 입양된 단어는 새 가족과 몇몇 특성을 공유한다. 애초에 그 단어를 그 가족에게 데리고 갔던 것이 그 유사성이었기 때문이다. 그러나 각각의 입양아에게는 자신만의 고유한 특성이 있고, 그래서 그 유형은 누더기가 된다. 다음 세대 역시 기억해야 할 가족 유사성 범주를 만나게 된다.

반면에 규칙 과거 시제형은 역사와 무관하다. 사실 규칙 과거 시제형은 거의 존재하지 않고, 단지 과거 시제 규칙만이 존재한다. 아이들은 규칙형을 학습할 필요가 전혀 없기 때문에 규칙형의 변덕에 대처하지 않아도 된다. 필요할 때에는 규칙이 규칙형을 만들고, 그런 다음 그것들은 그냥 내버려진다. 다음 번에도 그것을 만들기 위해 규칙이 항상 대기하고 있기 때문이다. 사실 이것은 과장된 이야기다. 아이들이 처음에 그 규칙을 배우기 위해서는 몇 개의 규칙형을 기억해야 하고, 어른들은 규칙과 함께 여러 개의 규칙형을 기억한다. 그러나 일단 규칙이 습득되면 규칙형들이 존재하지 않아도 화자들은 그것들을 사용하고 이해한다. 규칙형들의 범주는 실제 범주가 아니라 가상의 범주, 즉 과거 시제 규칙이 개인의 어휘에 포함된 모든 동사를 관통할 수 있다면 언제든 만들어질 수 있는 형태들의 목록이다. 아이들은 결코 그 범주를 보지 못한다. 아이들이 학습하는 것은 이전의 화자들이 남겨 놓은 규칙형들의 유형이 아니라 다른 사람들의 머릿속에 담긴 규칙과 동일한 규칙이다.

만일 과거 시제 규칙이 우리가 문법이라 부르는 훌륭한 규칙 체계의 일부가 아니라면 그 자체로는 수고를 들일 가치가 거의 없을 것이다. 아이들은 그 체계를 학습하도록 배선되어 있고, 그 덕분에 우리는 무한한 수의 아주 새로운 생각을 전달할 수 있다. 규칙형들의 범주는 그 규칙 체계의 부산물이다.

나는 이렇게 생각한다. 두 종류의 개념적 범주는 세계에 존재하는 두 종류의 대상과 어울리고, 그것은 규칙 동사와 불규칙 동사가 다른 화자들의 마음에 존재하는 두 종류의 대상과 어울리는 것과 아주 똑같다.

이것을 보기 위해서는 처음으로 되돌아가야 한다. 왜 마음에는 '새'와 '게임' 같은 범주들이 있을까? 세계의 어떤 두 거주자도 동일하지 않으므로, 우리는 우리의 친구들을 고유한 개인으로 다루듯이 각각의 모든 사물을 고유한 개체로 다루는 마음을 상상할 수도 있다. 그러나 사실 우리는 그런 마음을 상상할 필요가 없다. 호르헤 루이스 보르헤스가 『기억의 천재 푸네스(*Funes the memorious*)』라는 소설에서 우리 대신 그런 마음을 상상했기 때문이다.

우리는 한번 힐끗 보는 것으로 탁자 위의 유리컵 3개 정도를 지각할 수 있다. 반면에 푸네스는 포도나무를 이루는 모든 잎과 덩굴손과 열매를 지각했다. 그는 1882년 4월 30일 새벽에 남쪽 하늘에 떠 있던 구름의 모양을 기억했고, 기억 속의 그 구름을, 케브라초 봉기가 일어나기 전날 밤 네그로 강에서 어느 노가 일으켰던 거품의 윤곽을 닮은, 그가 딱 한 번 봤던 스페인 장정본의 얼룩덜룩한 줄무늬들과 비교할 수 있었다. …… 칠판에 그려진 원, 정삼각형, 마름모. 우리는 이런 것들을 충분히 그리고 직관적으로 이해한다. 이레네오는 조랑말의 흩날리는 갈기, 언덕 위의 소 떼, 일렁이는 불과 그 불의 무수한 재, 죽은 자가 긴 흔적 위에 남긴 수많은 얼굴들에 대해 그렇게 할 수 있었다.

그는 개라는 일반적 기호가 크기와 모양이 다른 여러 마리의 개체들을 포함한다는 사실을 이해하기 어려웠을 뿐만 아니라, 3시 14분의 (옆에서 봤던) 개를 3시 15분의 (앞에서 봤던) 개와 같은 이름으로 부르는 것이 못내 괴로웠다. 거울에 비친 자신의 얼굴, 자신의 손이 볼 때마다 매번 그를 놀라게 했다. 스위프트는 소인국의 왕이 미세한 손동작을 식별한다고 말했다. 푸네스는 타락, 부패, 피로의 고요한 진전을 끊임없이 식별할 수 있었다. 그는 죽음의 진행, 음습함의 진행을 알아차릴 수 있었다.[19]

왜 우리는 기억의 천재 푸네스와 같지 않을까? 우리는 순전히 질서정연함을 위해 사물들을 비둘기장의 구멍에 꽂아 넣기를 좋아하는 신경질적인 종일까? 만약 그렇다면, 우리는 어떻게 비둘기장의 구멍들을 결정할까? 사물들을 여러 범주로 분류하는 방법은 (알파벳으로, 쌍으로, 높이에 따라 등으로) 엄청나게 많다. 하필이면 왜 '새'일까?

그 답은 다음과 같다. 사람들은 세계에 대한 추론에 이익이 되는 범주들, 다시 말해 직접 보지 못한 사물의 측면들에 대해 정확히 예측할 수 있게 해 주는 범주들을 형성한다. 우리는 모든 사물을 집으로 들고 와서 현미경으로 들여다보거나 조직 샘플을 채취해 실험실에 보낼 수는 없다. 우리는 사물이 노골적으로 드러내는 몇 가지 특성을 관찰하고 그로부터 직접 보지 못한 특성들을 추론해야 한다. 범주들이 좋으면 그렇게 할 수 있다. 트위티(Tweety, 미국 만화 영화 시리즈의 등장 인물. 새를 의인화했다. ─옮긴이)에게 깃털과 부리가 있으면, 트위티는 새이다. 트위티가 새이면, 트위티는 온혈이고, 날 수 있고, 뼛속이 비어 있다. 범주들이 나쁘면 그렇게 할 수 없다. 만일 우리가 트위티의 이름이 'T'로 시작한다는 것만을 안다면 아무 이득도 얻지 못할 것이다.[20]

이 추론들은 세계가 적절하게 조직되어 있을 경우에만 유효하다. 만일 어느 변덕스러운 신이 복권의 숫자처럼 다수의 특성들을 무작위로 독특하게 조합해 각각의 사물을 조립했다면, 추론은 불가능할 것이다. 그런 세계에서는 날개 달린 친구의 혈액은 종종 차갑거나 뜨겁고, 그의 뼈는 종종 단단하거나 속이 비어 있을 것이다. 다행히 우리는 그런 세계에서 살지 않는다. 우리가 사는 세계는 여러 가지 특성들이 다양한 사물 안에 동일한 방식으로 존재하는 법칙의 세계다.

우리의 마음 범주가 유용한 것은 세계의 법칙성을 반영하기 때문이다. 이론상 법칙은 각기 다른 방식들로 파악될 수 있다. 한쪽 극단에서 우리는 기초가 되는 법칙을 직접 추출해 그것을 일련의 추론에 이용할 수 있다. 입체 기하학과 열역학의 법칙을 이용해 작은 동물은 큰 동물보다 열을 더 빨리 잃어버린다고 예측하는 것이 그 예이다. 열 손실은 표면에서 발생하는데 작은 사물은 큰 사물보다 부피 대비 표면적 비율이 더 높기 때문에 열손실도 더 많이 일어난다. 또한 우리는 마주치는 모든 사물의 모든 특성을 측정해 방대한 데이터베이스를 구축하고, 새로운 사물을 만날 때 그것과 가장 가까운 기존의 사물을 찾아 두 사물이 비슷할 것이라고 예측할 수 있다. 만일 참새의 열 손실이 빠르다는 것을 알면, 우리는 찌르레기도 그렇다고 추측한다.

첫 번째 방법은 강력하고 통찰력이 있는 것처럼 보이고, 두 번째 방법은 부주의하고 따분한 것처럼 보인다. 그러나 유한한 인간은 종종 두 번째 방법을 선택할 수밖에 없는 상황에 부딪힌다. 존 치아디(John Ciardi)라는 시인은 다음과 같이 썼다.

누가 이론상으로 개미를 믿을 수 있을까?

청사진 속의 기린을?

무엇이 가능한지를 아는 1만 명의 박사들에게

정글의 절반은 존재할 수 없는 것들이겠지.

우리 주변에는 아무리 많은 법칙으로도 추론할 수 없는 것들이 가득하다. 그것들은 이제는 우리 눈에 보이지 않게 된 무수한 역사적 사건들을 통해 형성되었기 때문이다.

새를 예로 들어 보자. 진화의 과정에서 한 생물종은 생태 적소에 적응하고 이종 교배를 하는 개체군으로 출발한다. 자연 선택은 그 유기체들이 현지 환경에서 잘 경쟁하도록 '설계(engineer)'하고, 유성 생식은 그 유기체들을 균질화한다. 만일 우리가 과거로 돌아가 새의 마지막 공통 조상을 볼 수 있다면, 그것들은 오늘날의 단일 생물종처럼 서로 비슷할 것이다. 그것들은 공통 조상의 후손이고, 서로 번식하고, 날개나 유선형의 몸체 같은 특성들을 위해 자연 선택을 거쳤기 때문에 유전적으로 비슷할 것이다. 그러나 그 획일성은 오래가지 못했다. 그들의 후손은 각기 다른 방향으로 흩어졌다. 어떤 것들은 키위처럼 야행성이 되었고, 어떤 것들은 펭귄처럼 바다로 들어갔으며, 어떤 것들은 타조처럼 몸집을 키웠다. 이 분산의 여파가 바로 가족 유사성 범주다. 모든 새가 부리, 날개, 깃털 같은 공통적인 특성을 지닌 것은 공통 조상으로부터 그 특성들을 물려받았기 때문이다. 그러나 다른 특성들은 강 전체에 흐른다기보다는 교차하는 모습을 보인다. 각각의 종이 고유한 역사를 거치면서 일부 특성들을 잃어버리고 다른 특성들을 새로 획득했기 때문이다.

　　이로부터 우리는 불규칙 동사와 가족 유사성 범주 간의 공통성을 보게 된다. 불규칙 가족들은 일찍이 규칙에 따라 생성되었지만 그 후 특이성들을 축적했고 이제는 개별적으로 암기해야 한다. 동물 종의 집단들도 일찍이 단일한 적소에 적응했지만 그 후 각자 흩어지고 특이성들을 축적했으며, 그 결과 이제 각각의 종은 관찰을 해야만 알 수 있다. 두 경우 모두, 가족 구성원들의 잔존하는 유사성들은 무시하기에는 너무 유용하기 때문에, 기억 체계는 각각의 항목을 기억의 개별 슬롯에 보관하기보다는 패턴들을 추출한다. 그 패턴들은 우수하고 열등한 구성원들을 결정하고, 그것을 아는 존재가 비슷한 항목을 새로 만나면 그것이 그 가족에 속할 것이라고 추측할 수 있게 해 준다.

단어의 역사와 종의 역사를 비교하는 것이 다소 무리하게 여겨질 수도 있지만, 그 뒤에는 유명한 배경이 있다. 다윈은 유기체들 간의 유사성과 차이는 가족의 역사로 설명될 수 있다는 자신의 핵심 개념을, 단어들이 변하는 과정으로부터 유추해 설명했다.

다양한 언어의 형성과 다양한 생물종의 형성, 그리고 둘 다 점진적인 과정을 통해 발달해 왔다는 것을 보여 주는 증거들은 신기할 정도로 비슷하다. …… 우리는 다양한 언어에서 동일 계보에 따른 놀라운 상동성들과, 비슷한 형성 과정에 따른 유사성들을 본다. …… 언어와 생물종 모두에서 퇴화 기관들이 빈번하게 존재하는 것은 더욱 주목할 만한 사실이다. 단어 am에서 철자 m은 나(I)를 의미한다. 이렇게 I am이라는 표현에는 불필요한 여분의 퇴화 기관이 남아 있다. 단어들의 철자법에서도, 많은 철자들이 오래된 발음 형태의 흔적으로 남아 있다. …… 우리는 각각의 언어에서 새 단어들이 끊임없이 출현하면서 전개되는 변화를 보지만, 기억력에는 한계가 있기 때문에 언어처럼 단어들도 서서히 소멸한다. 막스 뮐러(Max Müller)의 훌륭한 소견처럼, "모든 언어에서는 단어 및 문법 형태 사이에 끝없는 생존 투쟁이 벌어지고 있다. 더 우수하고, 더 짧고, 더 쉬운 형태가 끊임없이 우위를 점하는데, 그들의 성공은 타고난 장점 덕분이다." 특정한 단어들이 생존하는 데에는 물론 그런 요인들이 중요하고, 거기에 새로움과 유행이 더해진다. 인간의 마음에는 모든 것에 약간의 변화가 생기기를 바라는 강한 욕구가 있기 때문이다. 생존 투쟁의 장에서 특정한 단어들을 선호해 생존 또는 보존시키는 것은 자연 선택이다.[21]

다윈의 유추는 현대 생물학과 언어학에도 유효하다. 두 분야에서는 비슷한 통계적 기법을 통해, 특성들의 동시 발생에 기초해 가장 좋은 유기체 집단화 방법과 가장 좋은 언어 집단화 방법을 발견한다. 생물학자들은 어느 종들을 하나의 속이나 과로 묶어야 할지 확신할 수 없을 때 가끔씩 동물들의 신체 부위들을 수백 번 측정하고 그 데이터를 알고리듬에 입력해 가장 적절한 범주들을 발견한다.[22] 이와 마찬가지로 언어학자들도 어느 언어들을 하나로 묶어야 할지 확신할 수 없을 때 가끔씩 동일 어원을 가진 수백 개의 단어들을 알고리듬에 입력해 가장 적절한 어족들을 발견한다. 그 알고리듬들은 사실상 패턴 연상망 기억은 아니지만, 그와 비슷한 원리에 의존한다. 많은 특성을 공유하는 것들은 동일한 범주에 속할 것이고, 비슷하게 취급되어야 할 것이다.[23]

모든 가족 유사성 범주들이 일렬로 행진을 시작한 다음 다양하게 흩어지지는 않았을 테지만, 그것들은 모두 유사성을 부여하는 숨겨진 법칙들과 차이를 부여하는 역사적 우연의 지배를 받는다. 오늘날의 의자들이 고대의 어떤 원시 의자의 후손들이 아니라면, 무엇이 그것들을 비슷하게 만들까? 의자는 인간의 엉덩이를 지탱해야 한다는 것인데, 그것 때문에 대부분의 의자에는 안정적이고, 접근 가능하고, 적당히 높고, 체중을 지탱하는 틀이 있어야 한다. 그와 동시에 의자들은 양식, 취향, 재료, 전문 기술의 지역적 다양성 때문에 서로 다르다. 게임들은 재미를 주려는 의도로 고안된 것이기 때문에 서로 비슷하고, 무수히 많은 역사적, 지역적 상황(새로운 카드 놀이의 발명, 컴퓨터의 발명, 빙판, 잔디밭, 물의 이용, 관람, 폭력, 뇌 사용에 대한 현지인들의 취향 등)을 거쳤기 때문에 서로 다르다.

만일 가족 유사성 범주들이 역사의 산물로서 세계에 존재하기 때문에 가족 유사성 범주에 대한 우리의 취향이 진화한 것이라면, 왜 고전적 범주에 대한 취향은 진화하지 못했을까? 나는 그것이, 고전적 범주들은 우리로 하여금 세계 내의 법칙들을 이용할 수 있게 해 주는, 마음속에 존재하는 규칙들의 부산물이기 때문이라고 생각한다. 그 규칙들은 세계의 사물들이 어떻게 작동할지를 예측할 수 있게 해 준다. 고전적 범주들은 독립적이고 자유로운 정의들이 아니고, 단지 사물들을 비둘기장에 넣는 데에만 유용하다. 그것들은 편리한 추론이나 계산을 산출하는, 서로 맞물린 규칙 체계의 일부다. 규칙 동사들이 규칙 체계(문법)의 산물인 것처럼, 고전적 범주들도 고유한 규칙 체계의 산물이다. 홀수는 산수에 속하고, 삼각형은 기하학에 속하고, 할머니는 친족에 속하고, 돌고래는 생물학적 분류법에 속하고, 임신은 생리학에 속하고, 대통령은 법률에 속한다. 각 체계는 동시에 발생하는 특성들을 기억함으로써가 아니라 일련의 내포적 성질들을 관통함으로써, 관찰 가능한 특성들로부터 미관찰된 특성들을 추론할 수 있게 해 준다. 산수의 규칙을 이용해 우리는 43개의 사물을 똑같은 수의 묶음으로 나눌 수 없다는 것을 추론할 수 있다. 친족의 규칙을 이용해 우리는 누군가의 할머니는 그의 외증조부모의 딸이라는 것을 추론할 수 있다. 생리학의 법칙을 이용해 우리는 임신한 여자는 유산이나 낙태나 사산을 하지 않는다면 곧 부모가 될 것이라고 추론할 수 있다.

동물학의 법칙을 이용해 우리는 돌고래는 자식에게 젖을 먹이고 정기적으로 숨을 쉬기 위해 수면으로 올라온다는 것을 추론할 수 있다. 국가의 법률을 이용해 우리는 아메리카 합중국 대통령은 미국에서 태어난 지 35년 이상 되었을 것이라고 추론할 수 있다.

이 규칙 체계들은 문법처럼 조합적이고 재귀적이기 때문에, 우리는 경험의 범위를 훌쩍 뛰어넘어 무한한 수의 사례에 대해 추론할 수 있다. 친족의 법칙 덕분에 우리는 단지 수백 년 전의 가계뿐만 아니라 수십만 년 전이나 수백만 년 전의 가계에 대해서도 이야기할 수 있다. 우리는 만일 미국이 2804년에도 계속 존재한다면 그해에 대통령 선거가 있을 것이라고 예측할 수 있다.

우리가 규칙 동사에 규칙을 적용할 때 그와 비슷한 동사들에 대한 기억을 봉쇄하는 것처럼, 규칙 체계를 이용할 때 우리는 가족 유사성 체계의 스위치를 꺼야 한다. 친족과 법에 대한 추론 체계에서 할머니다운 모습을 갖춘 사람이어야만 할머니가 되는 것이 아니고, 대통령다운 모습을 갖춘 사람이어야만 대통령이 되는 것이 아니다. 돌고래의 외관이 물고기처럼 보이는 것은 문제가 되지 않고, 실제로 존재하는 삼각형의 변들이 무한히 가늘거나 완벽하게 똑바르지 않다는 것도 문제가 되지 않는다. 인간의 마음은 이상화된 형식들로 생각할 줄 안다. 즉 한 사물을 축소해 규칙 체계에 의해 취급되는 변수들만의 엄격한 서술로 압축할 줄 아는 것이다. 친족의 경우 세대와 성이 그 예이고, 법률의 경우 선거 과정의 결과가 그 예이다.

특히 과학은 이상화된 형식들, 즉 질량점(질량만 갖고 부피를 갖지 않는 점 — 옮긴이), 무마찰 평면, 완벽한 진공, 무작위로 이종 번식하는 유기체 집단 등으로 사고하는 마음의 능력에 의존한다. 과학의 법칙들은 그것들이 가리키는 사물들의 지저분한 세부 측면들 때문에 소란스러워지지 않는 범주적 진술로 존재할 수 있고, 그래서 긴 추론의 사슬을 형성해 직관에 반하지만 올바른 결론, 예를 들어 열은 운동하는 분자들로 구성되어 있고, 인간과 물고기는 사촌이라는 결론에 이를 수 있다. 만일 인간의 추론 형식이 비슷한 특성들을 일반화해 비슷한 대상에 적용하는 습관에 한정되어 있다면 그런 일은 절대로 일어나지 않을 것이다.

물론 모든 사람이 형식 과학을 아는 것은 아니지만, 사람들은 누구나 (종종 종교와도 뒤섞여 있는) 민속 과학을 통해, 세계와 그 부분들이 숨겨진 힘들, 특성들, 본질들의 정교한 상호 작용을 통해 설명된다는 것을 안다. 흔히 호모 사피엔스는 자연에서 '인지 적소'를 점유하고 있다고 말한다.[24] 우리는 인과적 지식을 이용해 동식물들의 방어 수단을 무력화시키는 새롭고 복잡한 일련의 행동들을 생각해 낸다. 인간의 진화적 조상들과 비슷한 방식으로 살아가는 수렵 채집 부족들을 포함해 모든 문화의 사람들은 구체적 사건들의 경험을 초월하고, 외양 밑에 감춰진 법칙들을 파내고, 마음의 눈으로 그 법칙들을 결합해 외부 세계를 유리하게 조작한다. 사람들은 복잡한 덫, 함정, 무기를 조립한다. 사람들은 땅에 난 몇 개의 흔적으로 그것이 어떤 크기, 종, 상태의 동물인지를 알아내고, 그 목적지를 예측하고 숨어서 기다린다. 사람들은 봄에 핀 꽃을 기억했다가 가을에 돌아와 보이지 않는 땅속에서 성장한 구근을 수확한다. 사람들은 동식물로부터 즙과 분말을 추출해 치료제와 독약으로 전환한다.[25] 만일 마음이 단지 사물들을 기억하고 그와 비슷한 것들이 비슷하게 행동한다고 예측하는 선에서 그친다면, 이런 창조적 행위들은 완전히 불가능할 것이다. 그런 행동들은 규칙과 변수에 의해 가능해지는, 추상적, 조합적 추론에 의존한다.

어떤 규칙 체계들은 물질 세계를 처리하는 데 도움이 되지만, 어떤 규칙 체계들은 인간의 상호 관계를 해결하는 데 도움을 준다. 애매한 문제는 사람들이 경계의 테두리를 서로 다른 곳에 놓고 볼 수 있다는 것이다. 어린아이는 하룻밤 사이에 어른이 되지 않는다. 어느 시점에 어린아이는 스스로 자신이 술을 마시거나 운전을 할 정도로 성숙했다고 여길 수 있지만, 다른 사람들은 그 아이가 아직 그럴 때가 아니라고 생각할 수 있다. 사랑은 시간과 함께 무르익고 깊어 가지만, 어느 날 한 연인 중 다른 한 명은 두 사람의 관계가 남은 생애를 모두 바칠 정도로 무르익었다고 보는 반면, 연인 중 한 명 또는 그들과 관계가 있는 제삼자들은 다른 견해를 가질 수 있다. 집단을 이끌 정도로 충분히 현명하고 능력 있는 몇 명의 사람이 있을 수 있지만, 집단 전체를 위해 어떤 결정을 내릴 때에는 단 한 사람의 목소리가 우세할 수 있다. 사람들은 그런 경계들을 인위적으로 분명하게 만드는 규칙들을 시행하여 사회적으로 민감한 범주들에 대한 경계 논쟁을 피한다. 사람들은 성년, 결혼, 지위에 필요한 조건들을 만들고, 그 범주에 순간적으로 진입하게 해 주는 통과 의례를 시행한다.

지금까지 우리는 언어의 풍부함 중 많은 부분이 단어와 규칙의 긴장으로부터 발생하는 것을 보았다. 마찬가지로 공적인 삶의 풍부함도 많은 부분이 경험에서 비롯되는 가족 유사성 범주와 과학, 법칙, 관습에 의해 규정되는 고전적 범주 간의 긴장으로부터 발생한다. 가족 유사성 범주들은 상식과 공명을 일으키지만, 물고기도 새도 아닌 어떤 것에 직면했을 때에는 암중모색을 할 수밖에 없다. 고전적 범주는 선명한 구분법을 제공하지만, 형식적이거나 현학적이거나 난해하다는 느낌을 피하지 못한다. 인간 DNA를 완전히 갖춘 수정란은 인간일까? 뺨에서 인간 DNA를 완전히 갖춘 세포를 긁어내 인간으로 복제할 수 있다면 그것은 인간일까? 대리 출산의 경우 누가 진짜 어머니일까? 난자를 제공한 여자일까, 아이를 낳은 여자일까? 어떤 범죄를 저지른 사람이 절차상의 문제로 석방되었다면 그는 무죄일까? 어려운 사건을 해결할 때 그와 가장 비슷한 판례에 의존해야 할까, 헌법의 원칙에 의존해야 할까? 1999년에 빌 클린턴(Bill Clinton) 대통령은 백악관 인턴 직원인 모니카 르윈스키(Monica Lewinsky)와 구강 성교를 했으면서도 그녀와의 섹스를 부인했다. 그리고 위증죄로 탄핵을 당했다. 클린턴은 '섹스'를 고전적 범주(법에 명기된 해부학적 체위들)로 취급했고, 그의 적들은 그것을 가족 유사성 범주로 취급했다.

　세계는 아날로그이고 우리의 마음은 디지털이다. 보다 정확히 말하자면 우리 마음의 한 부분은 디지털이다. 우리는 익숙한 실재들과 그 실재들의 교차하는 특성들을 기억하지만, 또한 규칙에 따른 계산을 통해 새로운 마음의 산물들을 생성한다. 수, 지위, 친족 용어, 삶의 단계, 법률적 행위와 불법적 행위, 과학 이론을 만든 생물종이, 문법적인 문장들과 규칙 과거 시제형을 만든 것은 분명 우연의 일치가 아니다. 단어와 규칙은 언어의 광대한 표현력을 창출해, 우리에게 사고의 광대한 창조력에서 열리는 결실들을 공유하게 해 준다.

용어 해설

가정법(subjunctive) 가상적 상태나 반사실적 상태를 나타내는 동사형: It is important that he **go**. Let it **be**. If I **were** a carpenter.

가족 유사성 범주(family resemblance category) 가족에서처럼 모든 구성원들에게 공통된 특성이 없고, 범주의 특성들이 단지 구성원들의 부분 집합에 의해 공유되는 범주. 도구, 가구, 게임 등의 예가 있다.

각운(rime) 한 음절의 모음과 그 뒤의 자음들로 구성된 부분: m**oon**, J**une**.

강변화 동사(strong verbs) 게르만 어파(영어 포함)에서 모음 전환을 겪고, t 나 d 로 끝나지 않는 동사: sing-sang, wear-wore.

강세(stress) 발음 시 한 음절을 더 크게, 더 길게, 더 높게, 더 또렷하게, 또는 어떤 조합을 통해 발음해 그 음절을 강조하는 것: América, Cánada, Massachúsetts.

격(case) 주어, 목적어, 간접 목적어, 전치사의 목적어 간의 차이에 대략적으로 상응하는 명사형 간의 차이. 영어에서는 I 와 me, he 와 him 등의 차이다.

경험주의(empiricism) 선천적 구조보다 학습과 경험적 영향을 중시하는 심리학적 접근법. 이 책에서는 사용되지 않은 두 번째 의미는, 이론보다 실험과 관찰을 중시하는 과학적 접근법이다.

고대 영어(Old English) 450년경부터 1100년경까지 영국에서 사용된 언어. 450년경에 영국을 침공한 화자들의 이름을 따서 앵글로색슨어라고도 한다.

고전적 범주(classical category) '홀수'나 '아메리카 합중국 대통령'처럼 자격 조건이 잘 지정된 범주.

곡용(declension) 명사를 굴절시키는 과정, 또는 명사에서 굴절된 일련의 형태들: duck, ducks.

과거 완료(pluperfect) 과거의 한 시점을 기준으로 이미 완료된 행동을 나타내기 위해 사용되는 구문: When I arrived, John had **eaten**.

과거형(preterite) 동사의 단순 과거 시제형: He walked. We sang. 대개 완료형을 사용해 과거 시제를 가리키는 동사 형태(He has walked. 또는 We have sung.)와 대조된다.

관사(article) 명사구를 수식하는 단어들 a, the, some로 이루어진 품사 범주. 종종 한정사 범주에 포함된다.

구(phrase) 문장에서 한 단위로 행동하고 일반적으로 통일적인 의미를 띠는 단어 집단: in the dark, the man in the gray suit, dancing in the dark, afraid of the wolf.

굴절(inflection) 현재의 용도나 문장 내의 문법적 역할을 표현하기 위해 단어를 변화시키는 과정: dog**s**(복수 굴절), walk**ed**(과거 시제 굴절), walk**ing**(진행 굴절), walk**s**(3인칭 현재 시제 굴절).

규범 어근(canonical root) 해당 언어의 단일어로서 표준적인 소리 패턴, 품사, 그리고 소리와 자의적으로 관련된 의미를 가진 어근.

규칙형(regular) 불규칙형 참조.

근대 영어(Modern English) 18세기부터 사용된 다양한 영어.

긴장 모음(tense vowel) 혀뿌리의 근육이 구강 전면으로 당겨지면서 발음되는 모음. 영어에서 장모음은 모두 긴장 모음이다.

뉴런(neurons) 신경 세포. 정보를 처리하는 신경계의 세포들. 뇌 세포와, 축삭 돌기(출력 섬유) 그리고 신경과 척수를 이루는 세포들이 포함된다.

동명사(gerund) 동사에 –ing가 붙어 조성된 명사: His incessant **whining**.

동사(verb) 일반적으로 행동이나 상태를 나타내는 단어들로 구성된 품사 범주: hit, break, run, know, seem.

동음 이의어(homophones) 소리가 동일한 단어들.

동일 어원(cognate) 언어는 다르지만 두 단어가 동일한 조상어의 한 단어로부터 나왔거나 한 언어가 애초에 다른 언어로부터 그 단어를 차용했기 때문에 그것과 비슷함을 보이는 단어.

리스팀(listeme) 단어의 여러 의미들 중 하나를 가리키는 드물지만 유용한 용어. 리스팀은 소리나 의미가 일반적인 규칙에 따르지 않기 때문에 반드시 기억되어야 하는 언어의 요소를 가리킨다. 모든 형태소, 단어 어근, 불규칙형, 연어, 숙어가 리스팀이다.

마음 사전(lexicon) 일단의 단어들 또는 사전. 마음 사전은 해당 언어에 존재하는 단어들에 대한 개인의 지식이다.

명령형(imperative) 명령에 사용되는 동사 형태: **leave** now!

명사(noun) 일반적으로 사물이나 개체를 가리키는 단어들로 이루어진 품사 범주: dog, cabbage, John, country.

명칭 실어증(anomia) 환자가 단어를 검색하거나 인식하는 데 어려움을 겪는 실어증의 한 증상.

모음 변이(umlaut) 모음의 발음이 구강 전면을 향해 이동하는 과정. 독일어에서 모음 변이를 겪는(또는 초기에 모음 변이를 겪은) 모음들은 2개의 점으로 표시된다: ä, ö, ü.

모음 전환(ablaut) 모음의 변화로 동사를 굴절시키는 과정: sing-sang-sung.

무성음(unvoiced) 유성음 참조.

문법적 형태소(grammatical morphemes) 일반적으로 짧고 빈번하며, 인칭, 수, 시제 같은 굴절 범주를 표현하거나 문장의 문법 구조를 규정하는 데 필요한 형태소들. 예로는 접두사, 접미사, 조동사, 전치사, 관사, 접속사가 있다.

문법(grammar) 한 언어에 존재하는 단어와 문장의 형태 및 의미를 지배하는 데이터베이스, 연산 방식, 규약, 또는 일련의 규칙. 학교에서 가르치거나 작문 교본에 설명되어 있는 '좋은 글쓰기'를 위한 지침과 혼동해서는 안 된다.

물질 명사(mass noun) 단일한 사물이 아니라 측정할 수 없는 수량을 가리키는 명사로, 보통 복수형을 취하지 못한다: mud, milk, anguish, evidence.

바후브리히(bahuvrihi) 누구인지가 아니라 그의 특성이나 행위에 따라 개인을 지칭하는 핵어 없는 복합어: flatfoot, four-eyes, cutthroat

법(mood) 문장이 진술문인지, 명령문인지, 가정문인지의 여부.

보충형(suppletion) 음운론적으로 어근과 무관하고, 다른 단어로부터 들어온 굴절형: go-went, good-better, person-people.

복합어(compound) 두 단어가 묶여 조성된 단어. blackboard, babysitter.

부사(adverb) 일반적으로 행동의 방식이나 시간을 가리키는 단어들로 구성된 품사 범

주: tread **softly**, **boldly** go, He will leave **soon**.

부정사(infinitive) 시제가 없고 동사 전체를 대표하는 동사형: to **eat**, We can **eat**.

분사(participle) 혼자서는 존재할 수 없고 조동사나 다른 동사가 있어야 나타날 수 있는 동사형: He has **eaten**(완료 분사). He was **eaten**(수동 분사). He is **eating**(진행 분사).

불규칙형(irregular) 문법 규칙에 따라 만들어지는 것이 아니라 특이하게 굴절된 형태를 가진 단어: brought(bringed가 아니다.), mice(mouses가 아니다.). 규칙에 복종하는 규칙 단어와 대조를 이룬다(walked, rats).

브로카 실어증(Broca's aphasia) 조음, 유창한 표현, 문법, 복잡한 문장의 이해에 어려움을 보이는 실어증.

브로카 영역(Broca's area) 언어 생산, 복잡한 문장의 분석, 언어적 단기 기억에 관여하는 것으로 여겨지는 좌뇌 전두엽의 하부 영역.

생산성(productivity) 전에는 들어보거나 사용하지 않았던 새로운 단어 형태나 문장을 말하고 이해하는 능력.

생성 언어학(generative linguistics) 놈 촘스키와 연관된 언어학파로, 구체적인 언어 및 보편적인 인간 언어에 존재하는 단어와 문장의 형태 및 의미를 지배하는 규칙과 원리를 발견하려 한다.

생성 음운론(generative phonology) 언어의 소리 패턴을 연구하는 생성 문법 이론의 한 갈래.

수동태(passive) 보통의 목적어가 주어로 나타나고, 보통의 주어가 전치사 by의 목적어로 나타나거나 완전히 사라진 문장: I was robbed. He was nibbled to death by ducks.

수(number) 단수와 복수의 차이: chipmunk 대 chipmunks.

숙어(idiom) 의미를 부분들의 의미로부터 예측할 수 없는 구: go bananas, keep tabs, take a leak.

술어(predicate) 대개 하나 이상의 참여자를 연루시키고, 종종 문장의 동사구와 동일시되는 상태, 사건 또는 관계: The gerbil **ate the peanut**.

슈와(schwa) **a**rrive, moth**e**r, accid**e**nt 등의 중립 모음.

시냅스(synapse) 뉴런들 간의 연결 부위. 한 뉴런의 활동이 다른 뉴런의 활동에 영향을 미치는 장소다. 시냅스의 강도 변화가 학습과 기억의 신경 과학적 기초일 것이라 생각된다.

시제(tense) 문장을 통해 묘사되는 사건 발생의 상대적 시간, 화자가 문장을 발화하는 순간, 또는 제3의 기준점: 현재(He eats), 과거(He ate), 미래(He will eat).

신경망(neural network) 상호 연결된 단위들이 신호를 서로 주고받고 입력 신호의 총합에 따라 켜지고 꺼지는 컴퓨터 모형의 일종으로, 뇌와 막연하게 연관되고는 한다. 단위들의 연결 강도는 훈련 과정에서 증가하거나 감소한다.

신경 전달 물질(neurotransmitter) 시냅스에서 뉴런이 방출하는 화학 물질로 시냅스 너머의 다른 뉴런을 흥분시키거나 억제한다.

실문법증(agrammatism) 환자가 완전한 단어와 문법적인 문장을 제대로 생산하지 못하고, The dog was tickled by the cat처럼 의미가 통사론과 밀접하게 관련되어 있는 문장을 잘 이해하지 못하는 실어증의 한 증상.

실비안 열구(Sylvian fissure) 측두엽과 뇌의 나머지 부분을 나누는 거대한 수평의 틈.

실어증(aphasia) 환자가 뇌 손상으로 인해 언어 상실이나 손상을 보이는 증후군.

심리 언어학자(psycholinguist) 사람들이 어떻게 언어를 이해하고 생산하고 학습하는지를 연구하는 과학자로, 대개는 전문 훈련을 거친 심리학자다.

아리스토텔레스의 범주(Aristotelian category) 고전적 범주 참조.

약변화 동사(weak verbs) 게르만 어파에서 t나 d를 첨가해 과거 시제형이나 분사형을 만드는 동사들. sleep-slept, hit-hit, bend-bent 같은 약변화 불규칙 동사들과 모든 규칙 동사가 포함된다.

어간(stem) 단어의 주요 부분으로, 접두사 및 접미사가 붙는다: **walk**s, **break**able, en**slave**.

어근(root) 단어 또는 서로 관련된 단어들의 집단에서 가장 기초적인 형태소로, 더 이상 축소될 수 없는, 소리와 의미의 자의적 쌍으로 이루어져 있다: **electr**icity, **electr**ical, **electr**ic, **electr**ify, **electr**on.

어근 없는 단어(rootless) 어근이 없고, 의성, 인용, 절단, 에포님, 두문자 형성, 품사 범주 전환 등의 다른 방식으로 소리를 얻는 단어.

언어학자(linguist) 언어가 어떻게 작동하는가를 연구하는 학자나 과학자. 여기에서는 여러 언어를 구사하는 사람을 가리키지 않는다.

에포님(eponym) 이름에서 파생한 명사: a **scrooge**, a **shylock**.

fMRI 기능성 자기 공명 영상법(functional Magnetic Resonance Imaging). 뇌의 해부학적 구조만을 보여 주는 것이 아니라, 뇌의 여러 부위에서 일어나는 대사 활동을 보여 주는 MRI의 한 유형.

엑스선 체축 단층 촬영(CAT scan)　일련의 엑스선 데이터로부터 뇌나 신체의 횡단면 사진을 얻는 기법.

MRI　자기 공명 영상법(Magnetic Resonance Imaging). 뇌나 신체의 횡단면 사진을 구성하는 기법.

MEG　뇌자도(Magnetoencephalography). 뇌에서 방출되는 자기 신호를 측정하는 기법.

역성(back-formation)　원래 단순어에서 파생한 것이 아닌 복합어로부터 단순어를 추출하는 과정: to bartend(bartender로부터), to burgle(burglar로부터).

연결주의(connectionism)　간단한 신경망을 집중적으로 훈련시켜 인지 과정을 모형화하는 인지 심리학파. 오늘날의 연결주의는, 전부는 아니지만, 대부분이 연합주의의 한 형태다.

연어(連語, collocation)　일반적으로 함께 사용되는 단어 열: excruciating pain, in the line of fire.

연합주의(associationism)　지능은 연속적으로 경험되거나 서로 비슷한 개념들을 연합시키는 것에 있다고 보는 이론. 연합주의 이론은 대개 영국 경험주의 철학자 존 로크, 데이비드 흄, 데이비드 하틀리, 존 스튜어트 밀과 연결되고, 행동주의와 연결주의의 기초가 된다.

완료 시제(perfect)　문장을 말하는 순간을 기준으로 이미 완료된 행동을 나타내는 동사 형태: John **has eaten**. 과거 완료 참조.

wug 테스트　새로운 단어를 제시하고 그것을 굴절시키게 하는, 언어적 생산성에 대한 실험.

유성음화(voicing)　자음을 조음하는 순간 성대가 후두에서 울림. b, d, g, z, v(유성음)와 p, t, k, s, f(무성음)의 차이.

유성음(voiced)　유성음화 참조.

융합(syncretism)　동일한 형태를 띠는 별개의 굴절들: He **walked**(과거 시제), He has **walked**(완료 분사), He is being **walked**(수동 분사). the **cats**(복수형), the **cat's** pajamas(소유격), the **cats'** mother(복수 소유격).

음성학(phonetics)　언어의 소리들이 조음되고 지각되는 방식.

음소(phoneme)　모음이나 자음. 함께 묶여 형태소를 이루는 알파벳 철자와 대략 일치하는 소리 단위: bat, beat, stout.

음운론(phonology)　단어의 소리 패턴을 결정하는 문법 성분으로, 음소들의 목록, 음소들이 어떻게 결합해 적법한 단어를 구성하는가, 음소들이 자신의 이웃들, 그리고 억양, 타이밍, 강세의 패턴에 따라 어떻게 조정되어야 하는가를 설명하는 규칙들로 이루어져 있다.

음절 두음(onset) 음절 첫 부분에 있는 자음들: **str**ing, **pl**ay.

음절핵(nucleus) 한 음절의 핵심이 되는 모음이나 모음들: tr**ai**n, t**a**p.

음절 후부(coda) 한 음절의 말미에 있는 자음: ta**sk**, po**mp**.

의미론(semantics) 형태소, 단어, 구, 문장의 의미를 규정하는 규칙 또는 마음 사전 기재 항의 성분들.

이중 모음(diphthong) 빠르게 잇달아 발음되는 두 모음으로 이루어진 모음: b**i**te, l**ou**d, m**a**ke.

ERP 사건 관련 전위(Event-related potential). 단어나 그림 같은 자극에 대한 반응으로 뇌에서 방출되는 전기 신호로, 두피에 붙인 전극으로 측정한다.

인도-유럽 어족(Indo-European) 유럽, 서남아시아, 북인도 언어의 대부분을 포함하는 어족으로, 선사 시대의 어느 부족이 사용했던 원시 인도-유럽 어의 후손이라 생각된다.

인지 신경 과학(cognitive neuroscience) 인지 과정들(언어, 기억, 지각, 추론, 행동)이 뇌에 의해 수행되는 과정을 연구하는 과학.

인칭(person) I(일인칭), you(이인칭), he/she/it(삼인칭)의 차이.

일치(agreement) 동사가 주어나 목적어의 수, 인칭, 성에 맞게 변화하는 과정: He **smells**(**smell**이 아님) 대 They **smell**(**smells**가 아님)

자동사(intransitive) 목적어 없이 나타나는 동사: We **dined**. She **thought** that he was smart. He **devoured** the steak. I **told** him to leave에서처럼 목적어와 함께 나타나는 타동사와 대조를 이룬다.

자음(consonant) 성도를 통과할 때 완전 또는 불완전한 장애를 받는 소리.

장모음(long vowel) 다른 모음들보다 약 두 배로 길게 발음되는 모음: 영어에서는 bait, beet, bite, boat, boot에 포함된 긴장 모음들을 가리킨다.

재귀(recursion) 자기 자신과 똑같은 사례를 유발하고, 그것을 무한히 적용해 어떤 크기의 실체라도 창조하거나 분석하는 절차. '동사구는 동사와 그 뒤의 명사구와 그 뒤의 동사구로 이루어질 수 있다.'

저지(blocking) 만일 어떤 단어에 불규칙형이 있으면 규칙이 그 단어에 적용되는 것을 막는 규칙. 예를 들어, came의 존재는 규칙이 come에 –ed를 첨가하는 것을 저지해 comed를 미리 봉쇄한다.

전치사(preposition) 일반적으로 공간적 관계나 시간적 관계를 가리키는 단어들로 구성된 품사 범주: in, on, near, by, for, under, before.

조동사(auxiliary) 시제, 부정, 의문/진술, 필요/가능처럼 문장의 진리와 관련된 개념을 표현하는 특별한 종류의 동사. He **might** complain. He **has** complained. He **is** complaining. He **coesn't** complain. **does** he complain?

중세 영어(Middle English) 1066년 노르만 침공 직후부터 1400년대 대모음 추이 시대까지 영국에서 사용된 언어.

중심 고랑(central sulcus) 뇌에서 전두엽과 두정엽을 나누는 고랑. 중심 열구 또는 롤란드 고랑이라고도 한다.

진행형(progressive) 진행 중인 사건을 나타내는 동사형: He is **Gwaving** his hands.

차일데스(ChilDES) 아동 언어 데이터 교환 시스템. 심리 언어학자 브라이언 맥휘니와 캐서린 스노가 개발한 아동 언어 녹취 컴퓨터 데이터베이스(http://childes.psy.cmu.edu/).

초기 근대 영어(Early Modern English) 1450년경부터 1700년경에 사용된 셰익스피어와 킹 제임스 성서의 영어.

초깃값(default) 어떤 작용도 지정되지 않은 상황에서 취해지는 작용. 예를 들어 전화 번호 앞에 지역 번호를 누르지 않으면, 해당 지역의 지역 번호가 초깃값으로 적용된다.

타동사(transitive) 자동사 참조.

통사론(syntax) 단어들을 배열해 구와 문장을 만드는 문법 성분.

파생(derivation) 기존의 단어로부터 새 단어를 만드는 과정. 접사를 부가하거나(break + –able → breakable, sing + –er → singer), 복합어를 만든다(super + woman → superwoman).

패턴 연상망 기억(pattern associator memory) 일련의 입력 단위들, 일련의 출력 단위들 그리고 모든 입력 단위와 모든 출력 단위들 간의 (때로는 하나 이상의 숨겨진 단위층을 통한) 연결로 구성된 일반적인 종류의 신경망 또는 연결주의 모형. 패턴 연상망 기억은 각각의 입력 묶음에 대한 출력을 기억하고, 비슷한 입력으로부터 비슷한 출력을 일반화하도록 설계된다.

품사(part of speech) 단어의 통사론적 범주: 명사, 동사, 형용사, 전치사, 부사, 접속사.

품사 전환(conversion) 기존 단어의 품사를 변화시켜 새 단어를 파생시키는 과정:

animpact(명사) →to impact(동사), to read(동사) →a good read(명사).

플루랄리아 탄툼(pluralia tantum) jeans, suds, the blues처럼 항상 복수인 명사. 플루랄리아 탄툼의 단수형은 플루랄레 탄툼(plurale tantum)이다.

PET 양전자 단층 촬영법(Positron Emission Tomography). 대사 활동의 종류나 양이 다른 부위들이 각각 다른 색으로 나타나는, 뇌나 신체의 횡단면 사진을 구성하는 기법.

피질(cortex) 회색 물질처럼 보이는 대뇌 양반구의 표면으로, 무수히 많은 뉴런과 시냅스가 담겨 있다. 상위의 인지, 지각, 운동 과정들의 기초가 되는 신경 연산의 본거지다.

한정사(determiner) 관사 및 그와 비슷한 단어들(a, the, some, more, much, many)로 구성된 품사 범주.

핵어(head) 전체의 의미와 특성을 결정하는, 구 속의 특별한 단어나 단어 속의 특별한 형태소. The **man** in the gray flannel suit, redwinged black**bird**.

행동주의(behaviorism) 마음에 대한 연구를 비과학적이라고 생각해 거부하고 유기체의 행동을 설명하려 했던, 1920년대에서 1960년대까지 큰 영향력을 미친 심리학파. 대개 심리학자 B. F. 스키너와 관련된다.

형용사(adjective) 일반적으로 어떤 속성이나 상태를 가리키는 단어들로 구성된 품사 범주: the **big bad** wolf, too **hot**.

형태론(morphology) 조각들(형태소들)로부터 단어를 조성하는 문법의 성분. 종종 굴절과 파생으로 나뉜다.

형태소(morphemes) 단어를 자르면 나오는 최소의 유의미한 조각들: un micro wave ability.

활용(conjugation) 동사를 굴절시키는 과정, 또는 동사에서 나온 일련의 굴절형: quack, quacks, quacked, quacking.

1장 무한한 도서관

1. Saussure, 1916/1959.

2. 친구 마거릿 마우스(Margit Maus)의 증언.

3. Pinker, 1994, 149-151; Miller, 1991.

4. Marslen-Wilson, 1987.

5. Rayner & Pollatsek, 1994.

6. Levelt et al., 1998.

7. Miller, 1967, 82.

8. Miller, 1991.

9. Borges, 1964a.

10. Humboldt, 1836/1972; Chomsky, 1966.

11. Eco, 1995.

12. Eco, 1995; Borges, 1965.

13. 단순한 단어와 문법적 조합 간의 노동 분업은 언어에 따라 다르다. 예를 들어 아메리카 원주민 언어들은 단어가 더 적고 규칙이 더 많다. 그러나 이 언어들에서도 화자는 대체로 소리를 듣고 단어의 의미를 추론하지 못하고, 단어들을 통째로 기억해야 한다.

14. Empson, 1959.

15. Chomsky, 1959; Lenneberg, 1964.

16. Marcus, Pinker, Ullman, Hollander, Rosen, & Xu, 1992.

17. *Buyed*는 Lenneberg, 1964에서 인용; *holded*는 Cazden, 1972에서 인용; *stealed*는 Lila Gleitman의 개인적 대화에서 인용; *beared*는 *goed*는 게리 마커스의 녹취록 분석에서 가져온 것이다. 그 녹취록은 아동 언어 데이터 교환 시스템 차일데스(Child Language Data Exchange System, ChilDES)에서 가져온 것이다(MacWhinney & Snow, 1985, 1990, http://childes.psy.cmu.edu/; see Marcus et al., 1992.).

18. Lederer, 1990.

19. Pinker & Prince, 1988.

20. Hogg, 1988; Murray, 1998.

21. 추가적으로 두 아이가 더 *glanged*를 생성했다.

22. Marcus et al., 1992; Aronoff, 1976; Kiparsky, 1982.

23. Allen, 1980.

24. Prasada & Pinker, 1993도 참조.

25. Pinker & Prince, 1988.

2장 언어학적 해부

1. Dronkers, Pinker, & Damasio, 1999도 참조.

2. Aronoff, 1976; di Sciullo & Williams, 1987; Pinker, 1994, chap. 5.

3. Aronoff, 1994.

4. Lieber, 1992.

5. *Atlantic Monthly*, November 1997.

6. Bernstein, 1977.

7. *Boston Glove*, October 4, 1998, C5.

8. Seuss, 1987.

9. Williams, 1981; Selkirk, 1982.

10. *Boston Globe*, summer 1998.

11. Pinker, 1994, chap. 5.

12. Pinker & Prince, 1988.

13. Williams, 1981; Selkirk, 1982; Pinker & Prince, 1988.

14. Carstairs, 1987; Carstairs-McCarthy, 1994; Aronoff, 1994.

15. Carstairs, 1987; Carstairs-McCarthy, 1994; Bybee, 1985; Spencer, 1991.

16. Zwicky, 1975; Pinker & Prince, 1988.

17. Pinker & Prince, 1988.

18. Dell, 1995.

19. Fromkin, 1971; Garrett, 1980; Stemberger, 1985.

19. Fromkin, 1971; Garrett, 1980; Stemberger, 1985.

20. McGuinness, 1997.

21. Cassidy, 1985.

22. 멜리사 보어먼(Melissa Bowerman)과의 개인적인 대화를 통해 얻은 정보. 1998년 6월 30일.

23. Pinker & Prince, 1988.

24. Pinker, 1984/1996, chap. 5.

25. Pinker & Prince, 1988; Kim et al., 1991, 1994.

3장 귓속말잇기 게임

1. Hymes, 1964.

2. 3장에서 이루어진 영어의 역사에 대한 논의는 다음 문헌에 바탕을 둔 것이다. *Oxford English Dictionary*; Cassidy & Ringler, 1891/1971; Curme, 1935/1983; Görlach, 1991; Jespersen, 1938/1982; Johnson, 1986; Levin, 1964; Pyles & Algeo, 1982; Williams, 1975; Chomsky & Halle, 1968/1991.

3. Francis & Kučera, 1982.

4. Quirk et al., 1985.

5. Quirk et al., 1985, 307.

6. *Newsweek*, November 22, 1993, 34.

7. Raymond, 1991.

8. Lieber, 1980.

9. Lederer, 1990.

10. Beard & McKie, 1982.

11. tantrum(짜증), tantra(탄트라). 원래 태셔널 퍼즐러스 리그의 공식 간행물《더 에니 그마(The Enigma)》에 있는 퍼즐이다. 보다 자세한 정보를 얻으려면 Francis Heaney, 509 E. 5th Street, New York NY 10009에 SASE(자기 주소를 적은 반신용 우편)를 보 내거나, http://www.puzzlers.org를 방문하라. 나의 동료 언어학자이자 시인인 새뮤 얼 제이 카이서(Samuel Jay Keyser)는 다른 해법을 발견했다. 철자가 규칙에서 조금 벗어나기는 하지만, fit, prophet처럼 틀린 옹호자 만들기가 그것이다(접두사 pro-는 '찬성하는', '편드는'의 뜻이다——옮긴이).

12. 현대 영어에서 불규칙 동사와 그 변형들의 목록은 Curme, 1935/1983, Quirk et al. 1985, Pinker & Prince, 1988에서 볼 수 있다. 또한 비표준적 방언 형태들은 Mencken, 1936, 1919/1986에 담겨 있다. 과거형 선택의 변화와 불확실성에 관한 데이터는 Ullman, 1993; Haber, 1975, 1976; Quirk, 1970; Murray, 1998에서 볼 수 있다.

13. Jackendoff, 1983; Lakoff, 1987; Pinker, 1989.

14. Bybee & Slobin, 1982; Rumelhart & McClelland, 1986; Pinker & Prince, 1988; Stemberger, 1983; MacWhinney, 1978.

15. Stemberger, 1983.

16. Stemberger, 1983; Stemberger & MacWhinney, 1986b, 1988; Bybee & Slobin, 1982.

17. Bybee & Slobin, 1982; Kuczaj, 1977, 1978; Marcus et al., 1992.

18. *Tread*는 P. 로진(P. Rozin)과 A. 폴런(A. Fallon)이 *Psychological Review*, 94, 1987 에 실은 글에서 인용했다.

19. Peter Hotton in the *Boston Globe*, February 24, 1991.

20. Bernstein, 1977.

21. Chomsky & Halle, 1968/1991, 253.

22. Myers, 1987.

23. Stevens & Keyser, 1989.

24. Baldi, 1983; Williams, 1975; Crystal, 1997; Comrie, Matthews, & Polinsky, 1996.

25. Renfrew, 1987.

26. Levin, 1964; Johnson, 1986; Pyles & Algeo, 1982; Baldi, 1983, Watkins, 1992.

27. 불확실한 과거형을 가리키는 전문 용어로 muzzy라는 훌륭한 단어를 사용하는 방법 은 Lyn R. Haber, 1975, 1976이 제안했다.

28. "The Spring has sprung"라는 제목의 이 엉터리 시는 자주 인용되고 변형이 많지만, 원본은 불확실하다. .『운문과 더 나쁨(*Verse and Worse: A Private Collection*)』(1952)에서 아널드 실콕(Arnold Silcock)은 "The Budding Bronx"라는 제목의 익명의 시를 소개한다. Der spring is sprung / Der grass is riz / I wonder where dem boidies is. / Der little boids is on der wing, / Ain' t dat absoid? / Der little wings is on der boid!

29. Ann Taylor, "Deep Things," in Jane and Ann Taylor, *Original Poems for Infant Minds*, 1804.

30. Jane Holtz Kay, architecture critic of *The Nation*, in the *Boston Globe*, April 1990.

31. *Boston Globe*, January 7, 1992.

32. *Boston Globe*, February 20, 1997.

33. Camille Paglia in *Salon*, March 22, 1999.

34. *Boston Globe*, May 27, 1995.

35. Bybee & Slobin, 1982; Marcus et al., 1992.

36. Bernstein, 1977, 452.

37. Cullen Murphy, "The Lay of the Language," *Atlantic Monthly*, May 1995.

38. From Jan Freeman's column "The Word," *Boston Globe*, February 21, 1999.

39. Curme, 1935/1983, 282.

40. Pyles & Algeo, 1982, 201.

41. M. H. Greenblatt, *Espy*, 1975에 보고되었으나 출처가 의심스럽다. 디지식 어법(Dizzyism)이 워낙 열심히 보고되고, 거래되고, 윤색되고, 날조되었기 때문이다. 자주 인용되는 또 한 명의 야구 선수 요기 베라(Yogi Berra)는 다음과 같이 말했다고 전해오지만 이 역시 출처는 의심스럽다. "나는 결코 내가 말한 대부분의 것을 말하지 않았다."
Staten, 1992가 신중하게 녹취하고 인쇄한 어느 라디오 방송에서, 딘은 처음부터 끝까지 "swang"이 아니라 "swung"이라고 말했다.

42. Murray, 1998.

43. *New York Times Magazine*, July 16, 1995.

44. Hogg, 1988.

45. *skun*에 대해 스테파니 셰턱허프네이글(Stephanie Shattuck-Hufnagel)에게 감사하

고, *tug*에 대해 캐럴 밀러(Carol Miller)에게 감사한다. 디지 딘의 "slud" 발음을 확인해 준 것에 대해 월터 켄트(Walter Kent)에게 특별히 감사한다.

46. *New York Times Magazine*, July 16, 1995.

47. *Boston Globe*, May 3, 1998.

48. From Ann Landers's syndicated column, February 1999.

49. 작사 C. Sigman and P. DeRose.

50. Pyles & Algeo, 1982.

51. Heine, Claudi, & Hunnemeyer, 1991.

52. Wescott, 1970; Jakobson, 1971; Kuryłowicz, 1964; Swadesh, 1964.

53. Cooper & Ross, 1975; Tanz, 1971; Pinker & Birdsong, 1979; Woodworth, 1991.

54. Wescott, 1970.

4장 일대일 전투

1. Curme, 1935/1983; Jespersen, 1938/1982; Pyles & Algeo, 1982; Williams, 1975.

2. Curme, 1935/1983; Mencken, 1936, 1919/1986.

3. Bybee & Moder, 1983.

4. Rosten and Ross, 1989.

5. Robert Winder, *The Independent*, April 1994, 16.

6. Lederer, 1990.

7. MacWhinney & Snow, 1985, 1990.

8. Xu & Pinker, 1995.

9. 마이클 가자니가(Michael Gazzaniga)의 딸 프란체스카(Francesca)가 1991년 12월 9일에 쓴 글.

10. Chomsky & Halle, 1968/1991.

11. Rumelhart & McClelland, 1986.

12. Hobbes, 1651/1957.

13. Eco, 1995, 281.

14. 라이프니츠가 이 도식을 발전시키고 정교하게 다듬은 과정에 대해서는 Eco, 1995, chap. 14에 인용된 논문들을 참조할 것.

15. Newell, 1990; Anderson, 1993.

16. Hume, 1748/1955.

17. Chomsky & Halle, 1968/1991; Halle & Mohanan, 1985. 불규칙 패턴은 규칙의 산물이라는 가정은 할레와 알렉 마란츠(Alec Marantz)의 이론(Halle & Marantz, 1993)을 비롯해 그 이론을 이어받은 후속 이론들 속에 계속 유지되어 왔다.

18. Halle & Mohanan, 1985, 104에서 인용.

19. Lahiri & Marslen-Wilson, 1991.

20. Chomsky & Halle, 1968/1991, 49.

21. Chomsky & Halle, 1968/1991, 54.

22. 《맨체스터 가디언(*Manchester Guardian*)》에 T. X. 와트(T. S. Watt)의 「영어(English)」로 처음 발표되었고, 여기에는 Lederer, 1990의 것을 인용했다.

23. Bybee & Slobin, 1982; Pinker & Prince, 1988.

24. Bybee & Slobin, 1982; Wittgenstein, 1953; Rosch, 1978; 이 책의 10장도 참조.

25. Xu & Pinker, 1995.

26. Bybee & Moder, 1983.

27. Rumelhart & McClelland, 1986.

28. Sampson, 1987.

29. Rumelhart, McClelland, & the PDP Research Group, 1986; McClelland, Rumelhart, & the PDP Research Group, 1986; Quinlan, 1991; Smolensky, 1988.

30. Schneider, 1987.

31. Hartley, 1775/1993.

32. Pinker & Prince, 1988.

33. Pinker & Mehler, 1988; Prasada & Pinker, 1993; Pinker, 1997, 112-131; Marcus et al., 1995; Marcus, 1997, 1998, in press a, b, c; Fodor & Pylyshyn, 1988; Fodor & McClaughlin, 1990; Minsky & Papert, 1988; Lachter & Bever, 1988; Anderson, 1993; Newell, 1990; Ling & Marinov, 1993; Hadley, 1994a, b.

34. Dewdney, 1997.

35. Kim et al., 1991, 1994; Marcus et al., 1995.

36. Marcus et al., 1992.

37. Westermann & Goebell, 1995에서 이 접근법의 예를 볼 수 있다. 역설적으로 Rumelhart and McClelland, 1986과 후속 모형의 설계자들이 쓴 MacWhinney and

Leinbach, 1991은 마음 사전을 위해 별도의 망을 만드는 것이 바람직한가에 대해 논의했다. 그렇게 한다면 그 모형은 단어-규칙 이론에 가까워졌을 것이다. 그러나 그들은 그 논의를 실행에 옮기지 않았고, 이후의 논쟁에서 그것은 무시되어 왔다.

38. Wickelgren, 1969. Patterson, Seidenberg, & McClelland, 1989와 Mozer, 1991에서 도 위켈식 표상을 사용했다.

39. Prince & Pinker, 1989.

40. Prasada & Pinker, 1993; Sproat, 1992; Marcus, in press c.

41. Smolensky, 1990, 1995; Shastri & Ajjanagadde, 1993; Shastri, 1999; Pollack, 1990; Hadley & Hayward, 1994; Hummel & Holyoak, 1997; Hummel & Biederman, 1992; Halford et al., 1997.

42. Daugherty & Hare, 1993; Daugherty & Seidenberg, 1992; Daugherty, MacDonald, Petersen, & Seidenberg, 1993; Goebel & Indefrey, 1994; Hare & Elman, 1992; Hare, Elman, and Daugherty, 1995; Hoeffner, 1992; MacWhinney & Leinbach, 1991; Plunkett & Marchman, 1991, 1993; Forrester & Plunkett, 1994; Sproat, 1992; Westermann and Goebel, 1995; Plunkett & Nakisa, 1997; Nakisa & Hahn, 1996. 비판과 관련해서는 다음을 참조. Marcus et al., 1992, 1995; Prasada & Pinker, 1993; Kim et al., 1994; Marcus, 1995a, 1997, 1998, in press a, b, c; Ling & Marinov, 1993.

43. Egedi & Sproat, 1991; Sproat, 1992; 5장을 보라. 또한 7장에 논의된 미출판 연구를 참조하라. Marcus & Halberda, in press C.

44. Aronoff, 1976; Bresnan, 1978; Jackendoff, 1975, 1997; Lieber, 1980; Spencer, 1991.

5장 단어광

1. Baayen & Renouf, 1996.

2. Sproat, 1992; Allen, Hunnicutt, & Klatt, 1987, chap. 3; Ritchie, et al., 1991; Karttunen, koskenniemi, & Kaplan, 1987; Karttunen, Kaplan, & Zaenen, 1992.

3. Francis & Kučera, 1982.

4. Bybee, 1985.

5. Bybee, 1985.

6. 제인 그림쇼(Jane Grimshaw)의 사례; Pinker & Prince, 1988 참조.

7. Baayen, 1994; Baayen & Lieber, 1991; Baayen & Renouf, 1996; Lieber, 1992.

8. 불규칙 과거 시제형 중에는 62개의 하팍스 레고메논이 있지만, 앞에서 내가 빈도수 1 인 불규칙 동사가 17개뿐이라고 말한 이유는, 앞의 숫자에는 다른 시제로 몇 번 출현하 는지에 상관없이 과거 시제로 단 한 번 출현한 동사들이 포함된 반면에, 뒤의 숫자에는 어떤 형태로든 단 한 번 출현한 동사들이 포함되기 때문이다.

9. Ullman, 1999.

10. Prasada, Pinker, & Snyder, 1990.

11. Seidenberg & Bruck, 1990; Beck, 1997; Shenkman, 1994; Ullman, 1993. 모든 실 험에서 사람들은 빈도수가 높은 불규칙 형태보다 빈도수가 낮은 불규칙 형태를 생산 하는 데 더 오랜 시간이 걸렸고, 규칙 형태에서는 이 효과가 발생하지 않았다. 몇몇 실 험에서 빈도수가 높은 규칙 형태와 빈도수가 낮은 규칙 형태가 똑같은 시간이 걸렸다. 다른 실험들에서는 낮은 빈도수의 규칙 형태들이 조금 더 늦게 생산되었지만, 빈도수 가 낮은 불규칙 형태들만큼 늦지는 않았다. 또 다른 실험들에서는 낮은 빈도수의 형태 들이 높은 빈도수의 형태들보다 오히려 더 빨랐는데, 특히 목록에 불규칙 동사가 많이 포함되어 있을 때 그랬다. Beck, 1997, 그리고 이 장의 주 22를 보라.

12. Prasada, Pinker, & Snyder, 1990; 또한 마이클 얼먼과 마리 코폴라가 내 실험실에서 한 미발표 실험들이 있다.

13. Stemberger, 1983.

14. Ullman, 1993, 1999; Ullman & Pinker, 1990; Stemberger, 1989도 참조.

15. Seidenberg & Bruck, 1990.

16. Marslen-Wilson, 1989; Feldman, 1995.

17. Stanners, Neiser, Hernon, & Hall, 1979; Kempley & Morton, 1982; Napps, 1989; Münte et al. 1998; Marslen-Wilson, 1998, 또한 Marslen-Wilson, Hare, & Older, 1995에 보고되었고, Orsolini & Marslen-Wilson, 1997에 설명되어 있다. Fowler, Napps, & Feldman, 1985의 5차 연구는 그 효과를 어느 정도 반복 확인했다. 불규칙 형태들보다 규칙 형태들이 자신의 어간을 더 강하게 꾸준히 점화시켰지만, 그 차이는 통계적으로 유의미하지 않았다. 한 이유는 그들이 규칙형으로 분류한 파생 단어 중 일 부가 규칙형이 아니었기 때문이다.

18. Marslen-Wilson, 1998의 기술 참조; Marslen-Wilson, Hare, & Older, 1995; Orsolini & Marslen-Wilson, 1997.

19. Marslen-Wilson & Tyler, 1998.

20. Seidenberg, 1992; Daugherty & Seidenberg, 1992.

21. Marcus et al., 1992.

22. 주 11에서 언급한 것처럼, 역설적으로 때로는 높은 빈도수의 규칙 동사들이 낮은 빈도수의 규칙 동사들보다 더 느리게 생산된다. 이에 대한 한 설명은, 기억에 저장된 형태들은 규칙이 생산하려고 노력하고 있는 형태와 동일할지라도, 항상 규칙을 억제한다는 것이다. broke가 breaked의 생산을 막는 것처럼, 기억에 저장되어 있는 walked 항목은 walked가 규칙에 따라 생산되는 것을 저지해, 그 규칙 과정을 느리게 할 수 있다(예를 들어, stalked와 비교해 보라. 그 기억 항목은 너무 약해서 규칙을 느리게 하지 않는다.). 이 설명을 뒷받침하는 증거는, 단어 목록에 불규칙 동사가 높은 비율로 포함되어 실험 대상자로 하여금 매번 마음 사전을 펼쳐보게 할 때 높은 빈도수의 해로운 효과가 발생하는 경향이 있다는 것이다. Beck, 1997을 보라. 역순 단어 빈도 효과의 또 다른 증명 그리고 위와 비슷한 설명을 위해서는, Balota, Law, & Zevin, 1999를 보라.

23. Ullman, 1993, 1999; Ullman & Pinker, 1990; Pinker & Prince, 1994.

24. Burani, Salmaso, & Caramazza, 1984; Katz, Rexer, & Lukatela, 1991; Sereno & Jongman, 1997; Baayen, Dijkstra, & Schreuder, 1997.

25. Schreuder & Baayen, 1995; Baayen, Dijkstra, & Schreuder, 1997; Baayen, 1994. 비슷한 모형을 다음 문헌에서 확인할 수 있다. Caramazza, Laudanna, & Romani, 1988; Burani & Caramazza, 1987; Laudanna & Burani, 1995; Taft, 1994.

26. Beck, 1997; 22번 주 참조.

27. Baayen, Dijkstra, & Schreuder, 1997.

28. Baayen, Dijkstra, & Schreuder, 1997; Schreuder & Baayen, 1995; Baayen & Schreuder, in press.

29. Hinton, McClelland, & Rumelhart, 1986, 82.

30. Pinker & Prince, 1988.

31. Pinker & Prince, 1988; Kim et al., 1991.

32. Pinker & Prince, 1988.

33. Ullman, 1999.

34. Ullman, 1993, 1999.

35. Prasada & Pinker, 1993.

36. Borowsky, 1989.

37. 그럼에도 위켈그라프(Wickelgraph, 세 음소로 구성된 위켈폰처럼, 세 철자로 구성된 단위)는 럼멜하트-맥클레란드의 모델 뒤에 개발된 몇몇 연결주의 모형에서 계속 사용되었다. Patterson, Seidenberg, & McClelland, 1989, and Mozer, 1991이 그 예이다.

38. Egedi & Sproat, 1991; Sproat, 1992.

39. MacWhinney & Leinbach, 1991.

40. Hare, Elman, & Daugherty, 1995.

41. Hare & Elman, 1992; Nakisa & Hahn, 1996.

42. James, 1890/1950, 270.

6장 Mice와 Men에 대하여

1. *Boston Globe Magazine*, January 10, 1993.

2. Bernstein, 1977, 189.

3. *Boston Globe*, March 29, 1998.

4. Lakoff, 1988, Kim et al., 1991에서 인용; MacWhinney & Leinbach, 1991; Harris, 1992; Shirai, 1997; Daugherty et al., 1993.

5. Kim et al., 1991, 1994; Kim, 1999.

6. *San Francisco Chronicle*, November 1991.

7. Harris, 1992; Daugherty et al., 1993; Shirai, 1997.

8. Kim, 1999; Kim et al., 1994; Marcus et al., 1995.

9. Kiparsky, 1982; Williams, 1981; di Sciullo & Williams, 1987; Selkirk, 1982; Lieber, 1980, 1992; Pinker & Prince, 1988; Kim et al., 1991, 1994; Marcus et al., 1995. Spencer, 1991도 참조.

10. 사이먼과 가펑클(Simon and Garfunkel)의 노래 「그저 산만한 장광설(A Simple Decultory Philipic)」.

11. McCarthy & Prince, 1990, in press.

12. Saussure, 1916/1959.

13. Curme, 1935/1983.

14. Pinker, 1989, 118-122; Gropen, Pinker, Hollander, Goldberg, & Wilson, 1989.

15. 애니 셍가스가 하버드 대학교 교수 도널드 루빈(Donald Rubin)의 통계학 수업에서

녹음한 것.

16. *Boston Globe* column by Mike Barnicle, May 16, 1995.

17. From the food section of the *Boston Globe*, June 26, 1991.

18. From John Gillespie Magee, Jr.'s "High Flight."

19. Spencer, 1991.

20. Bernstein, 1977, 335.

21. Richard Russo, *Nobody's Fool*. New York: Vintage, 1994, 40-41.

22. J. R. R. Tolkien, *The Fellowship of the Ring*, Part 1 of *The Lord of the Rings*. New York: Ballantine Books, 1954.

23. From "How I Came West, and How I Stayed," in *The Atlantic*, October 1991, 89-96. 인용구는 90쪽에서.

24. *Newsweek*, August 7, 1989.

25. Adams, 1988.

26. *Top Shelfs*는 게리 마커스가 취재한 것. *Supermans*는 존 킴이 취재한 것. *Sea Wolfs*는 《보스턴 글로브》의 칼럼니스트 알렉스 빔(Alex Beam 1992년 12월에 사용한 것). *Gold Maple Leafs*는 《보스턴 글로브》의 경제면 광고에서 인용한 것.

27. *Popular Photography*, October 1996, 28.

28. 베스 레빈(Beth Levin) 청취.

29. 로슬린 핑커(Roslyn Pinker) 청취.

30. *Sports Illustrated*, December 6, 1989.

31. Mencken, 1919/1986, 532; Curme, 1935/1983, 274도 참조.

32. *New York Times*, May 3, 1998.

33. 로슬린 핑커가 알려 준 사실.

34. Bernstein, 1977, 81.

35. Mencken, 1936, 439, n. 2. Curme, 1935/1983, 274도 참조.

36. Fowler, 1965, 206.

37. Francis & Kučera, 1982.

38. *Boston Globe*, October 1989.

39. From David Calhoun in *Scientific American*, April 1994.

40. Kim et al., 1991.

41. April 7, 1992.

42. *New York Times Magazine*, January 30, 1994.

43. Kim et al., 1991.

44. Kim et al. 1991 kleed 실험은 Greg Carlson, Jay Keyser, and Tom Roeper, 1977에서 수행된 이전의 연구를 반복한 것으로, 이 연구는 Kim et al. 1991에도 묘사되어 있다.

45. *Oxford English Dictionary*, New ed.

46. Mithun, 1988; Bybee, 1985.

47. 애니타 루스(Anita Loos)의 책에 바탕을 두었다.

48. Tiersma, 1982; Bybee, 1985.

49. Marchand, 1969; Quirk et al., 1985; Kiparsky, 1982.

50. Kiparsky, 1982; Gordon, 1985.

51. *Boston Globe*, July 13, 1998.

52. *Boston Globe*, March 23, 1995.

53. 그레고리 머피(Gregory Murphy)의 보고.

54. Spencer, 1991.

55. Lederer, 1990, 22.

56. Kiparsky, 1982; Gordon, 1985.

57. Kiparsky, 1982; Gordon, 1985; Spencer, 1991.

58. Selkirk, 1982.

59. Senghas, Kim, Pinker, & Collins, 1991; Senghas, Kim,& Pinker, 1999.

60. Churma, 1983.

61. Alegre & Gordon, 1996, 1997.

62. Lieber, 1992.

63. Alegre & Gordon, 1996.

64. Senghas, Kim, Pinker, & Collins, 1991; Senghas, Kim, & Pinker, 1999; Alegre & Gordon, 1996.

65. di Sciullo & Williams, 1987.

7장 터무니없는 말을 하는 아이들

1. 최초 출전은 《더 네이션》; S. Kinsolving, *Dailies and Rushes: A Collection of Poems.*

Boston: Grove/Atlantic, 1999. 허가를 받고 게재했음.

2. Barbara Vine, *A Dark-Adapted Eye*. New York: Penguin, 1993, 186.

3. 과거 시제 과잉 일반화 오류에 대한 연구의 역사 그리고 이 장에서 논의한 원자료의 대부분은 Marcus, Pinker, Ullman, Hollander, Rosen, & Xu, 1992에 자세히 제시되어 있다.

4. Brown, 1973; Pinker, 1984/1996, 1994, chap. 9.

5. 에밀리 월리스(Emily Wallis)와 제니퍼 갱어(Jennifer Ganger)가 사례를 찾아 주었음.

6. Brown, 1973.

7. Berko, 1958.

8. *Ated* 는 차일데스(ChiLDES)에 있는 맥위니의 언어 자료에서 인용, MacWhinney & Snow, 1985, 1990, http://childes.psy.cmu.edu/childes; *poonked* 는 Kuczaj, 1976의 언어 자료에서 인용. *Lightninged* 와 *spidered* 는 제니퍼 갱어의 협조로 모은 언어 자료에서 인용, 1998. 1장 49쪽의 사례들도 그의 도움을 받았다. 제레미 울프(Jeremy Wolfe)에게는 *presseded* 에 대해, 짐 질런브랜드(Jim Jillenbrand)에게는 *pukeded* 에 대해 감사의 뜻을 전한다.

9. Cazden, 1968; Marcus, 1995b.

10. Brown, 1973; ChiLDES.

11. *Specialer* 와 *powerfullest* 는 내 조카인 에릭 부드먼(Eric Boodman)이 사용한 단어다. 그는 세 살 반이다.

12. 매들레인 맥도널드(Madeleine V. MacDonald)에게 *oneth*, *cirtangle*, 그리고 *theirselves* 에 대해 감사의 뜻을 전한다.

13. Pinker & Prince, 1988.

14. 캐트야 라이스(Katya Rice)에게 *to verse* 에 대해 감사의 뜻을 전한다.

15. Cazden, 1968; Marcus et al., 1992.

16. Strauss, 1982.

17. Brown, 1973; Marcus et al., 1992.

18. Pinker, 1984/1996.

19. Aronoff, 1976; Kiparsky, 1982; Pinker, 1984/1996; Marcus et al., 1992.

20. Pinker, 1984/1996; Marcus et al., 1992.

21. ChiLDES의 녹취록. 최초의 기록은 Kuczaj, 1976, 1977; Marcus et al., 1992의 보고를

참조.

22. Cazden, 1972.

23. Zwicky, 1970.

24. Morgan & Travis, 1989; Morgan, Bonamo, & Travis, 1995; Marcus, 1993도 참조.

25. Stromswold, 1994.

26. Marcus et al., 1992.

27. Marcus et al., 1992.

28. Kuczaj, 1976, 1977의 데이터.

29. Lachter & Bever, 1988.

30. Kuczaj, 1978; Marcus et al., 1992도 참조.

31. 에러 데이터는 조지프 스템버거(Joseph Stemberger)의 것이고, 비율 계산은 Marcus et al., 1992에서 인용.

32. Ullman, 1993, 1999; Ullman & Pinker, 1990.

33. Bybee, 1985.

34. Marcus et al., 1992.

35. Marcus, Pinker, & Larkey, 1995.

36. Tramo et al., 1995; Bouchard, 1994.

37. Ganger, 1998; Ganger, Pinker, Baker, & Chawlas, 1999.

38. Rumelhart & McClelland, 1986.

39. Plunkett & Marchman, 1991, 1993; Marcus, 1995a.

40. Marcus, 1995b.

41. Marcus et al., 1992.

42. Aronoff, 1994.

43. Kim et al., 1994.

44. Gordon, 1985.

45. Kim et al., 1994.

46. Marcus et al., 1992.

47. Darwin, 1874, 101-102.

8장 독일어에 대한 공포

1. 언어의 공통점과 차이점에 대한 자세한 논의는 다음 문헌을 살펴볼 것. Greenberg, Ferguson, & Moravcsik, 1978; Comrie, 1981; Hawkins, 1988; Shopen, 1985; Bybee, 1985; Aronoff, 1994; Whaley, 1997.

2. 할레의 1973년 발언.

3. Orsolini & Marslen-Wilson, 1997; Say, 1998; Caramazza, Laudanna, & Romani, 1988. 영어의 유사 사례를 wolf-wolves와 scarf-scarves에서 볼 수 있다. 두 경우 복수형 어간은 불규칙형인 wolv-와 scarv-지만 규칙형 복수 접미사 -s가 붙어 굴절된다. 이 변종 복수형의 -s가 비슷한 소리를 가진 불규칙 접미사가 아니라 규칙 접미사 -s라는 증거는 무엇일까? 센가스, 킴, 그리고 나(Sneghas et al. 1991)는, 사람들은 이 복수형을 복합어에 포함시키기를 거부한다는 것을 발견했다. 이는 그 복수형 전체가 불규칙 어간을 포함하고 있지만 규칙형으로 간주된다는 것을 보여 주는 증거다. wolves project와 scarves-wearer처럼 변종 복수형을 포함한 복합어들은, graves permit와 cloves-cutter처럼 순수한 규칙 복수형을 포함한 복합어들만큼 나쁘게 들렸다.

4. *National Review*, December 8, 1997.

5. Rumelhart & McClelland, 1986, 230-231; Bybee, 1991, 86-87; Plunkett & Marchman, 1991, 67; 1993, 55; 인용에 대해서는 Marcus et al., 1995 참조.

6. 강조는 내가 추가한 것이다. Twain, 1880/1979.

7. 이 장에서 언급한 어휘 통계의 출처와 계산에 대한 충분한 설명은, Marcus et al. 1995를 보라.

8. Marcus et al., 1995; Wiese, 1996; Wunderlich, 1992; Köpcke, 1988.

9. MacWhinney and Leinbach, 1991, 137; Bybee, 1991, 86-87. Marcus et al., 1995 참조.

10. Wiese, 1996; Wunderlich, 1992; Clahsen & Rothweiler, 1992; Clahsen et al., 1992; Marcus et al., 1995.

11. Clahsen & Rothweiler, 1992.

12. Marcus et al., 1995.

13. Twain, 1880/1979.

14. Bybee, 1995; Marcus et al., 1995.

15. 한 예외는 접미사가 붙은 단어들이다. 예를 들어 여성형 접미사 -e, -schaft, -keit, -ung을 가진 단어들의 대부분은 -en을 취한다. 이에 대한 설명은, 이 접미사들이 자체

적인 불규칙 복수형을 가진 단어들을 좋아하고, 그런 복수형을 포함한 복합어의 핵어 역할을 한다는 것이다.

16. Janda, 1991; Marcus et al., 1995.

17. Janda, 1991; Wiese, 1996; Wunderlich, 1992; Bornschein & Butt, 1987.

18. Van Dam, 1940.

19. Curme, 1935/1983, 114.

20. Clahsen et al., 1992, 1996; Marcus et al., 1995도 참조.

21. Clahsen et al., 1992, 1996.

22. Marcus et al., 1995.

23. Pyles & Algeo, 1982.

24. Sellar & Yeatman, 1930/1970.

25. Bauer, 1983.

26. Keyser & O'Neil, 1985.

27. Bornschein & Butt, 1987; Janda, 1991.

28. 어족과 그 기원에 대해서는 다음 문헌을 참조하라. Crystal, 1997; Comrie, 1990; Bright, 1992; Comrie, Matthews, & Polinsky, 1996.

29. Donaldson, 1987; Booij, 1977.

30. Collins, 1991.

31. Collins, 1991.

32. Shaoul, 1993.

33. 오토 프리슈(Otto Frisch)의 회고록인 *What Little I Remember*. New York: Cambridge University Press, 1979에 소개되어 있는 이야기. 출처는 프리츠 호우터만스(Fritz Houtermans).

34. 1994년 6월에 이루어진 에디트 모라브치크와의 개인적인 교신에서 나온 이야기, Kiefer, 1985; Dressler, 1985; Moravcsik, 1975도 참조.

35. McCarthy & Prince, 1990.

36. Omar, 1973.

37. W. Chomsky, 1957.

38. Hare, Elman, & Daugherty, 1995; Nakisa & Hahn, 1996; Forrester & Plunkett, 1994; Plunkett & Nakisa, 1997.

39. Berent, Pinker, & Shimron, 2000.

40. Comrie, Matthews, & Polinsky, 1996; Pinker, 1994, chap. 7도 참조.

41. Myers, 1998.

42. Fortune, 1942; Aronoff, 1994.

9장 뇌라는 이름의 블랙박스

1. 언어와 관계에 대한 고찰을 다룬 문헌들은 다음과 같다. Dronkers, Pinker, & Damasio, 1999; Pinker, 1994, chap. 10; Gazzaniga, Ivry, & Mangun, 1998; Damasio & Damasio, 1989; Caplan, 1987; Goodglass, 1993; Gazzaniga, 1995의 언어에 대한 장들을 참조.

2. Dronkers, Pinker, & Damasio, 1999; Damasio & Damasio, 1989; Damasio et al., 1996; Caramazza & Shelton, 1998; Gazzaniga, Ivry, & Mangun, 1998; Goodglass, 1993.

3. Teuber, 1955.

4. Coltheart, 1985; Coltheart et al., 1993.

5. 한 예외는 심리학자 버지니아 마치먼(Virginia Marchman)이 1993년에 수행한 과거 시제 시뮬레이션으로, 이 실험은 반대 방향으로 나가는 듯했다. 그러나 마치먼의 "불규칙" 항목 중 60퍼센트는 hit-hit처럼 변화가 없는 동사였고, 이 동사들은 규칙 동사들과 공유하는 대단히 예측력이 높고 일정한 매핑을 사용한다. 이 인위적인 단어 목록 그리고 그 모형이 손상을 입기 전에도 규칙 동사를 잘 처리하지 못했다는 사실이 그 이례적인 결과를 설명한다.

6. Bullinaria and Chater, 1995. 낭독에 대한 패턴 연상망 모형에서의 이중 해리를 모형화하려는 시도들에 대해서는, Patterson, Seidenberg, & McClelland, 1989; Plaut, McClelland, Seidenberg, & Patterson, 1996을 보라. 이에 대한 비판에 대해서는 Besner 외, 1990; Coltheart 외, 1993; Spieler & Balota, 1997; Balota & Spieler, 1997 을 참조.

7. Ullman et al., 1993, 1997.

8. Dronkers, Pinker, & Damasio, 1999; Gazzaniga, Ivry, & Mangun, 1998; Damasio & Damasio, 1989; Caplan, 1987; Goodglass, 1993.

9. Gazzaniga, Ivry, and Mangun, 1998.

10. Gardner, 1974, 75-76.

11. Damasio et al., 1996; Goodglass, 1993; Alexander, 1997.

12. Butterworth, 1983.

13. Hagoort, Brown, & Swaab, 1996; Chiarello, 1991.

14. Goldman & Côté, 1991.

15. Murdoch et al., 1987; Illes, 1989.

16. Arnold et al., 1991; Kemper, 1994; Feinberg & Farah, 1996의 알츠하이머병에 대한 장도 참조할 것.

17. Ullman et al., 1997.

18. Balota & Ferraro, 1993.

19. Squire, Knowlton, & Musen, 1993; Mishkin, Malamut, & Bachevalier, 1984; Gazzaniga, Ivry, & Mangun, 1998.

20. Middleton & Strick, 1994; Wise, Murray, & Gerfen, 1996; Côté & Crutcher, 1991.

21. Illes, 1989; Lieberman et al., 1992; Grossman et al., 1992; Kemmerer, 1999.

22. Growdon & Corkin, 1986.

23. Ullman et al., 1997.

24. Reiner et al., 1988; Young & Penney, 1993; Côté and Crutcher, 1991.

25. 유사한 제안을 이 문헌에서 확인할 수 있다. Antonio and Hannah Damasio, 1992.

26. Gopnik & Crago, 1991; Vargha-Khadem et al., 1995.

27. Leonard, 1998.

28. "PM May Have Excuse for Language Gaffes," Anrew Duffy, *Montreal Gazette*, October 18, 1997.

29. Bishop, North, & Donlan, 1995; Leonard, 1998; van der Lely & Stollwerck, 1996; Stromswold, 1998.

30. Fisher et al., 1998.

31. Vargha-Khadem et al., 1995; Gopnik & Crago, 1991; Ullman & Gopnik, 2000.

32. Ullman & Gopnik, 2000. 또한 규칙적으로 굴절되는 형태들의 빈도수가 대조군 아이들보다 SLI 아이들에게 더 큰 영향을 미친다는 것을 입증한 다른 실험들에 대해서는 Oetting & Horo hov, 1997 참조.

33. Van der Lely, Rosen, & McClelland, 1998; van der Lely & Stollwerck, 1996; van der

Lely & Ullman, 1996, 1999; van der Lely, 1997.

34. van der Lely & Ullman, 1996, 1999.

35. 대조군 중 가장 어린 집단의 경우에는 약간의 빈도수 효과가 있었지만, 그것은 과거 시제형의 친밀도 차이 때문이 아니라 전적으로 어간의 친밀도 차이 때문이었다. van der Lely & Ullman, 1996, 1999 참조.

36. van der Lely & Christian, 1998.

37. Rossen et al., 1996.

38. Karmiloff-Smith et al., 1995.

39. Ewart et al., 1993; Frangiskakis et al., 1996.

40. Rosenblatt & Mitchison, 1998.

41. Rossen et al., 1996; Clahsen & Almazan, 1998.

42. Rossen et al., 1996; Tyler et al., 1997; Stevens & Karmiloff-Smith, 1997.

43. Bromberg et al., 1994; Clahsen & Almazan, 1998.

44. Karmiloff-Smith, Grant, & Berthoud, 1993.

45. Gazzaniga, Mangun, & Ivry, 1998; Garrett, 1995.

46. Weyerts et al., 1997; Penke et al., 1997; Gross et al., 1998; Newman, Neville, & Ullman, 1998, 1999.

47. Gazzaniga, Mangun, & Ivry, 1998; Martin, Brust, & Hilal, 1991; Posner & Raichle, 1994.

48. Jaeger et al., 1996; Ullman, Bergida, & O'Craven, 1997; Kemmerer, Dapretto, & Bookheimer, 1999; Indefrey et al., 1997.

49. Kemmerer et al., 1999.

50. Buckner & Petersen, 1996.

51. Papanicolaou, Simos, & Basile, 1998; Roberts, Poeppel, & Rowley, 1998; Levelt et al., 1998.

52. Rhee, Pinker, & Ullman, 1999.

53. Wilson, 1998.

10장 아날로그 세계와 디지털 마음

1. 이 장의 논의를 자세히 알고 싶다면 다음 문헌을 볼 것. Pinker & Prince, 1996.

2. Smith & Medin, 1981.

3. Wittgenstein, 1953.

4. 케빈 베이컨 게임의 목표는 케빈 베이컨을 그와 함께 영화에 출연한 다른 배우와 최단 경로로 연결시키는 것이다. 말론 브란도를 예로 들어보자. 말론 브란도는「대부(Godfather)」에 알 파치노와 함께 출연했고, 알 파치노는「사랑의 파도(Sea of Love)」에 엘렌 바킨과 출연했고, 엘렌 바킨은「청춘의 양지(Diner)」에 케빈 베이컨과 출연했다. 여기에서 말론 브란도와 케빈 베이컨은 3단계로 연결된다.

5. Rosch, 1978, 1988; Smith & Medin, 1981.

6. Rosch, 1978, 1988; Smith & Medin, 1981.

7. McCloskey & Glucksberg, 1978.

8. Armstrong, Gleitman, & Gleitman, 1983; Rey, 1983; Pinker, 1997, chaps. 2 and 5; Marcus, in press a, b, c; Smith, Langston, & Nisbett, 1992; Smith, Medin, & Rips, 1984; Sloman, 1996; Goel, 1995.

9. Armstrong, Gleitman, & Gleitman, 1983.

10. Bybee & Slobin, 1982; Pinker & Pince, 1988.

11. Lakoff, 1987.

12. Pinker & Prince, 1996.

13. McClelland & Rumelhart, 1985.

14. Gluck & Bower, 1988; Kruschke, 1992.

15. Pinker, 1989, pp. 354-356.

16. Rumelhart, Smolensky, McClelland, and Hinton, 1986.

17. Marcus, in press b, c.

18. Ashby et al., 1998; Erikson & Kruschke, 1998; Nosofsky, Palmeri, & McKinley, 1994; Sloman, 1996; Goel, 1995.

19. Borges, 1964b, 63-64, 65. 현실 세계의 기억의 천재는 Luria, 1968에 기술되어 있다.

20. Quine, 1969; Rosch, 1978; Bobick, 1987; Anderson, 1990; Shepard, 1987; Tenenbaum, 1999.

21. Darwin, 1874, 106; Kelly, 1992도 참조.

22. Ridley, 1986.

23. Weng & Sokal, 1995; Chen, Sokal, & Ruhlen, 1995; Warnow, 1997; Warnow,

Ringe, & Taylor, 1996.

24. Tooby & DeVore, 1987.

25. Pinker, 1997, chaps. 5 and 8; Brown, 1991.

참고 문헌

Adams, C. 1988. *More of The Straight Dope*. New York: Ballantine Books.

Alegre, M. A., & Gordon, P. 1996. Red rats eater exposes recursion in children's word formation. *Cognition*, 60, 65-82.

Alegre, M. A., & Gordon, P. 1997. Why compounds researchers aren't rats eaters: Semantic constraints on plurals inside compounds. Unpublished manuscript, Department of Psychology, University of Pittsburgh.

Alexander, M. P. 1997. Aphasia: Clinical and anatomic aspects. In T. E. Feinberg & M. Farah (Eds.), *Behavioral neurology and neuropsychology*. New York: McGraw-Hill.

Allen, J., Hunnicutt, M. S., & Klatt, D. H. 1987. *From text to speech: the MITalk System*. New York: Cambridge University Press.

Allen, W. 1980. The Kugelmass episode. In W. Allen, *Side effects*. New York: Random House.

Anderson, J. R. 1990. *The adaptive character of thought*. Mahwah, NJ: Erlbaum.

Anderson, J. R. 1993. *Rules of the mind*. Mahwah, NJ: Erlbaum.

Armstrong, S. L., Gleitman, L. R., & Gleitman, H. 1983. What some concepts might not be. *Cognition, 13*, 263-308.

Arnold, S., Hyman, B., Flory, J., Damasio, A., & Hoesen, G. V. 1991. The topographical and neuroanatomic distribution of neurofibrillary tangles and neuritic plaques in the cerebral eortex of patients with Alzheimer's disease. *Cerebral Cortex, 1*, 103-116.

Aronoff, M. 1976. *Word formation in generative grammar.* Cambridge, MA: MIT Press.

Aronoff, M. 1994. *Morphology by itself: Stems and inflectional classes.* Cambridge, MA: MIT Press.

Ashby, F. G., Alfonso-Reese, L. A., Turken, A. U., & Waldron, E. M. 1998. A neuropsychological theory of multiple systems in category learning. *Psychological Review*, 105, 442-481.

Baayen, R. H. 1994. Productivity in language production. *Language and Cognitive Processes, 9*, 447-469.

Baayen, R. H., Dijkstra, T., & Schreuder, R. 1997. Singulars and plurals in Dutch: Evidence for a parallel dual-route model. *Journal of Memory and Language*, 37, 94-117.

Baayen, R. H., & Renouf, A. 1996. Chronicling the Times: Productive innovations in an English newspaper. *Language*, 72, 69-96.

Baayen, R. H., & Schreuder, R. in press. The balance of storage and computation in the mental lexicon: The case of morphological processing in language comprehension. In S. Nootebohm, F. Weerman, & F. Wijnen (Eds.), *Storage and computation in the language faculty.* Dordrecht: Kluwer.

Badecker, W., & Caramazza, A. 1991. Morphological composition in the lexical output system. *Cognitive Neuropsychology*, 8, 335-367.

Baldi, P. 1983. *An introduction to the Indo-European languages.* Carbondale, IL: Southern Illinois University Press.

Balota, D. A., & Ferraro, R. 1993. A Dissociation of frequency and regularity effects in pronunciation performance across young adults, older adults, and individuals with senile dementia of the Alzheimer types. *Journal of Memory and Language*, 32,

573-592.

Balota, D. A., Law, M. B., & Zevin, J. D. 1999. The attentional control of lexical processing pathways: Reversing the word-frequency effect. Unpublished manuscript, Department of Psychology, Washington University, St. Louis.

Balota, D. A., & Spieler, D. H. 1997. The utility of item-level analyses in model evaluation: A reply to Seidenberg and Plaut. *Psychological Science, 9*, 238-240.

Bauer, L. 1983. *English word formation*. New York: Cambridge University Press.

Baynes, K., & Iven, C. 1991. Access to the phonological lexicon in an aphasic patient. Paper presented at the Twenty-ninth Annual meeting of the Academy of Aphasia, Rome, October 13-15.

Beard, H., & McKie, R. 1982. *A gardener's dictionary*. New York: Workman.

Beck, M.-L. 1997. Regular verbs, past tense and frequency: tracking down a potential source of NS/NNS competence differences. *Second Language Research, 13*, 93-115.

Berent, I., Pinker, S., & Shimron, J. 1999. Default nominal inflection in Hebrew: Evidence for mental variables. *Cognition* 72, 1-44.

Berko, J. 1958. The child's learning of English morphology. *Word, 14*, 150-177.

Bernstein, T. 1977. *The careful writer: A modern guide to English usage*. New York: Atheneum.

Besner, D., Twilley, L., McCann, R. S., & Seergobin, K. 1990. On the connection between connectionism and data: Are a few words necessary? *Psychological Review*, 97, 432-446.

Bishop, D. V. M., North, T., & Donlan, C. 1995. Genetic basic of Specific Language Impairment. *Developmental Medicine and Child Neurology*, 37, 56-71.

Bobick, A. 1987. *Natural object categorization*. MIT Artificial Intelligence Laboratory Technical Report 1001.

Booij, G. 1977. *Dutch morphology*, Dordrecht: Foris.

Borges, J. L. 1964a. The Library of Babel. In J. L. Borges, *Labyrinths: Selected stories and other writings*. New York: New Directions.

Borges, J. L. 1964b. Funes the memorious. In J. L. Borges, *Labyrinths: Selected stories and other writings*. New York: New Directions.

Borges, J. L. 1965. The analytical language of John Wilkins. In J. L. Borges, *Other inquisitions 1937-1952*. Austin: University of Texas Press.

Bornschein, M., & Butt, M. 1987. Zum Status des s-Plurals im gegenwärtigen Deutsch. In W. Abraham & N. Arhammar (Eds.), *Linguistik in Deutschland*. Akten des 21. Linguistischen Kolloquinms (135-154). Tübingen: Narr.

Borowsky, T. 1989. Structure preservation and the syllable coda in English. *Natural Language and Linguistic Theory*, 7, 145-166.

Bouchard, T. J., Jr. 1994. Genes, environment, and personality. *Science*, 264, 1700-1701.

Bresnan, J. 1978. A realistic transformational grammar. In M. Halle, J. Bresnan, & G. Miller (Eds.), *Linguistic theory and psychological reality*. Cambridge, MA: MIT Press.

Bright, W. (Ed.). 1992. *International encyclopedia of linguistics*. 4 vols. New York: Oxford University Press.

Bromberg, H. S., Ullman, M., Marcus, G., Kelly, K. B., & Levine, K. 1994. The dissociation between lexical memory and grammar in Williams syndrome: Evidence from inflectional morphology. Paper presented at the Williams Syndrome Professional Conference, San Diego, July.

Brown, D. E. 1991. *Human universals*. New York: McGraw-Hill.

Brown, R. 1973. *A first language: The early stages*. Cambridge, MA: Harvard University Press.

Buckner, R. L., & Petersen, S. E. 1996. What does neuroimaging tell us about the role of prefrontal cortex in memory retrieval? *Seminars in the Neurosciences*, 8, 47-55.

Bullinaria, J. A., & Chater, N. 1995. Connectionist modeling: Implications for cognitive neuropsychology. *Language and Cognitive Processes*, *10*, 227-264.

Burani, C., & Caramazza, A. 1987. Representation and processing of derived words. *Language and Cognitive Processes*, 2, 217-227.

Burani, C., Salmaso, C., & Caramazza, A. 1984. Morphological structure and lexical access. *Visible Language*, 18, 342-352.

Butterworth, B. 1983. Lexical representation. In B. Butterworth (Ed.), *Language production*, Vol. 2. New York: Academic Press.

Bybee, J. L. 1985. *Morphology: A study of the relation between meaning and form.* Philadelphia: Benjamis.

Bybee, J. L. 1991. Natural morphology: The organization of paradigms and language acquisition. In T. Huebner and C. Ferguson (Eds.), *Crosscurrents in second language acquisition and linguistic theories.* Amsterdam: Benjamins.

Bybee, J. L. 1995. Regular morphology and the lexicon. *Language and Cognitive Processes, 10,* 425-455.

Bybee, J. L., & Moder, C. L. 1983. Morphological classes as natural categories. *Language,* 59, 251-270.

Bybee, J. L., & Slobin, D. I. 1982. Rules and schemes in the development and use of the English past tense. *Language, 58,* 265-289.

Caplan, D. 1987. *Neurolinguistics and linguistic aphasiology: An introduction.* Cambridge: Cambridge University Press.

Caramazza, A., Laudanna, A., & Romani, C. 1988. Lexical access and inflectional morphology. *Cognition, 28,* 297-332.

Caramazza, A., & Shelton, J. A. 1998. Domain-specific knowledge systems in the brain: the animate-inanimate distincion. *Journa of Cognitive Neuroscience, 10,* 1-34.

Carlson, G., Keyser, S. J., & Roeper, T. 1977. Dring, drang, drung. Unpublished manuscript, Department of Linguistics, University of Rochester.

Carstairs, A. 1987. *Allomorphy in inflection.* New York: Croon Helm.

Carstairs-McCarthy, A. 1994. Inflection classes, gender, and the principle of contrast. *Language, 70,* 737-788.

Cassidy, F. G. (Ed.). 1985. *Dictionary of American Regional English.* Cambridge, MA: Harvard University Press.

Cassidy, F. G., & Ringler, R. N. (Eds.). 1891/1971. *Bright's Old English Grammar & Reader.* 3d ed. New York: Holt, Rinehart and Winston.

Cazden, C. B. 1968. The acquisition of noun and verb inflections. *Child Development,*

39, 433-448.

Cazden, C. B. 1972. *Child language and education*. New York: Holt, Rinehart and Winston.

Chen, J., Sokal, R. R., & Ruhlen, M. 1995. Worldwide analysic of genetic and linguistic relationships of human populations. *Human Biology, 67*, 595-612.

Chiarello, C. 1991. Interpretation of word meanings by the cerebral hemispheres: One is not enough. In P. J. Schwanenflugel (Ed.), *The psychology of word meanings*. Mahwah NJ: Erlbaum.

Chomsky, N. 1959. A Review of B. F. Skinner's "Verbal Behavior." *Language, 3*, 26-58.

Chomsky, N. 1966. *Cartesian linguistics: A chapter in the history of rationalist thought*. New York: Harper & Row.

Chomsky, N., & Halle, M. 1968/1991. *The sound patterns of English*. Cambridge, MA: MIT Press.

Chomsky, W. 1957. *Hebrew: The eternal language*. Philadelphia: Jewish Publication Society.

Churma, D. G. 1983. Jets fans, Raider Rooters, and the interaction of morphosyntactic processes. In J. F. Richardson, M. Marks, & A. Chukerman (Eds.), *Papers from the parasession on the interplay of phonology, morphology, and syntax*. Chicago: Chicago Linguistics Society, University of Chicago Press.

Clahsen, H., & Almazan, M. 1998. Syntax and morphology in Williams syndrome. *Cognition, 68*, 167-198.

Clahsen, H., Marcus, G. F., Bartke, S., & Wiese, R. 1996. Compounding and inflection in German child language. In G. Booij and J. van Marle (Eds.), *Yearbook of morphology 1995*. Dordrecht: Kluwer.

Clahsen, H., & Rothweiler, M 1992. Inflectional rules in children's grammars: evidence from the development of participles in German. *Morphology Yearbook*, 1-34.

Clahsen, H., Rothweiler, M., Woest, A., & Marcus, G. F. 1992. Regular and irregular inflection in the acquisition of German noun plurals. *Cognition, 45*, 225-255.

Collins, C. 1991. Notes on Dutch morphology. Unpublished manuscript, Department of Brain & Cognitive Sciences, MIT.

Coltheart, M. 1985. Cognitive neuropsychology and the study of reading. In A. Young (Ed.), *Functions of the right cerebral hemisphere*. London: Academic Press.

Coltheart, M., Curtis, B., Atkins, P., & Haller, M. 1993. Models of reading aloud: Dual-route and parallel distributed processing approaches. *Psychological Review, 100*, 589-608.

Comrie, B. 1981. *Language universals and linguistic typology*. Chicago: University of Chicago Press.

Comrie, B. 1990. *The world's major languages*. New York: Oxford University Press.

Comrie, B., Matthews, S., & Polinsky, M. 1996. *The atlas of languages*. New York: Facts on File.

Cooper, W. E., & Ross, J. R. 1975. World order. In R. E. Grossman, L. J. San, & T. J. Vance (Eds.), *Papers from the parasession on functionalism*. Chicago: Chicago Linguistics Society, University of Chicago Press.

Côté, L., & Crutcher, M. D. 1991. The basal ganglia. In E. R. Kandel, J. H. Schwartz, & T. M. Jessel (Eds.), *Principles of neural science*. 3d ed. Norwalk, CT: Appleton & Lange.

Crystal, D. 1997. *The Cambridge Encyclopedia of Language*. 2d ed. New York: Cambridge University Press.

Curme, G. O. 1935/1983. *A grammar of the English language. Vol. 1. Parts of speech*. Essex, CT: Verbatim.

Damasio, A. R., & Damasio, H. 1992. Brain and language. *Scientific American, 267*, September.

Damasio, H., & Damasio, A. R. 1989. *Lesion analysis in neuropsychology*. New York: Oxford University Press.

Damasio, H., Grabowski, T. J., Tranel, D., Hichwa, R. D., & Damasio, A. R. 1996. A neural basis for lexical retrieval. *Nature*, 380, 499-505.

Darwin, C. R. 1874. *The descent of man and selection in relation to sex*. 2d ed. New York: Hurst & Company.

Daugherty K. G., & Hare, M. 1993. What's in a rule? The past tense by some other name might be called a connectionist net. In M. C. Mozer, P. Smolensky, D. S. Touretzky, J. L. Elman, and A. S. Weigend (Eds.), *Proceedings of the 1993 Connectionist Models Summer School*. Mahwah, NJ: Erlbaum.

Daugherty, K. G., MacDonald, M. C., Petersen, A. S., & Seidenberg, M. S. 1993. Why no mere mortal has ever flown out to center field but people often say they do. *Proceedings of the Fifteenth Annual Conference of the Cognitive Science Society*. Mahwah, NJ: Erlbaum.

Daugherty, K., & Seidenberg, M. 1992. Rules or connections? The past tense revisited. *Proceedings of the Fourteenth Annual Conference of the Cognitive Science Society*. Mahwah, NJ: Erlbaum.

Dell, G. S. 1995. Speaking and misspeaking. In L. R. Gleitman & M. Liberman (Eds.), *An invitation to cognitive science*. 2d ed. Vol. 1. *Language*. Cambridge, MA: MIT Press.

Dewdney, A. K. 1997. *Yes, we have no neutrons: An eye-opening tour through the twists and turns of bad science*. New York: Wiley.

di Sciullo, A. M., & Williams, E. 1987. *On the definition of word*. Cambridge, MA: MIT Press.

Donaldson, B. 1987. *Dutch reference grammar*. Leiden: Martinus Nijhoff.

Dressler, W. 1985. Typological aspects of natural morphology. Wiener *Linguistische Gazette*, 35-36, 3-26.

Dronkers, N., Pinker, S., & Damasio, A. R. 1999. Language and the aphasias. In E. R. Kandel, J. H. Schwartz, & T. M. Jessell (Eds.), *Principles of neural science*, 4th ed. Norwalk, CT: Appleton & Lange.

Eco, U. 1995. *The search for the perfect language*. Cambridge, MA: Blackwell.

Egedi, D. M., & Sproat, R. W. 1991. Connectionist networks and natural language morphology. Unpublished manuscript, Linguistics Research Department, Lucent Technologies, Murray Hill, NJ.

Empson, W. 1959. Invitation to Juno. In W. Empson, *Collected Poems*. New York: Harcourt Brace.

Erikson, M. A., & Kruschke, J. K. 1998. Rules and exemplars in category learning. *Journal of Experimental Psychology: General, 127,* 107-140.

Espy, W. R. 1975. *An almanac of words at play.* New York: Clarkson Potter.

Ewart, A. K., Morris, C. A., Atkinson, D., Jin, W., Sternes, K., Spallone, P., Dean Stock, A., Leppert, M., & Keating, M. T. 1993. Hemizygosity at the elastin locus in a developmental disorder, Williams syndrome. *Nature Genetics,* 5, 11-16.

Feinberg, T. E., & Farah, M. (Eds.). 1996. Behavioral neurology and neuropsychology. New York: McGraw-Hill.

Feldman, L. B. 1995. (Ed.). *Morphological aspects of language processing.* Mahwah, NJ: Erlbaum.

Fisher, S. E., Vargha-Khadem, F., Watkins, K. E., Monaco, A. P., & Pembrey, M. E. 1998. Localisation of a gene implicated in a severe speech and language disorder. *Nature Genetics, 18,* 168-170.

Fodor, J. A., & McClaughlin, B. 1990. Connectionism and the problem of systematicity: Why Smolensky's solution doesn't work. *Cognition, 35,* 183-204.

Fodor, J. A., & Pylyshyn, Z. 1988. Connectionism and cognitive architecture: A critical analysis. Cognition, 28, 3-71. Reprinted in S. Pinker & J. Mehler (Eds.), *Connections and symbols.* Cambridge, MA: MIT Press.

Forrester, N., & Plunkett, K. 1994. Learning the Arabic plural: The case for minority default mappings in connectionist networks. In A. Ram and K. Eiselt (Eds.), *Proceedings of the Sixteenth Annual Conference of the Cognitive Science Society.* Mahwah, NJ: Erlbaum.

Fortune, R. F. 1942. *Arapesh.* Publications of the American Ethnological Society, no. 19. New York: J. Augustin.

Fowler, C. A., Napps, S. E., & Feldman, L. 1985. Relations among regular and irregular morphologically related words in the lexicon as related by repetition priming. *Memory and Cognition, 13,* 241-255.

Fowler, H. W. 1965. *A dictionary of modern English usage.* 2d ed., revised by Sir Ernest Gowers. New York: Oxford University Press.

Francis, N., & Kučera, H. 1982. *Frequency analysis of English usage: Lexicon and grammar*. Boston: Houghton Mifflin.

Frangiskakis, J. M., Ewart, A. K., Morris, A. C., Mervis, C. B., Bertrand, J., Robinson, B. F., Klein, B. P., Ensing, G. J., Everett, L. A., Green, E. D., Proschel, C., Gutowski, N. J., Novle, M., Atkinson, D. L., Odelberg, S. J., & Keating, M. T. 1996. LIM-Kinase 1 hemizygosity implicated in impaired visuospatial constructive cognition. *Cell*, 86, 59-69.

Fromkin, V. 1971. The non-anomalous nature of anomalous utterances. *Language*, 47, 27-52.

Ganger, J. 1998. Genes and environment in language acquisition: A study of early vocabulary and syntactic development in twins. Doctoral dissertation, Department of Brain & Cognitive Sciences, MIT.

Ganger, J., Pinker, S., Baker, A., & Chawla, S. 1999. A twin study of early vocabulary and grammatical development. Paper presented at the Biennial Meeting of the Society for Research in Child Development, Albuquerque, NM.

Gardner, H. 1974. *The shattered mind*. New York: Vintage.

Garrett, M. F. 1980. Levels of processing in sentence production. In B. Butterworth (Ed.), *Language production*. Vol. 1, Speech and talk. New York: Academic Press.

Garrett, M. F. 1995. The structure of language processing: Neuropsychological evidence. In M. Gazzaniga (Ed.), *The cognitive neurosciences*. Cambridge, MA: MIT Press.

Gazzaniga, M. S. (Ed.). 1995. *The cognitive neurosciences*. Cambridge, MA: MIT Press.

Gazzaniga, M. S., Ivry, R. B., & Mangun, G. R. 1998. *Cognitive neuroscience: The biology of the mind*. New York: Norton.

Gluck, M. A., & Bower, G. H. 1988. From conditioning to category learning: An adaptive network model. *Journal of Experimental Psychology: General, 117*, 37-50.

Goebel, R., & Indefrey, P. 1994. The performance of a recurrent network with short term memory capacity learning the German -s plural. Paper presented at the Workshop on Cognitive Models of Language Acquisition, Tilburg, The Netherlands, April 21-23.

Goel, V. 1995. *Sketches of thought*. Cambridge, MA: MIT Press.

Goldman, J., & Côté, L. 1991. Aging of the brain: Dementia of the Alzheimer's type. In E. R. Kandel, J. H. Schwartz, & T. M. Jessel (Eds.), *Principles of neural science*. 3d ed. Norwalk, CT: Appleton & Lange.

Goodglass, H. 1993. *Understanding aphasia*. San Diego: Academic Press.

Gopnik, M., & Crago, M. 1991. Familial aggregation of a developmental language disorder. *Cognition*, 39, 1-50.

Gordon, P. 1985. Level-ordering in lexical development. *Cognition*, 21, 73-93.

Görlach, M. 1991. *Introduction to Early Modern English*. New York: Cambridge University Press.

Greenberg, J. H., Ferguson, C. A., & Moravcsik, E. A. (Eds.). 1978. *Universals of human language*. 4 vols. Stanford, CA: Stanford University Press.

Gropen, J., Pinker, S., Hollander, M., Goldberg, R., & Wilson, R. 1989. The learnability and acquisition of the dative alternation in English. *Language*, 65, 203-257.

Gross, M., Say, T., Kleingers, M., Clahsen, H., & Münte, T. F. 1998. Human brain potentials to violations in morphologically complex Italian words. *Neuroscience Letters*, 241, 83-86.

Grossman, M., Carvell, S., Stern, M. B., Gollomp, S., & Hurtig, H. I. 1992. Sentence comprehension in Parkinson's disease: The role of attention and memory. *Brain and Language*, 42, 347-384.

Growdon, J., & Corkin, S. 1986. Cognitive impairments in Parkinson's Disease. In M. Yahr & K. Bergmann (Eds.), *Advances in neurology*. Vol. 45. New York: Raven Press.

Haber, L. R. 1975. The Muzzy Theory. In *Proceedings of the Eleventh Regional Meeting of the Chicago Linguistics Society*. Chicago: Chicago Linguistics Society, University of Chicago Press.

Haber, L. R. 1976. Leaped and leapt: A theoretical account of linguistic variation. *Foundations of Language, 14*, 211-238.

Hadley, R. F. 1994a. Systematicity in connectionist language learning. *Mind and Language, 9*, 247-272.

Hadley, R. F. 1994b. Systematicity revisited: Reply to Christiansen and Chater and Niklasson and Van Gelder. *Mind and Language, 9,* 431-444.

Hadley, R. F., & Hayward, M. 1994. Strong semantic systematicity from unsupervised connectionist learning. Technical Report CSS-IS TR94-02, School of Computing Science, Simon Fraser University, Burnaby, BC.

Hagoort, P., Brown, C., & Swaab, T. 1996. Lexical semantic event-related potentical effects in patients with left hemisphere lesions and aphasia, and patients with right hemisphere lesions without aphasia. *Brain, 119,* 627-649.

Halford, G. S., Wilson, W. H., Gray, B., & Phillips, S. 1997. A neural net model for mapping hierarchically structured analogs. In *Proceedings of the Fourth Conference of the Australasian Cognitive Science Society.* Department of Psychology, University of Newcastle, Australia.

Halle, M. 1973. Prolegomena to a theory of word formation. *Linguistic Inquiry, 4,* 3-16.

Halle, M., & Marantz, A. 1993. Distributed morphology and the pieces of inflection. In K. Hale & S. J. Keyser (Eds.), *The view from Building 20: Essays in honor of Sylvain Bromberger.* Cambridge, MA: MIT Press.

Halle, M., & Mohanan, K. P. 1985. Segmental phonology of modern English. *Linguistic Inquiry, 16,* 57-116.

Hare, M., & Elman, J. 1992. A connectionist account of English inflectional morphology: Evidence from language change. In *Proceedings of the Fourteenth Annual Conference of the Cognitive Science Society.* Mahwah, NJ: Erlbaum.

Hare, M., Elman, J., & Daugherty, K. 1995. Default generalization in connectionist networks. *Language and Cognitive Processes, 10,* 601-630.

Harris, C. L. 1992. Understanding English past-tense formation: The shared meaning hypothesis. In *Proceedings of the Fourteenth Annual Conference of the Cognitive Science Society.* Mahwah, NJ: Erlbaum.

Hartley, D. 1775/1973. *Hartley's theory of the human mind.* New York: AMS Press.

Hawkins, J. (Ed.). 1988. *Explaining language universals.* Cambridge, MA: Blackwell.

Heine, B., Claudi, U., & Hunnemeyer, F. 1991. *Grammaticalization: A conceptual framework*. Chicago: University of Chicago Press.

Hinton, G. E., McClelland, J. L., & Rumelhart, D. E. 1986. Distributed representations. In D. Rumelhart, J. McClelland, and the PDP Research Group, *Parallel distributed processing: Explorations in the microstructure of cognition*. Vol. 1. Foundations. Cambridge, MA: MIT Press.

Hobbes, T. 1651/1957. *Leviathan*. New York: Oxford University Press.

Hoeffner, J. 1992. Are rules a thing of the past? The acquisition of verbal morphology by an attracto network. In *Proceedings of the Fourteenth Annual Conference of the Cognitive Science Society*. Mahwah, NJ: Erlbaum.

Hogg, R. M. 1988. Snuck: The development of irregular preterite forms. In G. Nixon & J. Honey (Eds.), *An historic tongue: Studies in English linguistics in memory of Barbara Strang*. London: Routledge.

Humboldt, W. von. 1836/1972. *Linguistic variability and intellectual development*. G. C. Buck & F. Raven, Trans. Philadelphia: University of Pennsylvania Press.

Hume, D. 1748/1955. *Inquiry concerning human understanding*. Indianapolis: Bobbs-Merrill.

Hummel, J. E., & Biederman, I. 1992. Dynamic binding in a neural network for shape recognition. *Psychological Review, 99*, 480-517.

Hummel, J. E., & Holyoak, K. J. 1997. Distributed representations of structure: A theory of analogical access and mapping. *Psychological Review, 104*, 427-466.

Hymes, D. 1964. *Language in culture and society: A reader in linguistics and anthropology*. New York: Harper and Row.

Illes, J. 1989. Neurolinguistic features of spontaneous language production dissociate three forms of neurodegenerative disease: Alzheimer's, Huntington's, and Parkingon's. *Brain and Language, 37*, 628-642.

Indefrey, P., Brown, C., Hagoort, P., Herzog, H., Sach, M., & Seitz, R. J. 1997. A PET study of cerebral activation patterns induced by verb inflection. *NeuroImage, 5*, S548.

Jackendoff, R. 1975. Morphological and semantic regularities in the lexicon. *Language, 51*, 639-671.

Jackendoff, R. 1983. *Semantics and cognition*. Cambridge, MA: MIT Press.

Jackendoff, R. 1997. *The architecture of the language faculty*. Cambridge, MA: MIT Press.

Jaeger, J. J., Lockwood, A. H., Kemmerer, D. L., Van Valin, R. D., Murphy, B. W., & Khalak, H. G. 1996. A positron emission tomography study of regular and irregular verb morphology in English. *Language*, 72, 451-497.

Jakobson, R. 1971. Quest for the essence of language. In *Roman Jakobson: Selected writings II: Word and Language*. The Hague: Mouton.

James, W. 1890/1950. *The principles of psychology*. New York: Dover.

Janda, R. D. 1991. Frequency, markedness, and morphological change: On predicting the spread of noun-plural -s in Modern High German and West Germanic. In Y. No & M. Libucha (Eds.), *ESCOL '90*. Ithaca, NY: Cornell Linguistics Circle Publications.

Jespersen, O. 1938/1982. *Growth and structure of the English language*. Chicago: University of Chicago Press.

Johnson, K. 1986. Fragmentation of stron verb ablaut in Old English. *Ohio State University Working Papers in Linguistics*, 34, 108-122.

Karmiloff-Smith, A., Grant, J., & Berthoud, I. 1993. Within-domain dissociations in Williams syndrome: A window on the normal mind. Paper presented at the Biennial Meeting of the Society for Research in Child Development, New Orleans, March.

Karmiloff-Smith, A., Grant, J., Berthoud, I., Davies, M., Howlin, P., & Udwin, O. 1997. Language and Williams syndrome: How intact is "intact"? *Child Development, 68*, 2, 246-262.

Karmiloff-Smith, A., Klima, E. S., Bellugi, U., Grant, J., & Baron-Cohen, S. 1995. Is there a social module? Language, face processing, and Theory of Mind in individuals with Williams syndrome. *Journal of Cognitive Neuroscience*, 7, 196-208.

Karttunen, L., Kaplan, R. M., & Zaenen, A. 1992. Two-level morphology with composition. *Proceedings of Coling-92*, Nantes, France.

Karttunen, L., Koskenniemi, K., & Kaplan, R. M. 1987. A compiler for two-level phonological rules. In M. Dalrymple (Ed.), *Tools for morphological analysis*. Stanford, CA: Center for the Study of Language and Information.

Katz, L., Rexer, K., & Lukatela, G. 1991. The processing of inflected words. *Psychological Research*, 53 25-32.

Kelly, M. H. 1992. Darwin and psychological theories of classification. *Evolution and Cognition*, 2, 79-97.

Kemmerer, D. 1999. Impaired comprehension of raising-to-subject constructions in Parkinson's disease. *Brain and Language, 66*, 311-328.

Kemmerer, D., Dapretto, M., & Bookheimer, S. Y. 1999. An fMRI study of regular and irregular inflectional morphology in English. Unpublished manuscript, Department of Neurology, University of Iowa.

Kemper, T. 1994. Neuroanatiomical and neuropathological changes during aging and de mentia. In M. Albert & J. Knoefel (Eds.), *Clinical neurology of aging*. New York: Oxford University Press.

Kempley, S. T., & Morton, J. 1982. The effects of priming with regularly and irregularly related words in auditory word recognition. *British Journal of Psychology*, 73, 441-454.

Keyser, S. J., & O'Neil, W. 1985. *Rule generalization and optionality in language change*. Dordrecht: Foris.

Kiefer, F. 1985. The possessive in Hungarian: A problem for natural morphology. *Acta Linguistica Academiae Scientiarum Hungaricae*, 35, 85-116.

Kim, J. J. 1999. The semantics hypothesis of grammatical structure: A response to Shirai. Unpublished manuscript, Department of Psychology, San Francisco State University.

Kim, J. J., Marcus, G. F., Pinker, S., Hollander, M., & Coppola, M. 1994. Sensitivity of children's inflection to morphological structure. *Journal of Child Language, 21*, 173-209.

Kim, J. J., Pinker, S., Prince, A., & Prasada, S. 1991. Why no mere mortal has ever flown out to center field. *Cognitive Science, 15*, 173-218.

Kiparsky, P. 1982. Lexical phonology and morphology. In I. S. Yang (Ed.), *Linguistics in the morning calm*. Seoul: Hansin.

Köpcke, K.-M. 1988. Schemas in German plural formation. *Lingua, 74*, 303-335.

Kruschke, J. K. 1992. ALCOVE: An exemplar-based connectionist model of category learning. *Psychological Review, 99*, 22-44.

Kuczaj, S. A. 1976. *-ing, -s, & -ed*: A study of the acquisition of certain verb inflections. Doctoral dissertation, Department of Psychology, University of Minnesota.

Kuczaj, S. A. 1977. The acquisition of regular and irregular past tense forms. *Journal of Verbal Learning and Verbal Behavior, 16*, 589-600.

Kuczaj, S. A. 1978. Children's judgments of grammatical and ungrammatical irregular past tense verbs. *Child Development, 49*, 319-326.

Kurylowicz, J. 1964. *The inflectional categories of Indo-European*. Heidelberg: C. Winter.

Lachter, J., & Bever, T. G. 1988. The relation between linguistic structure and associative theories of language learning --- A constructive critique of some connectionist learning models. *Cognition, 28*, 195-247. Reprinted in S. Pinker & J. Mehler (Eds.), *Connections and symbols*. Cambridge, MA: MIT Press.

Lahiri, A., & Marslen-Wilson, W. 1991. The mental representation of lexical form: A phonological approach to the recognition lexicon. *Cognition, 38*, 245-294.

Lakoff, G. 1987. *Women, fire, and dangerous things: What categories reveal about the mind*. Chicago: Universiry of Chicago Press.

Laudanna, A., & Burani, C. 1995. Distributional properties of derivational affixes: Implications for processing. In L. B. Feldman (Ed.), *Morphological aspects of language processing*. Mahwah, NJ: Erlbaum.

Lederer, R. 1990. *Crazy English*. New York: Pocket Books.

Lenneberg, E. 1964. The capacity for language acquisition. In J. A. Fodor & J. J. Katz (Eds.), *The structure of language: Readings in the philosophy of language*. Englewood Cliffs, NJ: Prentice-Hall.

Leonard, L. B. 1998. *Children with Specific Language Impairment*. Cambridge, MA: MIT Press.

Levelt W. J., Praamstra, P., Meyer, A. S., Helenius, P., & Salmelin, R. 1998. An MEG study of picture naming. *Journal of Cognitive Neuroscience, 10,* 553-67.

Levin, S. R. 1964. A reclassification of the Old English strong verbs. *Language,* 40, 156-161.

Lieber, R. 1980. *On the organization of the lexicon.* Doctoral dissertation, Department of Linguistics and Philosophy, MIT, Cambridge, MA. Distributed by the Indiana University Linguistics Club.

Lieber, R. 1992. *Deconstructing morphology: Word formation in syntactic theory.* Chicago: University of Chicago Press.

Lieberman, P., Kako, E., Friedman, J., Tajchman, G., Feldman, L. S., & Jiminez, E. B. 1992. Speech production, syntax comprehension, and cognitive deficits in Parkinson's disease. *Brain and Language, 43,* 169-189.

Ling, C., & Marinov, M. 1993. Answering the connectionist challenge: A symbolic model of learning the past tenses of English verbs. *Cognition,* 49, 235-290.

Luria, A. R. 1968. *The mind of a mnemonist: A little book about a vast memory.* New York: Basic Books.

MacWhinney, B. 1978. Processing a first language: the acquistion of morphophonology. *Monographs of the Society for Research in Child Development, 43.*

MacWhinney, B., & Leinbach, J. 1991. Implementations are not conceptualizations: Revising the verb learning model. *Cognition,* 40, 121-157.

MacWhinney, B., & Snow, C. E. 1985. The Child Language Data Exchange System. Journal of *Child Language, 12,* 271-296.

MacWhinney, B., & Snow, C. E. 1990. The Child Language Data Exchange System: An update. Journal of *Child Language,* 17, 457-472.

Marchand, H. 1969. *The categories and types of present-day English word-formation.* 2d ed. Munich: C. H. Beck.

Marchman, V. 1993. Constraints on plasticity in a connectionist model of the English past tense. *Journal of Cognitive Neuroscience,* 5, 215-234.

Marcus, G. F. 1993. Negative evidence in language acquisition. *Cognition, 46,* 53-85.

Marcus, G. F. 1995a. The acquisition of inflection in children and multilayered connectionist networks. *Cognition, 56*, 271-279.

Marcus, G. F. 1995b. Children's overregularization of English plurals: A quantitative analysis. *Journal of Child Language, 22*, 447-459.

Marcus, G. F. 1997. Review of "Exercises in Rethinking Innateness." *Trends in Cognitive Sciences, 1*, 318-319.

Marcus, G. F. 1998. Can connectionism save constructivism? *Cognition, 66*, 153-182.

Marcus, G. F. 1998. Rethinking eliminative connectionism. *Cognitive Psychology, 37*, 243-282.

Marcus, G. F. 2000. Two kinds of representations. In E. Deitrich & A. Markman (Eds.), *Cognitive dynamics: Conceptual and representational change in humans and machines*. Cambridge, Mahwah, NJ: Erlbaum.

Marcus, G. F. 2000. *The algebraic mind: Integrating Connectionism and Cognitive Science*. Cambridge, MA: MIT Press.

Marcus, G. F., Brinkmann, U., Clahsen, H., Wiese, R., & Pinker, S. 1995. German inflection: The exception that proves the rule. *Cognitive Psychology, 29*, 189-256.

Marcus, G. F., Pinker, S., & Larkey, L. 1995. Do overregularizations come from a grammatical reorganization? Paper resented at the Twentieth Annual Boston University Conference on Language Development, Boston, November 3-5.

Marcus, G. F., Pinker, S., Ullman, M., Hollander, M., Rosen, T. J., & Xu, F. 1992. Overregularization in language acquisition. *Monographs of the Society for Research in Child Development, 57*.

Marin, O., Saffran, E. M., & Schwartz, M. F. 1976. Dissociations of language in aphasia: Implications for normal function. In S. R. Harnad, H. S. Steklis, & J. Lancaster (Eds.), *Origin and evolution of language and speech. Annals of the New York Academy of Sciences*. Vol. 280. New York: New York Academy of Sciences.

Marslen-Wilson, W. D. 1987. Functional parallelism in spoken word recognition. *Cognition, 25*, 71-102.

Marslen-Wilson, W. D. (Ed.). 1989. *Lexical representation and process*. Cambridge, MA: MIT Press.

Marslen-Wilson, W. D. 1998. Dissociating types of lexical computation? Paper presented at the Department of Brain & Cognitive Sciences, MIT, April 17.

Marslen-Wilson, W. D., Hare, M., & Older, L. 1995. Priming and blocking in the mental lexicon: The English past tense. Paper presented at the Meeting of the Experimental Society, London, January.

Marslen-Wilson, W. D., & Tyler, L. K. 1997. Dissociating types of mental computation. *Nature, 387,* 592-594.

Marslen-Wilson, W. D., & Tyler, L. K. 1998. Rules, representations, and the English past tense. *Trends in Cognitive Science, 2,* 428-435.

Martin, J. H., Brust, J. C. M., & Hilal, S. 1991. Imaging the living brain. In E. R. Kandel, J. H. Schwartz, & T. M. Jessel (Eds.), *Principles of neural science.* 3d ed. Norwalk, CT: Appleton & Lange.

McCarthy, J., & Prince, A. 1990. Foot and word in prosodic morphology: The Arabic broken plural. *Natural Language and Linguistic Theory, 8,* 209-283.

McCarthy, J., & Prince, A. in press. *Prosodic morphology.* Cambridge, MA: MIT Press.

McClelland, J. L., & Rumelhart, D. E. 1985. Distributed memory and the representation of general and specific information. *Journal of Experimental Psychology: General, 114,* 159-188.

McClelland, J. L., Rumelhart, D. E., & the PDP Research Group. 1986. Parallel distributed processing: Explorations in the microstructure of cognition. Vol. 2. *Psychological and biological models.* Cambridge, MA: MIT Press.

McCloskey, M., & Glucksberg, S. 1978. Natural categories: Well-defined or fuzzy sets? *Memory and Cognition, 6,* 462-472.

McGuinness, D. 1997. *Why our children can't read.* New York: Free Press.

Mencken, H. L. 1919/1986. *The American language.* (One-volume abridgement of the 4th ed. and the two supplements. R. I. McDavid, Jr., Ed.) New York: Knopf.

Mencken, H. L. 1936. *The American language.* New York: Knopf.

Middleton, F., & Strick, P. 1994. Anatomical evidence for cerebellar and basal ganglia involvement in higher cognitive function. *Science, 266,* 458-461.

Miller, G. A. 1967. The psycholinguists. In G. A. Miller, *The psychology of communication*. London: Penguin Books.

Miller, G. A. 1991. *The science of words*. New York: W. H. Freeman.

Minsky, M., & Papert, S. 1988. Epilogue: The new connectionism. In *Perceptrons: Expanded edition*. Cambridge, MA: MIT Press.

Mishkin, M., Malamut, B., & Bachevalier, J. 1984. Memories and habits: Two enural systems. In G. Lynch, J. McGaugh, & N. Weinberger (Eds.), *Neurobiology of learning and memory*. New York: Guilford Press.

Mithun, M. 1988. Lexical categories and the evolution of number marking. In M. Hammond & M. Noonan, (Eds.), *Theoretical morphology: Approaches in modern linguistics*. New York: Academic Press.

Moravcsik, E. 1975. Borrowed verbs. *Wiener Linguistische Gazette, 5*, 3-31.

Morgan, J. L., Bonamo, K., & Travis, L. L. 1995. Negative evidence on negative evidence. *Developmental Psychology, 31*, 180-197.

Morgan, J. L., & Travis, L. L. 1989. Limits on negative information on language learning. *Journal of Child Language, 16*, 531-552.

Mozer, M. 1991. *The perception of multiple objects: A connectionist approach*. Cambridge, MA: MIT Press.

Münte, T. F., Say, T., Clahsen, H., Schiltz, K., & Kutas, M. 1998. Decomposition of morphologically complex words in English: Evidence from event-related brain potentials. *Cognitive Brain Research, 7*, 241-253.

Murdoch, B. E., Chenery, H. J., Wilks, V., & Boyle, R. S. 1987. Language disorders in dementia of the Alzheimer type. *Brain and Language*, 31, 122-137.

Murray, T. E. 1998. More on *drug/dragged and snuck/sneaked*: Evidence from the American Midwest. *Journal of English Linguistics*, 26, 209-221.

Myers, S. 1987. Vowel shortening in English. *Natural Language and Linguistic Theory*, 5, 485-518.

Myers, J. 1998. Rules vs. analogy in Mandarin classifier selection. Paper presented at the Sixth International Symposium on Chinese Languages and Linguistics, July 14-16, Academia Sinica, Taipei, Taiwan. Unpublished manuscript, Graduate Institute of Linguistics, National Chung Cheng University, Taiwan.

Nakisa, R. C., & Hahn, U. 1996. Where defaults don't help: The case of the German plural system. In G. W. Cottrell (Ed.), *Proceedings of the Eighteenth Annual Conference of the Cognitive Science Society*. Mahwah, NJ: Erlbaum.

Napps, Shirley E. (1989). "Morphemic relationships in the lexicon: Are they distinct from semantic and formal relationships?" *Memory and Cognition* 17(6), 729-739.

Newell, A. 1990. *Unified theories of cognition*. Cambridge, MA: Harvard University Press.

Newman, A. H., Neville, H., & Ullman, M. T. 1998. Neural processing of inflectional morphology: An event-related potential study of English past tense. Paper presented at the Fifth Annual Meeting of the Cognitive Neuroscience Society, San Francisco.

Newman, A., Izvorski, R., Davis, L., Neville, H., & Ullman. M. T. 1999. Distinct electro-physiological patterns in the processing of regular and irregular verbs. Paper presented at the Sixth Annual Meeting of the Cognitive Neuroscience Society, Washington.

Nosofsky, R. M., Palmeri, T. J., & McKinley, S. C. 1994. Rule-plus-exception model of classification learning. *Psychological Review*, 101, 53-79.

Oetting, J. B., & Horohov, J. E. 1997. Past tense marking by children with and without Specific Language Impairment. *Journal of Speech, Language, and Hearing Research*, 40, 62-74.

Oetting, J. B., & Rice, M. 1993. Plural acquisition in children with Specific Language Impairment. *Journal of Speech and Hearing Research*, 36, 1236-1248.

Omar, M. K. 1973. *The acquisition of Egyptian Arabic as a native language*. The Hague: Mouton.

Orsolini, M., & Marslen-Wilson, W. D. 1997. Universals in morphological representation: Evidence from Italian. *Language and Cognitive Processes*, 12, 1-47.

Papanicolaou, A. C., Simos, P. G., & Basile, L. F. H. 1998. Applications of magnetoencephalography to neurolinguistic research. In B. Stemmer & H. A. Whitaker (Eds.), *Handbook of neurolinguistics*. San Diego: Academic Press.

Patterson, K. E., Seidenberg, M. S., & McClelland, J. L. 1989. Connections and disconnections: Acquired dyslexia in a computational model of reading processes. In R. G. M. Morris (Ed.), *Parallel Distributed Processing: Implications for psychology and neurobiology*. New York: Oxford University Press.

Penke, M., Weyerts, H., Gross, M., Zander, E., Münte, T. F., & Clahsen, H. 1997. How the brain processes complex words: An ERP study of German verb inflection. *Cognitive Brain Research*, 6, 37-52.

Pinker, S. 1984. *Language learnability and language development*. Cambridge, MA: Harvard University Press. Reprinted with a new introduction, 1996.

Pinker, S. 1989. *Learnability and cognition: The acquisition of argument structure*. Cambridge, MA: MIT Press.

Pinker, S. 1994. *The language instinct*. New York: HarperCollins.

Pinker, S. 1997. *How the mind works*. New York: Norton.

Pinker, S., & Birdsong, D. 1979. Speakers' sensitivity to rules of frozen word order. *Journal of Verbal Learning and Verbal Behavior*, 18, 497-508.

Pinker, S., & Mehler, J. (Eds.). 1998. *Connections and symbols*. Cambridge, MA: MIT Press.

Pinker, S., and Prince A. 1998. On language and connectionism: Analysis of a Parallel Distribute Processing model of language acquisition. *Cognition*, 28, 73-193. Reprinted in S. Pinker & J. Mehler (Eds.), *Connections and symbols*. Cambridge, MA: MIT Press.

Pinker, S., & Prince, A. 1994. Regular and irregular morphology and the psychological status of rules of grammar. In S. D. Lima, R. L., Corrigan, & G. K. Iverson (Eds.), *The reality of linguistic rules*. Philadelphia: Benjamins.

Pinker, S., & Prince, A. 1996. The nature of human concepts: Evidence from an unusual source. *Communication and Cognition*, 29, 307-361. Reprinted in P. Van Loocke (Ed.), *The nature, representation and evolution of concepts*. London: Routledge, 1999. Reprinted also in R. Jackendoff, P. Bloom, & K. Wynn (Eds.), *Language, logic, and concepts: Essays in memory of John Macnamara*. Cambridge, MA: MIT Press, 1999.

Plaut, D. C., McClelland, J. L., Seidenberg, M. S., & Patterson, K. 1996. Understanding normal and impaired word reading: Computational principles in quasi-regular domains. *Psychological Review*, 103, 56-115.

Plunkett, K., & Marchman, V. 1991. U-shaped learning and frequency effects in a multilayered perceptron: Implications for child language acquisition. *Cognition*, 38, 43-102.

Plunkett, K., & Marchman, V. 1993. From rote learning to system building. *Cognition*, 48, 21-69.

Plunkett, K., & Nakisa, R. 1997. A connectionist model of the Arab plural system. *Language and Cognitive Processes*, 12, 807-836.

Pollack, J. B. 1990. Recursive distributed representations. *Artificial Intelligence*, 46, 77-105.

Posner, M. I., & Raichle, M. E. 1994. *Images of mind*. New York: W. H. Freeman.

Prasada, S., & Pinker, S. 1993. Generalizations of regular and irregular morphological patterns. *Language and Cognitive Processes*, 8, 1-56.

Prasada, S., Pinker, S., & Snyder, W. 1990. Some evidence that irregular forms are retrieved from memory but regular forms are rule generated. Paper presented at the Thirty-first Annual Meeting of the Psychonomic Society, New Orleans, November 16-18.

Prince, A., & Pinker, S. 1989. Wickelphone ambiguity. *Cognition*, 30, 189-190.

Pyles, T., & Algeo, J. 1982. *The origins and development of the English language*. 3d ed. New York: Harcourt Brace Jovanovich.

Quine, W. V. O. 1969. Natural kinds. In W. V. O. Quine, *Ontological relativity and other essays*. New York: Columbia University Press.

Quinlan, P. 1991. *Connectionism and psychology: A psychological perspective on new connectionist research*. Chicago: University of Chicago Press.

Quirk, R. 1970. Aspect and variant inflexion in English verbs. *Language*, 46, 300-311.

Quirk, R., Greenbaum. S., Leech, G., & Svartvik, J. 1985. *A comprehensive grammar of the English language*. New York: Longman.

Raymond, E. S. (Ed.). 1991. *The new hacker's dictionary*. Cambridge, MA: MIT Press.

Rayner, K., & Pollatsek, A. 1994. *The psychology of reading*. Mahwah, NJ: Erlbaum.

Reiner, A., Albin, R., Anderson, K., D'amato, C., Penney, J., & Young, A. 1988. Differential loss of striatal projection neurons in Huntington's Disease. *Proceedings of the National Academy of Science USA*, 85, 5733-5777.

Renfrew, C. 1987. *Archaeology and language: The puzzle of Indo-European origins.* New York: Cambridge University Press.

Rey, G. 1983. Concepts and stereotypes. *Cognition*, 15, 237-262.

Rhee, J., Pinker, S., & Ullman, M. T. 1999. A magnetoencephalographic study of English past tense production. Paper presented at the Sixth Annual Meeting of the Cognitive Neuroscience Society, Washington.

Ridley, M. 1986. *Evolution and classification: The reformation of cladism.* New York: Longman.

Ritchie, G. D., Russell, G. J., Black, A. W., & Pulman, S. G. 1991. *Computational morphology: Practical mechanisms for the English lexicon.* Cambridge, MA: MIT Press.

Roberts, T. P. L., Poeppel, D., & Rowley, H. A. 1998. Magnetoencephalography and magnetic source imaging. *Neuropsychiatry, Neuropsychology, and Behavioral Neurology*, 11, 49-64.

Rosch, E. 1978. Principles of categorization. In E. Rosch & B. B. Lloyd (Eds.), *Cognition and categorization*, Mahwah, NJ: Erlbaum.

Rosch, E. 1988. Coherences and categorization: A historical view. In F. Kessel (Ed.), *The development of language and of language researchers: Papers presented to Roger Brown.* Mahwah, NJ: Erlbaum.

Rosenblatt, J., & Mitchison, T. J. 1998. Actin, cofilin, and cognition. *Nature*, 393, 739-740.

Rossen, M., Klima, E. S., Bellugi, U., Bihrle, A., & Jones, W. 1996. Interaction between language and cognition: Evidence from Williams syndrome. In J. H. Beitchman, N. J. Cohen, M. M. Konstantareas, & R. Tannock (Eds.), *Language, learning, and behavior disorders: Developmental, biological, and clinical perspectives.* New York: Cambridge University Press.

Rosten, L. C., & Ross, L. Q. 1989. *The education of H*Y*M*A*N K*A*P*L*A*N.* New

York: Harcourt Brace.

Rumelhart, D. E., & McClelland, J. L. 1986. On learning the past tenses of English verbs. In J. L. McClelland, D. E. Rumelhart, & the PDP Research Group, *Parallel distributed processing: Explorations in the micostructure of cognition*. Vol. 2. *Psychological and biological models*. Cambridge, MA: Bradford Books/MIT Press.

Rumelhart, D. E., McClelland, J. L., and the PDP Research Group. 1986. *Parallel distributed processing: Explorations in the microstructure of cognition*. Vol. 1. *Foundations*. Cambridge, MA: MIT Press.

Rumelhart, D. E., Smolensky, P., McClelland, J. L., & Hinton, G. E. 1986. Schemata and sequential thought processes in PDP models. In J. L. McClelland, D. E. Rumelhart, and the PDP Research Group, *Parallel distributed processing: Explorations in the microstructure of cognition. Vol. 2. Psychological and biological models*. Cambridge, MA: Bradford Books/MIT Press.

Sampson, G. 1987. A turning point in linguistics. *Times Literary Supplement*, June 12, 1987, 643.

Saussure, F. de. 1916/1959. *Course in general linguistics*. New York: McGraw-Hill.

Say, T. 1998. Regular and irregular inflection in the mental lexicon: Evidence from Italian. Unpublished manuscript, Department of Language and Linguistics, University of Essex.

Schneider, W. 1987. Connectionism: Is it a paradigm shift for psychology? *Behavior Research Methods, Instruments, and Computers*, 19, 73-83.

Schreuder, R., & Baayen, R. H. 1995. Modeling morphological processing. In L. Feldman (Ed.), *Morphological aspects of language processing*. Mahwah, NJ: Erlbaum.

Seidenberg, M. S. 1992. Connectionism without tears. In S. Davis (Ed.), *Connectionism: Theory and practice*. New York: Oxford University Press.

Seidenberg, M. S., & Bruck, M. 1990. Consistency effects in the generation of past tense morphology. Paper presented at the Thirty-First Annual Meeting of the Psychonomic Society, New Orleans, November 16-18.

Selkirk, E. O. 1982. *The syntax of words*. Cambridge, MA: MIT Press.

Sellar, W. C., & Yeatman, R. J. 1930/1970. *1066 and all that*. London: Methuen & Co.

Senghas, A., Kim, J. J., & Pinker, S. 1999. Plurals-inside-compounds: Morphological constraints and their implications for acquisition. Unpublished manuscript, Department of Brain & Cognitive Sciences, MIT.

Senghas, A., Kim, J. J., Pinker, S., & Collins, C. 1991. Plurals-inside-compounds: Morphological constraints and their implications for acquisition. Paper presented at the Sixteenth Annual Boston University Conference on Language Development, October 18-20.

Sereno, J. A., & Jongman, A. 1997. Processing of English inflectional morphology. *Memory and Cognition*, 25, 425-437.

Seuss, Dr. 1987. *The tough coughs as he ploughs the dough: Early writings and cartoons by Dr. Seuss*. New York: William Morrow.

Shaoul, C. 1993. Regularization in the inflection of French nouns. Unpublished manuscript, Department of Brain & Cognitive Sciences, MIT.

Shastri, L. 1999. Advances in SHRUTI: A neurally motivated model of relational knowledge representation and rapid inference using temporal synchrony. *Applied Intellingence*.

Shastri, L., & Ajjangadde, V. 1993. From simple associations to systematic reasoning: A connectionist representation of rules, variables, and dynamic bindings using temporal synchrony. *Behavioral and Brain Sciences*, 16, 417-494.

Shenkman, K. D. 1994. Structure sensitivity and language processing in adult learners of English. Doctoral dissertation, Department of Psychology, University of Rochester.

Shepard, R. N. 1987. Toward a universal law of generalization for psychological science. *Science*, 237, 1317-1323.

Shirai, Y. 1997. Is regularization determined by semantics, or grammar, or both? Comments on Kim, Marcus, Pinker, Hollander & Coppola 1994. *Journal of Child Language*, 24, 495-501.

Shopen, T. (Ed.). 1985. *Language typology and syntactic description*. 3 vols. New York: Cambridge University Press.

Sloman, S. A. 1996. The empirical case for two systems of reasoning. *Psychological Bulletin*, 119, 3-22.

Smith, E. E., Langston, C., & Nisbett, R. 1992. The case for rules in reasoning. *Cognitive Science*, 16, 1-40.

Smith, E. E., & Medin. D. L. 1981. *Categories and concepts*. Cambridge, MA: Harvard University Press.

Smith, E. E., Medin, D. L., and Rips, L. J. 1984. A psychological approach to concepts: Comments on Rey's "Concepts and Stereotypes." *Cognition 17*, 265-274.

Smolensky, P. 1988. On the proper treatment of connectionism. *Behavioral and Brain Sciences*, 11, 1-74.

Smolensky, P. 1990. Tensor product variable binding and the representation of symbolic structures in connectionist systems. *Artificial Intellingence*, 46, 159-216.

Smolensky, P. 1995. Reply: Constituent structure and explanation in an integrated connectionist/symbolic cognitive architecture. In C. MacDonald & G. MacDonald (Eds.), *Connectionism: Debates on psychological explanations*. Vol. 2. Cambridge, MA: Blackwell.

Spencer, A. 1991. *Morphological theory*. Cambridge, MA: Blackwell.

Spieler, D. H., & Balota, D. A. 1997. Bringing computational models of word naming down to the item level. *Psychological Science*, 8, 411-416.

Sproat, R. 1992. *Morphology and computation*. Cambridge, MA: MIT Press.

Squire, L. R., Knowlton, B., & Musen, G. 1993. The structure and organization of memory. *Annual Review of Psycholgy*, 44, 453-495.

Stanners, R. F., Neiser, J. J., Hernon, W. P., & Hall, R. 1979. Memory representation for morphologically related words. *Journal of Verbal Learning and Verbal Behavior*, 18, 399-412.

Staten, V. 1992. *Ol' Diz: A biography of Dizzy Dean*. New York: Harper Collins.

Stemberger, J. P. 1983. Inflectional malapropisms: Form-based errors in English morphology. *Linguistics*, 21, 573-602.

Stemberger, J. P. 1985. An interactive activation model of language production. In A. Ellis (Ed.), *Progress in the psychology of language*. Vol. 1. Mahwah, NJ: Erlbaum.

Stemberger, J. P. 1989. The acquisition of morphology: Analysis of a symbolic model of language acquisition. Unpublished manuscript, Department of Linguistics, University of Minnesota.

Stemberger, J. P., & MacWhinney, B. 1986a. Frequency and the lexical storage of regularly inflected forms. *Memory and Cognition*, 14, 17-26.

Stemberger, J. P., & MacWhinney, B. 1986b. Form-oriented inflectional errors in language processing. *Cognitive Psychology*, 18, 329-54.

Stemberger, J. P., & MacWhinney, B. 1988. Are inflected forms stored in the lexicon? In M. Hammond & M. Noonan (Eds.), *Theoretical morphology: Approaches in modern linguistics*. New York: Academic Press.

Stevens, K., & Keyser, S. J. 1989. Primary features and their enhancement in consonants. *Language*, 65, 81-106.

Stevens, T., & Karmiloff-Smith, A. 1997. Word learning in a special population: Do individuals with Williams syndrome obey lexical constraints? *Journal of Child Language*, 24, 737-765.

Strauss, S. (Ed.). 1982. *U-shaped behavioral growth*. New York: Academic Press.

Stromswold, K. 1994. What a mute child tells us about language acquisition. Unpublished manuscript, Center for Cognitive Science, Rutgers University.

Stromswold, K. 1998. Genetics of spoken language disorders. *Human Biology*, 70, 297-324.

Swadesh, M. 1964. Linguistic overview. In J. Jennings & E. Norbeck (Eds.), *Prehistoricman in the new world*. Chicago: University of Chicago Press.

Taft, M. 1994. Interactive-activation as a framework for understanding morphological processing. *Language and Cognitive Processes*, 9, 271-294.

Tanz, C. 1971. Sound symbolism in words relating to proximity and distance. *Language and Speech*, 14, 266-276.

Tenenbaum, J. 1999. A Bayesian framework for concept learning. Doctoral dissertation, Department of Brain & Cognitive Sciences, MIT.

Teuber, H.-L. 1955. Physiological psychology. *Annual Review of Psychology*, 9, 267-296.

Tiersma, P. M. 1982. Local and general markedness. *Language*, 58, 832-849.

Tooby, J., and DeVore, I. 1987. The reconstruction of hominid evolution through strategic modeling. In W. G. Kinzey (Ed.), *The evolution of human behavior: Primate models*. Albany: SUNY Press.

Tramo, M. J., Loftus, W. C., Thomas, C. E., Green, R. L., Mott, L. A, & Gezzaiga, M. S. 1995. Surface area of human cerebral cortex and its gross morphological subdivision: In vivo measurements in monozygotic twins suggest differential hemispheric effects of genetic factors. *Journal of Cognitive Neuroscience*, 7, 267-91.

Twain, M. 1880/1979. The awful German language. Reprinted in *The Unabridged Mark Twain*. Philadelphia: Running Press.

Tyler, L. K., Karmiloff-Smith, A., Voice, J. K., Stevens, T., Grant, J., Udwin, U., Davies, M., & Howlin, P. 1997. Do individuals with Williams syndrome have bizarre semantics? Evidence for lexical organization using an on-line task. *Cortex*, 33, 515-527.

Ullman, M. T. 1993. The computation of inflectional morphology. Doctoral dissertation, Department of Brain & Cognitive Sciences, MIT.

Ullman, M. T. 1999. Acceptability ratings of regular and irregular past-tense forms: Evidence for a dual-system model of language from word frequency and phonological neighborhood effects. *Language and Cognitive Processes*, 14, 47-67.

Ullman, M., Bergida, R., & O'Craven, K. M. 1997. Distinct fMRI activation patterns for regular and irregular past tense. *NeuroImage*, 5, S549.

Ullman, M., Corkin, S., Coppola, M., Hickok, G., Growdon, J. H., Koroshetz, W. J., & Pinker, S. 1997. A neural dissociation within language: Evidence that the mental dictionary is part of declarative memory, and that grammatical rules are processed by the procedural system. *Journal of Cognitive Neuroscience*, 9, 289-299.

Ullman, M. T. Corkin, S., Pinker, S., Coppola, M., Locascio, J., & Growdon, J. H. 1993. Neural modularity in language: Evidence from Alzheimer's and Parkinson's diseases. Paper presented at the Twenty-third Annual Meeting of the Society for Neuroscience, Washington, D.C.

Ullman, M. T., & Gopnik, M. 2000. The production of inflectional morphology in hereditary specific language impairment. *Applied Psycholinguistics.*

Ullman, M. T., & Prinker, S. 1990. Why do some verbs not have a single pas tense form? Paper presented at the Fifteenth Annual Boston University Conference on Language Development, October 19-21.

van Dam, J. 1940. *Handbuch der deutschen sprache. Zweiter Band: Wortlehre.* Groningen: J. B. Wolter's Uitgevers-Maatschappij N. V.

van der Lely, H. K. J. 1997. Language and cognitive debelopemt in a grammatical SLI boy: Modularity and innateness. *Journal of Neurolinguistics*, 10, 75-107.

van der Lely, H. K. J., & Christian, V. 1998. Lexical Word formation in specifically language impaired children. Unpublished manuscript, Department of Psychology, Birkbeck Colege, University of London.

van der Lely, H. K. J., Rosen S., & McClelland, A. 1998. Evidence for a grammar-specific deficit in children, *Durrent Biology*, 8, 1253-1258.

van der Lely, H. K. J., & Stollwerck, L. 1996. A grammatical specific language impairment in children: An autosomal dominant inheritance? *Brain and Language*, 52, 484-504.

van der Lely, H. K. J., & Ullman, M. T. 1996. The computation and representation of past tense morphology in specifically language impaired and normally developing children. In A. Stringfellow, D. Cahana-Amitay, E. Hughes, & A. Zukowsiki (Eds.), *Proceedings of the Twentieth Annual Boston University Conference on Language Development*. Vol. 2. Somerville, MA: Cascadilla Press.

van der Lely, H. K. J., & Ullman, M. T. 1999. Past tense morphology in specifically language impaired and normally developing childen. Unpublished manuscript, Department of Psychology, Birkbeck College.

Vargha-Khadem, F., Watkins, K., Alcock, K., Fletcher, P., & Passingham, R. 1995. Praxic and nonverbal cognitive deficits in a large family with a genetically transmitted speech and language disorer. *Proceedings of the National Academy of Sciences USA*, 92, 930-933.

Warnow, T. 1997. Mathematical approaches to comparative linguistics. Proceedings of the National Academy of Sciences, 94, 6568-6590.

Warnow, T., Ringe, D., & Taylor, A. 1996. Reconstructing the evolutionary history of natural languages. *Proceedings of the Seventh Annual ACM/SIAM Symposium on Discret Algorithms*. New York: Association of Computing Machinery / Philadelphia: Society for Industrial and Applied Mathematics.

Watkins, C. 1992. The Indo-European origin of English. In *The American Heritage Dictionary of the English language*. 3d ed. Boston: Houghton-Mifflin.

Weng, Z., & Sokal, R. R. 1995. Origins of Indo-Europeans and the spread of agriculture in Europe: Comparison of lexicostatistical and genetic evidence. *Human Biology*, 67, 577-594.

Westcoot, R. 1970. Types of vowel alternation in English. *Word*, 26, 309-343.

Westermann, G., & Goebel, R. 1995. Connectionist rules of language. In J. D. Moore & J. F. Lehman (Eds.), *Proceedings of the Seventeenth Annual Conference of the Cognitive Science Society*. Mahwah, NJ: Erlbaum.

Weyerts, H., Penke, M., Dohrn, U., Clahsen, H., & Münte, T. F. 1997. Brain potentials indicate differences between regular and irregular German noun plurals. *NeuroReport*, 8, 957-962.

Whaley, L. 1997. *An introduction to typology: The unity and diversity of language*. Thousand Oaks, CA: Sage.

Wickelgren, W. 1969. Context-sensitive coding, associative memory, and serial order in (speech) behavior. *Psychological Review*, 76, 1-15.

Wiese, R. 1996. *The phonology of German*. New York: Oxford University Press.

Williams, E. 1981. On the notions "lexically related" and "head of a word." *Linguistic inquiry*, 12, 245-274.

Williams, J. 1975. *Origins of the English language: A social and linguistic history*. New York: Free Press.

Wilson, E. O. 1998. *Consilience: The unity of knowledge*. New York: Knopf.

Wise, S., Murray, E., & Gerfen, C. 1996. The frontal cortex-basal ganglia system in primates. *Critical Reviews in Neurobiology* 10, 317-356.

Wittgenstein, L. 1953. *Philosophical investigations*. New York: Macmillan.

Woodworth, N. 1991. Sound symbolism in proximal and distal forms. *Linguistics*, 29, 273-299.

Wunderlich, D. 1992. A minimalist analysis of German verb morphology. *Arbeiten des Sonderforschungsberereichs 282: Theorie des Lexikons*. Vol 21. Heinrich-Heine-Universität: Düsseldorf.

Xu, F., & Pinker, S. 1995. Weird past tense forms. *Journal of Child Language*, 22, 531-556.

Young, A., & Penney, J. 1993. Biochemical and functional organization of the basal ganglia. In J. Jankovic & E. Tolosa (Eds.), *Parkinson's Disease and movement disorders*. Baltimore: Williams & Wilkins.

Zwicky, A. 1970. A double regularity in the acquisition of English verb morphology. *Papers in Linguistics*, 3, 411-418.

Zwicky, A. M. 1975. Settling on an underlying form: The English inflectional endings. In D. Cohen & J. Wirth (Eds.), *Testing linguistic hypotheses*. Washington: Hemisphere.

찾아보기

가

나

옮긴이 **김한영**

1962년 강원도 원주에서 태어났다. 서울 대학교 미학과를 졸업한 뒤 서울 예술 대학에서 문학 수업을 받았으며, 현재 전문 번역가로 활동하고 있다. 번역서로 『빈 서판』,『젊은 아인슈타인의 초상』,『언어 본능』,『사랑을 위한 과학』,『우리 아이 경제 교육 프로젝트』,『컴플렉소노믹스』,『부자들의 생각을 훔쳐라』,『지금 당장 시작하라』,『장자의 코큰 제자』,『아기돼지, 늑대를 잡아먹다』,『변화의 과학』 등이 있다.

사이언스 마스터스 19

단어와 규칙 | 스티븐 핑커가 들려주는 언어와 마음의 비밀

1판 1쇄 펴냄 2009년 11월 30일
1판 5쇄 펴냄 2025년 11월 30일

지은이 스티븐 핑커
옮긴이 김한영
펴낸이 박상준
펴낸곳 (주)사이언스북스

출판등록 1997. 3. 24(제16-1444호)
주소 06027 서울시 강남구 도산대로1길 62
대표전화 515-2000 팩시밀리 515-2007
편집부 517-4263 팩시밀리 514-2329
www.sciencebooks.co.kr

한국어판 ⓒ (주)사이언스북스, 2007. Printed in Seoul, Korea.

ISBN 979-89-8371-940-9 (세트)
ISBN 978-89-8371-959-1 04400

『사이언스 마스터스』를 읽지 않고 과학을 말하지 마라!

사이언스 마스터스 시리즈는 대우주를 다루는 천문학에서 인간이라는 소우주의 핵심으로 파고드는 뇌과학에 이르기까지 과학계에서 뜨거운 논쟁을 불러일으키는 주제들과 기초 과학의 핵심 지식들을 알기 쉽게 소개하고 있다.

전 세계 26개국에 번역·출간된 사이언스 마스터스 시리즈에는 과학 대중화를 주도하고 있는 세계적 과학자 20여 명의 과학에 대한 열정과 가르침이 어우러져 있다. 과학적 지식과 세계관에 목말라 있는 독자들은 이 시리즈를 통해 미래 사회에 대한 새로운 전망과 지적 희열을 만끽할 수 있을 것이다.